高等学校教材

复变函数论

第五版

钟玉泉 编

高等教育出版社·北京

内容提要

本书初版于 1979 年出版，荣获第一届国家教委高等学校优秀教材二等奖，后多次再版，被许多高校选作教材，受到同行和广大读者的欢迎。全书主要内容包括复数与复变函数、解析函数、复变函数的积分、解析函数的幂级数表示法、解析函数的洛朗展式与孤立奇点、留数理论及其应用、共形映射、解析延拓和调和函数，共九章，其中加 ∗ 号的内容，供学有余力的学生选学。

本次修订适应现代数学发展和实际教学需要，对一些内容进行必要的调整和补充，并适当融入数学史料、重难点讲解、综合自测题等数字资源。 第五版仍旧保持前四版"阐述细致，易教易学"的特点。

本书可作为高等学校数学类专业复变函数论课程的教材，也可供教学参考。

图书在版编目（CIP）数据

复变函数论 / 钟玉泉编. — 5 版. — 北京：高等教育出版社，2021.3（2024.12 重印）
ISBN 978 - 7 - 04 - 055587 - 5

Ⅰ.①复…　Ⅱ.①钟…　Ⅲ.①复变函数－高等学校－教材　Ⅳ.①O174.5

中国版本图书馆 CIP 数据核字（2021）第 025410 号

Fubian Hanshu Lun

策划编辑　兰莹莹	责任编辑　田　玲	封面设计　王凌波	版式设计　杜微言
插图绘制　李沛蓉	责任校对　刘娟娟	责任印制　高　峰	

出版发行	高等教育出版社	网　　址	http://www.hep.edu.cn
社　　址	北京市西城区德外大街 4 号		http://www.hep.com.cn
邮政编码	100120	网上订购	http://www.hepmall.com.cn
印　　刷	北京汇林印务有限公司		http://www.hepmall.com
开　　本	787mm×1092mm　1/16		http://www.hepmall.cn
印　　张	18	版　　次	1979 年 8 月第 1 版
字　　数	390 千字		2021 年 3 月第 5 版
购书热线	010 - 58581118	印　　次	2024 年 12 月第 6 次印刷
咨询电话	400 - 810 - 0598	定　　价	39.80 元

本书如有缺页、倒页、脱页等质量问题，请到所购图书销售部门联系调换
版权所有　侵权必究
物 料 号　55587 - 00

复变函数论

第五版

钟玉泉 编

1. 计算机访问 http://abook.hep.com.cn/ 128187, 或手机扫描二维码、下载并安装 Abook 应用。
2. 注册并登录, 进入"我的课程"。
3. 输入封底数字课程账号 (20 位密码, 刮开涂层可见), 或通过 Abook 应用扫描封底数字课程账号二维码, 完成课程绑定。
4. 单击"进入课程"按钮, 开始本数字课程的学习。

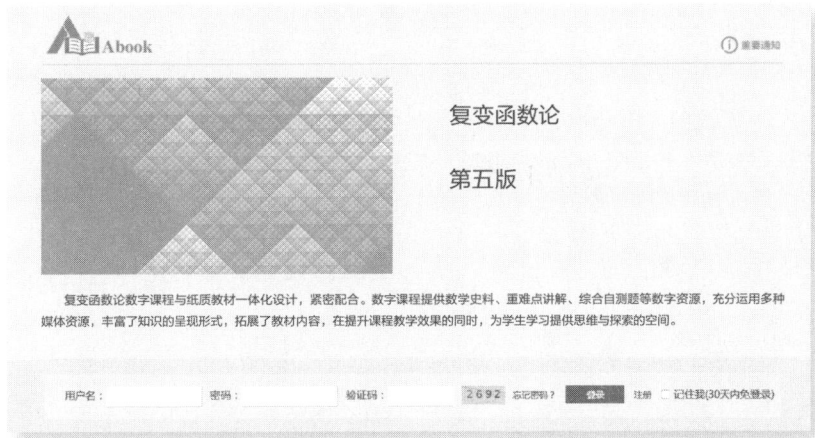

课程绑定后一年为数字课程使用有效期。受硬件限制, 部分内容无法在手机端显示, 请按提示通过计算机访问学习。

如有使用问题, 请发邮件至 abook@hep.com.cn。

扫描二维码
下载 Abook 应用

复变函数论简史

第五版序

本书第四版自 2013 年 8 月出版以来,得到了广大读者的欢迎,同时也收到许多改进的意见。我们作了认真的研究,并对第四版作了修订。改动的内容包括:

1. 在复数一节中,加入了四元数和八元数的简单介绍,作为选读内容;

2. 在初等多值函数一节中,加入对辐角函数的讨论,以便让读者更好地理解多值函数的概念;

3. 第四章中,增加了蒙泰尔(Montel)定理,开拓读者的视野;

4. 第六章中,加入对留数和原函数关系的讨论,增加分歧覆盖定理,以丰富本章内容;

5. 第七章中,增加了黎曼(Riemann)映射定理中存在性的证明,供有兴趣的读者阅读;

6. 增加了部分例题,并将少量习题作为定理补充到正文中,替换了部分习题。

我们对本教材配套的教学辅导书《复变函数论(第五版)学习指导书》(钟玉泉编,高等教育出版社)也进行了修订,读者可以参考阅读。

修订者于四川大学数学学院

2020 年 10 月

第四版序

第三版序

目 录

引 言

我们知道,在解实系数一元二次方程

$$ax^2+bx+c=0 \quad (a\neq 0)$$

时,如果判别式 $b^2-4ac<0$,就会遇到负数开平方的问题.最简单的一个例子,是在解方程

$$x^2+1=0$$

时,就会遇到 -1 开平方的问题.

16 世纪中叶,意大利卡尔达诺(Cardano)[①]在 1545 年解三次方程时,首先产生了负数开平方的思想.他把 40 看作 $5+\sqrt{-15}$ 与 $5-\sqrt{-15}$ 的乘积,然而这只不过是一种纯形式的表示而已.当时,谁也说不上这样表示究竟有什么意义.

为了使负数开平方有意义,也就是要使上述这类方程有解,我们需要再一次扩大数系,于是,就引进了虚数,使实数域扩大到复数域.但最初,由于对复数的有关概念及性质了解得不清楚,用它们进行计算又得到一些矛盾,因而,长期以来,人们把复数看作不能接受的"虚数".直到 17 世纪和 18 世纪,随着微积分的发明与发展,情况才逐渐有了改变.另外的原因是这个时期复数有了几何的解释,并与平面向量对应起来解决实际问题.

关于复数理论早期系统的叙述,是由瑞士数学家欧拉(Euler)完成的.他在 1777 年系统地建立了复数理论,发现了复指数函数和三角函数间的关系,证明了复变函数论的一些基本定理,并开始把它们用到水力学和地图制图学上.用符号"i"作为虚数的单位,也是他首创的.此后,复数才被人们广泛承认和使用.

在复数域内考虑问题往往比较方便.例如,一元 n 次方程

$$a_0 x^n+a_1 x^{n-1}+\cdots+a_{n-1}x+a_n=0 \quad (a_0\neq 0)$$

在复数域内恒有解,其中系数 $a_0,a_1,\cdots,a_n$ 都是复数.这就是著名的**代数学基本定理**,它用复变函数理论来证明,是非常简洁的.又如,在实数域内负数的对数无意义,而在复数域内,我们就可以定义负数的对数.

在 19 世纪,经过法国数学家柯西(Cauchy)、德国数学家黎曼(Riemann)和魏尔斯特拉斯(Weierstrass)的巨大努力,复变函数已经形成了非常系统的理论,并且深刻地渗入到代数学、解析数论、微分方程、概率统计、计算数学和拓扑学等数学分支;同时,它在热力学、流体力学和电学等方面也有很多的应用.

20 世纪以来,复变函数已被广泛地应用在理论物理、弹性理论和天体力学等方面.

---

① Girolamo Cardano(1501—1576),意大利数学家,他发表了解三次方程的公式.

有时复变函数比实变函数更能反映和描述自然现象和物理规律，例如量子力学中的薛定谔(Schrödinger)方程

$$\sqrt{-1}\,\hbar\,\frac{\partial \psi(\boldsymbol{x},t)}{\partial t}=\hat{H}\psi(\boldsymbol{x},t),$$

其中 $\hbar$ 为物理常量；$\psi(\boldsymbol{x},t)$ 为系统的量子态，即波函数，它是复变函数；$\hat{H}$ 为系统能量算符(也称为哈密顿(Hamilton)算符). 量子力学中的薛定谔方程相当于经典力学中的牛顿(Newton)三大定律和电磁学中的麦克斯韦(Maxwell)方程. 若不使用复变函数，薛定谔是得不出这样简单的方程的. 复变函数与数学中的其他分支的联系也日益密切. 致使经典的复变函数理论，如整函数与亚纯函数理论、解析函数的边值问题等有了新的发展和应用. 并且，还开辟了一些新的分支，如复变函数逼近论、黎曼曲面、单叶解析函数论、多复变函数论、广义解析函数论和拟共形映射等. 另外，在各种抽象空间的理论中，复变函数还常常为我们提供新思想的模型.

复变函数研究的中心对象是所谓解析函数，因此，复变函数论又称为解析函数论，简称函数论.

复变函数是我国数学工作者从事研究极早也极有成效的数学分支之一. 我国老一辈的数学家在单复变函数及多复变函数方面做过许多重要的工作，不少成果均已达到当时的国际水平. 而今，在他们的热忱帮助下，我国许多中青年数学工作者，正在健康成长，不少人已在数学的各个领域中取得了许多优异的成绩.

第一章
复数与复变函数

　　复变函数就是自变量为复数的函数.复变函数论是分析学的一个分支,故又称**复分析**.我们研究的主要对象,是在某种意义下可导的复变函数,通常称为**解析函数**.为建立这种解析函数的理论基础,在这一章中,我们首先引入复数域与复平面的概念;其次引入复平面上的点集、区域、若尔当曲线以及复变函数的极限与连续等概念;最后,还要引入复球面与无穷远点的概念.这门学科的一切讨论都是在复数范围内进行的.

§1 复　　数

1. 复数域

　　形如

$$z = x + iy \text{ 或 } z = x + yi$$

的数,称为**复数**,其中 x 和 y 是任意的实数,实数单位为 1.i 满足 $i^2 = -1$,称为**虚数单位**.

　　实数 x 和 y 分别称为复数 z 的**实部和虚部**,常记为

$$x = \mathrm{Re}\, z, \quad y = \mathrm{Im}\, z.$$

　　复数 $z_1 = x_1 + iy_1$ 及 $z_2 = x_2 + iy_2$ 相等,是指它们的实部与实部相等,虚部与虚部相等,即

$$x_1 + iy_1 = x_2 + iy_2$$

必须且只需

$$x_1 = x_2, \quad y_1 = y_2.$$

　　虚部为零的复数就可看作实数,即 $x + i \cdot 0 = x$;因此,全体实数是全体复数的一部分.特别,$0 + i \cdot 0 = 0$.

　　虚部不为零的复数称为**虚数**,实部为零且虚部不为零的复数称为**纯虚数**.

　　复数 $x + iy$ 和 $x - iy$ 称为互为**共轭复数**,即 $x + iy$ 是 $x - iy$ 的共轭复数,或 $x - iy$ 是 $x + iy$ 的共轭复数.复数 z 的共轭复数常记为 $\bar{z}$,于是

$$x - iy = \overline{x + iy}.$$

　　下面来给出复数的四则运算法则.由于实数是复数的特例,规定复数运算的一个基本要求是:复数运算的法则施行于实数时,能够和实数运算的结果相符合,同时也要求复数运算能够满足实数运算的一般定律.

复数的加（减）法可按实部与实部相加（减），虚部与虚部相加（减）．即复数 $z_1 = x_1 + iy_1, z_2 = x_2 + iy_2$ 相加（减）的法则是

$$z_1 \pm z_2 = (x_1 \pm x_2) + i(y_1 \pm y_2),$$

结果仍是复数．我们称复数 $z_1 + z_2$ 是复数 z_1 与 z_2 的**和**，称复数 $z_1 - z_2$ 是复数 z_1 与 z_2 的**差**．

复数的加法遵守**交换律**与**结合律**，而且减法是加法的逆运算，这些都很容易验证．

两个复数 $z_1 = x_1 + iy_1$ 及 $z_2 = x_2 + iy_2$ 相乘，可按多项式乘法法则进行，只需将结果中的 i^2 换成 -1，即

$$z_1 z_2 = (x_1 x_2 - y_1 y_2) + i(x_1 y_2 + y_1 x_2),$$

结果仍是复数，我们称它为 z_1 与 z_2 的**积**．

也易验证，复数的乘法遵守**交换律**与**结合律**，且遵守乘法对于加法的分配律．

两个复数 $z_1 = x_1 + iy_1$ 及 $z_2 = x_2 + iy_2$ 相除（除数 $\neq 0$）时，可先把它写成分式的形式，然后分子、分母同乘分母的共轭复数，再进行简化，即

$$\frac{z_1}{z_2} = \frac{x_1 x_2 + y_1 y_2}{x_2^2 + y_2^2} + i\frac{y_1 x_2 - x_1 y_2}{x_2^2 + y_2^2} \quad (z_2 \neq 0),$$

结果仍是复数，我们称它为 z_1 与 z_2 的**商**．这里除法是乘法的逆运算．

引进上述运算后的全体复数就称为**复数域**，常用 $\mathbf{C}$ 表示．在复数域内，我们熟知的一切代数恒等式，如

$$a^2 - b^2 = (a+b)(a-b),$$
$$a^3 - b^3 = (a-b)(a^2 + ab + b^2),$$

等等，仍然成立．实数域和复数域都是代数学中所研究的"域"的实例．和实数域不同的是，在复数域中不能规定复数像实数那样的大小关系．事实上，若有像实数那样的大小关系，则 i 或大于 0，或小于 0，从中皆可推出 $-1 > 0$，矛盾．

例 1.1　将下列复数表示成 $x + iy$ 的形式：

(1) $\left(\dfrac{1-i}{1+i}\right)^7$．　　　　　　　　(2) $\dfrac{i}{1-i} + \dfrac{1-i}{i}$．

解　(1) $\dfrac{1-i}{1+i} = \dfrac{(1-i)^2}{(1+i)(1-i)} = \dfrac{(1-i)^2}{2} = -i$,

$\left(\dfrac{1-i}{1+i}\right)^7 = (-i)^7 = i$.

(2) $\dfrac{i}{1-i} + \dfrac{1-i}{i} = \dfrac{i^2 + (1-i)^2}{(1-i)i} = \dfrac{-1-2i}{1+i} = \dfrac{(-1-2i)(1-i)}{2} = -\dfrac{3}{2} - \dfrac{1}{2}i$.

2. 复平面

一个复数 $z = x + iy$ 本质上由一对有序实数 (x, y) 惟一确定，(x, y) 就称为复数 z 的**实数对形式**．于是能够建立平面上全部的点和全体复数间的一一对应关系．换句话说，我们可以借助于横坐标为 x、纵坐标为 y 的点来表示复数 $z = x + iy$（图 1.1）．

由于 x 轴上的点对应着实数，故 x 轴称为**实轴**；y 轴上的非原点的点对应着纯虚数，故 y 轴称为**虚轴**．这样表示复

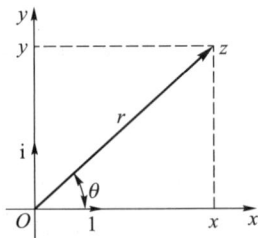

图 1.1

数 z 的平面称为**复平面**或 z **平面**.复平面也常用 **C** 表示.

引进了复平面之后,我们在"数"和"点"之间建立了联系.以后在研究复变函数时,常可借助于几何直观,还可采用几何术语.这也为复变函数应用于实际提供了条件,丰富了复变函数论的内容.为了方便起见,今后我们不再区分"数"和"点"、"数集"和"点集",说到"点"可以指它所代表的"数",说到"数"也可以指这个数代表的"点".例如,我们常说"点 $1+\mathrm{i}$""顶点为 z_1,z_2,z_3 的三角形",等等.

在复平面上,从原点到点 $z=x+\mathrm{i}y$ 所引的向量与这个复数 z 也构成一一对应关系(复数 0 对应着零向量),这种对应关系使复数的加(减)法与向量的加(减)法之间保持一致.

例如,设 $z_1=x_1+\mathrm{i}y_1,z_2=x_2+\mathrm{i}y_2$,则
$$z_1+z_2=(x_1+x_2)+\mathrm{i}(y_1+y_2).$$
由图 1.2 可以看出,z_1+z_2 所对应的向量,就是 z_1 所对应的向量与 z_2 所对应的向量的和向量.

又如,将 z_1-z_2 表示成 $z_1+(-z_2)$,可以看出,z_1-z_2 所对应的向量就是 z_1 所对应的向量与 $(-z_2)$ 所对应的向量的和向量,也就是从 z_2 到 z_1 的向量(图 1.3).

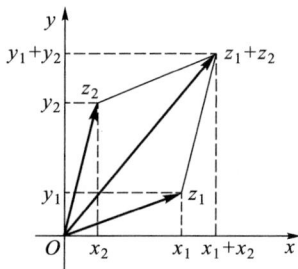

图 1.2

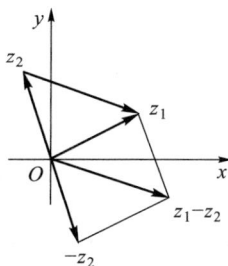

图 1.3

例 1.2 考虑一条江面上的水在某时刻的流动.假定在江面上取好一坐标系 Oxy,我们把江面上任意一点 P 的速度 v 的两个分量记为 v_x 与 v_y(图 1.4),则我们可以把速度向量 v 写成复数
$$v=v_x+\mathrm{i}v_y.$$

人们经过长期的摸索与研究发现,对于很多的平面问题(如流体力学与弹性力学中的平面问题等)来说,用复数及复变函数作工具是十分有效的,这正是由于复数可以表示平面向量.

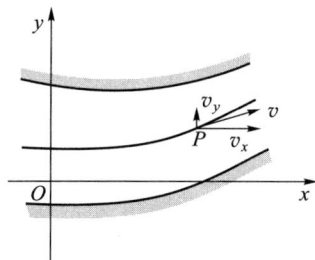

图 1.4

3. 复数的模与辐角

表示复数 z 的位置,也可以借助于点 z 的极坐标 r 和 θ 来确定(图 1.1).这里使原点与直角坐标系的原点重合,极轴与正实轴重合.

下面我们用向量 $\overrightarrow{Oz}$ 来表示复数 $z=x+\mathrm{i}y$,其中 x,y 顺次等于 $\overrightarrow{Oz}$ 沿 x 轴与 y 轴的分量.向量 $\overrightarrow{Oz}$ 的长度称为复数 z 的**模**或**绝对值**,以符号 $|z|$ 或 r 表示,因而有
$$r=|z|=\sqrt{x^2+y^2}\geqslant 0,$$

且 $|z|=0$ 的充要条件是 $z=0$.

这里引进的模的概念与实数的绝对值的概念是一致的. 由于复数 z 的模 $|z|$ 是非负实数,所以能够比较大小. 同样,复数的实、虚部也能够比较大小.

根据图 1.1,我们有不等式

$$|x| \leqslant |z|, \quad |y| \leqslant |z|, \quad |z| \leqslant |x|+|y|,$$

及
$$-|z| \leqslant \mathrm{Re}\, z \leqslant |z|, \quad -|z| \leqslant \mathrm{Im}\, z \leqslant |z|. \tag{1.1}$$

根据图 1.2,我们有不等式

$$|z_1+z_2| \leqslant |z_1|+|z_2| \tag{1.2}$$

（三角形两边之和大于第三边）,

它称为**三角不等式**.

此外,根据图 1.3,我们还有不等式

$$\big||z_1|-|z_2|\big| \leqslant |z_1-z_2| \tag{1.3}$$

（三角形两边之差小于第三边）.

(1.2) 及 (1.3) 中等号成立的几何意义是:复数 z_1, z_2 所表示的两个向量共线且同向. 即

$$z_1 \neq 0, z_2 \neq 0 \text{ 时}, z_1 = kz_2 \, (k>0).$$

用数学归纳法可得推广了的三角不等式

$$|z_1+z_2+\cdots+z_n| \leqslant |z_1|+|z_2|+\cdots+|z_n|. \tag{1.2$'$}$$

由图 1.3 可见,$|z_1-z_2|$ 表示点 z_1 与点 z_2 的距离,记为

$$d(z_1, z_2) = |z_1-z_2|.$$

两复数差的模的这个几何意义是非常重要的. 它还可以借助解析几何中两点间的距离公式用解析方法得出:

$$\begin{aligned} |z_1-z_2| &= |(x_1+\mathrm{i}y_1)-(x_2+\mathrm{i}y_2)| \\ &= \sqrt{(x_1-x_2)^2+(y_1-y_2)^2}. \end{aligned}$$

实轴正向到非零复数 $z=x+\mathrm{i}y$ 所对应的向量 $\overrightarrow{Oz}$ 间的夹角 θ 满足

$$\tan \theta = \frac{y}{x},$$

称为复数 z 的**辐角**（argument）,记为

$$\theta = \mathrm{Arg}\, z.$$

我们知道,任一非零复数 z 有无穷多个辐角,今以 $\arg z$ 表示其中的一个特定值,并称适合条件

$$-\pi < \arg z \leqslant \pi \tag{1.4}$$

的一个为 $\mathrm{Arg}\, z$ 的**主值**,或称之为 z 的**主辐角**. 于是

$$\theta = \mathrm{Arg}\, z = \arg z + 2k\pi \quad (k=0, \pm 1, \pm 2, \cdots). \tag{1.5}$$

注意 当 $z=0$ 时,辐角无意义.

当 $\arg z \,(z \neq 0)$ 表示 z 的主辐角时,它与反正切 $\mathrm{Arctan}\, \dfrac{y}{x}$ 的主值 $\arctan \dfrac{y}{x}$ 有如下

关系(图 1.5、图 1.6)$\left(\text{注意} -\pi < \arg z \leqslant \pi, -\dfrac{\pi}{2} < \arctan \dfrac{y}{x} < \dfrac{\pi}{2}\right)$:

$$\arg z = \atop (z \neq 0) \begin{cases} \arctan \dfrac{y}{x}, & \text{当 } x>0, y \gtreqless 0; \\[2mm] \dfrac{\pi}{2}, & \text{当 } x=0, y>0; \\[2mm] \arctan \dfrac{y}{x} + \pi, & \text{当 } x<0, y \geqslant 0; \\[2mm] \arctan \dfrac{y}{x} - \pi, & \text{当 } x<0, y<0; \\[2mm] -\dfrac{\pi}{2}, & \text{当 } x=0, y<0. \end{cases}$$

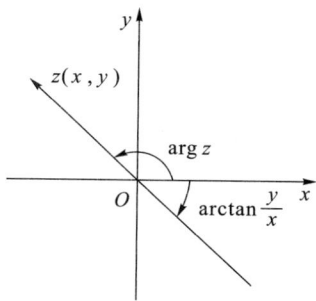

图 1.5

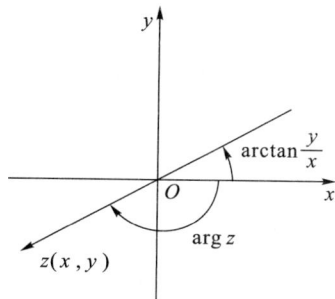

图 1.6

例 1.3 求 $\mathrm{Arg}(2-2\mathrm{i})$ 及 $\mathrm{Arg}(-3+4\mathrm{i})$.

解 $\mathrm{Arg}(2-2\mathrm{i}) = \arg(2-2\mathrm{i}) + 2k\pi = \arctan \dfrac{-2}{2} + 2k\pi$

$$= -\dfrac{\pi}{4} + 2k\pi \quad (k=0, \pm 1, \pm 2, \cdots).$$

$\mathrm{Arg}(-3+4\mathrm{i}) = \arg(-3+4\mathrm{i}) + 2k\pi = \arctan \dfrac{4}{-3} + \pi + 2k\pi$

$$= (2k+1)\pi - \arctan \dfrac{4}{3} \quad (k=0, \pm 1, \pm 2, \cdots).$$

例 1.4 已知流体在某点 M 的速度 $v = -1-\mathrm{i}$, 求其大小和方向.

解 大小: $|v| = \sqrt{2}$;

方向: $\arg v = \arctan \dfrac{-1}{-1} - \pi = -\dfrac{3\pi}{4}$.

从直角坐标与极坐标的关系, 我们可以用复数的模 r 与辐角 θ 来表示非零复数 z, 即(由图 1.1)

$$z = r(\cos \theta + \mathrm{i} \sin \theta). \tag{1.6}$$

特别, 当 $r=1$ 时有

$$z = \cos \theta + \mathrm{i} \sin \theta,$$

这种复数称为**单位复数**.

我们有如下的**欧拉公式**：

$$e^{i\theta}=\cos\theta+i\sin\theta, \tag{1.7}$$

容易验证

$$\left.\begin{array}{l} e^{i\theta_1}e^{i\theta_2}=e^{i(\theta_1+\theta_2)}, \\[2mm] \dfrac{e^{i\theta_1}}{e^{i\theta_2}}=e^{i(\theta_1-\theta_2)}. \end{array}\right\} \tag{1.8}$$

利用公式(1.7)，就可以把(1.6)改写成

$$z=re^{i\theta}. \tag{1.9}$$

也就是说，任一非零复数 z 总可以表示成

$$z=|z|e^{i\arg z}, \tag{1.9$'$}$$

这里的 $\arg z$ 不必取主值.

我们分别称(1.6)式及(1.9)(或(1.9)$'$)式为非零复数 z 的**三角形式**和**指数形式**，并称 $z=x+iy$ 为复数 z 的**代数形式**.复数的这三种表示法可以互相转换，以适应讨论不同问题时的需要，且使用起来各有其便.

例 1.5

$$1+i=\sqrt{2}\left(\cos\frac{\pi}{4}+i\sin\frac{\pi}{4}\right)=\sqrt{2}\,e^{\frac{\pi}{4}i};$$

$$i=1\cdot\left(\cos\frac{\pi}{2}+i\sin\frac{\pi}{2}\right)=e^{\frac{\pi}{2}i};$$

$$1=1\cdot(\cos 0+i\sin 0)=e^{0\cdot i};$$

$$-2=2(\cos\pi+i\sin\pi)=2e^{\pi i};$$

$$-3i=3\left[\cos\left(-\frac{\pi}{2}\right)+i\sin\left(-\frac{\pi}{2}\right)\right]=3e^{-\frac{\pi}{2}i}.$$

还有 $e^{-\frac{\pi}{2}i}=-i,e^{\pi i}=-1,e^{2k\pi i}=1(k$ 为整数$)$.

例 1.6 将复数

$$1-\cos\varphi+i\sin\varphi \quad (0<\varphi\leqslant\pi)$$

化为指数形式.

解 原式 $=2\sin^2\dfrac{\varphi}{2}+2i\sin\dfrac{\varphi}{2}\cos\dfrac{\varphi}{2}=2\sin\dfrac{\varphi}{2}\left(\sin\dfrac{\varphi}{2}+i\cos\dfrac{\varphi}{2}\right)$

$=2\sin\dfrac{\varphi}{2}\left[\cos\left(\dfrac{\pi}{2}-\dfrac{\varphi}{2}\right)+i\sin\left(\dfrac{\pi}{2}-\dfrac{\varphi}{2}\right)\right]=2\sin\dfrac{\varphi}{2}e^{\left(\frac{\pi}{2}-\frac{\varphi}{2}\right)i}.$

当 $z=x+iy\neq 0$ 时，记 $\arg z=\theta$（主值），则

$$\tan\frac{\theta}{2}=\frac{\sin\theta}{1+\cos\theta}=\frac{r\sin\theta}{r+r\cos\theta}=\frac{y}{x+\sqrt{x^2+y^2}},$$

所以

$$\arg z=\theta(主值)=2\arctan\frac{y}{x+\sqrt{x^2+y^2}}.$$

对于 $z_1=r_1e^{i\theta_1},z_2=r_2e^{i\theta_2}$，则

$$z_1=z_2\Leftrightarrow r_1=r_2,\theta_1=\theta_2(或\ \theta_1=\theta_2+2k\pi,k\ 为整数).$$

利用复数的指数形式作乘除法较简单.因由(1.8)可立得

$$z_1 z_2 = r_1 e^{i\theta_1} r_2 e^{i\theta_2} = r_1 r_2 e^{i(\theta_1 + \theta_2)},$$

$$\frac{z_1}{z_2} = \frac{r_1 e^{i\theta_1}}{r_2 e^{i\theta_2}} = \frac{r_1}{r_2} e^{i(\theta_1 - \theta_2)}, \tag{1.10}$$

所以 $$|z_1 z_2| = |z_1||z_2|, \quad \left|\frac{z_1}{z_2}\right| = \frac{|z_1|}{|z_2|} \, (z_2 \neq 0), \tag{1.11}$$

$$\mathrm{Arg}(z_1 z_2) = \mathrm{Arg}\, z_1 + \mathrm{Arg}\, z_2,$$

$$\mathrm{Arg}\, \frac{z_1}{z_2} = \mathrm{Arg}\, z_1 - \mathrm{Arg}\, z_2. \tag{1.12}$$

公式(1.10)的第一式说明,$z_1 z_2$ 所对应的向量是把 z_1 所对应的向量的长度伸缩 $r_2 = |z_2|$ 倍,然后再旋转一个角度 $\theta_2 = \arg z_2$ 得到的(图1.7).特别是,当 $|z_2| = 1$ 时,只需旋转一个角度 $\theta_2 = \arg z_2$ 就行了.这就是说,以单位复数乘任何数,几何上相当于将此数所对应的向量旋转一个角度.

特别,$\mathrm{i}z$ 相当于将 z 所对应的向量 $\overrightarrow{Oz}$ 沿逆时针方向旋转 $\frac{\pi}{2}$.这里 i 称为**旋转乘数**.另外,

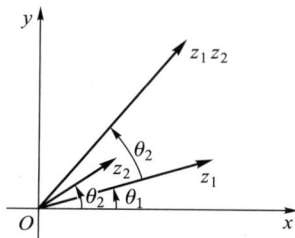

图 1.7

$$\arg(\alpha z) = \arg z \quad (\alpha > 0).$$

注 (1) 在复平面上,一直线绕其上一定点旋转,可有两种旋转方向,一种是"逆时针"的,另一种是"顺时针"的.按惯例,我们规定逆时针方向旋转的角度为正,顺时针方向旋转的角度为负.

(2) 当把复数作为向量看待时,复数的乘法既不同于向量的内积(或数量积),也不同于向量的外积(或向量积).

上面关于辐角的两个等式(1.12),两边各是无穷多个数(角度)的数集.例如,设(1.12)的第一个等式右边

$$\mathrm{Arg}\, z_1 = \left\{ \frac{\pi}{6} + 2n\pi \right\}_{n=0,\pm 1,\cdots},$$

$$\mathrm{Arg}\, z_2 = \left\{ \frac{\pi}{4} + 2m\pi \right\}_{m=0,\pm 1,\cdots},$$

则左边

$$\mathrm{Arg}(z_1 z_2) = \left\{ \frac{5\pi}{12} + 2k\pi \right\}_{k=0,\pm 1,\cdots},$$

(1.12)的第一个等式意味着,在等式左边取出一个数值(相当于取定一个 k 值),等式右边也可以相应地分别找出 m 与 n 的值,使得右边的和数等于左边之值;反过来也对.

注意 公式(1.12)的 $\mathrm{Arg}\, z$ 可以换成 $\arg z$,但 $\arg z$ 应理解为辐角的某个特定值,不必是主值.若均理解为主值,则两端允许相差 2π 的整倍数,即有

$$\arg(z_1 z_2) = \arg z_1 + \arg z_2 + 2k_1\pi,$$

$$\arg \frac{z_1}{z_2} = \arg z_1 - \arg z_2 + 2k_2\pi, \tag{1.12}'$$

其中 k_1, k_2 各表示某个适当整数,$\arg z$ 表示主值.

例 1.7 对于复数 α,β,若 $\alpha\beta=0$,则 α,β 至少有一个为零.试证之.

证 若 $\alpha\beta=0$,则必有 $|\alpha\beta|=0$,因而

$$|\alpha||\beta|=0.$$

由实数域中对应的结果知 $|\alpha|,|\beta|$ 至少有一个为零.所以 α,β 至少有一个为零.

4. 复数的乘幂与方根

作为乘积的特例,我们考虑非零复数 z 的正整数次幂 z^n,它是 n 个相同因子的乘积.设 $z=re^{i\theta}$,则

$$z^n=r^n e^{in\theta}=r^n(\cos n\theta+i\sin n\theta),$$

从而有

$$|z^n|=|z|^n,$$

$$\text{Arg } z^n=n\text{Arg } z.$$

当 $r=1$ 时,得**棣莫弗**(De Moivre)**公式**

$$(\cos\theta+i\sin\theta)^n=\cos n\theta+i\sin n\theta.$$

求非零复数 z 的 n 次方根,相当于解二项方程

$$w^n=z \quad (n\geqslant 2,\text{整数}). \tag{1.13}$$

今记其根的总体为 $\sqrt[n]{z}$,下面我们来求它们.

设 $z=re^{i\theta}$,$w=\rho e^{i\varphi}$,则(1.13)变形为

$$\rho^n e^{in\varphi}=re^{i\theta},$$

从而得两个方程

$$\rho^n=r, \quad n\varphi=\theta+2k\pi,$$

解出得

$$\rho=\sqrt[n]{r}\text{(取算术根)}, \quad \varphi=\frac{\theta+2k\pi}{n},$$

从而有

$$\left|\sqrt[n]{z}\right|=\sqrt[n]{|z|},$$

$$\text{Arg }\sqrt[n]{z}=\frac{\text{Arg } z}{n}.$$

因此 z 的 n 次方根为

$$w_k=\left(\sqrt[n]{z}\right)_k=\sqrt[n]{r} e^{i\frac{\theta+2k\pi}{n}}=e^{i\frac{2k\pi}{n}}\cdot\sqrt[n]{r} e^{i\frac{\theta}{n}}. \tag{1.14}$$

这里 k 表面上可以取 $0,\pm1,\pm2,\cdots$,但实际上只要取 $k=0,1,2,\cdots,n-1$ 就可得出 (1.13)的总共 n 个不同的根.所以记号 $\sqrt[n]{z}$ 与记号 $\left(\sqrt[n]{z}\right)_k$ $(k=0,1,2,\cdots,n-1)$ 是一致的.

现在,我们将(1.14)表示为

$$w_k=\left(\sqrt[n]{z}\right)_k=e^{i\frac{2k\pi}{n}}\cdot w_0,$$

其中 $w_0=\sqrt[n]{r} e^{i\frac{\theta}{n}}$.为了在复平面上表示 $\sqrt[n]{z}$ 的不同值 w_k,可由 w_0 依次绕原点旋转

$$\frac{2\pi}{n}, \quad 2\cdot\frac{2\pi}{n}, \quad 3\cdot\frac{2\pi}{n}, \quad\cdots,$$

但当 k 取到 n 时,又与 w_0 重合了.故非零复数 z 的 n 次方根共有 n 个,它们沿中心在原点、半径为 $\sqrt[n]{r}$(取算术根)的圆周均匀地分布着,即它们是内接于该圆周的正 n 边形的 n 个顶点(图1.8是 $n=6$ 的情形).

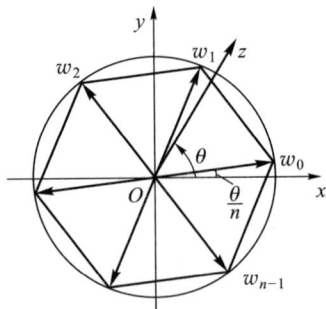

图 1.8

(1.14)中 $\mathrm{e}^{\mathrm{i}\frac{2k\pi}{n}}(k=0,1,2,\cdots,n-1)$ 为 1 的 n 个 n 次方根,通常记为 $1,\omega,\omega^2,\cdots,$ $\omega^{n-1}(\omega=\mathrm{e}^{\mathrm{i}\frac{2\pi}{n}})$.从而 $z\neq0$ 的 n 个 n 次方根为

$$w_0,\ \omega w_0,\ \omega^2 w_0,\ \cdots,\ \omega^{n-1}w_0.$$

还有
$$1+\omega+\omega^2+\cdots+\omega^{n-1}=0,\quad \omega^n=1.$$

因为 ω 为二项方程 $w^n=1$ 之根,即

$$\omega^n=1\Leftrightarrow(1-\omega)(1+\omega+\omega^2+\cdots+\omega^{n-1})=0.$$

特别,当 $n=3$ 时,$\omega=\mathrm{e}^{\mathrm{i}\frac{2\pi}{3}}=-\dfrac{1}{2}+\dfrac{\sqrt{3}}{2}\mathrm{i}$,且有

$$\omega^3=1,\quad 1+\omega+\omega^2=0.$$

例 1.8 求 $\cos 3\theta$ 及 $\sin 3\theta$ 用 $\cos\theta$ 与 $\sin\theta$ 表示的式子.

解 由棣莫弗公式

$$\cos 3\theta+\mathrm{i}\sin 3\theta=(\cos\theta+\mathrm{i}\sin\theta)^3$$
$$=\cos^3\theta+3\mathrm{i}\cos^2\theta\cdot\sin\theta-3\cos\theta\cdot\sin^2\theta-\mathrm{i}\sin^3\theta,$$

因此
$$\cos 3\theta=\cos^3\theta-3\cos\theta\cdot\sin^2\theta=4\cos^3\theta-3\cos\theta,$$

及
$$\sin 3\theta=3\cos^2\theta\sin\theta-\sin^3\theta=3\sin\theta-4\sin^3\theta.$$

例 1.9 计算 $\sqrt[3]{-8}$.

解 因 $-8=8(\cos\pi+\mathrm{i}\sin\pi)$,故

$$(\sqrt[3]{-8})_k=\sqrt[3]{8}\left(\cos\frac{\pi+2k\pi}{3}+\mathrm{i}\sin\frac{\pi+2k\pi}{3}\right)\quad(k=0,1,2).$$

当 $k=0$ 时,$(\sqrt[3]{-8})_0=\sqrt[3]{8}\left(\cos\dfrac{\pi}{3}+\mathrm{i}\sin\dfrac{\pi}{3}\right)=2\left(\dfrac{1}{2}+\dfrac{\sqrt{3}}{2}\mathrm{i}\right)=1+\sqrt{3}\mathrm{i}$;

当 $k=1$ 时,$(\sqrt[3]{-8})_1=2(\cos\pi+\mathrm{i}\sin\pi)=-2$;

当 $k=2$ 时,$(\sqrt[3]{-8})_2=2\left(\cos\dfrac{5\pi}{3}+\mathrm{i}\sin\dfrac{5\pi}{3}\right)=2\left(\cos\dfrac{\pi}{3}-\mathrm{i}\sin\dfrac{\pi}{3}\right)=1-\sqrt{3}\mathrm{i}$.

注 在实数域内,规定 -8 的三次方根为 -2,即规定 $\sqrt[3]{-8}=-\sqrt[3]{8}=-2$.这时 $\sqrt[3]{-8}$ 就只取上述三值之一的实值 $(\sqrt[3]{-8})_1$.

例 1.10 解方程 $(1+z)^5=(1-z)^5$.

解 设 $w=\dfrac{1+z}{1-z}$,则 $w^5=1$,w 为 1 的 5 次方根.即 $w=\mathrm{e}^{\mathrm{i}\alpha}$,其中 $\alpha=\dfrac{2k\pi}{5}$,$k=0,1,$ $2,3,4$.于是

$$z=\frac{w-1}{w+1}=\frac{\mathrm{e}^{\mathrm{i}\alpha}-1}{\mathrm{e}^{\mathrm{i}\alpha}+1}=\frac{\cos\alpha+\mathrm{i}\sin\alpha-1}{\cos\alpha+\mathrm{i}\sin\alpha+1}$$

$$=\frac{2\sin\frac{\alpha}{2}\left(-\sin\frac{\alpha}{2}+\mathrm{i}\cos\frac{\alpha}{2}\right)}{2\cos\frac{\alpha}{2}\left(\cos\frac{\alpha}{2}+\mathrm{i}\sin\frac{\alpha}{2}\right)}=\tan\frac{\alpha}{2}\cdot\frac{\mathrm{e}^{\left(\frac{\pi}{2}+\frac{\alpha}{2}\right)\mathrm{i}}}{\mathrm{e}^{\frac{\alpha}{2}\mathrm{i}}}=\mathrm{i}\tan\frac{\alpha}{2},$$

故原方程的根为

$$z_0=0,\quad z_1=\mathrm{i}\tan\frac{\pi}{5},\quad z_2=\mathrm{i}\tan\frac{2\pi}{5},\quad z_3=\mathrm{i}\tan\frac{3\pi}{5},\quad z_4=\mathrm{i}\tan\frac{4\pi}{5}.$$

5. 共轭复数

设 $z = x + iy$,则 z 的共轭复数为 $\bar{z} = x - iy$.显然

$$|\bar{z}| = |z|, \quad \text{Arg } \bar{z} = -\text{Arg } z. \tag{1.15}$$

这表明在复平面上,z 与 $\bar{z}$ 两点关于实轴是对称点.

我们也容易验证下列公式:

(1) $\overline{(\bar{z})} = z$,$\overline{z_1 \pm z_2} = \bar{z}_1 \pm \bar{z}_2$.

(2) $\overline{z_1 z_2} = \bar{z}_1 \bar{z}_2$,$\overline{\left(\dfrac{z_1}{z_2}\right)} = \dfrac{\bar{z}_1}{\bar{z}_2}$ $(z_2 \neq 0)$.

(3) $|z|^2 = z\bar{z}$,$\text{Re } z = \dfrac{z + \bar{z}}{2}$,$\text{Im } z = \dfrac{z - \bar{z}}{2i}$.

(4) 设 $R(a, b, c, \cdots)$ 表示对于复数 $a, b, c, \cdots$ 的任一有理运算,则

$$\overline{R(a, b, c, \cdots)} = R(\bar{a}, \bar{b}, \bar{c}, \cdots).$$

熟练、灵活地运用这些简单公式,对化简计算、解答问题都会带来方便.

例 1.11　求复数

$$w = \frac{1 + z}{1 - z} \quad (\text{复数 } z \neq 1)$$

的实部、虚部和模.

解　因为

$$w = \frac{1 + z}{1 - z} = \frac{(1 + z)(1 - \bar{z})}{(1 - z)\overline{(1 - z)}} = \frac{1 - z\bar{z} + z - \bar{z}}{|1 - z|^2}$$

$$= \frac{1 - |z|^2 + 2i\text{Im } z}{|1 - z|^2},$$

所以

$$\text{Re } w = \frac{1 - |z|^2}{|1 - z|^2}, \qquad \text{Im } w = \frac{2\text{Im } z}{|1 - z|^2}.$$

又因为

$$|w|^2 = w\bar{w} = \frac{1 + z}{1 - z} \cdot \frac{1 + \bar{z}}{1 - \bar{z}} = \frac{1 + z\bar{z} + z + \bar{z}}{|1 - z|^2}$$

$$= \frac{1 + |z|^2 + 2\text{Re } z}{|1 - z|^2},$$

所以

$$|w| = \frac{\sqrt{1 + |z|^2 + 2\text{Re } z}}{|1 - z|}.$$

例 1.12　设 z_1 及 z_2 是两个复数,试证

$$|z_1 + z_2|^2 = |z_1|^2 + |z_2|^2 + 2\text{Re}(z_1\bar{z}_2),$$

并应用此等式证明三角不等式(1.2).

证　$|z_1 + z_2|^2 = (z_1 + z_2)\overline{(z_1 + z_2)} = (z_1 + z_2)(\bar{z}_1 + \bar{z}_2)$

$$= z_1\bar{z}_1 + z_2\bar{z}_2 + z_1\bar{z}_2 + \bar{z}_1 z_2 = |z_1|^2 + |z_2|^2 + z_1\bar{z}_2 + \overline{z_1\bar{z}_2}$$

$$= |z_1|^2 + |z_2|^2 + 2\text{Re}(z_1\bar{z}_2).$$

其次,由所证等式以及

$$\mathrm{Re}(z_1\bar{z}_2)\leqslant|z_1\bar{z}_2|=|z_1||z_2|$$

就可导出三角不等式(1.2).

例 1.13　若 $|a|<1,|b|<1$,试证

$$\left|\frac{a-b}{1-\bar{a}b}\right|<1.$$

证　两端平方,比较 $\left|\dfrac{a-b}{1-\bar{a}b}\right|^2$ 与 1 的大小,即比较 $|a-b|^2$ 与 $|1-\bar{a}b|^2$ 的大小.由上例可知

$$|a-b|^2=|a|^2+|b|^2-2\mathrm{Re}(\bar{a}b),$$
$$|1-\bar{a}b|^2=1+|a|^2|b|^2-2\mathrm{Re}(\bar{a}b),$$

则　　　　$I=|1-\bar{a}b|^2-|a-b|^2=1+|a|^2|b|^2-|a|^2-|b|^2$
$$=(1-|a|^2)(1-|b|^2).$$

由假设 $|a|<1,|b|<1$,则 $I>0$,故得证.

6. 复数在几何上的应用举例

下面我们举例说明两方面的问题:怎样用复数所适合的方程(或不等式)来刻画适合某种几何条件的平面图形,怎样从复数所适合的方程(或不等式)来确定平面图形的特征.

（ⅰ）曲线的复数方程[①].

例 1.14　连接 z_1 及 z_2 两点的线段的参数方程为
$$z=z_1+t(z_2-z_1)\quad(0\leqslant t\leqslant1).$$
过 z_1 及 z_2 两点的直线(图 1.9)的参数方程为
$$z=z_1+t(z_2-z_1)\quad(-\infty<t<+\infty).$$
由此可知,三点 z_1,z_2,z_3 共线的充要条件为
$$\frac{z_3-z_1}{z_2-z_1}=t\quad(t\text{ 为一非零实数}).$$
$$\left(\Leftrightarrow\mathrm{Im}\left(\frac{z_3-z_1}{z_2-z_1}\right)=0.\right)$$

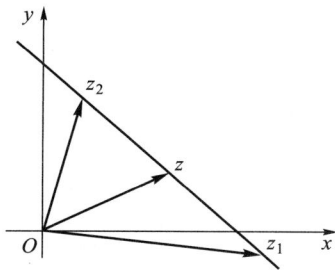

图 1.9

例 1.15　z 平面上以原点为圆心,R 为半径的圆周的方程为
$$|z|=R\quad(\text{图 1.10(a)}).$$
z 平面上以 $z_0\neq0$ 为圆心,R 为半径的圆周的方程为
$$|z-z_0|=R\quad(\text{图 1.10(b)}).$$
z 平面上实轴的方程为 $\mathrm{Im}\,z=0$;
虚轴的方程为 $\mathrm{Re}\,z=0$.

注　由本章习题(一)8,10 可见,直线和圆周等平面曲线皆可用多种形式给出其方程.

---

① 可参阅左立文.曲线的一种复变量方程.数学通报,1985(4):24—25.

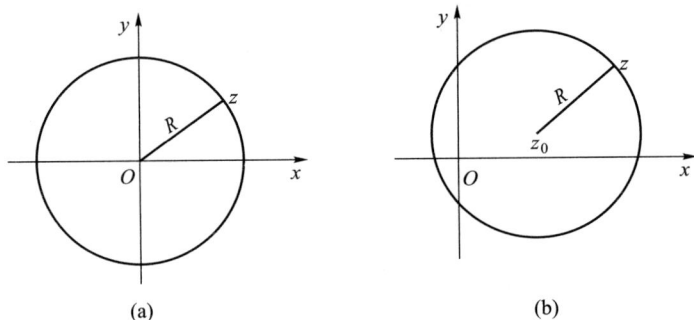

图 1.10

（ⅱ）应用复数证明几何问题.

例 1.16 求证:三个复数 z_1, z_2, z_3 成为一个等边三角形的三顶点的充要条件是它们满足等式

$$z_1^2 + z_2^2 + z_3^2 = z_2 z_3 + z_3 z_1 + z_1 z_2.$$

证 $\triangle z_1 z_2 z_3$ 是等边三角形的充要条件为:向量 $\overrightarrow{z_1 z_2}$ 绕 z_1 旋转 $\dfrac{\pi}{3}$ 或 $-\dfrac{\pi}{3}$ 即得向量 $\overrightarrow{z_1 z_3}$,也就是

$$z_3 - z_1 = (z_2 - z_1) e^{\pm \frac{\pi}{3} i},$$

即

$$\frac{z_3 - z_1}{z_2 - z_1} = \frac{1}{2} \pm \frac{\sqrt{3}}{2} i,$$

即

$$\frac{z_3 - z_1}{z_2 - z_1} - \frac{1}{2} = \pm \frac{\sqrt{3}}{2} i,$$

两端平方化简,即得

$$z_1^2 + z_2^2 + z_3^2 = z_2 z_3 + z_3 z_1 + z_1 z_2.$$

例 1.17 证明三角形的内角和等于 π.

证 设三角形的三个顶点分别为 z_1, z_2, z_3;对应的三个顶角分别为 α, β, γ(如图 1.11).于是

$$\alpha = \arg \frac{z_2 - z_1}{z_3 - z_1},$$

$$\beta = \arg \frac{z_3 - z_2}{z_1 - z_2},$$

$$\gamma = \arg \frac{z_1 - z_3}{z_2 - z_3}.$$

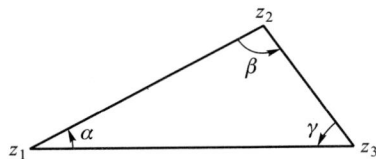

图 1.11

由于

$$\frac{z_2 - z_1}{z_3 - z_1} \cdot \frac{z_3 - z_2}{z_1 - z_2} \cdot \frac{z_1 - z_3}{z_2 - z_3} = -1,$$

根据公式(1.12)′,

$$\arg \frac{z_2 - z_1}{z_3 - z_1} + \arg \frac{z_3 - z_2}{z_1 - z_2} + \arg \frac{z_1 - z_3}{z_2 - z_3}$$

$$= \arg(-1) + 2k\pi = \pi + 2k\pi \quad (k \text{ 为某个整数}).$$

由假设 $0 < \alpha < \pi, 0 < \beta < \pi, 0 < \gamma < \pi$, 所以

$$0 < \alpha + \beta + \gamma < 3\pi,$$

故必 $k = 0$, 因而 $\alpha + \beta + \gamma = \pi$.

*7. 由实数构造复数的方法之推广

人类最早创造了自然数,可以进行加法和乘法,但不能进行减法,于是创造了负数,就有了整数集.为了能够进行除法,又创造了分数,于是又有了有理数集.在有理数集中求极限,其结果可能不是有理数.为了求极限能够顺利进行,又创造了实数集.实数集关于取极限是完备的,因此可以对实函数进行微积分运算.但是,在实数集中许多代数方程无法求解,要使其有解,便创造了复数集.

设方程 $x^2 + 1 = 0$ 的解存在,则解应该是 $x = \pm\sqrt{-1}$. 因此, $\sqrt{-1}$ 是一个数,显然它不是实数,称为虚数.

全体实数加上 $\sqrt{-1}$ 生成一个数系,要求对加、减、乘、除运算封闭,就产生了复数系.通常记 $i = \sqrt{-1}$. 易知

$$\mathbf{C} = \mathbf{R} + i\mathbf{R}, \quad i^2 = -1.$$

$\mathbf{C}$ 中的乘法可以表示为乘法表

·	1	i
1	1	i
i	i	-1

用上面的方法可以构造出新的数系:

在复数集 $\mathbf{C}$ 之外取一个元素(字母)j,定义

$$j^2 = -1.$$

让 $\mathbf{C} \cup \{j\}$ 生成一个数集,要求满足加、减、乘、除运算和分配律,这就产生一个数系,通常记为 $\mathbb{H}$. 即有

$$\mathbb{H} = \mathbf{C} + \mathbf{C}j, \quad j^2 = -1.$$

$\forall p \in \mathbb{H}$, 我们可以写

$$p = z + wj, \quad z, w \in \mathbf{C},$$

记

$$z = a + bi, \quad w = c + di, \quad a, b, c, d \in \mathbf{R}.$$

则

$$p = z + wj = (a + bi) + (c + di)j = a + bi + cj + dij.$$

记 k＝ij＝－ji.则

$$p = a + bi + cj + dk, \quad a, b, c, d \in \mathbf{R}.$$

称 p 为四元数,称ℍ为四元数系.

注意 ℍ中的乘法不是交换的.ℍ中的加法就是向量的加法.ℍ中的乘法按下面乘法表进行:

.	1	i	j	k
1	1	i	j	k
i	i	−1	k	−j
j	j	−k	−1	i
k	k	j	−i	−1

用上述方法我们可以建立八元数系,即在四元数集ℍ之外取一个元素(字母)$\mathfrak{l}$,定义 $\mathfrak{l}^2 = -1$.让ℍ∪$\{\mathfrak{l}\}$生成一个数集,要求满足加、减、乘、除运算和分配律,这就产生一个数系,通常记为ℚ.即有ℚ＝ℍ＋ℍ$\mathfrak{l}$,$\mathfrak{l}^2 = -1$.

$\forall q \in ℚ$,我们可以写

$$q = s + t\mathfrak{l}, \quad s, t \in ℍ,$$

记

$$s = a + bi + cj + dk, \quad a, b, c, d \in \mathbf{R},$$
$$t = e + fi + gj + hk, \quad e, f, g, h \in \mathbf{R}.$$

则

$$q = s + t\mathfrak{l} = (a + bi + cj + dk) + (e + fi + gj + hk)\mathfrak{l}$$
$$= a + bi + cj + dk + e\mathfrak{l} + fi\mathfrak{l} + gj\mathfrak{l} + hk\mathfrak{l}.$$

记

$$1 = \mathfrak{r}_0, \quad i = \mathfrak{r}_1, \quad j = \mathfrak{r}_2, \quad k = \mathfrak{r}_3, \quad \mathfrak{l} = \mathfrak{r}_4,$$

则有

$$q = a\mathfrak{r}_0 + b\mathfrak{r}_1 + c\mathfrak{r}_2 + d\mathfrak{r}_3 + e\mathfrak{r}_4 + f\mathfrak{r}_5 + g\mathfrak{r}_6 + h\mathfrak{r}_7,$$
$$a, b, c, d, e, f, g, h \in \mathbf{R}.$$

于是ℚ线性同构于 $\mathbf{R}^8$,有基$\{\mathfrak{r}_0, \mathfrak{r}_1, \mathfrak{r}_2, \mathfrak{r}_3, \mathfrak{r}_4, \mathfrak{r}_5, \mathfrak{r}_6, \mathfrak{r}_7\}$.

称 q 为八元数,称ℚ为八元数系.

注意 ℚ中的乘法既不满足交换律也不满足结合律.

ℚ中的加法就是向量的加法.

ℚ中乘法按下面的乘法表进行:

·	$\mathfrak{r}_0$	$\mathfrak{r}_1$	$\mathfrak{r}_2$	$\mathfrak{r}_3$	$\mathfrak{r}_4$	$\mathfrak{r}_5$	$\mathfrak{r}_6$	$\mathfrak{r}_7$
$\mathfrak{r}_0$	1	$\mathfrak{r}_1$	$\mathfrak{r}_2$	$\mathfrak{r}_3$	$\mathfrak{r}_4$	$\mathfrak{r}_5$	$\mathfrak{r}_6$	$\mathfrak{r}_7$
$\mathfrak{r}_1$	$\mathfrak{r}_1$	-1	$\mathfrak{r}_3$	$-\mathfrak{r}_2$	$\mathfrak{r}_5$	$-\mathfrak{r}_4$	$-\mathfrak{r}_7$	$\mathfrak{r}_6$
$\mathfrak{r}_2$	$\mathfrak{r}_2$	$-\mathfrak{r}_3$	-1	$\mathfrak{r}_1$	$\mathfrak{r}_6$	$\mathfrak{r}_7$	$-\mathfrak{r}_4$	$-\mathfrak{r}_5$
$\mathfrak{r}_3$	$\mathfrak{r}_3$	$\mathfrak{r}_2$	$-\mathfrak{r}_1$	-1	$\mathfrak{r}_7$	$-\mathfrak{r}_6$	$\mathfrak{r}_5$	$-\mathfrak{r}_4$
$\mathfrak{r}_4$	$\mathfrak{r}_4$	$-\mathfrak{r}_5$	$-\mathfrak{r}_6$	$-\mathfrak{r}_7$	-1	$\mathfrak{r}_1$	$\mathfrak{r}_2$	$\mathfrak{r}_3$
$\mathfrak{r}_5$	$\mathfrak{r}_5$	$\mathfrak{r}_4$	$-\mathfrak{r}_7$	$\mathfrak{r}_6$	$-\mathfrak{r}_1$	-1	$-\mathfrak{r}_3$	$\mathfrak{r}_2$
$\mathfrak{r}_6$	$\mathfrak{r}_6$	$\mathfrak{r}_7$	$\mathfrak{r}_4$	$-\mathfrak{r}_5$	$-\mathfrak{r}_2$	$\mathfrak{r}_3$	-1	$-\mathfrak{r}_1$
$\mathfrak{r}_7$	$\mathfrak{r}_7$	$-\mathfrak{r}_6$	$\mathfrak{r}_5$	$\mathfrak{r}_4$	$-\mathfrak{r}_3$	$-\mathfrak{r}_2$	$\mathfrak{r}_1$	-1

我们自然会想,用这套方法还可以构造十六元数系,即在八元数集 $\mathbb{Q}$ 之外取一个元素(字母) $\mathfrak{x}$,定义 $\mathfrak{x}=-1$,让 $\mathbb{Q}\cup\{\mathfrak{x}\}$ 生成一个数集,要求满足加、减、乘、除运算和分配律.很多数学家都作了尝试,都没有成功.

后来,实可除代数领域有了重要研究成果,知道了不成功的原因.

1958 年,博特(R.Bott)、米尔诺(J.Milnor)等数学家应用代数拓扑工具,证明了实数域上有限维(结合或非结合)可以做除法的代数的维数,只能是 1,2,4,8.

至此我们知道,除了实数、复数、四元数和八元数,实可除代数不能再扩充了.

§2　复平面上的点集

我们在上节中提到的复平面上的线段、直线和圆周等都是复平面上的点集.今后,我们的研究对象——解析函数,其定义域和值域都是复平面上的某个点集.

1. 平面点集的几个基本概念

定义 1.1　由不等式 $|z-z_0|<\rho$ 所确定的**平面点集**(以后平面点集均简称**点集**),就是以 z_0 为圆心,以 ρ 为半径的圆的内部,称为点 z_0 的 ρ **邻域**,常记为 $N_\rho(z_0)$;并称 $0<|z-z_0|<\rho$ 为点 z_0 的去心 ρ **邻域**,常记为 $N_\rho(z_0)\backslash\{z_0\}$.它们是复数列和复变函数极限论的基础.

定义 1.2　考虑点集 E.若平面上一点 z_0(不必属于 E)的任意邻域都有 E 的无穷多个点,则称 z_0 为 E 的**聚点**或**极限点**;若 z_0 属于 E,但非 E 的聚点,则称 z_0 为 E 的**孤立点**;若 z_0 不属于 E,又非 E 的聚点,则称 z_0 为 E 的**外点**.

点集 E 的全部聚点所成集用 E' 表示.

定义 1.3　若点集 E 的每个聚点皆属于 E,即 $E'\subseteq E$,则称 E 为**闭集**;若点集 E 的点 z_0 有一邻域全含于 E 内,则称 z_0 为 E 的**内点**;若点集 E 的点皆为内点,则称 E 为**开**

集;若在点 z_0 的任意邻域内,同时有属于点集 E 和不属于 E 的点,则称 z_0 为 E 的**边界点**;点集 E 的全部边界点所组成的点集称为 E 的**边界**.

点集 E 的边界常记成 ∂E.

点集 E 的孤立点必是 E 的边界点.

定义 1.4 若有正数 M,对于点集 E 内的点 z 皆满足 $|z| \leqslant M$,即若 E 全含于一圆之内,则称 E 为**有界集**,否则称 E 为**无界集**.

以下五种说法是彼此等价的:

(1) z_0 为 E 的聚点或极限点.

(2) z_0 的任一邻域含有 E 的无穷多个点(z_0 不必属于 E).

(3) z_0 的任一邻域含有异于 z_0 而属于 E 的一个点.

(4) z_0 的任一邻域含有 E 的两个点.

(5) 可从 E 取出点列 $z_1, z_2, \cdots, z_n, \cdots$,而以 z_0 为极限.即对任给 $\varepsilon > 0$,存在正整数 $N = N(\varepsilon)$,使当 $n > N$ 时,恒有 $|z_n - z_0| < \varepsilon$.

2. 区域与若尔当(Jordan)曲线

复变函数论的基础几何概念之一是区域的概念.

定义 1.5 具备下列性质的非空点集 D 称为**区域**:

(1) D 为开集.

(2) D 中任意两点可用全在 D 中的折线连接(图 1.12).

定义 1.6 区域 D 加上它的边界 C 称为**闭域**,记为
$$\overline{D} = D + C.$$

注意 区域都是开的,不包含它的边界点.

例 1.18 试证:点集 E 的边界 ∂E 是闭集.即证
$$(\partial E)' \subseteq \partial E.$$

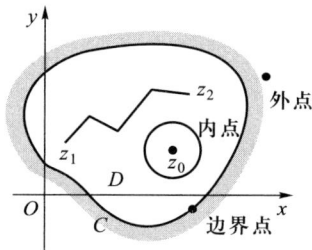

图 1.12

*证 设 z 为 ∂E 的聚点.取 z 的任意 ε 邻域 $N_\varepsilon(z)$,则存在 $z_0(\neq z)$,使得 $N_\varepsilon(z) \ni z_0 \in \partial E$.在 $N_\varepsilon(z)$ 内能画出以 z_0 为圆心,充分小半径的圆.这时由 $z_0 \in \partial E$ 可见,在此圆内属于 E 的点和不属于 E 的点都存在.于是,在 $N_\varepsilon(z)$ 内属于 E 的点和不属于 E 的点都存在,故 $z \in \partial E$.因此 ∂E 是闭集.

应用关于复数 z 的不等式来表示 z 平面上的区域,有时是很方便的.

例 1.19 z 平面上以原点为圆心,R 为半径的**圆**(即圆形**区域**):
$$|z| < R,$$
以及 z 平面上以原点为圆心,R 为半径的**闭圆**(即圆形**闭域**):
$$|z| \leqslant R,$$
都以圆周 $|z| = R$ 为边界,且都是有界的.我们称

$|z| < 1$ 为**单位圆**;

$|z| = 1$ 为**单位圆周**.

例 1.20 z 平面上以实轴 $\operatorname{Im} z = 0$ 为边界的两个无界区域是
$$\text{上半 } z \text{ 平面 } \operatorname{Im} z > 0,$$
$$\text{下半 } z \text{ 平面 } \operatorname{Im} z < 0.$$

z 平面上以虚轴 Re $z=0$ 为边界的两个无界区域是

$$左半 z 平面 \ \mathrm{Re}\, z<0,$$
$$右半 z 平面 \ \mathrm{Re}\, z>0.$$

例 1.21　图 1.13 所示为单位圆周的外部含在上半 z 平面的部分,表示为

$$\begin{cases} |z|>1, \\ \mathrm{Im}\, z>0. \end{cases}$$

例 1.22　图 1.14 所示的**带形区域**表示为

$$y_1<\mathrm{Im}\, z<y_2.$$

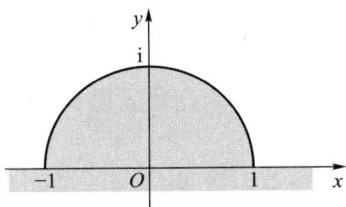

图 1.13

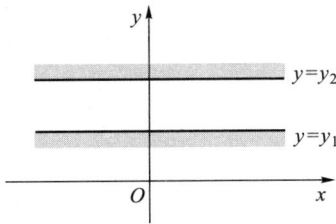

图 1.14

例 1.23　图 1.15 所示的**同心圆环**(即圆环形区域)表示为

$$r<|z|<R.$$

我们定义有界集 E 的直径为

$$d(E)=\sup\{|z-z'| \mid z\in E, z'\in E\}.$$

复变函数的基础几何概念还有曲线.

定义 1.7　设 $x(t)$ 及 $y(t)$ 是实变数 t 的两个实函数,它们在闭区间 $[\alpha,\beta]$ 上连续,则由方程组

$$\begin{cases} x=x(t), \\ y=y(t) \end{cases} \quad (\alpha \leqslant t \leqslant \beta),$$

或由复数方程

$$z=x(t)+\mathrm{i}y(t) \quad (\alpha \leqslant t \leqslant \beta) \tag{1.16}$$
$$(简记为 z=z(t))$$

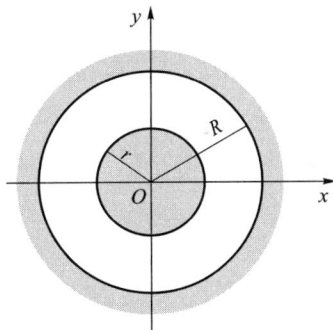

图 1.15

所决定的点集 C,称为 z 平面上的一条**连续曲线**.式(1.16)称为 C 的**参数方程**,$z(\alpha)$ 及 $z(\beta)$ 分别称为 C 的**起点**和**终点**;对满足 $\alpha<t_1<\beta, \alpha \leqslant t_2 \leqslant \beta, t_1 \neq t_2$ 的 t_1 及 t_2,当 $z(t_1)=z(t_2)$ 成立时,点 $z(t_1)$ 称为此曲线 C 的**重点**;凡无重点的连续曲线,称为**简单曲线或若尔当曲线**;$z(\alpha)=z(\beta)$ 的简单曲线称为**简单闭曲线**.

简单曲线是 z 平面上的一个有界闭集.

例如,线段、圆弧和抛物线弧段等都是简单曲线;圆周和椭圆周等都是简单闭曲线.

定义 1.8　设连续弧 AB 的参数方程为

$$z=z(t) \quad (\alpha \leqslant t \leqslant \beta),$$

任取实数列 $\{t_n\}$:

$$\alpha=t_0<t_1<t_2<\cdots<t_{n-1}<t_n=\beta, \tag{1.17}$$

并且考虑 AB 弧上对应的点列：
$$z_j = z(t_j) \quad (j=0,1,2,\cdots,n),$$
将它们用一折线 Q_n 连接起来，Q_n 的长度
$$I_n = \sum_{j=1}^{n} |z(t_j) - z(t_{j-1})|.$$

如果对于所有的数列(1.17)，I_n 有上界，则 AB 弧称为**可求长的**.上确界 $L = \sup I_n$ 称为 AB 弧的**长度**.

定义 1.9 设简单(或简单闭)曲线 C 的参数方程为
$$z = x(t) + iy(t) \quad (\alpha \leqslant t \leqslant \beta),$$
又在 $\alpha \leqslant t \leqslant \beta$ 上，$x'(t)$ 及 $y'(t)$ 存在、连续且不全为零①，则 C 称为**光滑(闭)**②曲线.

光滑(闭)曲线 C 具有连续转动的**切线**.

定义 1.10 由有限条光滑曲线衔接而成的连续曲线称为**逐段光滑曲线**.

特别，简单折线是逐段光滑曲线.

逐段光滑曲线必是可求长曲线，但简单曲线(或简单闭曲线)却不一定可求长.

* **例 1.24** 设简单曲线 J 的参数方程为
$$\begin{cases} x = x(t) = t, \\ y = y(t) = \begin{cases} t\sin\dfrac{1}{t}, & t \neq 0 \text{ 时}, \\ 0, & t = 0 \text{ 时} \end{cases} \end{cases} \quad (0 \leqslant t \leqslant 1),$$

显然 $A_n\left(\dfrac{1}{2n\pi+\frac{\pi}{2}}, \dfrac{1}{2n\pi+\frac{\pi}{2}}\right), B_n\left(\dfrac{1}{2n\pi}, 0\right)$ 皆为曲线 J 上的点，且连接 A_n 及 B_n 两点线段之长

$$A_n B_n = \sqrt{\left[\dfrac{1}{2n\pi+\frac{\pi}{2}} - \dfrac{1}{2n\pi}\right]^2 + \left[\dfrac{1}{2n\pi+\frac{\pi}{2}}\right]^2}$$
$$\geqslant \dfrac{1}{\left(2n+\frac{1}{2}\right)\pi} = \dfrac{1}{2\left(n+\frac{1}{4}\right)\pi} > \dfrac{1}{2(n+1)\pi},$$

因为 $\sum\limits_{n=1}^{\infty} \dfrac{1}{n}$ 是发散的，所以 $\sum\limits_{n=1}^{\infty} A_n B_n$ 也是发散的，从而知简单曲线 J 是不可求长的.

我们容易看出，圆周 $|z| = R$ 把 z 平面分为两个不相连接的区域 $|z| < R$ 和 $|z| > R$.这个结果是下面所谓若尔当定理的特例.

定理 1.1 (若尔当定理) 任一简单闭曲线 C 将 z 平面惟一地分成 $C, I(C)$ 及 $E(C)$ 三个点集(图 1.16)，它们具有如下性质：

(1) 彼此不交.

(2) $I(C)$ 是一个有界区域(称为 C 的**内部**).

① 这里设 $x'(\alpha)$ 及 $y'(\alpha)$ 为右导数，$x'(\beta)$ 及 $y'(\beta)$ 为左导数.
② 对于光滑闭曲线，除了 $z(\alpha) = z(\beta)$ 外，还必须有 $x'(\alpha) = x'(\beta)$ 及 $y'(\alpha) = y'(\beta)$.

（3）$E(C)$ 是一个无界区域（称为 C 的**外部**）.

（4）若简单折线 P 的一个端点属于 $I(C)$，另一个端点属于 $E(C)$，则 P 必与 C 有交点.

此定理的证明①②虽有多种，但都包含若干拓扑学的知识和术语，非简短篇幅所能说明，因此略去证明.不过这个定理的直观意义是很清楚的.

图 1.16

沿着一条简单闭曲线 C 有两个相反的方向，其中一个方向是：当观察者顺此方向沿 C 前进一周时，C 的内部一直在 C 的左方，即"逆时针"方向，称为**正方向**；另一个方向是：当观察者顺此方向沿 C 前进一周时，C 的外部一直在 C 的左方，即"顺时针"方向，称为**负方向**（图 1.16）.

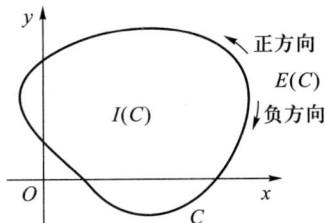

在简单闭曲线 C 的内部 $I(C)$ 无论怎样画简单闭曲线 Γ，都有 Γ 的内部 $I(\Gamma)$ 必全含于 $I(C)$.这一性质的一般化，即是

定义 1.11 设 D 为复平面上的区域.若在 D 内无论怎样画简单闭曲线，其内部仍全含于 D，则称 D 为**单连通区域**；非单连通的区域称为**多连通区域**.

所含不止一个点的闭集 E，如果不能划分为两个无公共点的非空闭集，则称 E 为**连续点集**.空集与所含只有一个点的集，称为**退化连续点集**.

若区域 D 的边界为一个连续点集（包括退化情形），则称 D 为单连通区域（也就是所谓没有"洞"的区域，这个说法与前面关于单连通区域的定义是等价的）；非单连通的区域称为多连通区域.

若区域 D 的边界是互不相交的两个、三个……n 个连续点集，则分别称 D 为**二连通、三连通……n 连通的区域**.

简单闭曲线 C 的内部 $I(C)$ 就是单连通区域.我们在例 1.19 至例 1.22 中所列举的区域也是单连通的.而例 1.23 所列举的圆环形区域 $D:r<|z|<R$ $(r\geqslant0, R\leqslant+\infty)$——它包括去心的圆$(r=0, R<+\infty)$、一个圆周的外部$(r>0, R=+\infty)$、去掉原点的 z 平面$(r=0, R=+\infty)$三种特例——就不是单连通的，因为，如果取 Γ 为圆周 $|z|=\rho$ $(r<\rho<R)$，它的内部就不能全含于这个圆环形区域内（请读者自己作图思考）.还因为它们的边界都是两个不相交的连续点集，所以都是二连通的.

注 若实数集不囿于上（下），则称"广义的数"$+\infty(-\infty)$ 为它们的上（下）界，关于这些"广义的数"或"无穷的数"，我们有

$$-\infty<+\infty \quad \text{及} \quad -\infty<\alpha<+\infty,$$

其中 α 是不论怎样的（有限的）实数.

符号 $+\infty$ 和 $-\infty$ 读作"正无穷"和"负无穷".

---

① 关于 C 为闭多边形的证明可参看：库兰特（Richard Courant）等.近代数学概观（第三册）.杨宗磐译.中华书局，1951:37.

② 可参看：H.Tverberg.Jordan 曲线定理的一个证明.原文见：Bull. London Math. Soc.，1980（12）：34—38.译文见：张南岳.数学通报，1982（12）:33—35.

§3　复 变 函 数

1. 复变函数的概念

复变函数(或称复函数)的定义,形式上和数学分析中一元函数的定义一样,不过自变量和函数都取复数值(当然也包括取实数值).

定义 1.12　设 E 为一复数集,若对 E 内每一复数 z,有惟一确定的复数 w 与之对应,则称在 E 上确定了一个**单值函数** $w=f(z)(z\in E)$.如对 E 内每一复数 z,有几个或无穷多个 w 与之对应,则称在 E 上确定了一个**多值函数** $w=f(z)(z\in E)$. E 称为函数 $w=f(z)$ 的**定义域**.对于 E, w 值的全体所成集 M 称为函数 $w=f(z)$ 的**值域**.

例 1.25　$w=|z|$, $w=\bar{z}$, $w=z^2$ 及

$$w=\frac{z+1}{z-1}\quad(z\neq 1)$$

均为 z 的单值函数;

$$w=\sqrt[n]{z}\quad(z\neq 0,n\geqslant 2\text{ 为整数})$$

及

$$w=\text{Arg }z\quad(z\neq 0)$$

均为 z 的多值函数.

注　今后如不特别声明,所提到的函数都指单值函数.

设 $w=f(z)$ 是定义于点集 E 上的单值或多值函数,并令

$$z=x+iy,\quad w=u+iv,$$

则 u,v 皆随 x,y 而确定,因而 $w=f(z)$ 又常写成

$$w=u(x,y)+iv(x,y),\tag{1.18}$$

其中 $u(x,y)$ 及 $v(x,y)$ 是二元实变函数(或称实函数).

如将 z 表示为指数形式 $z=re^{i\theta}$,函数 $w=f(z)$ 又可表示为

$$w=P(r,\theta)+iQ(r,\theta).$$

可见,复函数

$$w=f(z)\tag{1.19}$$

等价于两个相应的二元实函数

$$u=\varphi(x,y),\quad v=\psi(x,y).\tag{1.20}$$

既然如此,究竟为什么我们还要去考虑一元复函数呢? 实函数不是更为人所熟知吗? 如果一个复函数等价于一对实函数,那么引进较不熟悉的复函数,其目的在哪里?

如果两个实函数 u 与 v 是随意选定的,二者之间没有什么特别联系,那么确实没有必要将它们结合起来作为一个复函数.然而,在两个实函数是紧密相关的一些情况下,把两个关系式(1.20)缩写成一个关系式(1.19)更为有利.

例 1.26　设函数 $w=z^2+2$,当 $z=x+iy$ 时, w 可以写成

$$w=x^2-y^2+2+2xyi,$$

因而

$$u(x,y)=x^2-y^2+2,\quad v(x,y)=2xy.$$

当 $z=re^{i\theta}$ 时,w 又可以写成

$$w=r^2(\cos 2\theta+i\sin 2\theta)+2,$$

因而
$$P(r,\theta)=r^2\cos 2\theta+2,\quad Q(r,\theta)=r^2\sin 2\theta.$$

在数学分析中,我们常常把函数用几何图形表示出来,在研究函数的性质时,这些几何图形给我们很多直观的帮助.现在,我们就不能借助于同一个平面或同一个三维空间中的几何图形来表示复变函数.因由(1.18)式,$f(x+iy)=u+iv$,要描出 $w=f(z)$ 的图形,必须采用四维空间,也就是 (u,v,x,y) 空间,为了避免这个困难,我们取两张复平面,分别称为 z **平面**和 w **平面**(在个别情形下,为了方便,也可将它们叠成一张平面,如图1.8).注意到,在复平面上不区分"点"和"数",也不再区分"点集"和"数集",我们把复变函数理解为两个复平面上的点集间的**对应**(**映射**或**变换**).具体地说,复变函数 $w=f(z)$ 给出了从 z 平面上的点集 E 到 w 平面上的点集 F 间的一个**对应关系**(图1.17).与点 $z\in E$ 对应的点 $w=f(z)$ 称为点 z 的**像点**,同时点 z 就称为点 $w=f(z)$ 的**原像**.为了方便,以后也不再区分函数、映射和变换.

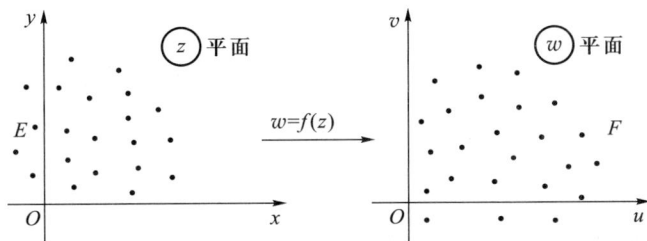

图 1.17

必须指出,像点的原像可能不只一点,例如 $w=z^2$,则 $z=\pm1$ 的像点均为 $w=1$,因此 $w=1$ 的原像是两个点 $z=\pm1$.

定义 1.13 如对 z 平面上点集 E 的任一点 z,有 w 平面上点集 F 的点 w,使得 $w=f(z)$,则称 $w=f(z)$ 把 E 变(映)入 F(简记为 $f(E)\subseteq F$),或称 $w=f(z)$ 是 E 到 F 的**入变换**.

定义 1.14 如果 $f(E)\subseteq F$,且对 F 的任一点 w,有 E 的点 z,使得 $w=f(z)$,则称 $w=f(z)$ 把 E 变(映)成 F(简记为 $f(E)=F$),或称 $w=f(z)$ 是 E 到 F 的**满变换**.

对于满变换这种对应关系 $w=f(z)$,F 就是 $w=f(z)$ 能取到的所有值所构成的点集,它显然具有下列两条性质:

(1) 对于点集 E 中的每一点 z,相应的点 $w=f(z)$ 是点集 F 中的一个点.

(2) 对于点集 F 中的每一点 w,在 E 中至少有一个点 z 与之对应,即满足 $w=f(z)$.

定义 1.15 若 $w=f(z)$ 是点集 E 到 F 的满变换,且对 F 中的每一点 w,在 E 中有一个(或至少有两个)点与之相对应,则在 F 上确定了一个单值(或多值)函数,记作 $z=f^{-1}(w)$,它就称为函数 $w=f(z)$ 的**反函数**或称为变换 $w=f(z)$ 的**逆变换**;若 $z=f^{-1}(w)$ 也是 F 到 E 的单值变换,则称 $w=f(z)$ 是 E 到 F 的**双方单值变换**或**一一变换**.

从上述反函数的定义可以看出,对于任意的 $w \in F$,有

$$w = f[f^{-1}(w)],$$

且当反函数也是单值函数时,还有

$$z = f^{-1}[f(z)], \quad z \in E.$$

上面映射这一概念的引入,对于复变函数论的进一步发展,特别是在解析函数的几何理论方面起到重要作用,因为它给出了函数的分析表示和几何表示的综合.这个综合是函数论发展的基础和新问题不断出现的源泉之一,在物理学的许多领域有着重要的应用.

例 1.27　考察函数 $w = \bar{z}$ 所构成的映射.

它将 z 平面上的点 $z = a + \mathrm{i}b$ 映射成 w 平面上的点 $w = a - \mathrm{i}b$.

如图 1.18 所示,$z_1 \to w_1, z_2 \to w_2, \triangle ABC \to \triangle A'B'C'$.

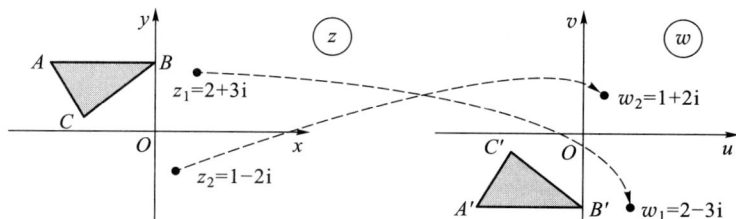

图 1.18

如果把 z 平面和 w 平面重叠在一起,不难看出 $w = \bar{z}$ 是关于实轴的一个对称映射.

例 1.28　设有函数 $w = z^2$,试问它把 z 平面上的下列曲线分别变成 w 平面上的何种曲线?

(1) 以原点为圆心,2 为半径,在第一象限里的圆弧.

(2) 倾角 $\theta = \dfrac{\pi}{3}$ 的直线 $\left(\text{可以看成两条射线 } \arg z = \dfrac{\pi}{3} \text{ 及 } \arg z = \pi + \dfrac{\pi}{3}\right)$.

(3) 双曲线 $x^2 - y^2 = 4$.

解　设

$$z = x + \mathrm{i}y = r(\cos\theta + \mathrm{i}\sin\theta),$$
$$w = u + \mathrm{i}v = R(\cos\varphi + \mathrm{i}\sin\varphi),$$

则

$$R = r^2, \varphi = 2\theta,$$

由此:

(1)(如图 1.19)当 z 的模为 2,辐角由 0 变至 $\dfrac{\pi}{2}$ 时,对应的 w 的模为 4,辐角由 0 变至 π.故在 w 平面上的对应图形为:以原点为圆心,4 为半径,在 u 轴上方的半圆周.

(2) 倾角 $\theta = \dfrac{\pi}{3}$ 的直线在 w 平面上对应的图形为射线 $\varphi = \dfrac{2\pi}{3}$.

(3) 因 $w = z^2 = x^2 - y^2 + 2xy\mathrm{i}$,故

$$u = x^2 - y^2,$$

所以 z 平面上的双曲线 $x^2 - y^2 = 4$ 在 w 平面上的像为直线 $u = 4$.

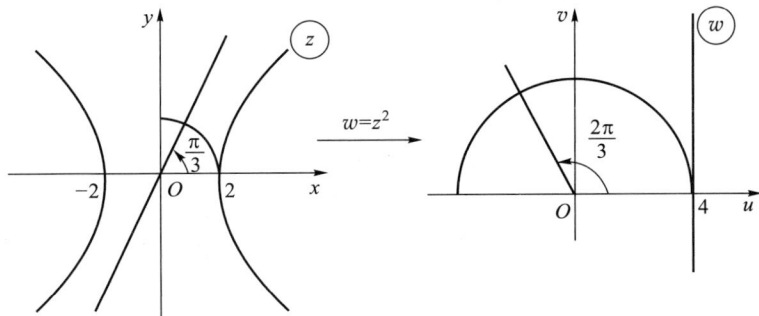

图 1.19

2. 复变函数的极限与连续性

定义 1.16 设函数 $w = f(z)$ 于点集 E 上有定义，z_0 为 E 的聚点.如存在一复数 w_0，使对任给的 $\varepsilon > 0$，有 $\delta > 0$，只要 $0 < |z - z_0| < \delta, z \in E$，就有

$$|f(z) - w_0| < \varepsilon,$$

则称函数 $\underline{f(z)}$ 沿 E 于 z_0 有极限 w_0，并记为

$$\lim_{\substack{z \to z_0 \\ z \in E}} f(z) = w_0.$$

我们可以这样来理解极限概念的几何意义:当变点 z 进入 z_0 的充分小的去心 δ 邻域时，它们的像点就落入 w_0 的一个给定的 ε 邻域内(图 1.20).

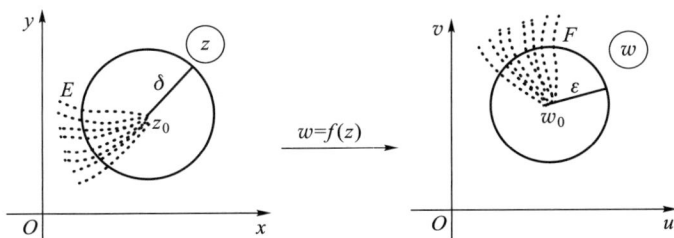

图 1.20

由于复变函数极限的定义与数学分析中一元实变函数的极限定义相似，我们可以仿照证明而有下述结论:

(1) 若极限存在，必然惟一.

(2) 若 $f(z), g(z)$ 沿点集 E 在点 z_0 有极限，则其和、差、积、商(在商的情形，要求分母的极限不等于零)沿点集 E 在点 z_0 仍然有极限，并且其极限值等于 $f(z), g(z)$ 在点 z_0 的极限值的和、差、积、商.

注 极限 $\lim\limits_{\substack{z \to z_0 \\ z \in E}} f(z)$ 与 z 趋于 z_0 的方式无关.通俗地说，就是指在 E 上，z 要沿着从四面八方通向 z_0 的任何路径趋于 z_0.对比数学分析中一元实变函数 $f(x)$ 的极限 $\lim\limits_{x \to x_0} f(x), x \to x_0$ 指在 x 轴上 x 只沿 x_0 的左右两个方向，我们这里对复变函数极限存

在的要求,显然苛刻得多.这正是复分析与实分析不同的根源.

下述定理给出了复变函数极限与其实部和虚部极限的关系:

定理 1.2 设函数 $f(z)=u(x,y)+\mathrm{i}v(x,y)$ 于点集 E 上有定义, $z_0=x_0+\mathrm{i}y_0$ 为 E 的聚点,则

$$\lim_{\substack{z \to z_0 \\ z \in E}} f(z)=\eta=a+\mathrm{i}b$$

的充要条件是

$$\lim_{\substack{(x,y) \to (x_0,y_0) \\ (x,y) \in E}} u(x,y)=a, \qquad \lim_{\substack{(x,y) \to (x_0,y_0) \\ (x,y) \in E}} v(x,y)=b.$$

证 因为

$$f(z)-\eta=u(x,y)-a+\mathrm{i}[v(x,y)-b],$$

由不等式(1.1)得

$$\left.\begin{aligned}|u(x,y)-a| \leqslant |f(z)-\eta|, \\ |v(x,y)-b| \leqslant |f(z)-\eta|,\end{aligned}\right\} \tag{1.21}$$

及

$$|f(z)-\eta| \leqslant |u(x,y)-a|+|v(x,y)-b|. \tag{1.22}$$

根据极限的定义,由(1.21)可得必要性部分的证明,由(1.22)可得充分性部分的证明.

下面引入复变函数连续性的概念.

定义 1.17 设函数 $w=f(z)$ 于点集 E 上有定义, z_0 为 E 的聚点,且 $z_0 \in E$.若

$$\lim_{\substack{z \to z_0 \\ z \in E}} f(z)=f(z_0),$$

即对任给的 $\varepsilon>0$,有 $\delta>0$,只要 $|z-z_0|<\delta, z \in E$,就有

$$|f(z)-f(z_0)|<\varepsilon,$$

则称 $f(z)$ 沿 E 于 z_0 连续.

这里,复变函数连续性的定义与数学分析中一元实变函数连续性的定义相似,我们可以仿照证明而有下述结论:

(1) 如 $f(z),g(z)$ 沿点集 E 于点 z_0 连续,则其和、差、积、商(在商的情形,要求分母在 z_0 不为零)沿点集 E 于点 z_0 连续.

(2) 如函数 $\eta=f(z)$ 沿点集 E 于点 z_0 连续,且 $f(E) \subseteq G$,函数 $w=g(\eta)$ 沿点集 G 于点 $\eta_0=f(z_0)$ 连续,则复合函数 $w=g[f(z)]=F(z)$ 沿点集 E 于点 z_0 连续.

定理 1.3 设函数 $f(z)=u(x,y)+\mathrm{i}v(x,y)$ 于点集 E 上有定义, $z_0 \in E$,则 $f(z)$ 沿 E 在点 $z_0=x_0+\mathrm{i}y_0$ 连续的充要条件是:二元实变函数 $u(x,y),v(x,y)$ 沿 E 于点 (x_0,y_0) 连续.

证 由于连续性是借助于极限概念来定义的,只要注意到定理 1.2 中的 a 就是这里的 $u(x_0,y_0)$, b 就是这里的 $v(x_0,y_0)$,这一定理就可以得到证明.

注 为了简单起见,今后在说到极限、连续时,凡上下文明确,均不必提到"沿什么集"的话,而极限符号也可以省写为 $\lim\limits_{z \to z_0}$.

例 1.29 证明函数 $f(z)=\dfrac{z}{\bar{z}}(z \neq 0)$ 当 $z \to 0$ 时的极限不存在.

证 令 $z = x + iy$，$f(z) = u + iv$，则

$$u(x, y) = \frac{x^2 - y^2}{x^2 + y^2}, \quad v(x, y) = \frac{2xy}{x^2 + y^2}.$$

当 z 沿直线 $y = kx$ 趋于零时，

$$\lim_{\substack{x \to 0 \\ y = kx}} v(x, y) = \lim_{\substack{x \to 0 \\ y = kx}} \frac{2xy}{x^2 + y^2} = \frac{2k}{1 + k^2},$$

极限值随 k 值的变化而变化. 所以 $\lim\limits_{\substack{x \to x_0 \\ y \to y_0}} v(x, y)$ 不存在，根据定理 1.2 知

$$\lim_{z \to z_0} f(z)$$

不存在.

例 1.30 设

$$f(z) = \frac{1}{2i}\left(\frac{z}{\bar{z}} - \frac{\bar{z}}{z}\right) \quad (z \neq 0),$$

试证 $f(z)$ 在原点无极限，从而在原点不连续.

证 令变点 $z = r(\cos\theta + i\sin\theta)$，则

$$f(z) = \frac{1}{2i} \cdot \frac{z^2 - \bar{z}^2}{z\bar{z}} = \frac{1}{2i} \cdot \frac{(z + \bar{z})(z - \bar{z})}{r^2}$$

$$= \frac{1}{2ir^2} \cdot 2r\cos\theta \cdot 2ri\sin\theta = \sin 2\theta,$$

从而

$$\lim_{z \to 0} f(z) = 0 \quad (\text{沿正实轴 } \theta = 0),$$

$$\lim_{z \to 0} f(z) = 1 \quad \left(\text{沿第一象限的角平分线 } \theta = \frac{\pi}{4}\right),$$

故 $f(z)$ 在原点无确定的极限，从而在原点不连续.

注 上述例子说明：当 z 依某一特定方式趋于 z_0 时，函数虽有极限存在，但不足以说明它在该点有极限存在. 只有当函数 $f(z)$ 在一点 z_0 的极限存在的条件下，才能使 z 依某种特定的方式趋于 z_0 来简单地求得此极限.

在对 $z \to z_0$ 的这种要求上，单复变函数的极限与二元实函数的极限相似. 事实上，因 $z \to z_0$ 与 $(x, y) \to (x_0, y_0)$，从复数的实数对形式看，二者是一样的.

定义 1.18 如函数 $f(z)$ 在点集 E 上各点均连续，则称 $f(z)$ 在 E 上连续.

特别情形 （1）若 E 为实轴上的线段 $[\alpha, \beta]$，则连续曲线 (1.16) 就是 $[\alpha, \beta]$ 上的连续函数 $z = z(t)$.

（2）若 E 为闭域 $\overline{D}$，则其上每一点均为其聚点，故对在 $\overline{D}$ 上有定义的函数，均可考查连续性，不过对于边界上的点 z_0，$z \to z_0$ 只能沿 $\overline{D}$ 上的点 z 来取.

易知，借助于连续变换 $w = f(z)$，z 平面上的一条连续曲线也被变成 w 平面上的一条连续曲线.

例 1.31 设 $\lim\limits_{z \to z_0} f(z) = \eta$，试证函数 $f(z)$ 在点 z_0 的某一去心邻域内是有界的.

证 因

$$\lim_{z \to z_0} f(z) = \eta,$$

则对任给的 $\varepsilon > 0$，有 $\delta > 0$，只要 $0 < |z - z_0| < \delta$，就有
$$|f(z) - \eta| < \varepsilon,$$
由此可得
$$\big| |f(z)| - |\eta| \big| < \varepsilon,$$
于是
$$|f(z)| < |\eta| + \varepsilon,$$
所以，在点 z_0 的去心邻域 $N_\delta(z_0) \backslash \{z_0\}$ 内 $f(z)$ 是有界的.

例 1.32 设函数 $f(z)$ 在点 z_0 连续，且 $f(z_0) \neq 0$，试证 $f(z)$ 在点 z_0 的某一邻域内恒不为零.

证 因 $f(z)$ 在点 z_0 连续，则对任给的 $\varepsilon > 0$，有 $\delta > 0$，只要 $|z - z_0| < \delta$，就有
$$|f(z) - f(z_0)| < \varepsilon.$$

特别，取 $\varepsilon = \dfrac{|f(z_0)|}{2} > 0$，则由上面的不等式得

$$|f(z)| > |f(z_0)| - \varepsilon = |f(z_0)| - \frac{|f(z_0)|}{2} = \frac{|f(z_0)|}{2} > 0,$$

因此，$f(z)$ 在点 z_0 的 δ 邻域 $N_\delta(z_0)$ 内就恒不为零.

上面两例的结果以后常会用到.

下列三个定理常用，数学分析里已证过.

定理 1.4[波尔查诺-魏尔斯特拉斯(Bolzano-Weierstrass)定理] 每一个有界无穷点集，至少有一个聚点.

定理 1.5(闭集套定理) 设无穷闭集列 $\{\overline{F}_n\}$，至少一个为有界且 $\overline{F}_n \supset \overline{F}_{n+1}$，$\lim\limits_{n \to \infty} d(\overline{F}_n) = 0$($d(\overline{F}_n)$ 是 $\overline{F}_n$ 的直径)，则必有惟一的一点 $z_0 \in \overline{F}_n$($n = 1, 2, \cdots$).

定理 1.6[海涅-博雷尔(Heine-Borel)覆盖定理] 设有界闭集 E 的每一点 z 都是圆 K_z 的圆心，则这些圆 $\{K_z\}$ 中必有有限个圆把 E 盖住，换句话说，E 的每一点至少属于这有限个圆中的一个.

我们在数学分析中知道，在闭区间上的连续函数有三个重要性质：有界性、达到最大值与最小值的性质及一致连续性.对于复变连续函数，也有与此平行的性质.

定理 1.7 在有界闭集 E 上连续的函数 $f(z)$，具有下列三个性质：

(1) 在 E 上 $f(z)$ 有界.即有常数 $M > 0$，使
$$|f(z)| \leqslant M \quad (z \in E).$$

(2) $|f(z)|$ 在 E 上有最大值与最小值.即在 E 上有两点 z_1 和 z_2 使
$$|f(z)| \leqslant |f(z_1)|, \ |f(z)| \geqslant |f(z_2)| \quad (z \in E).$$

(3) $f(z)$ 在 E 上一致连续，即任给 $\varepsilon > 0$，有 $\delta > 0$，使对 E 上满足 $|z_1 - z_2| < \delta$ 的任意两点 z_1 及 z_2，均有
$$|f(z_1) - f(z_2)| < \varepsilon.$$

证 由定理 1.3 可知，二元实值函数
$$|f(z)| = \sqrt{u^2(x, y) + v^2(x, y)}$$
在有界闭集 E 上连续，由数学分析中二元连续函数的性质，即知(1)，(2)为真.

参照不等式(1.22)可以看出，$f(z)$ 的一致连续性，可由 $u(x, y)$ 及 $v(x, y)$ 的一致连续性推出.

思考题 本定理对于区域 D 不一定成立.建议读者在**单位圆** $|z| < 1$ 内考虑函数

$$f(z) = \frac{1}{1-z},$$

看看本定理的结论(1)是否为真.

§4　复球面与无穷远点

1. 复球面

复数还有一种几何表示法,它是借用地图制图学中将地球投影到平面上的**测地投影法**,建立复平面与球面上的点的对应,着重说明引入无穷远点的合理性.

取一个在原点 O 与 z 平面相切的球面,通过点 O 作一垂直于 z 平面的直线与球面交于点 N, N 称为北极点, O 称为南极点(图1.21).现在用直线段将 N 与 z 平面上一点 z 相连,此线段交球面于一点 $P(z)$,这样就建立起球面上的点(不包括北极点 N)与复平面上的点间的一一对应.

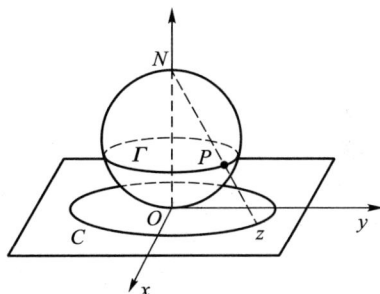

考虑 z 平面上一个以原点为圆心的圆周 C,在球面上对应的也是一个圆周 Γ(即是纬线).当圆周 C 的半径越大时,圆周 Γ 就越趋于北极点 N.因此,北极点 N 可以看成是与 z 平面上的一个模为

图 1.21

无穷大的假想点相对应,这个假想点称为**无穷远点**,并记为 ∞.复平面加上点 ∞ 后称为**扩充复平面**,常记作 $\mathbf{C}_\infty$, $\mathbf{C}_\infty = \mathbf{C} + \{\infty\}$.与它对应的就是整个球面,称为**复球面**.简单说来,扩充复平面的一个几何模型就是复球面.

关于新"数"∞(读作**无穷**)还需作如下几点规定:

(1) 运算 $\infty \pm \infty, 0 \cdot \infty, \dfrac{\infty}{\infty}, \dfrac{0}{0}$ 无意义.

(2) $a \neq \infty$ 时, $\dfrac{\infty}{a} = \infty, \dfrac{a}{\infty} = 0, \infty \pm a = a \pm \infty = \infty$.

(3) $b \neq 0$(但可为 ∞)时, $\infty \cdot b = b \cdot \infty = \infty, \dfrac{b}{0} = \infty$.

(4) ∞ 的实部、虚部及辐角都无意义, $|\infty| = +\infty$.

(5) 复平面上每一条直线都通过点 ∞,同时,没有一个半平面包含点 ∞.并注意,直线不是简单闭曲线.

2. 扩充复平面上的几个概念

(i) 扩充复平面上,无穷远点的邻域(对照定义 1.1)应理解为以原点为圆心的某圆周的外部,即 ∞ 的 ε 邻域 $N_\varepsilon(\infty)$ 是指满足条件 $|z| > \dfrac{1}{\varepsilon}$ 的点集,它正好对应着复球面上以北极点 N 为心的一个**球盖**. ∞ 的去心 ε 邻域是指 $\dfrac{1}{\varepsilon} < |z| < +\infty$,它正好对应

着去掉北极点 N 的一个球盖. 对照定义 1.2 及定义 1.3,在扩充复平面上,**聚点**、**内点**和**边界点**等概念均可以推广到点 ∞. 于是,复平面以 ∞ 为其惟一的边界点;扩充复平面以 ∞ 为内点,且它是惟一的无边界的区域.

任一简单闭曲线 C 将扩充 z 平面分为两个不相连接的区域,一个是有界区域 $I(C)$,另一个是无界区域 $E(C)$,它们都以 C 为边界(若尔当定理).

(ⅱ) 单连通区域的概念也可以推广到扩充复平面上的区域. 对照定义 1.11,我们有定义:设 D 为扩充复平面上的区域,若在 D 内无论怎样画简单闭曲线,其内部或外部(包含无穷远点)仍全含于 D,则称 D 为**单连通区域**.

注意 在扩充复平面上,一个圆周的外部(这里把 ∞ 算作这个区域的内点)就是一个单连通区域. 所以,一个无界区域,考虑它是否单连通,首先要考虑是在通常的复平面上还是在扩充复平面上讲的(在扩充复平面上时,还要问 ∞ 是否算在这个区域内).

注 如 ∞ 在无界区域的边界上,也就是区域的边界曲线延伸到 ∞,则不论在通常复平面上还是在扩充复平面上,区域是否为单连通必定是一致的. 例 1.20 的半平面及例 1.22 的带形区域就总是单连通的.

(ⅲ) 在扩充复平面上,点 ∞ 可以包含在函数的定义域中,函数值也可以取到 ∞. 因此,函数的极限与连续性的概念可以有所推广. 在关系式

$$\lim_{z \to z_0} f(z) = f(z_0)$$

中,如果 z_0 及 $f(z_0)$ 之一或者它们同时取 ∞,就称 $f(z)$ 在点 z_0 为**广义连续**的,极限就称为**广义极限**. 在这种广义的意义下,极限和连续性的 $\varepsilon-\delta$ 说法要相应修改.

例如,在 $z_0 = \infty$,$f(\infty) \neq \infty$ 时,$f(z)$ 在 $z_0 = \infty$ 连续的 $\varepsilon-\delta$ 说法应该修改为:

任给 $\varepsilon > 0$,存在 $\delta > 0$,只要 $|z| > \dfrac{1}{\delta}$,就有

$$|f(z) - f(\infty)| < \varepsilon.$$

例 1.33 试证函数

$$f(z) = \frac{1}{z}(f(0) = \infty, f(\infty) = 0)$$

在扩充 z 平面上广义连续.

证 因为 $\dfrac{1}{z}$ 在 $z \neq 0$ 及 $z \neq \infty$ 时,作为两个连续函数的商是连续的. 而在 $z = 0$ 及 $z = \infty$ 的连续性可以根据下式得出:

$$\lim_{z \to \infty} f(z) = 0 = f(\infty),$$
$$\lim_{z \to 0} f(z) = \infty = f(0).$$

注 以后涉及扩充复平面时,一定强调"扩充"二字,凡是没有强调的地方,均指通常的复平面;以后提到区域及其连通性时,如不加说明,都将限于通常复平面上来考虑;以后提到极限、连续时,如不加说明,均按通常意义去理解.

（一）

1. 设 $z=\dfrac{1-\sqrt{3}\,\mathrm{i}}{2}$，求 $|z|$ 及 $\operatorname{Arg} z$.

2. 设 $z_1=\dfrac{1+\mathrm{i}}{\sqrt{2}}$，$z_2=\sqrt{3}-\mathrm{i}$，试用指数形式表示 z_1z_2 及 $\dfrac{z_1}{z_2}$.

3. 试求方程 $z^3+z^2+z+1=0$ 的根，并将 z^3+z^2+z+1 写成因式分解的形式.

4. 证明 $|z_1+z_2|^2+|z_1-z_2|^2=2(|z_1|^2+|z_2|^2)$，并说明其几何意义.

提示 利用公式 $|z|^2=z\bar{z}$.

5. 设 z_1,z_2,z_3 三点适合条件：
$$z_1+z_2+z_3=0 \text{ 及 } |z_1|=|z_2|=|z_3|=1.$$
试证明 z_1,z_2,z_3 是一个内接于单位圆周 $|z|=1$ 的正三角形的顶点.

6. 下列关系表示的点 z 的轨迹的图形是什么？它是不是区域？

(1) $|z-z_1|=|z-z_2|,z_1\neq z_2$； (2) $|z|\leqslant|z-4|$；

(3) $\left|\dfrac{z-1}{z+1}\right|<1$； (4) $0<\arg(z-1)<\dfrac{\pi}{4}$ 且 $2\leqslant\operatorname{Re} z\leqslant 3$；

(5) $|z|>2$ 且 $|z-3|>1$； (6) $\operatorname{Im} z>1$ 且 $|z|<2$；

(7) $|z|<2$ 且 $0<\arg z<\dfrac{\pi}{4}$； (8) $\left|z-\dfrac{\mathrm{i}}{2}\right|>\dfrac{1}{2}$ 且 $\left|z-\dfrac{3\mathrm{i}}{2}\right|>\dfrac{1}{2}$.

7. 试证 $\prod\limits_{k=1}^{n-1}\left(x^2-2x\cos\dfrac{k\pi}{n}+1\right)=\dfrac{x^{2n}-1}{x^2-1}$，其中 $n>1$ 为正整数.

8. 证明：(1) z 平面上的直线方程可以写成
$$\bar{\alpha}z+\alpha\bar{z}=c \quad (\alpha \text{ 是非零复常数},c \text{ 是实常数})；$$
(2) z 平面上的圆周方程可以写成
$$Az\bar{z}+\bar{\beta}z+\beta\bar{z}+C=0,$$
其中 A,C 为实数，$A\neq0$，β 为复数，且 $|\beta|^2>AC$.

9. 设 $z_1,z_2,\cdots,z_n$ 是以原点为圆心的单位圆周上的 n 个点.如果 $z_1,z_2,\cdots,z_n$ 是正 n 边形的 n 个顶点，证明 $z_1+z_2+\cdots+z_n=0$.

10. 求下列方程（t 是实参数）给出的曲线：

(1) $z=(1+\mathrm{i})t$； (2) $z=a\cos t+\mathrm{i}b\sin t$；

(3) $z=t+\dfrac{\mathrm{i}}{t}$； (4) $z=t^2+\dfrac{\mathrm{i}}{t^2}$.

11. 函数 $w=\dfrac{1}{z}$ 将 z 平面上的下列曲线变成 w 平面上的什么曲线（$z=x+\mathrm{i}y,w=u+\mathrm{i}v$）？

(1) $x^2+y^2=4$； (2) $y=x$；

(3) $x=1$； (4) $(x-1)^2+y^2=1$.

12. 试证：

(1) 多项式 $p(z)=a_0z^n+a_1z^{n-1}+\cdots+a_n(a_0\neq0)$ 在 z 平面上连续；

(2) 有理分式函数

$$f(z) = \frac{a_0 z^n + a_1 z^{n-1} + \cdots + a_n}{b_0 z^m + b_1 z^{m-1} + \cdots + b_m} \quad (a_0 \neq 0, b_0 \neq 0)$$

在 z 平面上除使分母为零的点外都连续.

13. 试证 $\arg z(-\pi < \arg z \leqslant \pi)$ 在负实轴上(包括原点)不连续,除此而外在 z 平面上处处连续.

注 若 $0 \leqslant \arg z < 2\pi$,则 $\arg z$ 在正实轴上(包括原点)不连续,在 z 平面上其他点处处连续.

14. 设 $f(z) = e^x(\cos y + i \sin y)$,其中 $z = x + iy$,问当 $z \to \infty$ 时,$f(z)$ 有无极限(包括广义极限)?

15. 试问函数 $f(z) = \dfrac{1}{1-z}$ 在单位圆 $|z| < 1$ 内是否连续? 是否一致连续?

16. 一个复数列 $z_n = x_n + iy_n (n = 1, 2, \cdots)$ 以 $z_0 = x_0 + iy_0$ 为极限的定义为:任给 $\varepsilon > 0$,存在一个正整数 $N = N(\varepsilon)$,使当 $n > N$ 时,恒有

$$|z_n - z_0| < \varepsilon,$$

试证复数列 $\{z_n\}$ 以 $z_0 = x_0 + iy_0$ 为极限的充要条件为实数列 $\{x_n\}$ 及 $\{y_n\}$ 分别以 x_0 及 y_0 为极限(这是一个定理).

提示 一方面从 $|x_n - x_0| \leqslant |z_n - z_0|$ 及 $|y_n - y_0| \leqslant |z_n - z_0|$ 推出条件的必要性;另一方面,从 $|z_n - z_0| \leqslant |x_n - x_0| + |y_n - y_0|$ 推出条件的充分性.

注 本题的定理有如下的三角表示:复数列 $z_n = r_n(\cos \theta_n + i \sin \theta_n)(n = 1, 2, \cdots)$ 以 $z_0 = r_0(\cos \theta_0 + i \sin \theta_0)(z_0 \neq 0, z_0 \neq \infty)$ 为极限的充要条件是实数列 $\{r_n\}$ 及 $\{\theta_n\}$ 分别以 r_0 及 θ_0 为极限(必要性证明只要适当选择 θ_n 及 θ_0 的值).

17. 设复数列 $\{a_n\}, \{b_n\}$,其中 $\lim\limits_{n \to +\infty} a_n = a$,$\lim\limits_{n \to +\infty} b_n = b$.证明

$$\lim_{n \to +\infty} \frac{1}{n}(a_1 b_n + \cdots + a_n b_1) = ab.$$

18. 试证一个复数列 $z_n = x_n + iy_n (n = 1, 2, \cdots)$ 有极限的充要条件(即**柯西收敛准则**)是:任给 $\varepsilon > 0$,存在正整数 $N = N(\varepsilon)$,使当 $n > N$ 时,恒有

$$|z_{n+p} - z_n| < \varepsilon \quad (p = 1, 2, \cdots).$$

提示 利用上题、不等式(1.1)及实数情形的柯西收敛准则.

19. 试证任何有界的复数列必有一个收敛的子数列.

20. 如果复数列 $\{z_n\}$ 满足 $\lim\limits_{n \to +\infty} z_n = z_0 \neq \infty$,试证

$$\lim_{n \to +\infty} \frac{z_1 + z_2 + \cdots + z_n}{n} = z_0.$$

当 $z_0 = \infty$ 时,结论是否正确?

(二)

1. 试证明复数形式的拉格朗日(Lagrange)恒等式

$$\left| \sum_{i=1}^n a_i b_i \right|^2 = \left(\sum_{i=1}^n |a_i|^2 \right) \left(\sum_{i=1}^n |b_i|^2 \right) - \sum_{1 \leqslant i < j \leqslant n} |a_i \bar{b}_j - a_j \bar{b}_i|^2,$$

其中 a_i, b_i 是复数.

2. 如果 $z = e^{it}$,试证

$$z^n + \frac{1}{z^n} = 2\cos nt,$$

$$z^n - \frac{1}{z^n} = 2i \sin nt,$$

其中 n 为正整数.

3. 设 p 及 q 为两互质的整数,试证明 $(\sqrt[q]{z})^p$ 与 $\sqrt[q]{z^p}$ 两式(作为集合)相等.若 p 与 q 有一最大公因数 $d(d>1)$,则结果如何?

4. 设 $z = x + \mathrm{i}y$,试证

$$\frac{|x| + |y|}{\sqrt{2}} \leqslant |z| \leqslant |x| + |y|.$$

5. 设 z_1 及 z_2 是两个复数,试证

$$|z_1 - z_2| \geqslant ||z_1| - |z_2||.$$

6. 设 $|z| = 1$,试证

$$\left| \frac{az + b}{\bar{b}z + \bar{a}} \right| = 1.$$

7. 如图 1.22 所示,已知正方形 $z_1 z_2 z_3 z_4$ 的相对顶点 $z_1(0, -1)$ 和 $z_3(2,5)$,求顶点 z_2 和 z_4 的坐标.

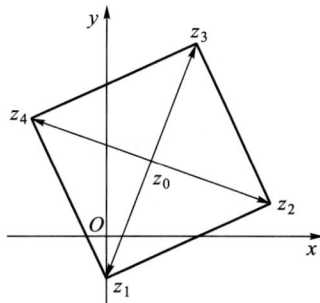

图 1.22

8. 试证以 z_1, z_2, z_3 为顶点的三角形和以 w_1, w_2, w_3 为顶点的三角形同向相似的充要条件为

$$\begin{vmatrix} z_1 & w_1 & 1 \\ z_2 & w_2 & 1 \\ z_3 & w_3 & 1 \end{vmatrix} = 0.$$

9. 试证四个相异点 z_1, z_2, z_3, z_4 共圆周或共直线的充要条件是

$$\frac{z_1 - z_4}{z_1 - z_2} : \frac{z_3 - z_4}{z_3 - z_2}$$

为实数(如图 1.23).

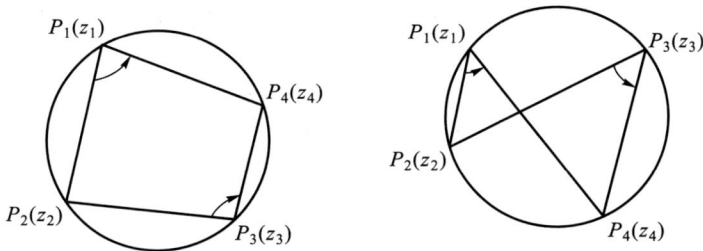

图 1.23

10. 试证两向量 $\overrightarrow{Oz_1}(z_1 = x_1 + \mathrm{i}y_1)$ 与 $\overrightarrow{Oz_2}(z_2 = x_2 + \mathrm{i}y_2)$ 互相垂直的充要条件是

$$z_1 \bar{z}_2 + \bar{z}_1 z_2 = 0.$$

11. 试证方程

$$\left| \frac{z - z_1}{z - z_2} \right| = k \quad (0 < k \neq 1, z_1 \neq z_2)$$

表示 z 平面上一个圆周,其圆心为 z_0,半径为 ρ,且

$$z_0 = \frac{z_1 - k^2 z_2}{1 - k^2}, \qquad \rho = \frac{k|z_1 - z_2|}{|1 - k^2|}.$$

*12. 试证

$$\operatorname{Re} z > 0 \Leftrightarrow \left| \frac{1 - z}{1 + z} \right| < 1,$$

并能从几何意义上来读本题.

第一章重难点讲解

第一章综合自测题

第二章

解析函数

这一章,研究复变函数的微分.

解析函数是复变函数论研究的主要对象,它是一类具有某种特性的可微函数.首先,我们引入判断函数可微和解析的主要条件——柯西-黎曼方程;其次,把我们在实数域上熟知的初等函数推广到复数域上来,并研究其性质.

§1 解析函数的概念与柯西-黎曼方程

1. 复变函数的导数与微分

定义 2.1 设函数 $w=f(z)$ 在点 z_0 的邻域内或包含 z_0 的区域 D 内有定义,考虑比值

$$\frac{\Delta w}{\Delta z}=\frac{f(z)-f(z_0)}{z-z_0}=\frac{f(z_0+\Delta z)-f(z_0)}{\Delta z} \quad (\Delta z\neq 0),$$

如果当 z 按任意方式趋于 z_0,即当 Δz 按任意方式趋于零时,比值 $\Delta w/\Delta z$ 的极限都存在,且其值有限,则称此极限为函数 $f(z)$ 在点 z_0 的**导数**,并记为 $f'(z_0)$,即

$$f'(z_0)=\lim_{\Delta z\to 0}\frac{\Delta w}{\Delta z}=\lim_{z\to z_0}\frac{f(z)-f(z_0)}{z-z_0}, \tag{2.1}$$

这时称函数 $f(z)$ 于点 z_0 **可导**.

复变函数的导数定义,形式上和数学分析中一元函数的导数定义一致.因此,微分学中几乎所有的求导基本公式,都可不加更改地推广到复变函数上来.

式(2.1)的极限存在要求与 Δz 趋于零的方式无关,对于函数的这一限制,要比对于实变量 x 的实值函数 $y=\varphi(x)$ 的类似限制严得多.事实上,实变函数导数存在性的要求意味着:当点 $x_0+\Delta x$ 由左($\Delta x<0$)及右($\Delta x>0$)两个方向趋于 x_0 时,比值 $\Delta y/\Delta x$ 的极限都存在且相等.而复变函数导数存在性的要求意味着:当点 $z_0+\Delta z$ 沿连接点 z_0 的任意路径趋于点 z_0 时,比值 $\Delta w/\Delta z$ 的极限都存在,并且这些极限都相等.

和导数的情形一样,复变函数的微分定义,形式上与实变函数的微分定义一致.

设函数 $w=f(z)$ 在点 z 可导,于是

$$\lim_{\Delta z\to 0}\frac{\Delta w}{\Delta z}=f'(z),$$

即

$$\frac{\Delta w}{\Delta z}=f'(z)+\eta, \quad \lim_{\Delta z\to 0}\eta=0,$$

$$\Delta w=f'(z)\Delta z+\varepsilon,$$

其中 $|\varepsilon|=|\eta\cdot\Delta z|$ 为比 $|\Delta z|$ 高阶的无穷小.

称 $f'(z)\Delta z$ 为 $w=f(z)$ 在点 z 的**微分**,记为 $\mathrm{d}w$ 或 $\mathrm{d}f(z)$,此时也称 $f(z)$ 在点 z **可微**,即

$$\mathrm{d}w=f'(z)\Delta z. \tag{2.2}$$

特别,当 $f(z)=z$ 时,$\mathrm{d}z=\Delta z$.于是式(2.2)变为

$$\mathrm{d}w=f'(z)\mathrm{d}z,$$

即

$$f'(z)=\frac{\mathrm{d}w}{\mathrm{d}z}.$$

由此可见:$f(z)$ 在点 z 可导与 $f(z)$ 在点 z 可微是等价的.

函数 $f(z)$ 在点 z 可微,显然 $f(z)$ 在点 z 连续.但 $f(z)$ 在点 z 连续却不一定在点 z 可微.并且在复变函数中,处处连续又处处不可微的函数几乎随手可得,比如

$$f(z)=\bar{z}, \ \mathrm{Re}\, z, \ \mathrm{Im}\, z \ 及 \ |z|,$$

等等.而在实变函数中,要构造一个这种函数就不是容易的事.

例 2.1 试证函数 $f(z)=\bar{z}$ 在 z 平面上处处不可微.

证 易知此函数在 z 平面上处处连续.但

$$\frac{\Delta f}{\Delta z}=\frac{\overline{z+\Delta z}-\bar{z}}{\Delta z}=\frac{\bar{z}+\overline{\Delta z}-\bar{z}}{\Delta z}=\frac{\overline{\Delta z}}{\Delta z},$$

当 $\Delta z\to 0$ 时,上式极限不存在.因为让 Δz 取实数而趋于零时,其极限为 1;Δz 取纯虚数而趋于零时,其极限为 -1.

例 2.2 试证函数 $f(z)=z^n$(n 为正整数)在 z 平面上处处可微,且 $\dfrac{\mathrm{d}}{\mathrm{d}z}z^n=nz^{n-1}$.

证 设 z 是任意固定的点,我们有

$$\lim_{\Delta z\to 0}\frac{(z+\Delta z)^n-z^n}{\Delta z}=\lim_{\Delta z\to 0}\left[nz^{n-1}+\frac{n(n-1)}{2}z^{n-2}\Delta z+\cdots+(\Delta z)^{n-1}\right]=nz^{n-1}.$$

如函数 $f(z)$ 在区域 D 内处处可微,则称 $f(z)$ 在区域 D 内可微.

2. 解析函数及其简单性质

定义 2.2 如果函数 $w=f(z)$ 在区域 D 内可微,则称 $f(z)$ 为区域 D 内的**解析函数**,或称 $f(z)$ 在区域 D 内解析.

解析函数这一重要概念,是与相伴区域密切联系的.以后,我们也说函数 $f(z)$ 在某点解析,其意义是指 $f(z)$ 在该点的某一邻域内解析;说函数 $f(z)$ 在闭域 $\bar{D}$ 上解析,其意义是指 $f(z)$ 在包含 $\bar{D}$ 的某区域内解析.

区域 D 内的解析函数也称为 D 内的**全纯函数**或**正则函数**.

容易看出,函数 $f(z)$ 在区域 D 内解析与函数 $f(z)$ 在区域 D 内处处解析的说法是等价的.

定义 2.3 若函数 $f(z)$ 在点 z_0 不解析,但在 z_0 的任一邻域内总有 $f(z)$ 的解析

点,则称 z_0 为函数 $f(z)$ 的**奇点**.

例如,$w=1/z$ 在 z 平面上以 $z=0$ 为奇点.

通常泛称的解析函数是容许有奇点的,但更主要的是,它在复平面上总有解析点,所以它不包含像 $\bar{z}$ 这种处处不解析的函数.解析函数是复变函数研究的主要对象,它具有很好的性质.例如,由函数在一点解析(注意,只是在该点的邻域内可微!)就可推出其各阶导数也在该点解析(本书第三章定理 3.14),并且就可以展成幂级数(本书第四章定理 4.15).这在一元实变函数中是绝对不可能的.因为一元实变函数在一个区间上的导数存在,甚至不可能保证其导数连续.

把数学分析中有关求导法则推广到复变函数,就有:

(1) 如函数 $f_1(z),f_2(z)$ 在区域 D 内解析,则其和、差、积、商(在商的情形,要求分母在 D 内不为零)在 D 内解析,并且

$$[f_1(z)\pm f_2(z)]'=f_1'(z)\pm f_2'(z),$$

$$[f_1(z)f_2(z)]'=f_1'(z)f_2(z)+f_1(z)f_2'(z),$$

$$\left[\frac{f_1(z)}{f_2(z)}\right]'=\frac{f_1'(z)f_2(z)-f_1(z)f_2'(z)}{[f_2(z)]^2}\quad(f_2(z)\neq 0).$$

(2) (复合函数的求导法则)设函数 $\xi=f(z)$ 在区域 D 内解析,函数 $w=g(\xi)$ 在区域 G 内解析.若对于 D 内每一点 z,函数 $f(z)$ 的值 ξ 均属于 G,则 $w=g[f(z)]$ 在 D 内解析,且

$$\frac{\mathrm{d}g[f(z)]}{\mathrm{d}z}=\frac{\mathrm{d}g(\xi)}{\mathrm{d}\xi}\cdot\frac{\mathrm{d}f(z)}{\mathrm{d}z}.$$

例 2.3 设多项式 $P(z)=a_0z^n+a_1z^{n-1}+\cdots+a_n(a_0\neq 0)$,由例 2.2 及上述求导法则(1)知,$P(z)$ 在 z 平面上解析,且

$$P'(z)=na_0z^{n-1}+(n-1)a_1z^{n-2}+\cdots+2a_{n-2}z+a_{n-1}.$$

例 2.4 设有理分式函数

$$\frac{P(z)}{Q(z)}=\frac{a_0z^n+a_1z^{n-1}+\cdots+a_n}{b_0z^m+b_1z^{m-1}+\cdots+b_m}\quad(a_0\neq 0,b_0\neq 0),$$

由例 2.3 及上述求导法则(1)知,此函数在 z 平面上除使分母 $Q(z)=0$ 的各点外解析,而使 $Q(z)=0$ 的各点就是此有理分式函数的奇点.

例 2.5 设函数 $f(z)=(3z^2-4z+5)^{11}$,则由例 2.2 及上述复合函数的求导法则,有

$$f'(z)=11(3z^2-4z+5)^{10}\cdot\frac{\mathrm{d}}{\mathrm{d}z}(3z^2-4z+5)$$

$$=11(3z^2-4z+5)^{10}(6z-4)$$

$$=22(3z-2)(3z^2-4z+5)^{10}.$$

对于实变复值函数 $z(t)=x(t)+\mathrm{i}y(t)\ (t\in[\alpha,\beta])$,其求导法则可直接由定义 2.1 得到,即

$$z'(t)=x'(t)+\mathrm{i}y'(t)\quad(t\in[\alpha,\beta]).$$

3. 柯西-黎曼方程

假设

$$w = f(z) = u(x,y) + iv(x,y)$$

是复变元 $z = x + iy$ 的一个定义在区域 D 内的函数. 当二元实函数 $u(x,y)$ 及 $v(x,y)$ 给定时, 此函数也就完全确定. 一般说来, 如果函数 $u(x,y)$ 与 $v(x,y)$ 互相独立, 即使函数 $u(x,y)$ 及 $v(x,y)$ 对 x 与 y 所有偏导数都存在, 函数 $f(z)$ 通常也是不可微的. 例如, $w = \bar{z} = x - iy$ 处处连续, 并且 $u = x, v = -y$ 对 x 和 y 的一切偏导数都存在且连续, 但由例 2.1 知, $w = \bar{z}$ 却是一个处处不可微的函数.

因此, 如果函数 $f(z)$ 是可微的, 它的实部 $u(x,y)$ 与虚部 $v(x,y)$ 应当不是互相独立的, 而必须适合一定的条件, 下面我们就来探讨这种条件.

若 $f(z) = u(x,y) + iv(x,y)$ 在一点 $z = x + iy$ 可微, 而且设

$$\lim_{\Delta z \to 0} \frac{f(z + \Delta z) - f(z)}{\Delta z} = f'(z), \tag{2.3}$$

又设 $\Delta z = \Delta x + i\Delta y, f(z + \Delta z) - f(z) = \Delta u + i\Delta v$, 其中

$$\Delta u = u(x + \Delta x, y + \Delta y) - u(x,y),$$
$$\Delta v = v(x + \Delta x, y + \Delta y) - v(x,y),$$

(2.3)变为

$$\lim_{\substack{\Delta x \to 0 \\ \Delta y \to 0}} \frac{\Delta u + i\Delta v}{\Delta x + i\Delta y} = f'(z). \tag{2.4}$$

因为 $\Delta z = \Delta x + i\Delta y$ 无论按什么方式趋于零时, (2.4)总是成立的. 先设 $\Delta y = 0$, 令 $\Delta x \to 0$, 即变点 $z + \Delta z$ 沿平行于实轴的方向趋于点 z(图 2.1), 此时(2.4)成为

$$\lim_{\Delta x \to 0} \frac{\Delta u}{\Delta x} + i \lim_{\Delta x \to 0} \frac{\Delta v}{\Delta x} = f'(z),$$

于是知 $\dfrac{\partial u}{\partial x}, \dfrac{\partial v}{\partial x}$ 必然存在, 且有

图 2.1

$$\frac{\partial u}{\partial x} + i\frac{\partial v}{\partial x} = f'(z)$$
$$= \lim_{\substack{\Delta y = 0 \\ \Delta x \to 0}} \frac{\Delta w}{\Delta z} = \lim_{\substack{y = y_0 \\ x \to x_0}} \frac{f(z) - f(z_0)}{z - z_0}. \tag{2.5}$$

同样, 设 $\Delta x = 0$, 令 $\Delta y \to 0$, 即变点 $z + \Delta z$ 沿平行于虚轴的方向趋于点 z(图 2.1), 此时 (2.4)成为

$$-i \lim_{\Delta y \to 0} \frac{\Delta u}{\Delta y} + \lim_{\Delta y \to 0} \frac{\Delta v}{\Delta y} = f'(z),$$

故知 $\dfrac{\partial u}{\partial y}, \dfrac{\partial v}{\partial y}$ 亦必存在, 且有

$$-i\frac{\partial u}{\partial y} + \frac{\partial v}{\partial y} = f'(z)$$
$$= \lim_{\substack{\Delta x = 0 \\ \Delta y \to 0}} \frac{\Delta w}{\Delta z} = \lim_{\substack{x = x_0 \\ y \to y_0}} \frac{f(z) - f(z_0)}{z - z_0}. \tag{2.6}$$

比较(2.5)及(2.6)得出

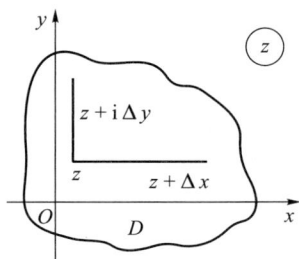

$$\frac{\partial u}{\partial x}=\frac{\partial v}{\partial y}, \quad \frac{\partial u}{\partial y}=-\frac{\partial v}{\partial x}, \tag{C.-R.}$$

这是关于 u 及 v 的偏微分方程组,称为**柯西–黎曼方程**(简称 C.-R.方程,简记为 C.-R.).

注 灵活应用(2.5)及(2.6)这两个公式,计算 $f(z)$ 的实部 $u(x,y)$ 及虚部 $v(x,y)$ 在点 (x_0,y_0) 的偏导数,是比较方便的.

总结以上探讨,即得下述定理:

定理 2.1(可微的必要条件) 设函数
$$f(z)=u(x,y)+\mathrm{i}v(x,y)$$
在区域 D 内有定义,且在 D 内一点 $z=x+\mathrm{i}y$ 可微,则必有

(1) 偏导数 u_x,u_y,v_x,v_y 在点 (x,y) 存在.

(2) $u(x,y),v(x,y)$ 在点 (x,y) 满足 C.-R.方程.

由下例可见定理中的条件不是充分的:

例 2.6 试证函数 $f(z)=\sqrt{|xy|}$ 在 $z=0$ 满足定理 2.1 中的条件,但在 $z=0$ 不可微.

证 因为 $u(x,y)=\sqrt{|xy|}$, $v(x,y)\equiv0$,
$$u_x(0,0)=\lim_{\Delta x\to0}\frac{u(\Delta x,0)-u(0,0)}{\Delta x}=0=v_y(0,0),$$
$$u_y(0,0)=\lim_{\Delta y\to0}\frac{u(0,\Delta y)-u(0,0)}{\Delta y}=0=-v_x(0,0),$$

但是
$$\frac{f(\Delta z)-f(0)}{\Delta z}=\frac{\sqrt{|\Delta x\Delta y|}}{\Delta x+\mathrm{i}\Delta y}$$

在 $\Delta z\to0$ 时无极限.只要让 $\Delta z=\Delta x+\mathrm{i}\Delta y$ 沿射线 $\Delta y=k\Delta x(\Delta x>0)$ 随 $\Delta x\to0$ 而趋于零,即知上述比值是一个与 k 有关的值 $\dfrac{\sqrt{|k|}}{1+k\mathrm{i}}$.

我们把定理 2.1 的条件适当加强,就得到

定理 2.2(可微的充要条件) 设函数 $f(z)=u(x,y)+\mathrm{i}v(x,y)$ 在区域 D 内有定义,则 $f(z)$ 在 D 内一点 $z=x+\mathrm{i}y$ 可微的充要条件是

(1) 二元函数 $u(x,y),v(x,y)$ 在点 (x,y) 可微.

(2) $u(x,y),v(x,y)$ 在点 (x,y) 满足 C.-R.方程.

上述条件满足时,$f(z)$ 在点 $z=x+\mathrm{i}y$ 的导数可以表示为下列形式之一:
$$f'(z)=\frac{\partial u}{\partial x}+\mathrm{i}\frac{\partial v}{\partial x}=\frac{\partial v}{\partial y}-\mathrm{i}\frac{\partial u}{\partial y}=\frac{\partial u}{\partial x}-\mathrm{i}\frac{\partial u}{\partial y}=\frac{\partial v}{\partial y}+\mathrm{i}\frac{\partial v}{\partial x}. \tag{2.7}$$

证 必要性 设 $f(z)$ 在 D 内一点 z 可微,则
$$\Delta f(z)=f'(z)\Delta z+\eta\Delta z, \tag{2.8}$$
其中 η 是随 $\Delta z\to0$ 而趋于零的复数.若令
$$f'(z)=\alpha+\mathrm{i}\beta, \quad \Delta z=\Delta x+\mathrm{i}\Delta y, \quad \Delta f(z)=\Delta u+\mathrm{i}\Delta v,$$
则(2.8)可写成

$$\Delta u + i\Delta v = \alpha\Delta x - \beta\Delta y + i(\beta\Delta x + \alpha\Delta y) + \eta_1 + i\eta_2,$$

这里 $\eta_1 = \mathrm{Re}(\eta\Delta z)$，$\eta_2 = \mathrm{Im}(\eta\Delta z)$ 是 $|\Delta z| = \sqrt{(\Delta x)^2 + (\Delta y)^2}$ 的高阶无穷小.

比较上式两端的实、虚部，即得

$$\Delta u = \alpha\Delta x - \beta\Delta y + \eta_1,$$
$$\Delta v = \beta\Delta x + \alpha\Delta y + \eta_2,$$

由数学分析中二元函数的微分定义即知，$u(x,y)$ 与 $v(x,y)$ 在点 (x,y) 可微，且

$$u_x = \alpha = v_y, \quad u_y = -\beta = -v_x. \tag{C.-R.}$$

充分性 由 $u(x,y)$ 及 $v(x,y)$ 的可微性即知，在点 (x,y) 有

$$\Delta u = u_x\Delta x + u_y\Delta y + \eta_1,$$
$$\Delta v = v_x\Delta x + v_y\Delta y + \eta_2,$$

其中 η_1 及 η_2 是 $\sqrt{(\Delta x)^2 + (\Delta y)^2}$ 的高阶无穷小.

再由 C.-R.方程，可设

$$\alpha = u_x = v_y, \quad u_y = -v_x = -\beta,$$

于是就有

$$\Delta f = \Delta u + i\Delta v = \alpha\Delta x - \beta\Delta y + \eta_1 + i(\beta\Delta x + \alpha\Delta y + \eta_2)$$
$$= (\alpha + i\beta)(\Delta x + i\Delta y) + \eta_1 + i\eta_2,$$

或

$$\frac{\Delta f}{\Delta z} = \alpha + i\beta + \eta,$$

其中 $\eta = \dfrac{\eta_1 + i\eta_2}{\Delta x + i\Delta y}$ 随 $\Delta z \to 0$ 而趋于零. 因为

$$|\eta| \leqslant \frac{|\eta_1|}{\sqrt{(\Delta x)^2 + (\Delta y)^2}} + \frac{|\eta_2|}{\sqrt{(\Delta x)^2 + (\Delta y)^2}},$$

所以

$$\lim_{\Delta z \to 0} \frac{\Delta f}{\Delta z} = \alpha + i\beta,$$

即

$$f'(z) = \alpha + i\beta = u_x + iv_x = v_y - iu_y$$
$$= u_x - iu_y = v_y + iv_x.$$

由数学分析知道，二元函数的可微性可以通过偏导数的连续性看出来，于是我们有

推论 2.3(可微的充分条件) 设函数 $f(z) = u(x,y) + iv(x,y)$ 在区域 D 内有定义，则 $f(z)$ 在 D 内一点 $z = x + iy$ 可微的充分条件是

(1) u_x, u_y, v_x, v_y 在点 (x,y) 连续.

(2) $u(x,y), v(x,y)$ 在点 (x,y) 满足 C.-R.方程.

由定义 2.2 及定理 2.2，我们得到一个刻画函数在区域 D 内解析的定理.

定理 2.4 函数 $f(z) = u(x,y) + iv(x,y)$ 在区域 D 内解析的充要条件是

(1) 二元函数 $u(x,y), v(x,y)$ 在区域 D 内可微.

(2) $u(x,y), v(x,y)$ 在 D 内满足 C.-R.方程.

由定义 2.2 及推论 2.3，我们有

定理 2.5 函数 $f(z) = u(x,y) + iv(x,y)$ 在区域 D 内解析的充分条件是

(1) u_x, u_y, v_x, v_y 在 D 内连续.

(2) $u(x,y),v(x,y)$ 在 D 内满足 C.-R.方程.

此时 $f'(z)$ 可由公式(2.7)给出.

从以上几个定理,我们可以看出:C.-R.方程是判断复变函数在一点可微或在一区域内解析的主要条件,在哪一点不满足它,函数在那一点就不可微;在哪个区域内不满足它,函数在那个区域内就不解析.定理 2.4 或定理 2.5 既提供了判别函数解析性的方法,又指出了求导数的公式(2.7).而用它求导数,可避免计算极限(2.1)所带来的困难.

例 2.7　讨论函数 $f(z)=|z|^2$ 的解析性.

解　因 $u(x,y)=x^2+y^2,v(x,y)\equiv0$,故
$$u_x=2x,\quad u_y=2y,\quad v_x=v_y=0.$$
这四个偏导数在 z 平面上处处连续,但只在 $z=0$ 处满足 C.-R.方程.故函数 $f(z)$ 只在 $z=0$ 可微,从而,此函数在 z 平面上处处不解析.并且 $f'(0)=(u_x+\mathrm{i}v_x)|_{(0,0)}=0$.

例 2.8　讨论函数 $f(z)=x^2-\mathrm{i}y$ 的可微性和解析性.

解　因 $u(x,y)=x^2,v(x,y)=-y$,故
$$u_x=2x,\quad u_y=0,\quad v_x=0,\quad v_y=-1,$$
所以
$$u_y=0=-v_x.$$

若要 $2x=u_x=v_y=-1$,必须 $x=-\dfrac{1}{2}$.故仅在直线 $x=-\dfrac{1}{2}$ 上,C.-R.方程成立,且偏导数连续.从而仅在直线 $x=-\dfrac{1}{2}$ 上 $f(z)$ 可微,但在 z 平面上,$f(z)$ 却处处不解析,并且
$$f'(z)\Big|_{x=-\frac{1}{2}}=(u_x+\mathrm{i}v_x)\Big|_{x=-\frac{1}{2}}=(2x+\mathrm{i}\cdot0)\Big|_{x=-\frac{1}{2}}=-1.$$

注　在上述两例中,由于函数 $f(z)$ 只在一个孤立点或只在一条直线上可微,各点都未形成由可微点构成的圆形邻域,故 $f(z)$ 在其上都不解析,从而在 z 平面上处处不解析.

例 2.9　设 $f(z)=x^2+axy+by^2+\mathrm{i}(cx^2+dxy+y^2)$.问常数 a,b,c,d 取何值时,$f(z)$ 在复平面内处处解析?

解
$$\frac{\partial u}{\partial x}=2x+ay,\quad \frac{\partial u}{\partial y}=ax+2by,$$
$$\frac{\partial v}{\partial x}=2cx+dy,\quad \frac{\partial v}{\partial y}=dx+2y.$$

根据定理 2.5,欲使 $\dfrac{\partial u}{\partial x}=\dfrac{\partial v}{\partial y},\dfrac{\partial u}{\partial y}=-\dfrac{\partial v}{\partial x}$,可得
$$2x+ay=dx+2y,\quad -2cx-dy=ax+2by.$$
所求 $a=2,b=-1,c=-1,d=2$.

例 2.10　试证函数 $f(z)=\mathrm{e}^x(\cos y+\mathrm{i}\sin y)$ 在 z 平面上解析,且 $f'(z)=f(z)$.

证　因 $u(x,y)=\mathrm{e}^x\cos y,v(x,y)=\mathrm{e}^x\sin y$,而
$$u_x=\mathrm{e}^x\cos y,\quad u_y=-\mathrm{e}^x\sin y,$$
$$v_x=\mathrm{e}^x\sin y,\quad v_y=\mathrm{e}^x\cos y$$
在 z 平面上处处连续,且适合 C.-R.方程,由定理 2.5 即知 $f(z)$ 在 z 平面上解析,并且

$$f'(z) = u_x + iv_x = e^x \cos y + ie^x \sin y = f(z).$$

例 2.11　设 $f(z) = u(x,y) + iv(x,y)$ 在区域 D 内解析，并且 $v = u^2$，求 $f(z)$.

解
$$\frac{\partial u}{\partial x} = \frac{\partial v}{\partial y} = 2u\frac{\partial u}{\partial y}, \tag{2.9}$$

$$\frac{\partial u}{\partial y} = -\frac{\partial v}{\partial x} = -2u\frac{\partial u}{\partial x}. \tag{2.10}$$

将(2.10)代入(2.9)得

$$\frac{\partial u}{\partial x}(4u^2 + 1) = 0.$$

由 $(4u^2 + 1) \neq 0 \Rightarrow \dfrac{\partial u}{\partial x} = 0$，由(2.10)得 $\dfrac{\partial u}{\partial y} = 0$，所以 $u = c$（常数），于是 $f(z) = c + ic^2$.

* 例 2.12　若函数 $f(z) = u(x,y) + iv(x,y)$ 在区域 D 内解析，且 $f'(z) \neq 0 (z \in D)$，试证

$$u(x,y) = c_1, \quad v(x,y) = c_2$$

（c_1, c_2 为常数）是 D 内两组正交曲线族.

证　因 $f'(z) = u_x + iv_x \neq 0 (z \in D)$，故在点 (x,y)，u_x 与 v_x 必不全为零.

（1）设在点 (x,y)，$u_x \neq 0$ 且 $v_x \neq 0$，则曲线 $u(x,y) = c_1$ 的斜率由

$$0 = du = u_x dx + u_y dy$$

求得为

$$k_u = -\frac{u_x}{u_y};$$

同理，求得曲线 $v(x,y) = c_2$ 的斜率为

$$k_v = -\frac{v_x}{v_y},$$

故在点 (x,y)，

$$k_u \cdot k_v = \frac{u_x}{u_y} \cdot \frac{v_x}{v_y} \xlongequal{C.-R.} \frac{v_y}{-v_x} \cdot \frac{v_x}{v_y} = -1.$$

所以曲线 $u(x,y) = c_1$ 及 $v(x,y) = c_2$ 在点 (x,y) 正交.

（2）设在点 (x,y)，

$$u_x \neq 0 \text{ 且 } v_x = 0,$$

或

$$u_x = 0 \text{ 且 } v_x \neq 0.$$

此时,过交点的两条切线,必然一条为水平切线,另一条为铅直切线,它们仍然在交点处正交.

最后,我们还要指出:当 $z_0 = x_0 + iy_0 \in D$，$f'(z_0) \neq 0$ 时,两条曲线

$$u(x,y) = u(x_0, y_0), \quad v(x,y) = v(x_0, y_0)$$

必在 (x_0, y_0) 处正交.

下面我们介绍将复数表示为指数形式时的 C.-R.方程.

定理 2.6　若将复数 z 表示成指数形式 $z = re^{i\theta}$，则函数 $w = f(z)$ 又可表示为 $w = u(r,\theta) + iv(r,\theta)$. 若 $u(r,\theta), v(r,\theta)$ 可微,且

$$u_r = \frac{1}{r} v_\theta, \quad u_\theta = -r v_r,$$

则 $f(z) = f(r, \theta)$ 可微.

证

$$\begin{cases} x = r\cos\theta, \\ y = r\sin\theta \end{cases} \Rightarrow \begin{cases} \dfrac{\partial u}{\partial r} = \dfrac{\partial u}{\partial x}\dfrac{\partial x}{\partial r} + \dfrac{\partial u}{\partial y}\dfrac{\partial y}{\partial r} = u_x\cos\theta + u_y\sin\theta, \\ \dfrac{\partial u}{\partial \theta} = \dfrac{\partial u}{\partial x}\dfrac{\partial x}{\partial \theta} + \dfrac{\partial u}{\partial y}\dfrac{\partial y}{\partial \theta} = -r\,u_x\sin\theta + r\,u_y\cos\theta, \end{cases}$$

同理有

$$\begin{cases} \dfrac{\partial v}{\partial r} = v_x\cos\theta + v_y\sin\theta, \\ \dfrac{\partial v}{\partial \theta} = -rv_x\sin\theta + rv_y\cos\theta. \end{cases}$$

从两式解出

$$\begin{cases} u_x = u_r\cos\theta - \dfrac{u_\theta}{r}\sin\theta, \\ u_y = u_r\sin\theta + \dfrac{u_\theta}{r}\cos\theta, \end{cases} \qquad \begin{cases} v_x = v_r\cos\theta - \dfrac{v_\theta}{r}\sin\theta, \\ v_y = v_r\sin\theta + \dfrac{v_\theta}{r}\cos\theta. \end{cases}$$

于是

$$f(z) = f(r, \theta) \text{可微} \Leftrightarrow u(r, \theta), v(r, \theta) \text{可微}, \text{且 } u_r = \frac{1}{r} v_\theta, u_\theta = -rv_r.$$

4. 用 z 和 $\bar{z}$ 刻画复函数

下面我们用复变元 z 和它的共轭 $\bar{z}$ 来刻画复函数. 由

$$\begin{cases} z = x + \mathrm{i}y, \\ \bar{z} = x - \mathrm{i}y, \end{cases}$$

得

$$\begin{cases} x = \dfrac{z + \bar{z}}{2}, \\ y = \dfrac{z - \bar{z}}{2\mathrm{i}}. \end{cases}$$

因此,

$$\begin{cases} \mathrm{d}z = \mathrm{d}x + \mathrm{i}\,\mathrm{d}y, \\ \mathrm{d}\bar{z} = \mathrm{d}x - \mathrm{i}\,\mathrm{d}y. \end{cases}$$

$$\begin{cases} \mathrm{d}x = \dfrac{\mathrm{d}z + \mathrm{d}\bar{z}}{2}, \\ \mathrm{d}y = \dfrac{\mathrm{d}z - \mathrm{d}\bar{z}}{2\mathrm{i}}. \end{cases}$$

复函数 $f(z) = f(x + \mathrm{i}y)$ 作为实变元 x 和 y 的函数, 若它可微, 则它的微分为

$$\mathrm{d}f(z) = \frac{\partial f}{\partial x}(z)\,\mathrm{d}x + \frac{\partial f}{\partial y}(z)\,\mathrm{d}y.$$

将前式代入,得

$$df(z) = \frac{1}{2}\left(\frac{\partial f}{\partial x} - i\frac{\partial f}{\partial y}\right)dz + \frac{1}{2}\left(\frac{\partial f}{\partial x} + i\frac{\partial f}{\partial y}\right)d\bar{z}.$$

由此我们可形式地定义偏微分算子

$$\begin{cases} \dfrac{\partial}{\partial z} = \dfrac{1}{2}\left(\dfrac{\partial}{\partial x} - i\dfrac{\partial}{\partial y}\right), \\ \dfrac{\partial}{\partial \bar{z}} = \dfrac{1}{2}\left(\dfrac{\partial}{\partial x} + i\dfrac{\partial}{\partial y}\right). \end{cases}$$

于是

$$df(z) = \frac{\partial f}{\partial z}dz + \frac{\partial f}{\partial \bar{z}}d\bar{z}.$$

特别

$$\frac{\partial}{\partial z}(z) = 1, \quad \frac{\partial}{\partial \bar{z}}(z) = 0, \quad \frac{\partial}{\partial z}(\bar{z}) = 0, \quad \frac{\partial}{\partial \bar{z}}(\bar{z}) = 1.$$

此外,由定义容易验证 $\dfrac{\partial}{\partial z}$ 和 $\dfrac{\partial}{\partial \bar{z}}$ 具有线性性质,并且满足莱布尼茨(Leibniz)法则.

从上面可以看出,虽然与变元 x 和 y 不同,变元 z 和 $\bar{z}$ 并不是相互独立的,但 $\dfrac{\partial}{\partial z}$ 和 $\dfrac{\partial}{\partial \bar{z}}$ 之间的求导关系和规则同 $\dfrac{\partial}{\partial x}$ 和 $\dfrac{\partial}{\partial y}$ 之间的求导关系和规则完全类似.因此在求导数的过程中,可将 z 和 $\bar{z}$ 看作独立变元进行求导运算.对于解析函数我们有下面的定理.

定理 2.7 设 $u(x,y)$ 和 $v(x,y)$ 在区域 D 内有一阶连续偏导数,则 $f(z) = u(x,y) + iv(x,y)$ 在 D 内解析的充要条件为

$$\frac{\partial f}{\partial \bar{z}}(z) = 0.$$

证 仅需验证 $u(x,y)$ 和 $v(x,y)$ 满足柯西-黎曼方程.由定义

$$\begin{aligned} \frac{\partial f(z)}{\partial \bar{z}} &= \frac{1}{2}\left(\frac{\partial}{\partial x} + i\frac{\partial}{\partial y}\right)(u(x,y) + iv(x,y)) \\ &= \frac{1}{2}\left(\frac{\partial u}{\partial x} - \frac{\partial v}{\partial y}\right) + \frac{i}{2}\left(\frac{\partial u}{\partial y} + \frac{\partial v}{\partial x}\right), \end{aligned}$$

可推出

$$\frac{\partial f}{\partial \bar{z}}(z) = 0 \Longleftrightarrow \begin{cases} \dfrac{\partial u}{\partial x} = \dfrac{\partial v}{\partial y}, \\ \dfrac{\partial u}{\partial y} = -\dfrac{\partial v}{\partial x}. \end{cases}$$

定理得证.

对于有一阶连续偏导数的函数 $u(x,y)$ 和 $v(x,y)$,记 $u(x,y) + iv(x,y) = f(x,y) = f\left(\dfrac{z+\bar{z}}{2}, \dfrac{z-\bar{z}}{2i}\right)$,这是 z 和 $\bar{z}$ 的函数.定理 2.7 表明,$f(x,y)$ 要成为解析函数,必须与 $\bar{z}$ 无关.

思考题 (1)复变函数的可微性与解析性有什么异同?

（2）判断函数的解析性有哪些方法？

§2 初等解析函数

初等复变函数是一种最简单、最基本、最常用的函数类,在复变函数论及其应用中起着重要的作用.

在初等数学里曾用初等方法(几何的、代数的)讨论过初等函数,揭示了它们的一些性质;在数学分析中曾用分析的方法讨论过它们,并得到了许多有用的重要性质(连续性、可导性).但是,当时受实数范围的限制,没有看到它们的全貌.

现在,我们即将看到,当初等函数推广到复数时,又揭示出许多重要性质,如指数函数的周期性,正弦函数、余弦函数的无界性等.

1. 指数函数

由例 2.10,我们知道 $f(z)=e^x(\cos y+i\sin y)$ 在 z 平面上解析,且 $f'(z)=f(z)$.进一步,还易验证

$$f(z_1+z_2)=f(z_1)f(z_2).$$

因此,我们有理由给出下面定义.

定义 2.4 对于任何复数 $z=x+iy$,我们用关系式

$$e^z=e^{x+iy}=e^x(\cos y+i\sin y) \tag{2.11}$$

来定义**指数函数** e^z.

对于复指数函数 e^z,我们指出它具有如下的性质:

（1）对于实数 $z=x(y=0)$ 来说,我们的定义与通常实指数函数的定义是一致的.

（2）$|e^z|=e^x>0$,$\arg e^z=y$;在 z 平面上 $e^z\neq 0$.

（3）e^z 在 z 平面上解析,且 $(e^z)'=e^z$.

（4）加法定理成立,即 $e^{z_1+z_2}=e^{z_1}e^{z_2}$.

（5）e^z 是以 $2\pi i$ 为基本周期的周期函数(注(1)).

因对任一整数 k,$e^{z+2k\pi i}=e^z e^{2k\pi i}=e^z$,这里

$$e^{2k\pi i}=1.$$

（6）极限 $\lim\limits_{z\to\infty}e^z$ 不存在,即 e^∞ 无意义.

因当 z 沿实轴趋于 $+\infty$ 时,$e^z\to\infty$;当 z 沿实轴趋于 $-\infty$ 时,$e^z\to 0$.

注 （1）如一函数 $f(z)$ 当 z 增加一个定值 ω 时其值不变,即 $f(z+\omega)=f(z)$,则称 $f(z)$ 为**周期函数**,ω 称为 $f(z)$ 的**周期**.如 $f(z)$ 的所有周期都是某一周期 ω 的整倍数,则称 ω 为 $f(z)$ 的**基本周期**.

（2）(2.11)式中,当 z 的实部 $x=0$ 时,就得到欧拉公式

$$e^{iy}=\cos y+i\sin y,$$

所以(2.11)是欧拉公式的推广.

（3）因 $e^z e^{-z}=e^0=1$,从而

$$e^{-z} = \frac{1}{e^z}, \quad \frac{e^{z_1}}{e^{z_2}} = e^{z_1 - z_2}.$$

(4) e^z 仅仅是一个记号,其意义如定义 2.4,它与 $e = 2.718\cdots$ 的乘方不同,没有幂的意义.有时将复指数函数 e^z 写成 $\exp z$,以示区别.

(5) 虽然在 z 平面上,$e^z = e^{z+2k\pi i}$(k 为整数),但

$$(e^z)' = e^z \neq 0,$$

即不满足罗尔(Rolle)定理,故数学分析中的微分中值定理不能直接推广到复平面上来.不过,洛必达(L'Hospital)法则在复平面上却是成立的.

(6) $e^{z_1} = e^{z_2} \Leftrightarrow z_1 = z_2 + 2k\pi i (k = 0, \pm 1, \cdots)$.

*例 2.13** 试证对任意的复数 z,若 $e^{z+\omega} = e^z$,则必有

$$\omega = 2k\pi i \quad (k \text{ 为整数}).$$

证 由假设,对 $z = 0, \omega = a + ib$,就有

$$e^\omega = e^0 = 1, \quad e^a(\cos b + i\sin b) = 1,$$

于是
$$e^a = 1, \quad \cos b + i\sin b = 1,$$

所以
$$a = 0, \quad \cos b = 1, \quad \sin b = 0,$$

因此
$$a = 0, \quad b = 2k\pi \quad (k \text{ 为整数}),$$

故必有
$$\omega = a + ib = 2k\pi i \quad (k \text{ 为整数}).$$

2. 三角函数与双曲函数

由(2.11),当 $x = 0$ 时推得

$$e^{iy} = \cos y + i\sin y,$$
$$e^{-iy} = \cos y - i\sin y.$$

这里左端表示右端那个确定的复数,从而得到

$$\sin y = \frac{e^{iy} - e^{-iy}}{2i}, \quad \cos y = \frac{e^{iy} + e^{-iy}}{2}$$

对于任意的实数 y 成立.这两个公式中的 y 代以任意复数 z 后,由(2.11),右端有意义,而左端尚无意义,因而我们给出如下定义.

定义 2.5 定义

$$\sin z = \frac{e^{iz} - e^{-iz}}{2i}, \quad \cos z = \frac{e^{iz} + e^{-iz}}{2},$$

并分别称为 z 的**正弦函数**和**余弦函数**.

这样定义的正弦函数和余弦函数具有如下性质:

(1) 对于 z 为实数 y 来说,我们的定义与通常正弦函数及余弦函数的定义是一致的.

(2) 在 z 平面上是解析的,且

$$(\sin z)' = \cos z, \quad (\cos z)' = -\sin z.$$

因为

$$(\sin z)' = \frac{1}{2i}(e^{iz} - e^{-iz})' = \frac{1}{2}(e^{iz} + e^{-iz}) = \cos z.$$

同理可证另一个.

(3) $\sin z$ 是奇函数,$\cos z$ 是偶函数,并遵从通常的三角恒等式:
$$\sin^2 z + \cos^2 z = 1,$$
$$\sin(z_1 + z_2) = \sin z_1 \cdot \cos z_2 + \cos z_1 \cdot \sin z_2,$$
$$\cos(z_1 + z_2) = \cos z_1 \cdot \cos z_2 - \sin z_1 \cdot \sin z_2,$$
等等.例如,

$$\begin{aligned}
\sin(z_1 + z_2) &= \frac{e^{i(z_1 + z_2)} - e^{-i(z_1 + z_2)}}{2i} = \frac{e^{iz_1} e^{iz_2} - e^{-iz_1} e^{-iz_2}}{2i} \\
&= \frac{e^{iz_1} - e^{-iz_1}}{2i} \cdot \frac{e^{iz_2} + e^{-iz_2}}{2} + \frac{e^{iz_1} + e^{-iz_1}}{2} \cdot \frac{e^{iz_2} - e^{-iz_2}}{2i} \\
&= \sin z_1 \cdot \cos z_2 + \cos z_1 \cdot \sin z_2.
\end{aligned}$$

(4) $\sin z$ 及 $\cos z$ 是以 2π 为周期的周期函数.

因由定义 2.5,
$$\begin{aligned}
\cos(z + 2\pi) &= \frac{e^{i(z + 2\pi)} + e^{-i(z + 2\pi)}}{2} = \frac{e^{iz} e^{2\pi i} + e^{-iz} e^{-2\pi i}}{2} \\
&= \frac{e^{iz} + e^{-iz}}{2} = \cos z.
\end{aligned}$$

同理可证另一个.

(5) $\sin z$ 的零点(即 $\sin z = 0$ 的根)为
$$z = n\pi \quad (n = 0, \pm 1, \cdots).$$
$\cos z$ 的零点为
$$z = \left(n + \frac{1}{2}\right)\pi \quad (n = 0, \pm 1, \cdots).$$

事实上,因为方程 $\sin z = 0$ 可以写成 $e^{2iz} = 1$.如令 $z = \alpha + i\beta$,即可写成 $e^{-2\beta} e^{2i\alpha} = 1 = e^{2n\pi i}$,故
$$e^{-2\beta} = 1, \quad 2\alpha = 2n\pi \quad (n = 0, \pm 1, \cdots),$$
即
$$\beta = 0, \quad \alpha = n\pi \, (n = 0, \pm 1, \cdots).$$
所以 $z = n\pi \, (n = 0, \pm 1, \cdots)$ 是 $\sin z$ 的零点.

同理可推得 $\cos z$ 的零点.

(6) 在复数域内不能再断言
$$|\sin z| \leqslant 1, \quad |\cos z| \leqslant 1.$$
例如,取 $z = iy \, (y > 0)$,则
$$\cos(iy) = \frac{e^{i(iy)} + e^{-i(iy)}}{2} = \frac{e^{-y} + e^{y}}{2} > \frac{e^{y}}{2},$$
只要 y 充分大,$\cos(iy)$ 就可大于任一预先给定的正数.

例 2.14　求 $\sin(1 + 2i)$ 的值.

解　$\begin{aligned}[t]
\sin(1 + 2i) &= \frac{e^{i(1 + 2i)} - e^{-i(1 + 2i)}}{2i} = \frac{e^{-2+i} - e^{2-i}}{2i} \\
&= \frac{e^{-2}(\cos 1 + i\sin 1) - e^{2}(\cos 1 - i\sin 1)}{2i} \\
&= \frac{e^{2} + e^{-2}}{2} \sin 1 + i\frac{e^{2} - e^{-2}}{2} \cos 1
\end{aligned}$

$$=\cosh 2\,\sin 1 + i\,\sinh 2\,\cos 1.$$

例 2.15 试证对任意的复数 z,若 $\sin(z+\omega)=\sin z$,则必有
$$\omega=2k\pi \quad (k \text{ 为整数}).$$

证 由假设,有 $\sin(z+\omega)-\sin z=0$,因而
$$\sin\frac{\omega}{2}\cos\left(z+\frac{\omega}{2}\right)=0,$$

故必
$$\omega=2k\pi \quad (k \text{ 为整数}).$$

定义 2.6 定义
$$\tan z=\frac{\sin z}{\cos z}, \quad \cot z=\frac{\cos z}{\sin z},$$
$$\sec z=\frac{1}{\cos z}, \quad \csc z=\frac{1}{\sin z},$$

分别称为 z 的 **正切函数**、**余切函数**、**正割函数** 及 **余割函数**.

这四个函数都在 z 平面上使分母不为零的点处解析,且
$$(\tan z)'=\sec^2 z, \quad (\cot z)'=-\csc^2 z,$$
$$(\sec z)'=\sec z \cdot \tan z, \quad (\csc z)'=-\csc z \cdot \cot z.$$

正切函数和余切函数的周期为 π,正割函数及余割函数的周期为 2π.例如,就函数 $\tan z$ 来说,它在 $z\neq\left(n+\frac{1}{2}\right)\pi(n=0,\pm1,\pm2,\cdots)$ 的各点处解析,且有 $\tan(z+\pi)=\tan z$,因为
$$\tan(z+\pi)=\frac{\sin(z+\pi)}{\cos(z+\pi)}=\frac{-\sin z}{-\cos z}=\frac{\sin z}{\cos z}=\tan z.$$

* **例 2.16** 试证对任意的复数 z,若 $\tan(z+\omega)=\tan z$,则必有
$$\omega=k\pi \quad (k \text{ 为整数}).$$

证 由定义 2.6 及定义 2.5 知
$$\tan z=\frac{\sin z}{\cos z}=\frac{e^{2iz}-1}{i(e^{2iz}+1)},$$

由此可见,$\tan(z+\omega)=\tan z$ 等价于 $e^{2i(z+\omega)}=e^{2iz}$.故必有
$$e^{2i\omega}=1.$$

所以
$$\omega=k\pi \quad (k \text{ 为整数}).$$

定义 2.7 定义
$$\sinh z=\frac{e^z-e^{-z}}{2}, \quad \cosh z=\frac{e^z+e^{-z}}{2},$$
$$\tanh z=\frac{\sinh z}{\cosh z}, \quad \coth z=\frac{1}{\tanh z},$$
$$\operatorname{sech} z=\frac{1}{\cosh z}, \quad \operatorname{csch} z=\frac{1}{\sinh z},$$

并分别称为 z 的 **双曲正弦函数**、**双曲余弦函数**、**双曲正切函数**、**双曲余切函数**、**双曲正割函数** 及 **双曲余割函数**.

显然,它们都是解析函数,各有其解析区域,且都是相应的实双曲函数在复数域内的推广.

由于 e^z 及 e^{-z} 皆以 $2\pi i$ 为基本周期,故双曲正弦及双曲余弦函数也以 $2\pi i$ 为基本周期.

关于三角函数与双曲函数的有些性质以及它们之间的关系,我们已列入本章习题.

注 (1) 由定义 2.5 可知,对任何复数 z,有
$$e^{iz} = \cos z + i\sin z,$$
这是欧拉公式在复数域内的推广.

(2) 定义 2.5、定义 2.6 及定义 2.7 本身就反映了复三角函数与复指数函数的关系以及复双曲函数与复指数函数的关系.换言之,无论是复三角函数还是复双曲函数,都是由复指数函数表示的.

本节所提到的初等函数都是周期函数,在下一节,我们可以证明它们的反函数都是多值函数.

§3 初等多值函数

本节将要看到,许多复变量的初等函数都是多值的,在复数域中对多值函数的研究具有特殊重要的意义.因为只有在这样的讨论中才能看出函数多值性的本质.函数多值性源于辐角函数的多值性.

本节的主要内容是介绍幂函数与根式函数、指数函数与对数函数的映射性质;主要是采用限制辐角或割破平面的方法,来分出根式函数与对数函数的单值解析分支.

最后,对反三角函数及一般幂函数作简单介绍.

为了下面讨论的需要,我们先给出如下定义.

定义 2.8 设函数 $f(z)$ 在区域 D 内有定义,且对 D 内任意不同的两点 z_1 及 z_2,都有 $f(z_1) \neq f(z_2)$,则称函数 $f(z)$ 在 D 内是**单叶的**,并且称区域 D 为 $f(z)$ 的**单叶性区域**.

显然,区域 D 到区域 G 的**单叶满变换** $w = f(z)$ 就是 D 到 G 的一一变换.

由于函数多值性源于辐角函数的多值性,我们首先介绍辐角函数.

1. 辐角函数

我们知道,任意一个复数 $z(z \neq 0)$ 都有无穷多个辐角.因此,辐角函数 $w = \mathrm{Arg}\, z$ 是一个多值函数.它的定义域是 $\mathbf{C}\backslash\{0\}$(在 $z = 0$ 处辐角无意义).

设 L 是 $\mathbf{C}\backslash\{0\}$ 内一条简单曲线,z_0 是 L 的起点,z_1 是 L 的终点.当 z 沿 L 从 z_0 连续变动到 z_1 时,$\overrightarrow{Oz}$ 所旋转的角称作 $\mathrm{Arg}\, z$ 在 L 上的改变量,简称辐角改变量,记作 $\Delta_L \mathrm{Arg}\, z$.

例 2.17 对图 2.2 中的三条具有相同起点和终点的简单曲线,有
$$\Delta_{L_1} \mathrm{Arg}\, z = \frac{\pi}{2}, \quad \Delta_{L_2} \mathrm{Arg}\, z = -\frac{3\pi}{2}, \quad \Delta_{L_3} \mathrm{Arg}\, z = \frac{5\pi}{2}.$$

一般说来,尽管起点和终点相同,但若曲线不同,其围绕原点旋转的圈数不同,其

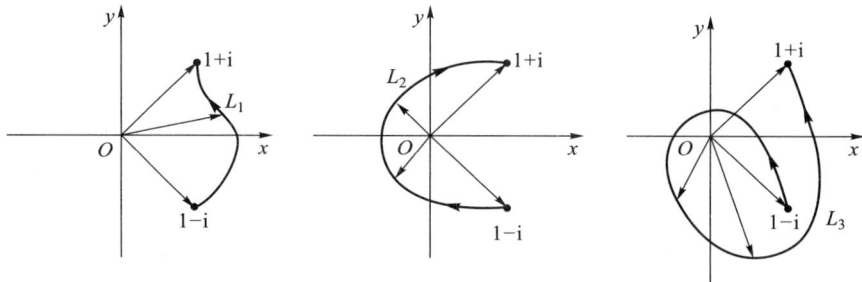

图 2.2

辐角改变量也不同，它们通常相差 2π 的整数倍．那么，在什么条件下，起点和终点相同的不同曲线上的辐角改变量相等呢？若 L_0 可不通过原点连续变形到 L_1，而在连续变形中 $\Delta_{L_0}\mathrm{Arg}\,z$ 的值也连续变到 $\Delta_{L_1}\mathrm{Arg}\,z$ 的值，则不能从原来的值作 2π 的跳跃，从而只能保持原值．因此，若 L_0, L_1 为 $\mathbf{C}\backslash\{0\}$ 中的简单曲线，则当且仅当 L_0 可连续变形到 L_1，且不离开区域 $\mathbf{C}\backslash\{0\}$ 时，有 $\Delta_{L_0}\mathrm{Arg}\,z = \Delta_{L_1}\mathrm{Arg}\,z$．此时称区域 $\mathbf{C}\backslash\{0\}$ 内 L_0 与 L_1 同伦(homotopy)，记为 $L_0 \sim L_1$．若 L_1 是一个点，则显然有 $\Delta_{L_1}\mathrm{Arg}\,z = 0$．

由于区域 $\mathbf{C}\backslash\{0\}$ 内任一不围绕原点的简单闭曲线 L_0 都能连续收缩到一点，即 $L_0 \sim 0$，因此，若简单闭曲线 $L \subset \mathbf{C}\backslash\{0\}$，则有

$$\Delta_L \mathrm{Arg}\,z = \begin{cases} 0, & 0 \text{ 在 } L \text{ 的外部}, \\ 2\pi, & 0 \text{ 在 } L \text{ 的内部}. \end{cases} \tag{2.12}$$

此外，显然成立 $\Delta_L \mathrm{Arg}\,z = -\Delta_{L^-}\mathrm{Arg}\,z$．

设 L 是 $\mathbf{C}\backslash\{0\}$ 内的一条简单曲线，z_0 是 L 的起点，z 是 L 的终点．在 z_0 取定 $\mathrm{Arg}\,z$ 的一个值，记为 $\arg z_0$，称作 $\mathrm{Arg}\,z$ 在 z_0 的初值．将 $\arg z_0 + \Delta_L \mathrm{Arg}\,z$ 称作 $\mathrm{Arg}\,z$ 在 z_0 的终值，记作 $\arg z$，即 $\arg z = \arg z_0 + \Delta_L \mathrm{Arg}\,z$．当自变量从起点 z_0 沿 L 连续变到终点 z 时，辐角函数 $\mathrm{Arg}\,z$ 从初值 $\arg z_0$ 连续变动到终值 $\arg z$，$\arg z$ 依赖于起点的初值和辐角改变量．

多值函数应用起来很不方便，我们总希望能将 $\mathrm{Arg}\,z$ 分解为若干单值连续函数．由 $\arg z = \arg z_0 + \Delta_L \mathrm{Arg}\,z$ 可知，对取定的初值 $\arg z_0$，由于 $\Delta_L \mathrm{Arg}\,z$ 在 $\mathbf{C}\backslash\{0\}$ 内与 L 的形状有关，因此对任意 $z \in \mathbf{C}\backslash\{0\}$，$\arg z$ 都不是惟一的．也就是说，在 $\mathbf{C}\backslash\{0\}$ 内 $\arg z$ 不能分解为单值连续函数．因此，实现目标的关键在于寻找这样的区域，使得辐角改变量只与起点、终点位置有关而与曲线的形状无关．

由辐角改变量(2.12)式可知，只要能使区域内任一简单闭曲线都不围绕原点 $z = 0$，辐角改变量在这个区域内就与曲线的形状无关．因此，将复平面 $\mathbf{C}$ 沿负实轴(包括无穷远点)剪开而成一单连通开区域，记为 G．此时，对 G 内任取的一简单闭曲线 L 都有 $L \sim 0$，从而有 $\Delta_L \mathrm{Arg}\,z = 0$．于是，对于 G 内的任一简单曲线 L，$\Delta_L \mathrm{Arg}\,z$ 将只与 L 的起点和终点有关，而与曲线的形状无关．在 G 内固定起点 z_0，取定初值 $\arg z_0$，则 $\arg z_0 + \Delta_L \mathrm{Arg}\,z$ 就是终点 z 的单值连续函数；如果取定初值 $\arg z_0 + 2\pi$，则得另一个**单值连续函数** $\arg z + 2\pi = \arg z_0 + 2\pi + \Delta_L \mathrm{Arg}\,z$．一般来说，如果取初值 $\arg z_0 + 2k\pi(k$ 为整数)，则得到一个单值连续函数 $\arg z + 2k\pi$．这样就在 G 内把 $\mathrm{Arg}\,z$ 分成无穷多个单值

连续函数

$$\arg z + 2k\pi, \quad z \in G, k \in \mathbf{Z}.$$

2. 根式函数

定义 2.9 我们规定**根式函数** $w = \sqrt[n]{z}$ 为**幂函数** $z = w^n$ 的反函数（n 是大于 1 的整数）.

（ⅰ）幂函数的变换（映射）性质及其单叶性区域.

函数
$$z = w^n \tag{2.13}$$

在 w 平面上单值解析，它把扩充 w 平面变成扩充 z 平面，且 $z = 0, \infty$ 分别对应于 $w = 0, \infty$. 可是由

$$w = \sqrt[n]{z} = \sqrt[n]{|z|}\, \mathrm{e}^{\mathrm{i}\frac{\arg z + 2k\pi}{n}} \quad (k = 0, 1, \cdots, n-1)$$

知道，每一个不为 0 或 ∞ 的 z，在 w 平面上有 n 个原像，且此 n 个点分布在以原点为中心的正 n 角形的顶点上. 于是，函数(2.13)的反函数 $w = \sqrt[n]{z}$ 在 z 平面上就是 n 值的.

如果令 $z = r\mathrm{e}^{\mathrm{i}\theta}, w = \rho\mathrm{e}^{\mathrm{i}\varphi}$，则(2.13)成为

$$r = \rho^n, \quad \theta = n\varphi. \tag{2.14}$$

由(2.14)知道，变换(2.13)把从原点出发的射线 $\varphi = \varphi_0$ 变成从原点出发的射线 $\theta = n\varphi_0$，并把圆周 $\rho = \rho_0$ 变成圆周 $r = \rho_0^n$（图 2.3）.

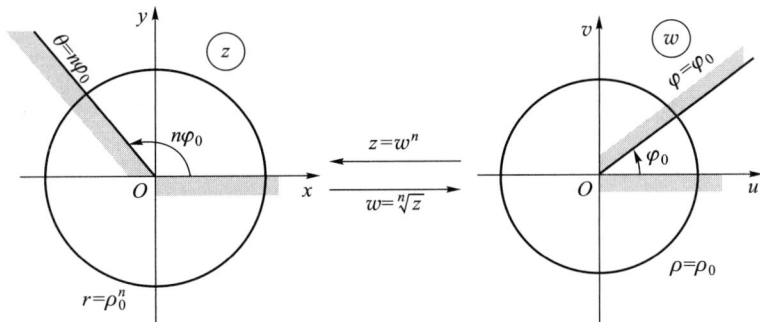

图 2.3

当 w 平面上的动射线从射线 $\varphi = 0$ 扫动到射线 $\varphi = \varphi_0$ 时，在变换 $z = w^n$ 下的像，就在 z 平面上从射线 $\theta = 0$ 扫动到射线 $\theta = n\varphi_0$. 从而，w 平面上的角形 $0 < \varphi < \varphi_0$ 就被变成 z 平面上的角形 $0 < \theta < n\varphi_0$（图 2.3）.

特别，变换(2.13)把 w 平面上的角形 $-\dfrac{\pi}{n} < \varphi < \dfrac{\pi}{n}$ 变成 z 平面除去原点及负实轴的区域（图 2.4）.

一般，变换(2.13)把张度为 $\dfrac{2\pi}{n}$ 的 n 个角形

$$T_k : \left(\frac{2k\pi}{n} - \frac{\pi}{n}\right) < \varphi < \left(\frac{2k\pi}{n} + \frac{\pi}{n}\right) \quad (k = 0, 1, \cdots, n-1) \tag{2.15}$$

都变成 z 平面除去原点及负实轴的区域. 图 2.4 是 $k = 0$ 的情形. 图 2.5 是 $n = 3$ 的情形，这时 $T_k(k = 0, 1, 2)$ 都变成 z 平面除去原点及负实轴的区域.

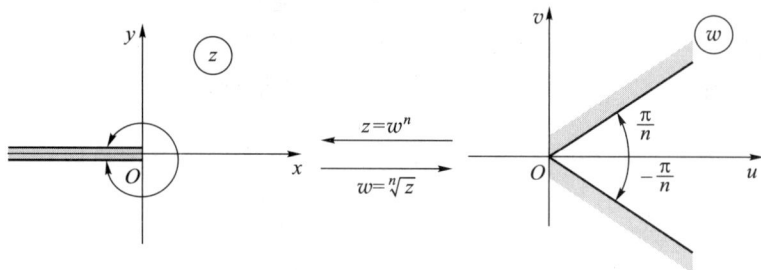

图 2.4

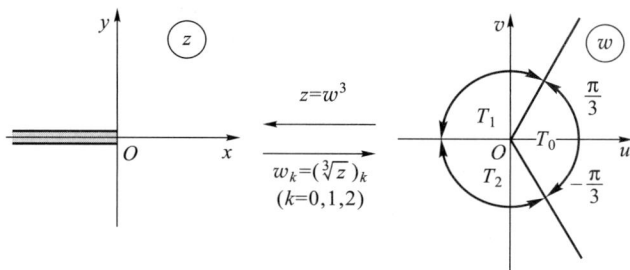

图 2.5

显然(2.15)是函数(2.13)的单叶性区域的一种分法.因由(2.14),我们知道区域 T 是(2.13)的单叶性区域的充要条件是:对于 T 内任一点 w_1,满足下面等式的点 w_2,

$$|w_2| = |w_1|, \quad \arg w_2 = \arg w_1 + \frac{2k\pi}{n} \quad (k = 1, 2, \cdots, n-1)$$

不属于 T.(2.15)的这些角形互不相交而填满(都加上同一端边界)w 平面(图 2.5).

总之,幂函数 $w = z^n$(n 是大于 1 的整数)的单叶性区域,是顶点在原点 $z = 0$,张度不超过 $\dfrac{2\pi}{n}$ 的角形区域.

（ⅱ）分出 $w = \sqrt[n]{z}$ 的单值解析分支.

当 $z = r\mathrm{e}^{i\theta}$ 时,函数

$$w = \sqrt[n]{z} = \sqrt[n]{r}\, \mathrm{e}^{i\frac{\theta + 2k\pi}{n}} \quad (k = 0, 1, \cdots, n-1)$$

出现多值性的原因是由于 z 确定后,其辐角并不惟一确定(可以相差 2π 的整数倍).今在 z 平面上从原点 O 到点 ∞ 任意引一条射线(或一条无界简单曲线[①]),将 z 平面割破,割破了的 z 平面构成一个以此割线为边界的区域,记为 G(同时我们就用 G 表示包含在割破了的 z 平面内的某一子区域).在 G 内随意指定一点 z_0,并指定 z_0 的一个辐角值,则在 G 内任意的点 z,皆可根据 z_0 的辐角,依连续变化而惟一确定 z 的辐角.

假定从原点起割破负实轴,C 是 G 内过点 z_0 的一条简单闭曲线,即 C 不穿过负实

---

① 这是一条通向无穷远点的**广义简单曲线**,它在原点与其上另外任一点之间的部分都是简单连续曲线.

轴,它的内部不包含原点 $z=0$,则当变点 z 从 z_0 起绕 C 一周时,z 的像点 $w_k=(\sqrt[n]{z})_k$ 各画出一条闭曲线 Γ_k(包含在角形 T_k 内)而各回到它原来的位置 $w_k^{(0)}$,因为这时 $\arg z$ 回到其起始的值 $\arg z_0$(如图 2.6,它是 $n=3$ 的情形).

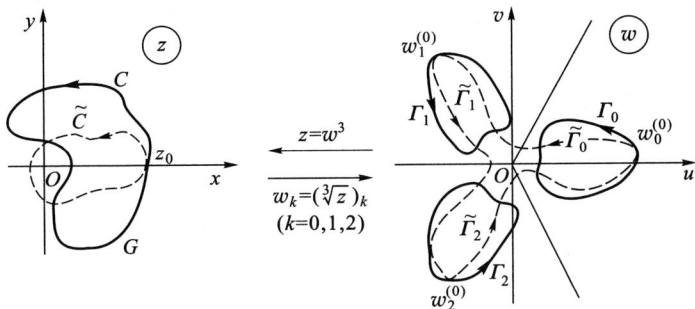

图 2.6

因此,在区域 G 内可以得到

$$w_k=(\sqrt[n]{z})_k=\sqrt[n]{r(z)}\,\mathrm{e}^{\mathrm{i}\frac{\theta(z)+2k\pi}{n}} \quad (z\in G,k=0,1,\cdots,n-1), \tag{2.16}$$

它们也可记成

$$w=\sqrt[n]{z} \quad (\sqrt[n]{1}=\mathrm{e}^{\mathrm{i}\frac{2k\pi}{n}}) \quad (z\in G,k=0,1,\cdots,n-1), \tag{2.16$'$}$$

(2.16)或(2.16)$'$ 称为 $\sqrt[n]{z}$ 的 n 个**单值连续分支函数**.当 k 取 $0,1,\cdots,n-1$ 中的固定值时,它就是 $\sqrt[n]{z}$ 的第 k 个分支函数.

下面,我们根据定理 2.6,来验证这 n 个单值连续分支函数都是解析函数,并有

$$\frac{\mathrm{d}}{\mathrm{d}z}(\sqrt[n]{z})_k=\frac{1}{n}\frac{(\sqrt[n]{z})_k}{z} \quad (z\in G,k=0,1,\cdots,n-1). \tag{2.17}$$

例如,对 $w_k=(\sqrt[n]{z})_k$ 这一单值连续分支函数,其实部及虚部

$$u(r,\theta)=\sqrt[n]{r}\cos\frac{\theta+2k\pi}{n}, \quad v(r,\theta)=\sqrt[n]{r}\sin\frac{\theta+2k\pi}{n}$$

在 G 内皆为 r,θ 的可微函数,并且

$$u_r=\frac{1}{n}r^{\frac{1}{n}-1}\cos\frac{\theta+2k\pi}{n}, \quad u_\theta=-\frac{1}{n}r^{\frac{1}{n}}\sin\frac{\theta+2k\pi}{n},$$

$$v_r=\frac{1}{n}r^{\frac{1}{n}-1}\sin\frac{\theta+2k\pi}{n}, \quad v_\theta=\frac{1}{n}r^{\frac{1}{n}}\cos\frac{\theta+2k\pi}{n},$$

在 G 内满足极坐标的 C.—R.方程:

$$u_r=\frac{1}{r}v_\theta, \quad v_r=-\frac{1}{r}u_\theta,$$

故 $w_k=(\sqrt[n]{z})_k$ 在 G 内解析,且

$$\frac{\mathrm{d}}{\mathrm{d}z}(\sqrt[n]{z})_k=\frac{r}{z}(u_r+\mathrm{i}v_r)=\frac{r}{z}\left(\frac{1}{n}r^{\frac{1}{n}-1}\cos\frac{\theta+2k\pi}{n}+\mathrm{i}\,\frac{1}{n}r^{\frac{1}{n}-1}\sin\frac{\theta+2k\pi}{n}\right)$$

$$=\frac{1}{n}\frac{1}{z}r^{\frac{1}{n}}\left(\cos\frac{\theta+2k\pi}{n}+\mathrm{i}\,\sin\frac{\theta+2k\pi}{n}\right)$$

$$= \frac{1}{n} \frac{(\sqrt[n]{z})_k}{z} \quad (k=0,1,\cdots,n-1).$$

（ⅲ）$w=\sqrt[n]{z}$ 的支点及支割线.

我们再分析一下,如果不像上述办法割破 z 平面,则变点 z 就可以沿一条简单闭曲线 $\tilde{C}$（如图2.6）变化.z_0 是 $\tilde{C}$ 上某一个点,$\tilde{C}$ 包含原点 $z=0$ 在其内部.这时,$\tilde{C}$ 穿过负实轴.于是,当变点 z 从 z_0 出发,循正（负）方向绕 $\tilde{C}$ 一周后,z_0 的辐角已经增（减）了 2π,z 的像点 $w_k=(\sqrt[n]{z})_k$ 就不可能回到它们原来的位置 $w_k^{(0)}$（$w_0^{(0)}=w_0$）,而是沿如图2.6中虚线路径,从一支变到另一支:

$$w_0=w_0^{(0)} \rightarrow w_1^{(0)} \rightarrow w_2^{(0)} \rightarrow w_3^{(0)} \rightarrow \cdots \rightarrow w_{n-1}^{(0)} \rightarrow w_0.$$
$$(\leftarrow) \quad (\leftarrow) \quad (\leftarrow) \quad (\leftarrow) \cdots (\leftarrow) \quad (\leftarrow)$$

这样一来,在包含或包围着原点 $z=0$ 的区域 D 内,我们不可能把 $w=\sqrt[n]{z}$ 分成 n 个独立的单值解析分支.而现在,这些分支好像在原点 $z=0$ 连接起来,抖不散了.

原点 $z=0$——在此点的充分小邻域内,作一个包围此点的圆周 Γ,当变点 z 从 Γ 上一点出发,绕 Γ 连续变动一周而回到其出发点时,$\sqrt[n]{z}$ 从其一支变到另外一支——我们称它为 $\sqrt[n]{z}$ 的**支点**.

$z=\infty$ 也具有 $z=0$ 所具有的类似性质,也称为 $\sqrt[n]{z}$ 的支点.因为 z 沿顺时针方向绕以原点 $z=0$ 为圆心,半径为充分大的圆周 Γ（此圆周可以看作是在点 ∞ 的邻域内,并包围着 ∞ 的一个圆周）一周时,$\sqrt[n]{z}$ 也从其一支变到另外一支.

一般地,具有这种性质的点,使得当变点 z 绕这点一整周时,多值函数从其一支变到另一支,也就是说,当变点回转至原来的位置时,函数值与原来的值相异,则称此点为此多值函数的**支点**.

$\sqrt[n]{z}$ 除在 $z=0$ 及 $z=\infty$ 具有上述性质外,其他任何点皆不具有此性质.因此,$\sqrt[n]{z}$ 仅以 $z=0$ 及 $z=\infty$ 为支点.

用来割破 z 平面,借以分出 $\sqrt[n]{z}$ 的单值解析分支的**割线**,称为 $\sqrt[n]{z}$ 的**支割线**.一般地说,支割线可以区分为**两岸**.如果支割线接近于平行 x 轴的方向,就分成**上岸**与**下岸**;如果支割线接近平行于 y 轴的方向,就分成**左岸**与**右岸**.每一单值分支在支割线的两岸取得不同的值.

对应于支割线的不同作法,分支也就不同.因为这时各分支的定义域 G 随支割线改变而改变,其值域 $T_k(k=0,1,\cdots,n-1)$ 当然也要随支割线改变而改变.但无论怎样,各分支的总体仍然是 $\sqrt[n]{z}$,因为改变后的 $T_k(k=0,1,\cdots,n-1)$ 仍然互不相交而填满（都加上同一端边界）w 平面.

特别情形,是取负实轴为支割线而得出的 n 个不同的分支,其中有一支在正实轴上取正实值的,称为 $\sqrt[n]{z}$ 的**主值支**,它可以表示为

$$(\sqrt[n]{z})_0=\sqrt[n]{r}\,\mathrm{e}^{\frac{i\theta}{n}} \quad (-\pi<\theta<\pi). \tag{2.18}$$

顺便指出:每一单值分支在支割线上是不连续的.就拿以负实轴为支割线的主值支(2.18)来说,当 z 从负实轴上方趋于点 $z=-x(x>0)$,与从负实轴下方趋于此点时,分别有极限 $\sqrt[n]{x}\,\mathrm{e}^{\frac{i\pi}{n}}$ 及 $\sqrt[n]{x}\,\mathrm{e}^{-\frac{i\pi}{n}}$.不过,函数 $w=\sqrt[n]{z}$ 的每一单值连续分支,可以扩充成为

直到负实轴(除去原点 $z=0$)的上岸(或下岸)连续的函数.扩充的函数值称为上述单值连续分支在负实轴的上岸(或下岸)所取的值.

也就是说,如 $z=z_0$ 在支割线负实轴的上岸,而每个在 $G:-\pi<\theta(z)<\pi$ 内的单值解析分支 $(\sqrt[n]{z})_k$ 是可以扩充成单边连续到负实轴上岸的.这时,就可以在上岸上计算其值.

值得注意的是: $\sqrt[n]{z}$ 除了表示多值函数的总体外,在一般书中,也常用它同时表示某一特定单值分支.这时,一定要从上下文去看它究竟是表示什么区域上的哪一分支.比如,当我们将 $\sqrt[n]{z}$ 的第 k 支 $(\sqrt[n]{z})_k$ 仍用 $\sqrt[n]{z}$ 表示时,公式(2.17)就可写成

$$\frac{\mathrm{d}}{\mathrm{d}z}\sqrt[n]{z}=\frac{1}{n}\cdot\frac{\sqrt[n]{z}}{z}=\frac{1}{n}z^{\frac{1}{n}-1}, \tag{2.17$'$}$$

这时,(2.17)$'$ 中的 $\sqrt[n]{z}$ 及 $z^{\frac{1}{n}}$ 就不能看成多值函数的总体,而应看成同一个特定单值解析分支.

还要强调一下,对于定义域 G 而言,如 G 不包含(或不包围)原点(或点 ∞),则 $\sqrt[n]{z}$ 在 G 内已能分出单值解析分支(如图 2.7 所示各区域 G),否则(如图 2.8 所示各区域 G)就要从原点至点 ∞ 引割线将 G 割开,才能分出单值解析分支.

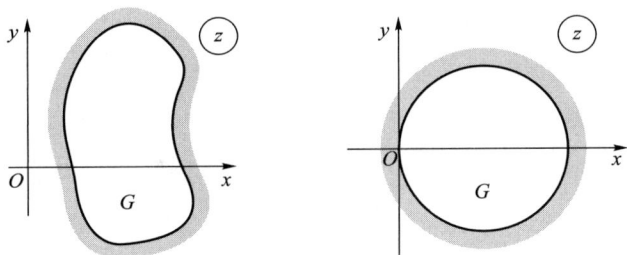

图 2.7

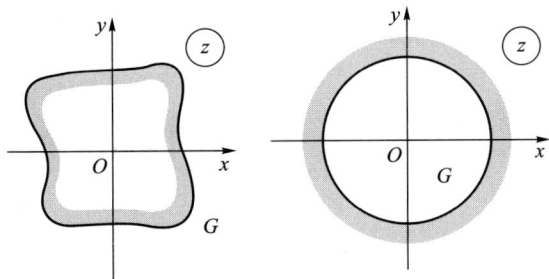

图 2.8

前面讨论的一切结论,经过适当的变量代换,就可以转移到更一般类型的函数:

$$w=\sqrt[n]{z-a},$$

它只以 $z=a$ 及 $z=\infty$ 为支点,以从 $z=a$ 出发并伸向无穷的广义简单曲线为支割线.且在沿支割线割开的 z 平面上任一区域 G 内,能分出 n 个单值解析分支.

例 2.18 设 $w=\sqrt[3]{z}$ 确定在从原点 $z=0$ 起沿负实轴割破了的 z 平面上,并且 $w(\mathrm{i})=-\mathrm{i}$.试求 $w(-\mathrm{i})$ 之值.

解 设 $z=r\mathrm{e}^{\mathrm{i}\theta}$,则

$$w_k=\sqrt[3]{r(z)}\,\mathrm{e}^{\mathrm{i}\frac{\theta(z)+2k\pi}{3}},\quad k=0,1,2,$$

这里

$$z\in G:-\pi<\theta<\pi,\text{ 且必有 } r(z)=|z|>0.$$

(因为在单有限支点的情形,沿 z 平面的负实轴割破,与限制 z 的辐角 $\arg z=\theta(z)$ 的变化范围 $-\pi<\theta(z)<\pi$ 是一致的.)

（1）由已给条件定 k:

$$z=\mathrm{i}\in G \text{ 时},r(\mathrm{i})=1,\theta(\mathrm{i})=\frac{\pi}{2}.$$

要

$$-\mathrm{i}=\mathrm{e}^{\mathrm{i}\frac{\frac{\pi}{2}+2k\pi}{3}}=\mathrm{e}^{\mathrm{i}\frac{\pi+4k\pi}{6}},\text{ 必有 } k=2.$$

或直接由 $-\mathrm{i}$ 的辐角 $\arg(-\mathrm{i})=\frac{3}{2}\pi$,满足 $\pi<\arg(-\mathrm{i})<\frac{5\pi}{3}$ 看出 $-\mathrm{i}\in T_2$（如图 2.9）,因而 $k=2$.

（2）求 $w_2(-\mathrm{i})(-\mathrm{i}\in G)$:

因 $r(-\mathrm{i})=1,\theta(-\mathrm{i})=-\frac{\pi}{2}$,故

$$w_2(-\mathrm{i})=\mathrm{e}^{\mathrm{i}\frac{1}{3}\left(-\frac{\pi}{2}+4\pi\right)}=\mathrm{e}^{\frac{7}{6}\pi\mathrm{i}}=-\mathrm{e}^{\frac{\pi}{6}\mathrm{i}}.$$

（3）各支的图像（如图 2.9）:

$$G:-\pi<\theta(z)<\pi\longrightarrow\begin{cases}T_0:-\dfrac{\pi}{3}<\arg w_0(z)<\dfrac{\pi}{3};\\[2mm]T_1:\dfrac{\pi}{3}<\arg w_1(z)<\pi;\\[2mm]T_2:\pi<\arg w_2(z)<\dfrac{5\pi}{3}.\end{cases}$$

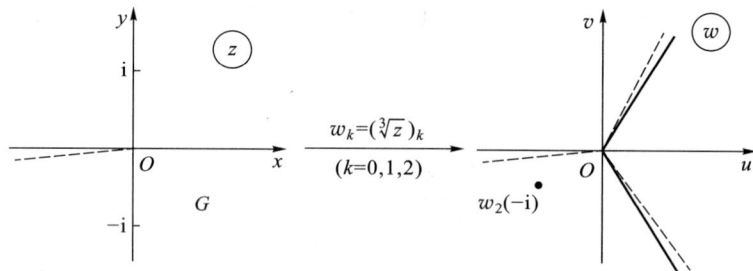

图 2.9

3. 对数函数

（ⅰ）复对数的定义.

定义 2.10 我们规定对数函数是指数函数的反函数.即若

$$\mathrm{e}^w=z\quad(z\neq 0,\infty),\tag{2.19}$$

则复数 w 称为复数 z 的**对数**,记为 $w = \mathrm{Ln}\, z$.

令 $z = r\mathrm{e}^{\mathrm{i}\theta}$,$w = u + \mathrm{i}v$,则(2.19)就是

$$\mathrm{e}^{u+\mathrm{i}v} = r\mathrm{e}^{\mathrm{i}\theta},$$

因而 $\qquad u = \ln r, \quad v = \theta + 2k\pi \quad (k = 0, \pm 1, \pm 2, \cdots),$ \hfill (2.20)

故方程(2.19)的全部根是

$$\mathrm{Ln}\, z = \ln r + \mathrm{i}(\theta + 2k\pi) \quad (k = 0, \pm 1, \pm 2, \cdots),$$

或 $\qquad \mathrm{Ln}\, z = \ln|z| + \mathrm{i}\mathrm{Arg}\, z$

$$= \ln|z| + \mathrm{i}(\arg z + 2k\pi) \quad (k = 0, \pm 1, \pm 2, \cdots) \tag{2.21}$$

(当 k 取确定值时,$\mathrm{Ln}\, z$ 的对应值记为 $(\ln z)_k$)

且 $\qquad \mathrm{Ln}\, z = \ln z + 2k\pi\mathrm{i} \quad (k = 0, \pm 1, \pm 2, \cdots). \tag{2.22}$

这就说明了一个复数 $z(z \neq 0, \infty)$ 的对数仍是复数,它的实部是 z 的模的通常实自然对数,它的虚部是 z 的辐角的一般值,即虚部可以取无穷多个值,任二相异值之差为 2π 的一个整数倍.也就是说,$w = \mathrm{Ln}\, z$ 是 z 的无穷多值函数.

式(2.22)的 $\ln z = \ln|z| + \mathrm{i}\arg z$ 表示 $\mathrm{Ln}\, z$ 的某一个特定值,其中 $\arg z$ 表示 $\mathrm{Arg}\, z$ 的一个特定值.当限定 $\arg z$ 取主值,即 $-\pi < \arg z \leqslant \pi$ 时,$\ln z$ 称为 $\mathrm{Ln}\, z$ 的**主值**(或**主值支**).于是,主值

$$\ln z = \ln|z| + \mathrm{i}\arg z \quad (-\pi < \arg z \leqslant \pi). \tag{2.23}$$

例 2.19 设 $a > 0$,则

$$\mathrm{Ln}\, a = \ln a + 2k\pi\mathrm{i} \quad (k = 0, \pm 1, \pm 2, \cdots),$$

其主值就是通常的实对数 $\ln a$.

$$\mathrm{Ln}(-a) = \ln a + (2k+1)\pi\mathrm{i} \quad (k = 0, \pm 1, \pm 2, \cdots);$$

$$\ln(-a) = \ln a + \pi\mathrm{i};$$

特别, $\qquad \ln(-1) = \ln 1 + \pi\mathrm{i} = \pi\mathrm{i};$

$$\mathrm{Ln}(-1) = (2k+1)\pi\mathrm{i} \quad (k = 0, \pm 1, \pm 2, \cdots).$$

此例说明:复对数是实对数在复数域内的推广;在实数域内"负数无对数"的说法,在复数域内是不成立的.但可修改成"负数无实对数,且正实数的复对数也是无穷多值的".

例 2.20 $\quad \ln \mathrm{i} = \ln|\mathrm{i}| + \dfrac{\pi}{2}\mathrm{i} = \dfrac{\pi}{2}\mathrm{i};$

$$\mathrm{Ln}\, \mathrm{i} = \frac{\pi}{2}\mathrm{i} + 2k\pi\mathrm{i} = \left(\frac{1+4k}{2}\right)\pi\mathrm{i} \quad (k = 0, \pm 1, \pm 2, \cdots).$$

例 2.21 $\quad \mathrm{Ln}(3 + 4\mathrm{i}) = \ln 5 + \mathrm{i}\arctan \dfrac{4}{3} + 2k\pi\mathrm{i} \quad (k = 0, \pm 1, \pm 2, \cdots).$

(ii) 对数函数的基本性质.

$$\left.\begin{array}{l} \mathrm{Ln}(z_1 z_2) = \mathrm{Ln}\, z_1 + \mathrm{Ln}\, z_2, \\[2mm] \mathrm{Ln}\, \dfrac{z_1}{z_2} = \mathrm{Ln}\, z_1 - \mathrm{Ln}\, z_2 \end{array}\right\} (z_1, z_2 \neq 0, \infty). \tag{2.24}$$

可以像在实数域中一样证明它们在复数域中成立.例如证明前一个.根据指数函数的加法定理,由恒等式

$$e^{\operatorname{Ln} z_1} = z_1 \text{ 和 } e^{\operatorname{Ln} z_2} = z_2,$$

即可推出恒等式

$$e^{\operatorname{Ln} z_1 + \operatorname{Ln} z_2} = z_1 z_2;$$

另一方面,因

$$e^{\operatorname{Ln}(z_1 z_2)} = z_1 z_2,$$

故

$$e^{\operatorname{Ln}(z_1 z_2)} = e^{\operatorname{Ln} z_1 + \operatorname{Ln} z_2}.$$

于是得证.

思考题　参照我们对公式(1.12)及(1.12)′所作的说明,试对公式(2.24)作出类似的说明.

当求等式

$$e^{z_1} = e^{z_2}$$

的对数时,结果可以写成

$$z_1 = z_2 + 2k\pi \mathrm{i}.$$

加上 $2k\pi \mathrm{i}$ 是必要的,因为指数函数具有虚周期 $2\pi \mathrm{i}$.

（iii）指数函数 $z = e^w$ 的变换性质及其单叶性区域.

令 $z = r e^{\mathrm{i}\theta}$, $w = u + \mathrm{i}v$,则(2.19)成为

$$r = e^u, \quad \theta = v.$$

由此知道,变换(2.19):

$$z = e^w \quad (z \neq 0, \infty)$$

把直线 $v = v_0$ 变成从原点出发的射线 $\theta = v_0$,把线段"$u = u_0$ 且 $-\pi < v \leqslant \pi$"变成圆周 $r = e^{u_0}$（图 2.10）.

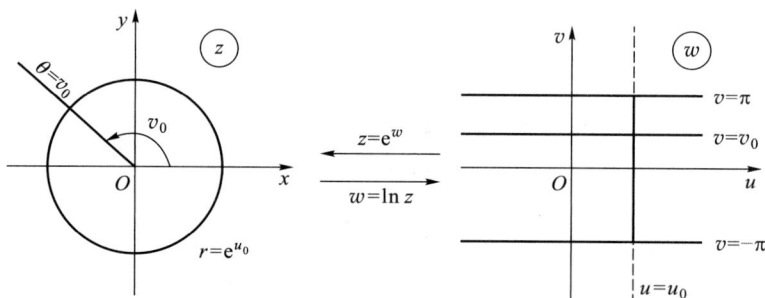

图 2.10

当 w 平面上的动直线从直线 $v = 0$ 扫动到直线 $v = v_0$ 时,在变换 $z = e^w$ 下的像,就在 z 平面上从射线 $\theta = 0$ 扫动到射线 $\theta = v_0$.从而 w 平面上的带形 $0 < v < v_0$ 就被变成 z 平面上的角形 $0 < \theta < v_0$（图 2.10）.

特别,变换 $z = e^w$ 把 w 平面上的带形 $-\pi < v < \pi$ 变成 z 平面上除去原点及负实轴的区域.

一般,变换(2.19)把宽为 2π 的带形

$$B_k: (2k-1)\pi < v < (2k+1)\pi \quad (k = 0, \pm 1, \pm 2, \cdots) \tag{2.25}$$

都变成 z 平面上除去原点及负实轴的区域（图 2.11）.

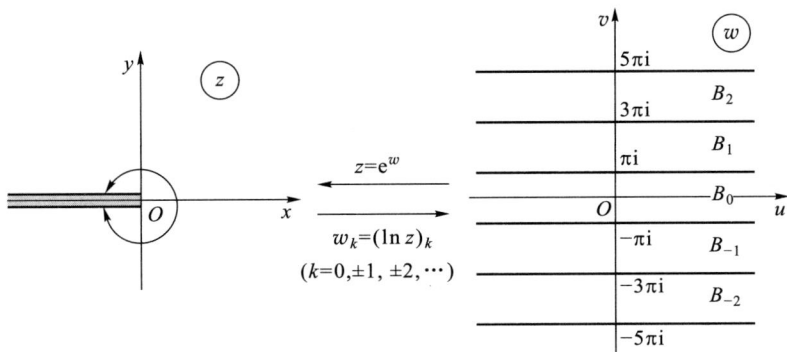

图 2.11

显然(2.25)是函数(2.19)的单叶性区域的一种分法.因由(2.20)我们知道,区域 B 是(2.19)的单叶性区域的充要条件为:对于 B 内任一点 $w_1 = u_1 + \mathrm{i}v_1$,满足条件

$$u_2 = u_1, v_2 = v_1 + 2k\pi \quad (k \text{ 为非零整数})$$

的点 $w_2 = u_2 + \mathrm{i}v_2$ 不属于 B.

(2.25)的这些带形互不相交而填满(都加上同一端边界)w 平面(图 2.11).

总之,指数函数 $w = \mathrm{e}^z$ 的单叶性区域是 z 平面上平行于实轴,宽不超过 2π 的带形区域.

（ⅳ）分出 $w = \mathrm{Ln}\, z$ 的单值解析分支.

参照图 2.12 作类似于对函数 $w = \sqrt[n]{z}$ 的讨论.在 z 平面上从原点 $z=0$ 起割破负实轴的区域 G 内,可以得到 $w = \mathrm{Ln}\, z$ 的无穷多个不同的单值连续分支函数

$$w_k = (\ln z)_k = \ln r(z) + \mathrm{i}[\theta(z) + 2k\pi] \quad (z \in G, k = 0, \pm 1, \pm 2, \cdots). \quad (2.26)$$

它们也可记成

$$w = \ln z (\ln 1 = 2k\pi\mathrm{i})(z \in G) \quad (k = 0, \pm 1, \pm 2, \cdots), \quad (2.26)'$$

仍可根据定理 2.6,验证(2.26)皆在 G 内解析,且有

$$\frac{\mathrm{d}}{\mathrm{d}z}(\ln z)_k = \frac{1}{z} \quad (z \in G, k = 0, \pm 1, \pm 2, \cdots).$$

当不割破 z 平面时,参照图 2.12 作类似于对 $w = \sqrt[n]{z}$ 的讨论,即知 $w = \mathrm{Ln}\, z$ 仍只以 $z=0$ 及 $z=\infty$ 为**支点**,仍以连接 $z=0$ 及 $z=\infty$ 的广义简单曲线(特别是负实轴)为**支割线**.

同理,易知 $w = \mathrm{Ln}(z-a)$ 只以 $z=a$ 及 $z=\infty$ 为支点,以连接 $z=a$ 及 $z=\infty$ 的任一射线或广义简单曲线为支割线;在沿支割线割开了的 z 平面上任一区域 G 内,$w = \mathrm{Ln}(z-a)$ 的每一分支是单值解析的.

4. 一般幂函数与一般指数函数

定义 2.11 $w = z^a = \mathrm{e}^{a\mathrm{Ln}\,z}(z \neq 0, \infty; a \text{ 为复常数})$ 称为 z 的**一般幂函数**.

此定义是实数域中等式

$$x^a = \mathrm{e}^{a\ln x} \quad (x > 0, a \text{ 为实数})$$

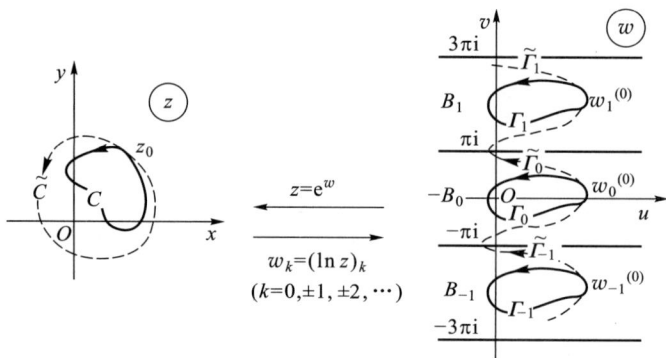

图 2.12

在复数域中的推广.不难验证,当 α 取整数 $n \geqslant 1$ 或取分数 $\dfrac{1}{n}$(n 为大于 1 的整数)时,它就是我们已经定义过的幂函数 $w = z^n$ 及根式函数 $w = \sqrt[n]{z}$.

设 $(\ln z)_0$ 表示 $\mathrm{Ln}\, z$ 中的任意一个确定的值.则

$$z^\alpha = e^{\alpha \mathrm{Ln}\, z} = e^{\alpha[(\ln z)_0 + 2k\pi i]} = w_0 e^{2k\pi i \alpha} \quad (k = 0, \pm 1, \pm 2, \cdots),$$

其中 $w_0 = e^{\alpha(\ln z)_0}$ 表示 z^α 所有的值中的一个.

现在我们来讨论 α 的如下三种特殊情形:

(1) $\underline{\alpha \text{ 是一整数 } n}$.此时

$$e^{2k\pi i \alpha} = e^{2(kn)\pi i} = 1,$$

故 z^α 这时是 z 的单值函数.

(2) $\underline{\alpha \text{ 是一有理数 } \dfrac{q}{p}}$(既约分数).这时

$$e^{2k\pi i \alpha} = e^{2k\pi i \frac{q}{p}},$$

只能取 p 个不同的值,即当 $k = 0, 1, 2, \cdots, p-1$ 时的对应值.于是

$$z^{\frac{q}{p}} = w_0 e^{2k\pi i \frac{q}{p}}, \quad k = 0, 1, 2, \cdots, p-1.$$

(3) $\underline{\alpha \text{ 是一无理数或虚数}}$.这时,式子 $e^{2k\pi i \alpha}$ 的所有的值各不相同,z^α 就是无限多值的.

总之,由于 $\mathrm{Ln}\, z$ 的多值性,z^α 一般也是多值的(仅当 α 为整数时例外).将 z^α 分成单值解析分支的方法与 $\mathrm{Ln}\, z$ 相同,且 z^α 仍只以 $z = 0$ 及 $z = \infty$ 为支点.当从原点起沿负实轴割破 z 平面后,对 z^α 的每一分支(仍以 z^α 表示之)有

$$\frac{\mathrm{d}}{\mathrm{d}z} z^\alpha = \frac{\mathrm{d}}{\mathrm{d}z} e^{\alpha \ln z} = e^{\alpha \ln z} \cdot \frac{\alpha}{z} = z^\alpha \cdot \frac{\alpha}{z} = \alpha z^{\alpha-1},$$

当 α 取分数 $\dfrac{1}{n}$(n 为大于 1 的整数)时,它就是 (2.17)'.

定义 2.12 $w = a^z = e^{z \mathrm{Ln}\, a}$($a \neq 0, \infty$,为一复常数)称为**一般指数函数**.

它是无穷多个独立的、在 z 平面上单值解析的函数.当 $a = e$,$\mathrm{Ln}\, e$ 取主值时,便得到通常的单值的指数函数 e^z.

本段说的这两种函数都可看作复合函数,它们的性质可由其他函数的性质推导

出来.

例 2.22 求 i^i.

解 $i^i = e^{iLn\,i} = e^{i\left(\frac{\pi}{2}i + 2k\pi i\right)} = e^{-\frac{\pi}{2} - 2k\pi}$ $(k = 0, \pm 1, \pm 2, \cdots)$,

且 i^i 的主值为 $e^{-\frac{\pi}{2}}$.

例 2.23 求 2^{1+i}.

解 $2^{1+i} = e^{(1+i)Ln\,2} = e^{(1+i)(\ln 2 + 2k\pi i)} = e^{(\ln 2 - 2k\pi) + i(\ln 2 + 2k\pi)}$

$$= e^{(\ln 2 - 2k\pi)}(\cos \ln 2 + i \sin \ln 2) \quad (k = 0, \pm 1, \pm 2, \cdots),$$

且 2^{1+i} 的主值为 $e^{\ln 2}(\cos \ln 2 + i \sin \ln 2)$.

5. 具有多个有限支点的情形

前面我们讨论了根式函数 $w = \sqrt[n]{z}$ 与对数函数 $w = Ln\,z$,它们的支点都是一个有限支点 $z = 0$ 和无穷远点 $z = \infty$.其支割线可以是从 0 到 ∞ 的一条射线(如包含原点的负实轴),这与限制变点 z 的辐角范围(如 $-\pi < \arg z < \pi$)是一致的.从而,在 z 平面上以此割线为边界的区域 G 内,它们都能分出单值解析分支.

但对具有多个有限支点的多值函数,我们就不便采取限制辐角范围的办法,而是首先求出该函数的一切支点,然后适当连接支点以割破 z 平面.于是,在 z 平面上以此割线为边界的区域 G 内就能分出该函数的单值解析分支.因为,在 G 内变点 z 不能穿过支割线,也就不能单独绕任一个支点转一整周,函数就不可能在 G 内同一点取不同的值了.

(ⅰ)讨论函数

$$w = f(z) = \sqrt[n]{P(z)} \tag{2.27}$$

的支点,其中 $P(z)$ 是任意的 N 次多项式,

$$P(z) = A(z - a_1)^{\alpha_1} \cdots (z - a_m)^{\alpha_m},$$

$a_1, a_2, \cdots, a_m$ 是 $P(z)$ 的一切相异零点.$\alpha_1, \alpha_2, \cdots, \alpha_m$ 分别是它们的重数,满足

$$\alpha_1 + \alpha_2 + \cdots + \alpha_m = N.$$

我们先来看

例 2.24 考察下列函数有哪些支点:

(1) $f(z) = \sqrt{z(1-z)}$.　　　　(2) $f(z) = \sqrt[3]{z(1-z)}$.

解 (1) 当 z 沿内部包含 0(但不包含 1)的简单闭曲线 C_0 的正方向绕行一周时(如图 2.13),z 的辐角得到改变量 2π(即 $\Delta_{C_0} \arg z = 2\pi$),$1-z$ 的辐角并未改变(即 $\Delta_{C_0} \arg(1-z) = \Delta_{C_0} \arg(z-1) = 0$),结果 $f(z) = \sqrt{z(1-z)}$ 的辐角获得改变量 π,即

$$\Delta_{C_0} \arg f(z) = \frac{1}{2}[\Delta_{C_0} \arg z + \Delta_{C_0} \arg(1-z)] = \frac{1}{2}(2\pi + 0) = \pi.$$

故 $f(z)$ 的终值较初值增加了一个因子 $e^{i\pi} = -1$,发生了变化,可见 0 是 $f(z) = \sqrt{z(1-z)}$ 的支点.同样地讨论,可得 1 也是其支点.

任何异于 0,1 的有限点都不可能是 $f(z)$ 的支点.事实上,对于这样的点 ζ,可以取一条包含 ζ 但不包含点 0,1 的简单闭曲线 $\tilde{C}$,而

$$\Delta_{\tilde{C}} \arg f(z) = \frac{1}{2}[\Delta_{\tilde{C}} \arg z + \Delta_{\tilde{C}} \arg(1-z)] = \frac{1}{2}(0 + 0) = 0,$$

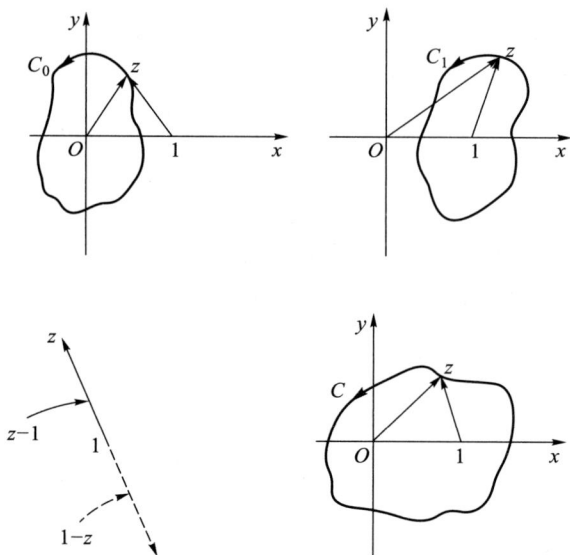

图 2.13

即 $f(z)$ 的终值与初值比较，未发生改变.

如果简单闭曲线 C 同时包含 $0,1$ 两点（如图 2.13），点 z 沿 C 的正方向绕行一周后，

$$\Delta_C \arg f(z) = \frac{1}{2} \left[\Delta_C \arg z + \Delta_C \arg(1-z) \right]$$

$$= \frac{1}{2} \left[\Delta_C \arg z + \Delta_C \arg(z-1) \right]$$

$$= \frac{1}{2} (2\pi + 2\pi) = 2\pi.$$

结果是 $f(z)$ 原来的值乘 $e^{2\pi i} = 1$，并不改变其值.由此可见，∞ 不是 $f(z)$ 的支点.

（2）$f(z)$ 可能的支点是 $0,1,\infty$.如图 2.13，由于

$$\Delta_{C_0} \arg f(z) = \frac{1}{3} \left[\Delta_{C_0} \arg z + \Delta_{C_0} \arg(1-z) \right]$$

$$= \frac{1}{3} (2\pi + 0) = \frac{2\pi}{3},$$

$$\Delta_{C_1} \arg f(z) = \frac{1}{3} \left[\Delta_{C_1} \arg z + \Delta_{C_1} \arg(1-z) \right]$$

$$= \frac{1}{3} (0 + 2\pi) = \frac{2\pi}{3},$$

$$\Delta_C \arg f(z) = \frac{1}{3} \left[\Delta_C \arg z + \Delta_C \arg(1-z) \right]$$

$$= \frac{1}{3} (2\pi + 2\pi) = \frac{4\pi}{3},$$

结果 $f(z)$ 的值均较原值发生了变化.故 $0,1,\infty$ 都是 $f(z)$ 的支点,且此外别无支点.

对函数(2.27)作类似的讨论,我们就能得到下列结论:

(1) (2.27)可能的支点是 $a_1,a_2,\cdots,a_m$ 和 ∞.

(2) 当且仅当 n 不能整除 α_i 时,a_i 是 $\sqrt[n]{P(z)}$ 的支点.

(3) 当且仅当 n 不能整除 N 时,∞ 是 $\sqrt[n]{P(z)}$ 的支点.

(4) 如果 n 能整除 $\alpha_1,\alpha_2,\cdots,\alpha_m$ 中若干个之和,则 $a_1,a_2,\cdots,a_m$ 中对应的那几个就可以连接成割线抱成团,即变点 z 沿只包含它们在其内部的简单闭曲线转一整周后,函数值不变.这种抱成的团可能不止一个.其余不入团的点 a_i 则与点 ∞ 连接成一条割线.

例如,对
$$w=\sqrt{z(z-1)(z-2)(z-3)(z-4)},$$
就可将 0 与 1,2 与 3 分别用直线连接成割线,抱成两个团,再把余下的 4 与点 ∞ 连接成一条割线.

又如,对
$$w=\sqrt[3]{z(z-1)(z-2)(z-3)(z-4)},$$
就可将 0,1,2 用直线连接成一条割线,抱成一个团,再把余下的 3,4 与点 ∞ 连接成一条割线.

（ⅱ）由已给单值解析分支 $f(z)$ 的初值 $f(z_1)$,计算终值 $f(z_2)$.

借助每一单值解析分支 $f(z)$ 的连续性,先计算当 z 从 z_1 沿曲线 C（不穿过支割线）到终点 z_2 时,$f(z)$ 的辐角的连续改变量 $\Delta_C \arg f(z)$,再计算终值
$$f(z_2)=|f(z_2)|\mathrm{e}^{\mathrm{i}\arg f(z_2)}=|f(z_2)|\mathrm{e}^{\mathrm{i}\lceil\arg f(z_2)-\arg f(z_1)+\arg f(z_1)\rceil},$$
即
$$f(z_2)=|f(z_2)|\mathrm{e}^{\mathrm{i}\Delta_C\arg f(z)}\cdot\mathrm{e}^{\mathrm{i}\arg f(z_1)},\tag{2.28}$$
其中 $\Delta_C \arg f(z)$ 与 $\arg f(z_1)$ 的取值无关,$\arg f(z_1)$ 可以相差 2π 的整倍数.

当初值 $f(z_1)$ 取定时,(2.28)就是终点（或动点）z_2 的单值函数,故(2.28)就是此单值解析分支的表达式.

例 2.25 试证 $f(z)=\sqrt[3]{z(1-z)}$ 在将 z 平面适当割开后能分出三个单值解析分支.并求出在点 $z=2$ 取负值的那个分支在 $z=\mathrm{i}$ 的值.

解 (1) 由例 2.24,我们已经知道 $f(z)$ 的支点是 $0,1,\infty$.

将 z 平面沿正实轴从 0 到 1 割开,再沿负虚轴割开(如图2.14).这样就保证了变点 z 不会单绕 0 或 1 转一周,也不会同时绕 0 及 1（即绕点 ∞）转一周了.在这样割开 z 平面后的 G 上,$f(z)=\sqrt[3]{z(1-z)}$ 就能分出三个单值解析分支.

(2) 由公式(2.28),有
$$f(\mathrm{i})=|f(\mathrm{i})|\mathrm{e}^{\mathrm{i}\,\Delta_C\arg f(z)}\mathrm{e}^{\mathrm{i}\,\arg f(2)},$$
当 z 从 $z=2$ 沿 G 内一条简单曲线 C 变动到 $z=\mathrm{i}$ 时,由图2.14,
$$\Delta_C\arg z=\frac{\pi}{2},\quad \Delta_C\arg(1-z)=\frac{3\pi}{4},$$
于是

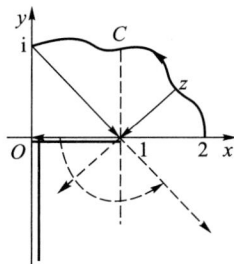
图 2.14

$$\Delta_C \arg f(z) = \frac{1}{3}\big[\Delta_C \arg z + \Delta_C \arg(1-z)\big] = \frac{1}{3}\Big(\frac{\pi}{2} + \frac{3\pi}{4}\Big) = \frac{5\pi}{12}.$$

再由题设,我们可以认为 $\arg f(2) = \pi$(允许相差 2π 的整数倍).故

$$f(\mathrm{i}) = \sqrt[3]{|\mathrm{i}\,\|\,1-\mathrm{i}|}\, \mathrm{e}^{\mathrm{i}\pi}\mathrm{e}^{\mathrm{i}\frac{5\pi}{12}} = -\sqrt[6]{2}\,\mathrm{e}^{\mathrm{i}\frac{5\pi}{12}}.$$

(ⅲ) 关于对数函数的已给单值解析分支 $\ln f(z)$,我们可以借助下面的公式来计算它的终值:

$$\ln f(z_2) = \ln|f(z_2)| + \mathrm{i}\arg f(z_2)$$
$$= \ln|f(z_2)| + \mathrm{i}[\arg f(z_2) - \arg f(z_1) + \arg f(z_1)],$$

即
$$\ln f(z_2) = \ln|f(z_2)| + \mathrm{i}\Delta_C \arg f(z) + \mathrm{i}\arg f(z_1), \qquad (2.29)$$

其中 C 是一条连接起点 z_1 和终点 z_2 且不穿过支割线的简单曲线;$\arg f(z_1)$ 表示符合条件的那一支在起点 z_1 之值

$$\ln f(z_1) = \ln|f(z_1)| + \mathrm{i}\arg f(z_1)$$

的虚部,是一个确定的值.

(2.29)就是此单值解析分支的表达式(当视 z_2 为 G 内的动点时).

例 2.26 试证 $\mathrm{Ln}(1-z^2)$ 在割去"从 -1 到 i 的直线段""从 i 到 1 的直线段"与射线"$x=0$ 且 $y\geqslant 1$"的 z 平面内能分出单值解析分支.并求 $z=0$ 时等于零的那一支在 $z=2$ 的值.

解 (1) $\mathrm{Ln}(1-z^2)$ 的支点为 $z=\pm 1$ 及 ∞.

因
$$\ln(1-z^2) = \ln(1-z) + \ln(1+z),$$

当变点 z 单绕 -1 或 1 一周时,$\ln(1-z^2)$ 的值就改变 $2\pi\mathrm{i}$(沿正方向)或 $-2\pi\mathrm{i}$(沿负方向),即 $\ln(1-z^2)$ 从一支变成另一支;当变点 z 同时绕 -1 及 1 一周时,$\ln(1-z^2)$ 共改变 $4\pi\mathrm{i}$(沿正方向)或 $-4\pi\mathrm{i}$(沿负方向),即 $\ln(1-z^2)$ 也从一支变成另一支.

将 z 平面按题中要求割破后(图 2.15),变点 z 既不能单绕 -1 或 1 转一周,也不能同时绕 -1 及 1 转一周.于是,在这样割破了的 z 平面上任一区域 G 内,$\mathrm{Ln}(1-z^2)$ 就能分出无穷多个单值解析分支.

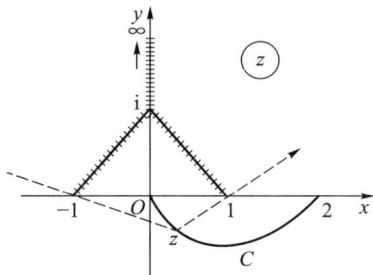

图 2.15

(2) 当 z 从 $z=0$ 沿 G 内一条简单曲线 C 变动到 $z=2$ 时,由图 2.15,

$$\Delta_C \arg(1-z^2) = \Delta_C \arg(1+z)(1-z) = \Delta_C \arg(1+z) + \Delta_C \arg(1-z)$$
$$= \Delta_C \arg[-(1+z)] + \Delta_C \arg(1-z) = 0 + \pi = \pi.$$

已知此指定分支在 $z=0$ 的值为 0,从而此初值的虚部为零,故由公式(2.29)可知该分支在 $z=2$ 的值为

$$\ln|1-z^2|\,\big|_{z=2} + \pi\mathrm{i} = \ln 3 + \pi\mathrm{i}.$$

注 解这类问题(如以上三个例题)的要点,就是作图观察,当动点 z 沿路线 C(C 在 G 内,且不穿过支割线)从起点 z_1 到终点 z_2 时,各因子辐角的连续改变量:$\Delta_C \arg z$,$\Delta_C \arg(1-z)$,$\cdots$,即观察向量 z,$1-z$,$\cdots$ 的辐角的连续改变量.由此即可计算 $\Delta_C \arg f(z)$,并可利用公式(2.28)或(2.29).

6. 反三角函数与反双曲函数

正如我们在定义 2.5、定义 2.6 及定义 2.7 中所看到的,三角函数和双曲函数都可以非常简单地用指数函数表示;因为对数函数是指数函数的反函数,所以反三角函数和反双曲函数都可以用对数函数非常简单地表示.

（ⅰ）我们先从**反正切函数**开始.记号

$$w = \text{Arctan } z$$

指的是方程

$$\tan w = z$$

的解的总体.我们将此方程改写成

$$\frac{1}{i} \cdot \frac{e^{iw} - e^{-iw}}{e^{iw} + e^{-iw}} = z,$$

还可改写成

$$e^{2iw} = \frac{1 + iz}{1 - iz},$$

由此即得

$$2iw = \text{Ln } \frac{1 + iz}{1 - iz},$$

最后即得

$$\text{Arctan } z = \frac{1}{2i} \text{Ln } \frac{1 + iz}{1 - iz}. \tag{2.30}$$

同理,由关系 $w = \text{Arcsin } z$ 或由和它等价的关系

$$\sin w = z,$$

我们即得

$$z = \frac{e^{iw} - e^{-iw}}{2i}.$$

由此得

$$e^{2iw} - 2iz e^{iw} - 1 = 0.$$

将此等式看作 e^{iw} 的二次方程,即得

$$e^{iw} = iz + \sqrt{1 - z^2}.$$

$$iw = \text{Ln}(iz + \sqrt{1 - z^2}).$$

$$w = \frac{1}{i} \text{Ln}(iz + \sqrt{1 - z^2}).$$

我们得到了**反正弦函数**恒等式

$$\text{Arcsin } z = \frac{1}{i} \text{Ln}(iz + \sqrt{1 - z^2}). \tag{2.31}$$

同理,对于**反余弦函数**,我们容易得出

$$\text{Arccos } z = \frac{1}{i} \text{Ln}(z + i\sqrt{1 - z^2}). \tag{2.32}$$

公式(2.30)、(2.31)和(2.32)都是无穷多值的,因为对数是无穷多值的;此外,不应忽视公式(2.31)和(2.32)中的根式是二值的.

（ⅱ）我们现在来讨论双曲函数的反函数.

例如，由等式

$$z = \cosh w \ \text{或}\ z = \frac{e^w + e^{-w}}{2},$$

我们即得（关于 w 解出方程）和它等价的等式

$$w = \text{Ln}(z + \sqrt{z^2 - 1}).$$

于是
$$\text{Arcosh}\, z = \text{Ln}(z + \sqrt{z^2 - 1}). \tag{2.33}$$

同理，可得
$$\text{Arsinh}\, z = \text{Ln}(z + \sqrt{z^2 + 1}) \tag{2.34}$$

和
$$\text{Artanh}\, z = \frac{1}{2}\text{Ln}\frac{1+z}{1-z}. \tag{2.35}$$

公式（2.33）、（2.34）和（2.35）都是无穷多值的，且公式（2.33）和（2.34）中的根式是二值的.

所有这些函数分成单值解析分支的方法，与前面所用的讨论方法是类似的，也要先讨论它们的支点，只是较复杂些也较困难些.所有这些分支都在适当割破平面后的区域内单值解析.

当然，也可把它们视为复合函数来化简处理.这里，我们只要求掌握反三角函数的计值方法.

例 2.27 求 $\text{Arcsin}\, 2$.

解 由公式（2.31），

$$\begin{aligned}
\text{Arcsin}\, 2 &= -i\,\text{Ln}(2i \pm \sqrt{3}\,i) = -i\,\text{Ln}\big[(2 \pm \sqrt{3})i\big] \\
&= -i\Big[\ln(2 \pm \sqrt{3}) + \frac{\pi}{2}i + 2k\pi i\Big] \\
&= \frac{\pi}{2} - i\ln(2 \pm \sqrt{3}) + 2k\pi \\
&= \Big(\frac{1}{2} + 2k\Big)\pi - i\ln(2 \pm \sqrt{3}) \quad (k = 0, \pm 1, \pm 2, \cdots).
\end{aligned}$$

例 2.28 求 $\text{Arctan}(2i)$.

解 由公式（2.30），

$$\begin{aligned}
\text{Arctan}(2i) &= -\frac{i}{2}\text{Ln}\Big(-\frac{1}{3}\Big) = -\frac{i}{2}\Big(\ln\frac{1}{3} + \pi i + 2k\pi i\Big) \\
&= \frac{\pi}{2} + i\frac{\ln 3}{2} + k\pi \\
&= \Big(\frac{1}{2} + k\Big)\pi + i\frac{\ln 3}{2} \quad (k = 0, \pm 1, \pm 2, \cdots).
\end{aligned}$$

（一）

1. 设连续曲线 $C: z = z(t), t \in [\alpha, \beta]$，有
$$z'(t_0) \neq 0 \quad (t_0 \in [\alpha, \beta]),$$
试证曲线 C 在点 $z(t_0)$ 有切线.

2. 试证洛必达法则：若 $f(z)$ 和 $g(z)$ 在点 z_0 解析，且
$$f(z_0) = g(z_0) = 0, \quad g'(z_0) \neq 0,$$
则
$$\lim_{z \to z_0} \frac{f(z)}{g(z)} = \frac{f'(z_0)}{g'(z_0)}.$$

3. 设
$$f(z) = \begin{cases} \dfrac{x^3 - y^3 + \mathrm{i}(x^3 + y^3)}{x^2 + y^2}, & z = x + \mathrm{i}y \neq 0, \\ 0, & z = 0, \end{cases}$$
试证 $f(z)$ 在原点满足 C.-R.方程，但却不可微.

4. 试证下列函数在 z 平面上任何点都不解析：

（1）$|z|$；　（2）$x + y$；　（3）$\operatorname{Re} z$；　（4）$\dfrac{1}{z}$.

5. 试判断下列函数的可微性和解析性：

（1）$f(z) = xy^2 + \mathrm{i}x^2 y$；　　　　　　（2）$f(z) = x^2 + \mathrm{i}y^2$；

（3）$f(z) = 2x^3 + 3\mathrm{i}y^3$；　　　　　　　（4）$f(z) = x^3 - 3xy^2 + \mathrm{i}(3x^2 y - y^3)$.

6. 证明：如果函数 $f(z) = u + \mathrm{i}v$ 在区域 D 内解析，并满足下列条件之一，那么 $f(z)$ 是常数.

(1) $f(z)$ 恒取实值；

(2) 在 D 内 $f'(z) = 0$；

(3) $\overline{f(z)}$ 在 D 内解析；

(4) $|f(z)|$ 在 D 内是一个常数；

(5) $\operatorname{Re} f(z)$ 或 $\operatorname{Im} f(z)$ 在 D 内为常数；

(6) $au + bv = c$，其中 a, b 与 c 是不全为零的实常数.

7. 如果 $f(z)$ 在区域 D 内解析，试证 $\overline{\mathrm{i} \overline{f(z)}}$ 在区域 D 内也解析.

8. 试证下列函数在 z 平面上解析，并分别求出其导函数.

(1) $f(z) = x^3 + 3x^2 y\mathrm{i} - 3xy^2 - y^3 \mathrm{i}$；

(2) $f(z) = \mathrm{e}^x(x\cos y - y\sin y) + \mathrm{i}\mathrm{e}^x(y\cos y + x\sin y)$；

(3) $f(z) = \sin x \cdot \cosh y + \mathrm{i}\cos x \cdot \sinh y$；

(4) $f(z) = \cos x \cdot \cosh y - \mathrm{i}\sin x \cdot \sinh y$.

9. 证明下面的定理.

(1) 复合函数的求导法则：若函数 $\zeta = f(z)$ 在区域 D 内解析，函数 $g(\zeta)$ 在区域 E 内解析，$f(D) \subset E$，则函数 $\varphi(z) = g[f(z)]$ 在区域 D 内解析，且
$$\varphi'(z) = g'[f(z)]f'(z);$$

(2) 反函数的求导法则：若函数 $\omega = f(z)$ 在区域 D 内是单叶解析的，其反函数 $z = g(\omega)$ 在区域

$E = f(D)$ 内连续,则 $g(\omega)$ 在 E 内解析,且

$$g'(\omega) = \frac{1}{f'[g(\omega)]}.$$

10. 设 $z = x + iy$,试求:

(1) $|e^{i-2z}|$; (2) $|e^{z^2}|$; (3) $\text{Re}(e^{\frac{1}{z}})$.

11. 求下列值及其主值:

(1) $\text{Ln}(3 - \sqrt{3}\,i)$; (2) $(2i)^i$.

12. 试证对任意的复数 z 及整数 m,

$$(e^z)^m = e^{mz}.$$

13. 研究下列各式的正确性,其中 a, α, β 为复常数.

(1) $(z_1 \cdot z_2)^a = z_1^a \cdot z_2^a$; (2) $a^\alpha \cdot a^\beta = a^{\alpha+\beta}$; (3) $(a^\alpha)^\beta = a^{\alpha\beta}$.

14. 试验证:

(1) $\lim\limits_{z \to 0} \dfrac{\sin z}{z} = 1$; (2) $\lim\limits_{z \to 0} \dfrac{e^z - 1}{z} = 1$; (3) $\lim\limits_{z \to 0} \dfrac{z - z\cos z}{z - \sin z} = 3$.

15. 设 a, b 为复常数,$b \neq 0$,试证

$$\cos a + \cos(a+b) + \cdots + \cos(a+nb) = \frac{\sin\frac{n+1}{2}b}{\sin\frac{b}{2}}\cos\left(a + \frac{nb}{2}\right), \tag{2.36}$$

及

$$\sin a + \sin(a+b) + \cdots + \sin(a+nb) = \frac{\sin\frac{n+1}{2}b}{\sin\frac{b}{2}}\sin\left(a + \frac{nb}{2}\right). \tag{2.37}$$

注 分别证明(2.36)和(2.37).由于 a 和 b 是复数,不能从(2.36)+i(2.37)着手化简后,再比较"实、虚"部.

16. 试证:

(1) $\sin(iz) = i\sinh z$; (2) $\cos(iz) = \cosh z$;

(3) $\sinh(iz) = i\sin z$; (4) $\cosh(iz) = \cos z$;

(5) $\tan(iz) = i\tanh z$; (6) $\tanh(iz) = i\tan z$.

17. 试证:

(1) $\cosh^2 z - \sinh^2 z = 1$; (2) $\text{sech}^2 z + \tanh^2 z = 1$;

(3) $\cosh(z_1 + z_2) = \cosh z_1 \cdot \cosh z_2 + \sinh z_1 \cdot \sinh z_2$.

18. 若 $z = x + iy$,试证:

(1) $\sin z = \sin x \cdot \cosh y + i\cos x \cdot \sinh y$;

(2) $\cos z = \cos x \cdot \cosh y - i\sin x \cdot \sinh y$;

(3) $|\sin z|^2 = \sin^2 x + \sinh^2 y$;

(4) $|\cos z|^2 = \cos^2 x + \sinh^2 y$.

19. 证明:当 $y \to \infty$ 时,$|\sin(x+iy)|$ 和 $|\cos(x+iy)|$ 趋于无穷大.

20. 试解方程:

(1) $e^z = 1 + \sqrt{3}\,i$; (2) $\ln z = \dfrac{\pi i}{2}$;

(3) $1 + e^z = 0$; (4) $\cos z + \sin z = 0$;

*(5) $\tan z = 1 + 2i$.

21. 设 $z = re^{i\theta}$，试证

$$\text{Re}[\ln(z-1)] = \frac{1}{2}\ln(1+r^2-2r\cos\theta).$$

22. 设 $w = \sqrt[3]{z}$ 确定在从原点 $z = 0$ 起沿正实轴割破了的 z 平面上，并且 $w(i) = -i$，试求 $w(-i)$ 之值.

23. 设 $w = \sqrt[3]{z}$ 确定在从原点 $z = 0$ 起沿负实轴割破了的 z 平面上，并且 $w(-2) = -\sqrt[3]{2}$（这是边界上岸点对应的函数值），试求 $w(i)$ 之值.

24. 试求 $(1+i)^i$ 及 3^i 之值.

25. 已知 $f(z) = \sqrt{z^4+1}$ 在 x 轴上 A 点（$OA = R > 1$）的初值为 $+\sqrt{R^4+1}$，令 z 由 A 起沿正向在以原点为中心的圆周上走 $\frac{1}{4}$ 圆周而至 y 轴的 B 点，问 $f(z)$ 在 B 点的终值为何？（提示：作代换 $w = z^4$.）

注 作了提示中的代换后，即可将原具有四个有限支点的繁难情形简化为具有单有限支点的情形.

26. 试证在将 z 平面适当割开后，函数

$$f(z) = \sqrt[3]{(1-z)z^2}$$

能分出三个单值解析分支.并求出在点 $z = 2$ 取负值的那个分支在 $z = i$ 的值.

（二）

1. 若函数 $f\left(\frac{1}{z}\right)$ 在 $z = 0$ 解析，则我们说 $f(z)$ 在 $z = \infty$ 解析.下列函数中，哪些在无穷远点解析？

(1) e^z；　　　　　　　　　　　(2) $\text{Ln}\left(\dfrac{z+1}{z-1}\right)$；

(3) $\dfrac{a_0 + a_1 z + \cdots + a_m z^m}{b_0 + b_1 z + \cdots + b_n z^n}$，$a_i, b_j$（$0 \leqslant i \leqslant m, 0 \leqslant j \leqslant n$）是复常数且 a_m, b_n 不等于 0；

(4) $\dfrac{\sqrt{z}}{1+\sqrt{z}}$.

2. 设 $f(z) = \dfrac{z}{1-z}$，试证

$$\text{Re}\left[1 + z\frac{f''(z)}{f'(z)}\right] > 0 \quad (|z| < 1).$$

注 这里 $f(z) = \dfrac{z}{1-z}$ 是单位圆 $|z| < 1$ 内的单叶解析凸像函数.

3. 若函数 $f(z)$ 在上半 z 平面内解析，试证函数 $\overline{f(\bar{z})}$ 在下半 z 平面内解析.

4. 设 $f(z) = u + iv \in C^1(D)$，证明

$$\begin{vmatrix} \dfrac{\partial u}{\partial x} & \dfrac{\partial u}{\partial y} \\ \dfrac{\partial v}{\partial x} & \dfrac{\partial v}{\partial y} \end{vmatrix} = \left|\frac{\partial f}{\partial z}\right|^2 - \left|\frac{\partial f}{\partial \bar{z}}\right|^2.$$

特别地，当 $f(z)$ 为 D 上的解析函数时，有

$$\begin{vmatrix} \dfrac{\partial u}{\partial x} & \dfrac{\partial u}{\partial y} \\ \dfrac{\partial v}{\partial x} & \dfrac{\partial v}{\partial y} \end{vmatrix} = |f'|^2.$$

5. 考虑棣莫弗公式 $(\cos\theta+\mathrm{i}\sin\theta)^n=\cos n\theta+\mathrm{i}\sin n\theta$，当 n 为任意复数时，作何限制可使公式依然成立？

6. 求方程

$$\binom{n}{1}x+\binom{n}{3}x^3+\cdots=0$$

的所有根（n 为正整数. 当 n 为偶数时，最后一项为 nx^{n-1}；当 n 为奇数时，最后一项为 x^n），其中

$$\binom{n}{i}=\frac{n!}{i!\,(n-i)!}.$$

7. 证明函数 $f(z)=z^2+2z+3$ 在单位圆 $|z|<1$ 内是单叶的.

提示　对圆内的任二相异点 z_1,z_2，证明

$$\left|\frac{f(z_1)-f(z_2)}{z_1-z_2}\right|>0.$$

8. 试证多值函数 $f(z)=\sqrt[4]{(1-z)^3(1+z)}$ 在割去线段 $[-1,1]$ 的 z 平面上可以分出四个单值解析分支. 求函数在割线上岸取正值的那个分支在点 $z=\pm\mathrm{i}$ 的值.

9. 已知 $f(z)=\sqrt{(1-z)(1+z^2)}$ 在 $z=0$ 的值为 1. 令 z 描绘路线 OPA（如图 2.16）. 点 A 为 2，试求 $f(z)$ 在点 A 的值.

10. 试证 $f(z)=\sqrt{z(1-z)}$ 在割去线段 $0\leqslant\mathrm{Re}\,z\leqslant 1$ 的 z 平面上能分出两个单值解析分支. 并求出在支割线 $0\leqslant\mathrm{Re}\,z\leqslant 1$ 上岸取正值时的那一支在 $z=-1$ 的值，以及它的二阶导数在 $z=-1$ 的值.

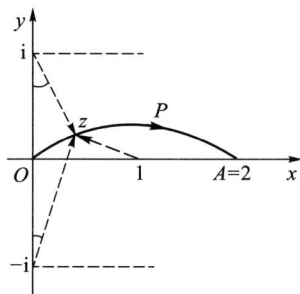

图 2.16

第二章重难点讲解

第二章综合自测题

第三章
复变函数的积分

复变函数的积分(简称**复积分**)是研究解析函数的一个重要工具.解析函数的许多重要性质要利用复积分来证明.例如,要证明"解析函数的导函数连续"及"解析函数的各阶导数存在"这些表面上看来只与微分学有关的命题,一般均要使用复积分.

本章要建立的**柯西积分定理**及**柯西积分公式**尤其重要,它们是复变函数论的基本定理和基本公式,以后各章都直接地或间接地和它们有关联.

§1 复积分的概念及其简单性质

1. 复变函数积分的定义

首先我们回顾实变函数的定积分的定义.设实变函数 $f(x)$ 在区间 $[a,b]$ 上连续.用分点

$$a = x_0 < x_1 < x_2 < \cdots < x_{i-1} < x_i < \cdots < x_n = b$$

把区间 $[a,b]$ 分为 n 个小区间 $[x_{i-1}, x_i]$,其长度各为 $\Delta_i = x_i - x_{i-1}$.在每个小区间 $[x_{i-1}, x_i]$ 上取一点 ξ_i,$x_{i-1} \leqslant \xi_i \leqslant x_i$,并取下面的和

$$S_n = f(\xi_1)\Delta_1 + f(\xi_2)\Delta_2 + \cdots + f(\xi_n)\Delta_n = \sum_{i=1}^{n} f(\xi_i)\Delta_i.$$

称极限

$$S = \lim_{n \to \infty} \sum_{i=1}^{n} f(\xi_i)\Delta_i$$

为函数 $f(x)$ 在区间 $[a,b]$ 上的定积分.复变函数积分的定义和上述过程类似,不过积分不是在区间上而是在复平面中曲线上.为了叙述简便而又不妨碍实际应用,今后我们所提到的曲线(除特别声明外),一律是指光滑的或逐段光滑的,因而也是可求长的.曲线通常还要规定其方向,在开口弧的情形,这只要指出其起点与终点就行了.

逐段光滑的简单闭曲线简称**周线**.周线自然也是可求长的.对于周线,我们在第一章若尔当定理之后实际上已经规定过它的方向,即"逆时针"方向为正,"顺时针"方向为负.

定义 3.1 设有向曲线 C:

$$z = z(t) \quad (\alpha \leqslant t \leqslant \beta)$$

以 $a = z(\alpha)$ 为**起点**,$b = z(\beta)$ 为**终点**,$f(z)$ 沿 C 有定义.顺着 C 从 a 到 b 的方向在 C 上

取分点：

$$a = z_0, z_1, \cdots, z_{n-1}, z_n = b$$

把曲线 C 分成若干个弧段(图 3.1).在从 z_{k-1} 到 $z_k(k=1,2,\cdots,n)$ 的每一弧段上任取一点 ζ_k.作成和数

$$S_n = \sum_{k=1}^{n} f(\zeta_k) \Delta z_k,$$

其中 $\Delta z_k = z_k - z_{k-1}$.当分点无限增多,而这些弧段长度的最大值趋于零时,如果和数 S_n 的极限存在且等于 J,则称 $f(z)$ 沿 C(从 a 到 b)可积,而称 J 为 $f(z)$ 沿 C(从 a 到 b)的积分,并以记号 $\int_C f(z)\mathrm{d}z$ 表示：

$$J = \int_C f(z)\mathrm{d}z.$$

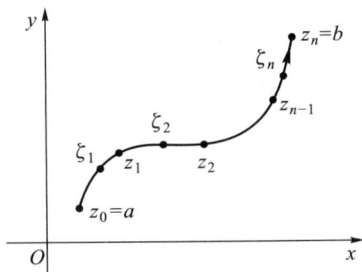

图 3.1

C 称为**积分路径**,$\int_C f(z)\mathrm{d}z$ 表示 $f(z)$ 沿 C 的正方向的积分,$\int_{C^-} f(z)\mathrm{d}z$ 表示 $f(z)$ 沿 C 的负方向的积分.

如果 J 存在,我们一般不能把 J 写成 $\int_a^b f(z)\mathrm{d}z$ 的形式,因为 J 的值不仅和 a,b 有关,还和积分路径 C 有关.

显然,$f(z)$ 沿曲线 C 可积的必要条件为 $f(z)$ 沿 C 有界.另一方面,我们有

定理 3.1 若函数 $f(z) = u(x,y) + iv(x,y)$ 沿曲线 C 连续,则 $f(z)$ 沿 C 可积,且

$$\int_C f(z)\mathrm{d}z = \int_C u\,\mathrm{d}x - v\,\mathrm{d}y + i\int_C v\,\mathrm{d}x + u\,\mathrm{d}y. \tag{3.1}$$

证 设 $z_k = x_k + iy_k, x_k - x_{k-1} = \Delta x_k, y_k - y_{k-1} = \Delta y_k,$
$$\zeta_k = \xi_k + i\eta_k, \quad u(\xi_k, \eta_k) = u_k, \quad v(\xi_k, \eta_k) = v_k,$$
我们便得到

$$S_n = \sum_{k=1}^{n} f(\zeta_k)(z_k - z_{k-1}) = \sum_{k=1}^{n}(u_k + iv_k)(\Delta x_k + i\Delta y_k)$$

$$= \sum_{k=1}^{n}(u_k \Delta x_k - v_k \Delta y_k) + i\sum_{k=1}^{n}(u_k \Delta y_k + v_k \Delta x_k),$$

上式右端的两个和数是对应的两个曲线积分的积分和数.在定理的条件下,必有 $u(x, y)$ 及 $v(x,y)$ 沿 C 连续,于是这两个曲线积分都是存在的.因此,积分 $\int_C f(z)\mathrm{d}z$ 存在,且有公式(3.1).

公式(3.1)说明,复变函数积分的计算问题可以化为其实部、虚部两个二元实变函数曲线积分的计算问题.

注 公式(3.1)可以在形式上看成函数 $f(z) = u + iv$ 与微分 $\mathrm{d}z = \mathrm{d}x + i\mathrm{d}y$ 相乘后所得到的.这样看,便于记忆.

例 3.1 令 C 表示连接点 a 及 b 的任一曲线,试证

(1) $\int_C \mathrm{d}z = b - a$. (2) $\int_C z\,\mathrm{d}z = \dfrac{1}{2}(b^2 - a^2)$.

证 (1) 因 $f(z)=1$, $S_n=\sum_{k=1}^{n}(z_k-z_{k-1})=b-a$, 故

$$\lim_{\substack{n\to\infty\\ \max|\Delta z_k|\to 0}} S_n=b-a, \quad 即 \int_C \mathrm{d}z=b-a.$$

(2) 因 $f(z)=z$, 选 $\zeta_k=z_{k-1}$, 则得

$$\Sigma_1=\sum_{k=1}^{n} z_{k-1}(z_k-z_{k-1}),$$

但我们又可选 $\zeta_k=z_k$, 则得

$$\Sigma_2=\sum_{k=1}^{n} z_k(z_k-z_{k-1}),$$

由定理 3.1 可知积分 $\int_C z\,\mathrm{d}z$ 存在, 因而 S_n 的极限存在, 且应与 Σ_1 及 Σ_2 的极限相等, 从而应与 $\frac{1}{2}(\Sigma_1+\Sigma_2)$ 的极限相等. 令

$$\frac{1}{2}(\Sigma_1+\Sigma_2)=\frac{1}{2}\sum_{k=1}^{n}(z_k^2-z_{k-1}^2)=\frac{1}{2}(b^2-a^2),$$

所以

$$\int_C z\,\mathrm{d}z=\frac{1}{2}(b^2-a^2).$$

注 当 C 为闭曲线时, $\int_C \mathrm{d}z=0$, $\int_C z\,\mathrm{d}z=0$.

2. 复变函数积分的计算问题

设有光滑曲线 C：
$$z=z(t)=x(t)+\mathrm{i}y(t)\quad (\alpha\leqslant t\leqslant\beta),$$
这就表示 $z'(t)$ 在 $[\alpha,\beta]$ 上连续且有不为零的导数 $z'(t)=x'(t)+\mathrm{i}y'(t)$. 又设 $f(z)$ 沿 C 连续. 令

$$\begin{aligned}f[z(t)]&=u[x(t),y(t)]+\mathrm{i}v[x(t),y(t)]\\ &=u(t)+\mathrm{i}v(t),\end{aligned}$$

由公式 (3.1) 我们有

$$\begin{aligned}\int_C f(z)\,\mathrm{d}z&=\int_C u\,\mathrm{d}x-v\,\mathrm{d}y+\mathrm{i}\int_C u\,\mathrm{d}y+v\,\mathrm{d}x\\ &=\int_\alpha^\beta[u(t)x'(t)-v(t)y'(t)]\,\mathrm{d}t+\mathrm{i}\int_\alpha^\beta[u(t)y'(t)+v(t)x'(t)]\,\mathrm{d}t,\end{aligned}$$

即

$$\int_C f(z)\,\mathrm{d}z=\int_\alpha^\beta f[z(t)]z'(t)\,\mathrm{d}t, \tag{3.2}$$

或

$$\int_C f(z)\,\mathrm{d}z=\int_\alpha^\beta \mathrm{Re}\{f[z(t)]z'(t)\}\,\mathrm{d}t+\mathrm{i}\int_\alpha^\beta \mathrm{Im}\{f[z(t)]z'(t)\}\,\mathrm{d}t. \tag{3.3}$$

用公式 (3.2) 或 (3.3) 计算复变函数的积分, 是从积分路径 C 的参数方程着手的, 称为**参数方程法**. (3.2) 或 (3.3) 称为**复积分的变量代换公式**.

例 3.2(一个重要的常用的积分) 试证

$$\int_C \frac{\mathrm{d}z}{(z-a)^n} = \begin{cases} 2\pi\mathrm{i} & (n=1), \\ 0 & (n\neq1,且为整数), \end{cases}$$

这里 C 表示以 a 为圆心, ρ 为半径的圆周. (**注意**: 积分值与 a, ρ 均无关, a 可为 0.)

证 C 的参数方程为 $z-a=\rho\mathrm{e}^{\mathrm{i}\theta}$, $0\leqslant\theta\leqslant2\pi$. 故

$$\int_C \frac{\mathrm{d}z}{z-a} \overset{(3.2)}{=\!=\!=} \int_0^{2\pi} \frac{\mathrm{i}\rho\mathrm{e}^{\mathrm{i}\theta}\mathrm{d}\theta}{\rho\mathrm{e}^{\mathrm{i}\theta}} = \mathrm{i}\int_0^{2\pi}\mathrm{d}\theta = 2\pi\mathrm{i};$$

当 n 为整数且 $n\neq1$ 时,

$$\int_C \frac{\mathrm{d}z}{(z-a)^n} \overset{(3.2)}{=\!=\!=} \int_0^{2\pi} \frac{\mathrm{i}\rho\mathrm{e}^{\mathrm{i}\theta}\mathrm{d}\theta}{\rho^n\mathrm{e}^{\mathrm{i}n\theta}} = \frac{\mathrm{i}}{\rho^{n-1}}\int_0^{2\pi}\mathrm{e}^{-\mathrm{i}(n-1)\theta}\mathrm{d}\theta$$

$$= \frac{\mathrm{i}}{\rho^{n-1}}\left[\int_0^{2\pi}\cos((n-1)\theta)\mathrm{d}\theta - \mathrm{i}\int_0^{2\pi}\sin((n-1)\theta)\mathrm{d}\theta\right] = 0.$$

3. 复变函数积分的基本性质

设函数 $f(z)$, $g(z)$ 沿曲线 C 连续, 则有下列与数学分析中的曲线积分相类似的性质:

(1) $\displaystyle\int_C af(z)\mathrm{d}z = a\int_C f(z)\mathrm{d}z$, a 是复常数.

(2) $\displaystyle\int_C [f(z)+g(z)]\mathrm{d}z = \int_C f(z)\mathrm{d}z + \int_C g(z)\mathrm{d}z$.

(3) $\displaystyle\int_C f(z)\mathrm{d}z = \int_{C_1} f(z)\mathrm{d}z + \int_{C_2} f(z)\mathrm{d}z$, 其中 C 由曲线 C_1 和 C_2 衔接而成.

(4) $\displaystyle\int_{C^-} f(z)\mathrm{d}z = -\int_C f(z)\mathrm{d}z$.

(5) $\displaystyle\left|\int_C f(z)\mathrm{d}z\right| \leqslant \int_C |f(z)|\,|\mathrm{d}z| = \int_C |f(z)|\mathrm{d}s$.

这里 $|\mathrm{d}z|$ 表示弧长的微分, 即

$$|\mathrm{d}z| = \sqrt{(\mathrm{d}x)^2+(\mathrm{d}y)^2} = \mathrm{d}s.$$

要得到 (5) 式, 只要对下列不等式取极限[①]:

$$\left|\sum_{k=1}^n f(\zeta_k)\Delta z_k\right| \leqslant \sum_{k=1}^n |f(\zeta_k)|\,|\Delta z_k| \leqslant \sum_{k=1}^n |f(\zeta_k)|\Delta s_k.$$

定理 3.2 (积分估值) 若沿曲线 C, 函数 $f(z)$ 连续, 且有正数 M 使 $|f(z)|\leqslant M$, L 为 C 之长, 则

$$\left|\int_C f(z)\mathrm{d}z\right| \leqslant ML.$$

证 由不等式

$$\left|\sum_{k=1}^n f(\zeta_k)\Delta z_k\right| \leqslant M\sum_{k=1}^n |\Delta z_k| \leqslant ML,$$

取极限即得证.

例 3.3 试证 $\displaystyle\left|\int_C \frac{\mathrm{d}z}{z^2}\right| \leqslant 2$. 积分路径 C 是连接 i 和 $2+\mathrm{i}$ 的直线段.

---

① 请参看莫叶. 复变函数论 (第一册). 济南: 山东科学技术出版社, 1980: 271—272.

证 C 的参数方程为
$$z=(1-t)i+t(2+i) \quad (0\leqslant t\leqslant 1),$$
即
$$z=2t+i \quad (0\leqslant t\leqslant 1),$$
沿 C，$\dfrac{1}{z^2}$ 连续，且
$$\left|\frac{1}{z^2}\right|=\frac{1}{|z|^2}=\frac{1}{4t^2+1}\leqslant 1.$$
而 C 之长为 2.故由定理 3.2，$\left|\displaystyle\int_C \frac{\mathrm{d}z}{z^2}\right|\leqslant 2.$

例 3.4 试证
$$\left|\int_{|z|=r}\frac{\mathrm{d}z}{(z-a)(z+a)}\right|<\frac{2\pi r}{|r^2-|a|^2|} \quad (r>0,|a|\neq r).$$

证 若 $a=0$，则 $\displaystyle\int_{|z|=r}\frac{\mathrm{d}z}{z^2}=0$（例 3.2），不等式成立；若 $a\neq 0$，则由复积分的基本性质(5)，

$$\left|\int_{|z|=r}\frac{\mathrm{d}z}{(z-a)(z+a)}\right|\leqslant\int_{|z|=r}\frac{|\mathrm{d}z|}{|z^2-a^2|}$$
$$<\int_{|z|=r}\frac{|\mathrm{d}z|}{|r^2-|a|^2|}=\frac{2\pi r}{|r^2-|a|^2|}.$$

注 数学分析中实变函数的积分中值定理，不能直接推广到复积分上来.因由
$$\int_0^{2\pi}\mathrm{e}^{i\theta}\mathrm{d}\theta=\int_0^{2\pi}\cos\theta\mathrm{d}\theta+i\int_0^{2\pi}\sin\theta\mathrm{d}\theta=0,$$
而 $\mathrm{e}^{i\theta}(2\pi-0)\neq 0$，即可看出.

例 3.5 计算积分
$$\int_C \operatorname{Re} z\mathrm{d}z,$$
其中积分路径 C（图 3.2）为

(1) 连接由点 O 到点 $1+i$ 的直线段.

(2) 连接由点 O 到点 1 的直线段，以及连接由点 1 到点 $1+i$ 的直线段所组成的折线.

图 3.2

解 (1) 连接 O 及 $1+i$ 的直线段的参数方程为
$$z=(1+i)t \quad (0\leqslant t\leqslant 1),$$
故
$$\int_C \operatorname{Re} z\mathrm{d}z=\int_0^1\{\operatorname{Re}[(1+i)t]\}(1+i)\mathrm{d}t$$
$$=(1+i)\int_0^1 t\mathrm{d}t=\frac{1+i}{2}.$$

(2) 连接 O 与 1 的直线段的参数方程为
$$z=t \quad (0\leqslant t\leqslant 1),$$
连接 1 与 $1+i$ 的直线段的参数方程为
$$z=(1-t)+(1+i)t \quad (0\leqslant t\leqslant 1),$$
即
$$z=1+it \quad (0\leqslant t\leqslant 1),$$

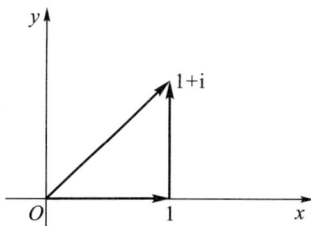

故
$$\int_C \operatorname{Re} z \, dz = \int_0^1 \operatorname{Re} t \, dt + \int_0^1 \left[\operatorname{Re}(1+it) \right] i \, dt$$
$$= \int_0^1 t \, dt + i \int_0^1 dt = \frac{1}{2} + i.$$

由此例可以看出,积分路径不同,积分结果可以不同.

§2　柯西积分定理

1. 柯西积分定理

从上一节所举的例题来看,例 3.1(2)的被积函数 $f(z)=z$ 在单连通区域 z 平面上处处解析,它沿连接起点 a 及终点 b 的任何路径 C 的积分值都相同,即积分与路径无关,或者说沿 z 平面上任何闭曲线的积分为零;例 3.2 的被积函数

$$f(z) = \frac{1}{z-a}$$

只以 $z=a$ 为奇点,即在"z 平面除去一点 a"的非单连通区域内处处解析,但是积分

$$\int_C \frac{dz}{z-a} = 2\pi i \neq 0,$$

其中 C 表示圆周 $|z-a|=\rho>0$,即在此区域内积分与路径有关;例 3.5 的被积函数 $f(z)=\operatorname{Re} z$ 在单连通区域 z 平面上处处不解析(第二章习题(一)4(3)),而积分与连接起点 O 及终点 $1+i$ 的路径 C 有关,即沿 z 平面上任何闭曲线的积分,其值不恒为零.

由此可见,复积分的值与路径无关的条件,或沿区域内任何闭曲线积分值为零的条件,可能与被积函数的解析性及解析区域的单连通性有关.

1825 年柯西给出了如下的定理,肯定地回答了上述问题,它是研究复变函数的钥匙,常称为**柯西积分定理**.

定理 3.3　设函数 $f(z)$ 在 z 平面上的单连通区域 D 内解析,C 为 D 内任一条周线,则

$$\int_C f(z) \, dz = 0.$$

要证明这个定理是比较困难的.

1851 年,黎曼在附加假设"$f'(z)$ 在 D 内连续"的条件下,得到一个如下的简单证明.

黎曼证明　令 $z=x+iy$, $f(z)=u(x,y)+iv(x,y)$, 由公式(3.1),

$$\int_C f(z) \, dz = \int_C u \, dx - v \, dy + i \int_C v \, dx + u \, dy.$$

而 $f'(z)$ 在 D 内连续,导致 u_x, u_y, v_x, v_y 在 D 内连续,并适合 C.—R. 方程:

$$u_x = v_y, \quad u_y = -v_x.$$

由格林定理,

$$\int_C u\mathrm{d}x - v\mathrm{d}y = 0, \qquad \int_C v\mathrm{d}x + u\mathrm{d}y = 0,$$

故得
$$\int_C f(z)\mathrm{d}z = 0.$$

柯西将复变函数 $f(z)$ 作为复变数 z 的一元函数来研究.他定义解析函数为 $f'(z)$ 在区域 D 内存在并连续.1900 年古尔萨(Goursat)发表上述定理的新的证明方法,无须将 $f(z)$ 分为实部与虚部.更重要的是免去了 $f'(z)$ 为连续的假设.因此,$f'(z)$ 的连续性假设不仅在柯西积分定理中可以省略,同时对解析函数的定义也像我们现在这样定义(定义 2.2),只需 $f'(z)$ 在区域 D 内存在,不必假设 $f'(z)$ 连续.

柯西积分定理的古尔萨证明比较长,我们将它放在下一段单独证明.由柯西积分定理,可以得到

定理 3.4 设函数 $f(z)$ 在 z 平面上的单连通区域 D 内解析,C 为 D 内任一闭曲线(不必是简单的),则
$$\int_C f(z)\mathrm{d}z = 0.$$

证 因为 C 总可以看成区域 D 内有限多条周线衔接而成(如图 3.3).再由复积分的基本性质(3)及柯西积分定理 3.3,即可得证.

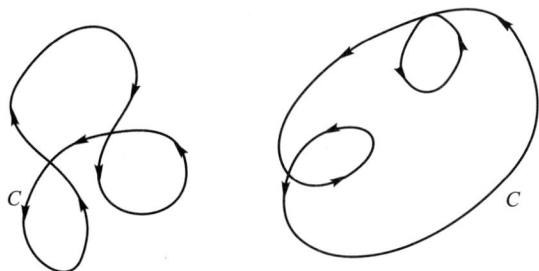

图 3.3

推论 3.5 设函数 $f(z)$ 在 z 平面上的单连通区域 D 内解析,则 $f(z)$ 在 D 内积分与路径无关.即对 D 内任意两点 z_0 与 z_1,积分
$$\int_{z_0}^{z_1} f(z)\mathrm{d}z$$
之值,不依赖于 D 内连接起点 z_0 与终点 z_1 的曲线.

证 设 C_1 与 C_2 是 D 内连接起点 z_0 与终点 z_1 的任意两条曲线(如图 3.4).则正方

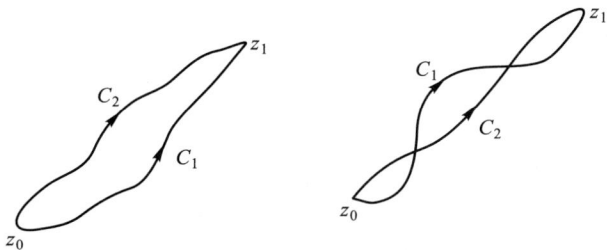

图 3.4

向曲线 C_1 与负方向曲线 C_2^- 就衔接成 D 内的一条闭曲线 C. 于是,由定理 3.4 与复积分的基本性质(3),有

$$0 = \int_C f(z)\mathrm{d}z = \int_{C_1} f(z)\mathrm{d}z + \int_{C_2^-} f(z)\mathrm{d}z,$$

因而

$$\int_{C_1} f(z)\mathrm{d}z = \int_{C_2} f(z)\mathrm{d}z.$$

2. 柯西积分定理的古尔萨证明

第一步:C 为 D 内任一个三角形 $\triangle$.

假设 $\left| \int_{\triangle} f(z)\mathrm{d}z \right| = M.$

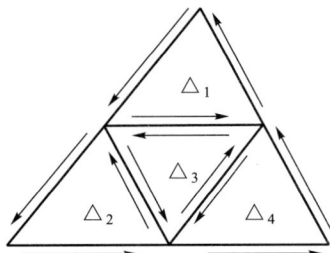

图 3.5

我们来证明 $M = 0$.

二等分给定三角形 $\triangle$ 的每一边,两两连接这些分点,$\triangle$ 就被分成了四个全等的三角形,它们的周界是 $\triangle_1, \triangle_2, \triangle_3, \triangle_4$(如图 3.5).显然有

$$\int_{\triangle} f(z)\mathrm{d}z = \int_{\triangle_1} f(z)\mathrm{d}z + \int_{\triangle_2} f(z)\mathrm{d}z + \int_{\triangle_3} f(z)\mathrm{d}z + \int_{\triangle_4} f(z)\mathrm{d}z. \quad (3.4)$$

因为在这里沿每一条连接分点的线段的积分从彼此正好相反的方向取了两次,刚好互相抵消.由于 $\left| \int_{\triangle} f(z)\mathrm{d}z \right| = M$,根据(3.4),周界 $\triangle_k (k=1,2,3,4)$ 中至少有一个使沿着它所取积分的模不小于 $\dfrac{M}{4}$.比如说,假定这个周界是 $\triangle^{(1)} = \triangle_1$,

$$\left| \int_{\triangle^{(1)}} f(z)\mathrm{d}z \right| \geqslant \frac{M}{4}.$$

对于这个三角形周界 $\triangle^{(1)}$,和前面一样,我们把它分成四个全等三角形.于是,在以 $\triangle^{(1)}$ 为周界的三角形内的四个三角形中我们又可以找到一个三角形,记它的周界为 $\triangle^{(2)}$,使

$$\left| \int_{\triangle^{(2)}} f(z)\mathrm{d}z \right| \geqslant \frac{M}{4^2}.$$

很明显,这个作法可以无限制地做下去,于是我们得到具有周界:$\triangle = \triangle^{(0)}, \triangle^{(1)}, \triangle^{(2)}, \triangle^{(3)}, \cdots, \triangle^{(n)}, \cdots$ 的三角形序列,其中每一个包含后面的一个而且有下列不等式:

$$\left| \int_{\triangle^{(n)}} f(z)\mathrm{d}z \right| \geqslant \frac{M}{4^n} \quad (n=0,1,2,\cdots). \quad (3.5)$$

用 U 表示周界 $\triangle$ 的长度,于是周界 $\triangle^{(1)}, \triangle^{(2)}, \cdots, \triangle^{(n)}, \cdots$ 相应的长度就是

$$\frac{U}{2}, \frac{U}{2^2}, \cdots, \frac{U}{2^n}, \cdots.$$

我们来估计 $\int_{\triangle^{(n)}} f(z)\mathrm{d}z$ 的模.由于序列中每一个三角形都包含它后面的全部三角形,而且它们周界的长度随 n 的无限增大而趋向于零(根据定义 1.11).所以根据极限理论的基本原则(即闭集套定理 1.5——这里是三角形套),惟一存在一个点 z_0 属于这

个序列中所有的三角形,这个点 z_0 在区域 D 内,而函数 $f(z)$ 在 D 内又是解析的,因此在点 z_0 函数 $f(z)$ 有一个有限导数.从而,对于任一个无论怎样小的 $\varepsilon>0$,都有一个正数 $\delta=\delta(\varepsilon)$ 存在,使当 $0<|z-z_0|<\delta$ 时,有

$$\left|\frac{f(z)-f(z_0)}{z-z_0}-f'(z_0)\right|<\varepsilon.$$

将上面不等式两端乘 $|z-z_0|$,即得

$$|f(z)-f(z_0)-f'(z_0)(z-z_0)|<\varepsilon|z-z_0|. \tag{3.6}$$

对于以 z_0 为圆心,以 δ 为半径的圆内的点 $z(\neq z_0)$,(3.6)成立;另一方面,从一个充分大的 n 开始,三角形 $\triangle^{(n)}$ 都在上述圆内.因此,可以用(3.6)来估计 $\displaystyle\int_{\triangle^{(n)}}f(z)\mathrm{d}z$ 的模.由于 $\displaystyle\int_{\triangle^{(n)}}\mathrm{d}z=0,\int_{\triangle^{(n)}}z\mathrm{d}z=0$(见例 3.1 注),所以

$$\int_{\triangle^{(n)}}f(z)\mathrm{d}z=\int_{\triangle^{(n)}}[f(z)-f(z_0)-f'(z_0)(z-z_0)]\mathrm{d}z. \tag{3.7}$$

但由(3.6),当 z 位于三角形周界 $\triangle^{(n)}$ 上时,

$$|f(z)-f(z_0)-f'(z_0)(z-z_0)|<\varepsilon|z-z_0|<\frac{\varepsilon U}{2^n},$$

其中第二个不等式,是因为三角形周界 $\triangle^{(n)}$ 上任一点 z 到此三角形上一点 z_0 的距离小于 $\dfrac{U}{2^n}$,故由(3.7)得

$$\left|\int_{\triangle^{(n)}}f(z)\mathrm{d}z\right|<\varepsilon\cdot\frac{U}{2^n}\cdot\frac{U}{2^n}=\varepsilon\cdot\frac{U^2}{4^n}. \tag{3.8}$$

比较(3.5)和(3.8)可得

$$\varepsilon\cdot\frac{U^2}{4^n}>\frac{M}{4^n},$$

即

$$M<\varepsilon\cdot U^2.$$

但 ε 是一个可以任意小的正数,而 $M\geqslant 0$,故

$$M=0.$$

第二步:C 为 D 内任一条简单闭折线 P.

用对角线把以 P 为周界的多角形分成有限多个三角形,如图 3.6(P 为凸多角形)、图 3.7(P 为非凸多角形).

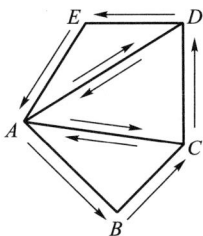

图 3.6

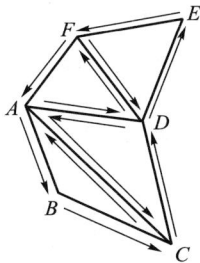

图 3.7

因为这时沿每一条对角线,积分从彼此正好相反的方向取了两次,刚好互相抵消.

于是,由第一步的结果得

$$\int_P f(z)\mathrm{d}z = 0.$$

第三步:C 为 D 内任一条周线.

(1) 对于任一无论怎样小的 $\varepsilon > 0$,都存在一条端点在 C 上并完全在 D 内的简单闭折线 P(如图 3.8),使得

$$\left| \int_C f(z)\mathrm{d}z - \int_P f(z)\mathrm{d}z \right| < \varepsilon. \qquad (3.9)$$

换句话说,积分 $\displaystyle\int_C f(z)\mathrm{d}z$ 的值,可以用沿着在区域 D 内且端点均在 C 上的简单闭折线 P 所取积分的值来逼近到任何精确的程度.

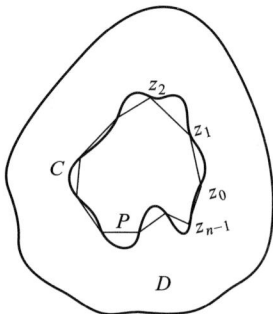

为了证明这个事实,我们考虑区域 D 内的一个闭子域 $\bar{G}$,使曲线 C 整个位于 G 内.设 G 的边界与 C 间的最小距离为 ρ.易知 $\rho > 0$(见后面的注).于是以 C 上任意点为心,ρ 为半径的圆,均全含于 $\bar{G}$ 内.从而,C 上任意两点只要距离小于 ρ,它们的连接线段必全在 $\bar{G}$ 内.

根据假设,函数 $f(z)$ 在 $\bar{G}$ 上连续,因而在 $\bar{G}$ 上一致连续,故对于任一无论怎样小的 $\varepsilon > 0$,都存在一个正数 $\delta_1 = \delta_1(\varepsilon)$,使得当 z',z'' 在 $\bar{G}$ 上且满足 $|z' - z''| < \delta_1$ 时,不等式

$$|f(z') - f(z'')| < \frac{\varepsilon}{2l}$$

成立,这里 l 为 C 之长.

显然,可以在 C 上依积分正向取 n 个点 $z_0, z_1, z_2, \cdots, z_{n-1}$ 分 C 为 n 段弧 $\sigma_1, \sigma_2, \cdots, \sigma_n$,使

$$\max_{1 \leqslant j \leqslant n}\{\sigma_j \text{之长}\} < \delta \leqslant \min\{\delta_1, \rho\},$$

于是以 $z_0, z_1, z_2, \cdots, z_{n-1}$ 为顶点的简单多边形 P 全含于 $\bar{G}$ 内(因而全含于 D 内).P 的边 $r_1, r_2, \cdots, r_n$ 分别是 $\sigma_1, \sigma_2, \cdots, \sigma_n$ 所对的弦,故有

$$\left| \int_C f(z)\mathrm{d}z - \int_P f(z)\mathrm{d}z \right| = \left| \sum_{j=1}^n \int_{\sigma_j} f(z)\mathrm{d}z - \sum_{j=1}^n \int_{r_j} f(z)\mathrm{d}z \right|$$

$$\leqslant \sum_{j=1}^n \left| \int_{\sigma_j} f(z)\mathrm{d}z - \int_{r_j} f(z)\mathrm{d}z \right|.$$

因由例 3.1(1),有

$$\int_{\sigma_j} f(z_j)\mathrm{d}z = f(z_j)(z_j - z_{j-1}) = \int_{r_j} f(z_j)\mathrm{d}z,$$

即得

$$\left| \int_{\sigma_j} f(z)\mathrm{d}z - \int_{r_j} f(z)\mathrm{d}z \right|$$

$$\leqslant \left| \int_{\sigma_j} [f(z) - f(z_j)]\mathrm{d}z \right| + \left| \int_{r_j} [f(z) - f(z_j)]\mathrm{d}z \right|$$

$$\leqslant \sup_{z \in \sigma_j}|f(z) - f(z_j)|(\sigma_j \text{ 之长}) + \sup_{z \in r_j}|f(z) - f(z_j)|(r_j \text{ 之长}),$$

图 3.8

但是弧 σ_j 与弦 r_j 上任意两点的距离小于 δ，所以

$$\sup_{z\in\sigma_j}\left|f(z)-f(z_j)\right|<\frac{\varepsilon}{2l},\quad \sup_{z\in r_j}\left|f(z)-f(z_j)\right|<\frac{\varepsilon}{2l},$$

从而

$$\left|\int_{\sigma_j}f(z)\mathrm{d}z-\int_{r_j}f(z)\mathrm{d}z\right|<\frac{\varepsilon}{2l}(\sigma_j\text{之长}+r_j\text{之长})<\frac{\varepsilon}{l}(\sigma_j\text{之长}),$$

所以

$$\left|\int_C f(z)\mathrm{d}z-\int_P f(z)\mathrm{d}z\right|<\frac{\varepsilon}{l}\cdot l=\varepsilon.$$

（2）由第二步的结果，对于（1）中作出的 P，有

$$\int_P f(z)\mathrm{d}z=0,$$

故（3.9）成为

$$\left|\int_C f(z)\mathrm{d}z\right|<\varepsilon.$$

由于 ε 可以任意小，故必有 $\int_C f(z)\mathrm{d}z=0$. 至此柯西积分定理已经得到证明.

注　设 E 和 F 是平面上两个点集，下确界 $\inf\{|z_1-z_2||z_1\in E,z_2\in F\}$ 称为点集 E 和 F 的距离，记为 $\rho(E,F)$，可以证明，当 E 和 F 是不相交的闭集，且 E 有界时，$\rho(E,F)>0$.

3. 不定积分

柯西积分定理 3.3 已经回答了积分与路径无关的问题. 这就是说，如果在单连通区域 D 内函数 $f(z)$ 解析，则沿 D 内任一曲线 L 的积分 $\int_L f(\zeta)\mathrm{d}\zeta$ 只与其起点和终点有关. 因此当起点 z_0 固定时，这积分就在 D 内定义了一个变上限 z 的单值函数，我们把它记成变上限积分

$$F(z)=\int_{z_0}^{z}f(\zeta)\mathrm{d}\zeta\quad\begin{pmatrix}\text{定点 } z_0\in D\\\text{动点 } z\in D\end{pmatrix}.\tag{3.10}$$

定理 3.6　设函数 $f(z)$ 在单连通区域 D 内解析，则由（3.10）定义的函数 $F(z)$ 在 D 内解析，且 $F'(z)=f(z)$.

证　我们只要对 D 内任一点 z 证明 $F'(z)=f(z)$ 就行了. 以 z 为圆心作一个含于 D 内的小圆，在小圆内取动点 $z+\Delta z$. 考虑 $(\Delta z\neq 0)$

$$\frac{F(z+\Delta z)-F(z)}{\Delta z}=\frac{1}{\Delta z}\left[\int_{z_0}^{z+\Delta z}f(\zeta)\mathrm{d}\zeta-\int_{z_0}^{z}f(\zeta)\mathrm{d}\zeta\right]$$

在 $\Delta z\to 0$ 时的极限.

由于积分与路径无关，$\int_{z_0}^{z+\Delta z}f(\zeta)\mathrm{d}\zeta$ 的积分路径，可以考虑为由 z_0 到 z，再从 z 沿直线段到 $z+\Delta z$. 而由 z_0 到 z 的积分路径取得和 $\int_{z_0}^{z}f(\zeta)\mathrm{d}\zeta$ 的积分路径相同（图 3.9）. 于是就有

$$\frac{F(z+\Delta z)-F(z)}{\Delta z}=\frac{1}{\Delta z}\int_{z}^{z+\Delta z}f(\zeta)\mathrm{d}\zeta,$$

注意到 $f(z)$ 是与积分变量 ζ 无关的定值，所以由例 3.1(1) 又有

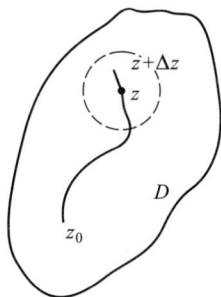

图 3.9

$$\frac{1}{\Delta z}\int_z^{z+\Delta z}f(z)\,\mathrm{d}\zeta=f(z),$$

由以上两式即得

$$\frac{F(z+\Delta z)-F(z)}{\Delta z}-f(z)=\frac{1}{\Delta z}\int_z^{z+\Delta z}\bigl[f(\zeta)-f(z)\bigr]\mathrm{d}\zeta.$$

根据 $f(z)$ 在 D 内的连续性,对于任给的 $\varepsilon>0$,只要开始取的那个小圆足够小,则小圆内一切点 ζ 均符合条件

$$|f(\zeta)-f(z)|<\varepsilon,$$

这样一来,由定理 3.2,

$$\left|\frac{F(z+\Delta z)-F(z)}{\Delta z}-f(z)\right|=\left|\frac{1}{\Delta z}\int_z^{z+\Delta z}\bigl[f(\zeta)-f(z)\bigr]\mathrm{d}\zeta\right|$$

$$\leqslant\varepsilon\frac{|\Delta z|}{|\Delta z|}=\varepsilon,$$

即是说

$$\lim_{\Delta z\to0}\frac{F(z+\Delta z)-F(z)}{\Delta z}=f(z),$$

也就是

$$F'(z)=f(z)\quad(z\in D).$$

分析以上的证明,我们实际上已经证明了一个更一般的定理:

定理 3.7　设(1)函数 $f(z)$ 在单连通区域 D 内连续.(2)$\int f(\zeta)\mathrm{d}\zeta$ 沿区域 D 内任一周线的积分值为零(从而,积分与路径无关).则函数

$$F(z)=\int_{z_0}^z f(\zeta)\mathrm{d}\zeta\quad(z_0\text{为 }D\text{ 内一定点})$$

在 D 内解析,且 $F'(z)=f(z)(z\in D)$.

与数学分析相仿,我们有

定义 3.2　在区域 D 内,如果函数 $f(z)$ 连续,则称符合条件

$$\Phi'(z)=f(z)\quad(z\in D)$$

的函数 $\Phi(z)$ 为 $f(z)$ 的一个**不定积分**或**原函数**(显然 $\Phi(z)$ 必在 D 内解析).

在定理 3.6 或定理 3.7 的条件下,函数(3.10)就是 $f(z)$ 的一个原函数.下面我们来证明 $f(z)$ 的任何一个原函数 $\Phi(z)$ 都具有形式:

$$\Phi(z)=F(z)+C=\int_{z_0}^z f(\zeta)\mathrm{d}\zeta+C,\tag{3.11}$$

其中 C 为一常数.事实上,我们有

$$\bigl[\Phi(z)-F(z)\bigr]'=f(z)-f(z)=0\quad(z\in D),$$

由第二章习题(一)6(2)即知

$$\Phi(z)-F(z)=C,\text{即 }\Phi(z)=F(z)+C.$$

在公式(3.11)中令 $z=z_0$,得到 $C=\Phi(z_0)$.于是有与数学分析中积分基本定理(牛顿—莱布尼茨公式)类似的如下定理.

定理 3.8　在定理 3.6 或定理 3.7 的条件下,如果 $\Phi(z)$ 为 $f(z)$ 在单连通区域 D 内的任意一个原函数,则

$$\int_{z_0}^{z} f(\zeta)\mathrm{d}\zeta = \Phi(z) - \Phi(z_0) \quad (z,z_0 \in D). \tag{3.12}$$

例 3.6 在单连通区域 $D: -\pi < \arg z < \pi$ 内,函数 $\ln z$ 是 $f(z) = \dfrac{1}{z}$ 的一个原函数,而 $f(z) = \dfrac{1}{z}$ 在 D 内解析,故由定理3.8有

$$\int_{1}^{z} \frac{\mathrm{d}\zeta}{\zeta} = \ln z - \ln 1 = \ln z \quad (z \in D).$$

例 3.7 求 $\displaystyle\int_{0}^{\pi i} z\cos z^2 \mathrm{d}z$ 的值.

解
$$\int_{0}^{\pi i} z\cos z^2 \mathrm{d}z = \frac{1}{2}\int_{0}^{\pi i} \cos z^2 \mathrm{d}z^2 = \frac{1}{2}\sin z^2 \Big|_{0}^{\pi i} = \frac{1}{2}\sin(-\pi^2)$$
$$= -\frac{1}{2}\sin \pi^2 \quad (\text{使用了分析学中的"凑微分法"}).$$

例 3.8 求 $\displaystyle\int_{0}^{i} z\cos z \mathrm{d}z$ 的值.

解
$$\int_{0}^{i} z\cos z \mathrm{d}z = \int_{0}^{i} z\mathrm{d}(\sin z) = z\sin z \Big|_{0}^{i} - \int_{0}^{i}\sin z \mathrm{d}z = (z\sin z + \cos z)\Big|_{0}^{i}$$
$$= i\sin i + \cos i - 1 = i\frac{\mathrm{e}^{-1} - \mathrm{e}}{2i} + \frac{\mathrm{e}^{-1} + \mathrm{e}}{2} - 1$$
$$= \mathrm{e}^{-1} - 1 \quad (\text{使用了微积分中的"分部积分法"}).$$

例 3.9 试沿区域 $\mathrm{Im}\, z \geqslant 0, \mathrm{Re}\, z \geqslant 0$ 内的圆弧 $|z| = 1$,求

$$\int_{1}^{i} \frac{\ln(z+1)}{z+1}\mathrm{d}z$$

的值.

解 函数 $\dfrac{\ln(z+1)}{z+1}$ 在所设区域内解析,它的一个原函数为 $\dfrac{\ln^2(z+1)}{2}$,

$$\int_{1}^{i} \frac{\ln(z+1)}{z+1}\mathrm{d}z = \frac{\ln^2(z+1)}{2}\Big|_{1}^{i} = \frac{1}{2}[\ln^2(1+i) - \ln^2 2]$$
$$= \frac{1}{2}\left[\left(\frac{1}{2}\ln 2 + \frac{\pi}{4}i\right)^2 - \ln^2 2\right] = -\frac{\pi^2}{32} - \frac{3}{8}\ln^2 2 + \frac{\pi\ln 2}{8}i.$$

下面我们介绍柯西积分定理的推广.

4. 柯西积分定理的推广

首先,我们来证明柯西积分定理3.3与下面的定理是等价的.

定理 3.3′ 设 C 是一条周线,D 为 C 之内部,函数 $f(z)$ 在闭域 $\overline{D} = D + C$ 上解析,则 $\displaystyle\int_{C} f(z)\mathrm{d}z = 0$.

证 (1) 由定理 3.3 推证定理 3.3′.

由定理 3.3′ 的假设,函数 $f(z)$ 必在 z 平面上一含 $\overline{D}$ 的单连通区域 G 内解析,于是由定理 3.3 就有 $\displaystyle\int_{C} f(z)\mathrm{d}z = 0$.

(2) 由定理 3.3′ 推证定理 3.3.

由定理 3.3 的假设"函数 $f(z)$ 在单连通区域 D 内解析,C 为 D 内任一条周线",今设 G 为 C 之内部,则 $f(z)$ 必在闭域 $\overline{G}=G+C$ 上解析.于是由定理 3.3′ 就有

$$\int_C f(z)\mathrm{d}z = 0.$$

下面的定理要比定理 3.3′ 更一般,它是从一个方面推广了的柯西积分定理.

定理 3.9　设 C 是一条周线,D 为 C 之内部,函数 $f(z)$ 在 D 内解析,在 $\overline{D}=D+C$ 上连续(也可以说"连续到 C"),则

$$\int_C f(z)\mathrm{d}z = 0.$$

因 $f(z)$ 沿 C 连续,故积分 $\int_C f(z)\mathrm{d}z$ 存在.在 C 的内部作周线 C_n 逼近于 C,由定理 3.3′ 知 $\int_{C_n} f(z)\mathrm{d}z = 0$.我们希望取极限而得出所要的结论.这种想法提供了证明本定理的一个线索,但严格的证明①②都比较麻烦,故这里从略不证.

例 3.10　计算下列积分:

(1) $\displaystyle\int_{|z|=r} \ln(1+z)\mathrm{d}z$　$(0<r<1)$.

(2) $\displaystyle\int_C \frac{1}{z^2}\mathrm{d}z$,其中 C 为右半圆周:$|z|=3$,$\mathrm{Re}\,z\geqslant 0$,起点为 $-3\mathrm{i}$,终点为 $3\mathrm{i}$.

(3) $\displaystyle\int_{|z-1|=1} \sqrt{z}\,\mathrm{d}z$,其中 $\sqrt{z}$ 取 $\sqrt{1}=-1$ 那一支.

解　(1) 因为 $\ln(1+z)$ 的支点为 $-1,\infty$,所以它在闭圆 $|z|\leqslant r(0<r<1)$ 上单值解析.于是由柯西积分定理 3.9,

$$\int_{|z|=r} \ln(1+z)\mathrm{d}z = 0.$$

(2) 因为 $\dfrac{1}{z^2}$ 在 $\mathrm{Re}\,z\geqslant 0$,$z\neq 0$ 上解析,

故　　　　　　　　$\displaystyle\int_C \frac{1}{z^2}\mathrm{d}z = \frac{1}{-2+1}z^{-2+1}\bigg|_{-3\mathrm{i}}^{3\mathrm{i}} = \frac{2\mathrm{i}}{3}.$

(3) 因为 $\sqrt{z}$ 的支点为 $0,\infty$,其单值分支在圆 $|z-1|<1$ 内解析,并连续到边界 $|z-1|=1$,所以由柯西积分定理 3.9,

$$\int_{|z-1|=1} \sqrt{z}\,\mathrm{d}z = 0.$$

5. 柯西积分定理推广到复周线的情形

下面我们从另一个方面再推广柯西积分定理,即将柯西积分定理从以一条(单)周

---

① 关于 C 是可求长简单闭曲线的一般情形,可参看四川大学教授胡坤陞遗著:数学论文集(第一卷).北京:人民教育出版社,1960:70—74.关于 C 为"星形的"闭路的简单情形,可参看 M.A.拉甫伦捷夫和 Б.A.沙巴特著:复变函数论方法(上册).北京:高等教育出版社,1956.

② 杜长国.推广的 Cauchy 定理的初等证明.数学的实践与认识,1989(2):71—75.

线为边界的有界单连通区域,推广到以多条周线组成的"复周线"为边界的有界多连通区域.

定义 3.3 考虑 $n+1$ 条周线 $C_0,C_1,C_2,\cdots,C_n$,其中 $C_1,C_2,\cdots,C_n$ 中每一条都在其余各条的外部,而它们又全都在 C_0 的内部. 在 C_0 的内部同时又在 $C_1,C_2,\cdots,C_n$ 外部的点集构成一个有界的 $n+1$ 连通区域 D,以 $C_0,C_1,C_2,\cdots,C_n$ 为它的边界. 在这种情况下,我们称区域 D 的边界是一条**复周线**:
$$C=C_0+C_1^-+C_2^-+\cdots+C_n^-,$$
它包括取正方向的 C_0,以及取负方向的 $C_1,C_2,\cdots,C_n$. 换句话说,假如观察者沿复周线 C 的正方向绕行,则区域 D 的点总在他的左手边(图 3.10 是 $n=2$ 的情形).

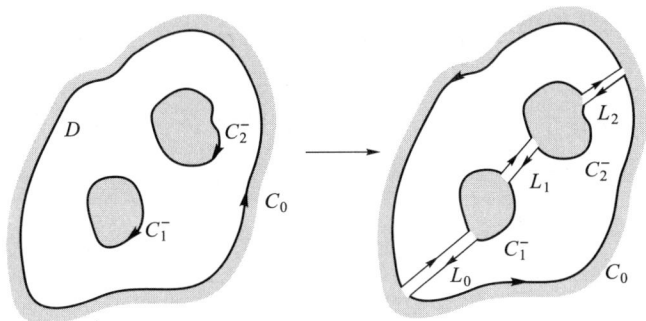

图 3.10

定理 3.10 设 D 是由复周线
$$C=C_0+C_1^-+C_2^-+\cdots+C_n^-$$
所围成的有界 $n+1$ 连通区域,函数 $f(z)$ 在 D 内解析,在 $\overline{D}=D+C$ 上连续,则
$$\int_C f(z)\mathrm{d}z=0,$$
或写成
$$\int_{C_0} f(z)\mathrm{d}z+\int_{C_1^-} f(z)\mathrm{d}z+\cdots+\int_{C_n^-} f(z)\mathrm{d}z=0, \tag{3.13}$$
或写成
$$\int_{C_0} f(z)\mathrm{d}z=\int_{C_1} f(z)\mathrm{d}z+\cdots+\int_{C_n} f(z)\mathrm{d}z. \tag{3.14}$$
(沿外边界积分等于沿内边界积分之和.)

注 定理 3.10 中的复周线换成单周线(一条)就是定理 3.9,所以定理 3.10 是定理 3.9 的推广.

证 取 $n+1$ 条互不相交且全在 D 内(端点除外)的光滑弧 $L_0,L_1,L_2,\cdots,L_n$ 作为**割线**. 用它们顺次地与 $C_0,C_1,C_2,\cdots,C_n$ 连接. 设想将 D 沿割线割破,于是 D 就被分成两个单连通区域(图 3.10 是 $n=2$ 的情形),其边界各是一条周线,分别记为 Γ_1 和 Γ_2. 而由定理 3.9,我们有
$$\int_{\Gamma_1} f(z)\mathrm{d}z=0,\qquad \int_{\Gamma_2} f(z)\mathrm{d}z=0,$$
将这两个等式相加,并注意到沿着 $L_0,L_1,\cdots,L_n$ 的积分,各从相反的两个方向取了一

次,在相加的过程中互相抵消.于是,由复积分的基本性质(3)就得到

$$\int_C f(z)\mathrm{d}z = 0.$$

从而有(3.13)和(3.14).

例 3.11 设 a 为周线 C 内部一点,则

$$\int_C \frac{\mathrm{d}z}{(z-a)^n} = \begin{cases} 2\pi\mathrm{i} & (n=1), \\ 0 & (n\neq 1,\text{且为整数}). \end{cases}$$

证 以 a 为圆心画圆周 C',使 C' 全含于 C 的内部,则由(3.14),

$$\int_C \frac{\mathrm{d}z}{(z-a)^n} = \int_{C'} \frac{\mathrm{d}z}{(z-a)^n},$$

再由例 3.2 即得要证明的结论.

注 例 3.11 是例 3.2 更普遍的形式.

例 3.12 计算积分 $\displaystyle\int_\Gamma \frac{2z-1}{z^2-z}\mathrm{d}z$,$\Gamma$ 为包含圆周 $|z|=1$ 在内的任何正向简单闭曲线.

解 因为函数 $\dfrac{2z-1}{z^2-z}$ 在复平面内有两个奇点 $z=0$ 和 $z=1$,依题意知,Γ 也包含这两个奇点.在 Γ 内作两个互不包含也互不相交的正向圆周 C_1 和 C_2,C_1 只包含奇点 $z=0$,C_2 只包含奇点 $z=1$.根据定理 3.10,

$$\int_\Gamma \frac{2z-1}{z^2-z}\mathrm{d}z = \int_{C_1} \frac{2z-1}{z^2-z}\mathrm{d}z + \int_{C_2} \frac{2z-1}{z^2-z}\mathrm{d}z$$

$$= \int_{C_1} \frac{1}{z-1}\mathrm{d}z + \int_{C_1} \frac{1}{z}\mathrm{d}z + \int_{C_2} \frac{1}{z-1}\mathrm{d}z + \int_{C_2} \frac{1}{z}\mathrm{d}z$$

$$= 0 + 2\pi\mathrm{i} + 2\pi\mathrm{i} + 0 = 4\pi\mathrm{i}.$$

*例 3.13(多连通区域内的不定积分或变上限积分) 试证

$$\int_1^z \frac{\mathrm{d}\zeta}{\zeta} = \mathrm{Ln}\, z \quad (z\in G: z\neq 0,\infty),$$

其中积分路径是不过原点,且连接点 $z_0=1$ 和点 z 的任意逐段光滑曲线.

证 G 是二连通区域.考虑这样两条路径的积分值:其中一条 L 沿正方向或负方向绕原点若干周;另一条 l 则不绕原点(不穿过负实轴).如图 3.11,由例 3.6 及例 3.11 可得

$$\int_L \frac{\mathrm{d}\zeta}{\zeta} = \int_{ABCbDA} \frac{\mathrm{d}\zeta}{\zeta} + \int_{ADaCEA} \frac{\mathrm{d}\zeta}{\zeta} + \int_{AEF} \frac{\mathrm{d}\zeta}{\zeta}$$

$$= 2\int_\gamma \frac{\mathrm{d}\zeta}{\zeta} + \int_l \frac{\mathrm{d}\zeta}{\zeta}.$$

一般,

$$\int_L \frac{\mathrm{d}\zeta}{\zeta} = \int_l \frac{\mathrm{d}\zeta}{\zeta} + n\int_\gamma \frac{\mathrm{d}\zeta}{\zeta}$$

$$= \ln z + 2n\pi\mathrm{i} \quad (n=0,\pm 1,\pm 2,\cdots)$$

$$= \mathrm{Ln}\, z.$$

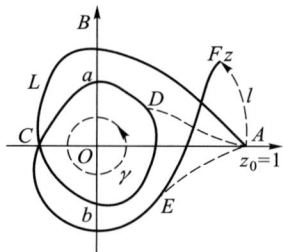

图 3.11

因此,所给变上限 z 的函数

$$F(z)=\int_1^z\frac{\mathrm{d}\zeta}{\zeta}$$

是对数函数 $\mathrm{Ln}\ z$ 的一个积分表达式,在原点处的支点是被积函数惟一的奇点.

　　注　多连通区域 G 内的变上限积分一般表示多值解析函数,比如上面例 3.13,但也有表示单值解析函数的.比如,我们来考察变上限积分

$$\int_1^z\frac{1}{\zeta^2}\mathrm{d}\zeta,\tag{3.15}$$

这里 $z\in G$;$z\neq0,\infty$,G 是二连通区域,积分路径 L 是不过原点,且连接点 $z_0=1$ 和点 z 的任意逐段光滑曲线.

　　(1)当 L 不围绕原点 $z=0$,被积函数 $\frac{1}{z^2}$ 在包含 L 但不包含 $z=0$ 的一个单连通子区域 D 内单值解析,从而由定理 3.8,

$$\int_1^z\frac{1}{\zeta^2}\mathrm{d}\zeta=-\frac{1}{\zeta}\bigg|_1^z=-\frac{1}{z}+1\quad(z\in D).$$

　　(2)设 γ 是在 G 内的一条周线,原点在 γ 的内部,则当 z 沿 γ 的正方向绕行一周时,积分(3.15)有增量

$$\int_\gamma\frac{1}{\zeta^2}\mathrm{d}\zeta=0\quad(例\ 3.11).$$

　　(3)由(1)和(2)的结果,并参看图 3.11,可见

$$\int_1^z\frac{1}{\zeta^2}\mathrm{d}\zeta=-\frac{1}{z}+1\quad(z\in G),$$

这就是 z 的单值解析函数.

§3　柯西积分公式及其推论

1. 柯西积分公式

我们利用柯西积分定理(复周线形式)导出一个用边界值表示解析函数内部值的积分公式.

　　定理 3.11　设区域 D 的边界是周线(或复周线)C,函数 $f(z)$ 在 D 内解析,在 $\overline{D}=D+C$ 上连续,则有

$$f(z)=\frac{1}{2\pi\mathrm{i}}\int_C\frac{f(\zeta)}{\zeta-z}\mathrm{d}\zeta\quad(z\in D).\tag{3.16}$$

这就是**柯西积分公式**.它是解析函数的积分表达式,因而是今后我们研究解析函数各种局部性质的重要工具.

　　证　任意固定 $z\in D$,$F(\zeta)=\frac{f(\zeta)}{\zeta-z}$ 作为 ζ 的函数在 D 内除点 z 外均解析.今以点 z 为圆心,充分小的 $\rho>0$ 为半径作圆周 γ_ρ,使 γ_ρ 及其内部均含于 D(图 3.12).对于复

周线 $\Gamma = C + \gamma_\rho^-$ 及函数 $F(\zeta)$，应用定理 3.10 的 (3.13)，得

$$\int_C \frac{f(\zeta)}{\zeta - z} \mathrm{d}\zeta = \int_{\gamma_\rho} \frac{f(\zeta)}{\zeta - z} \mathrm{d}\zeta$$

（这一步的重要性，在于将复杂路径 C 代以简单路径 γ_ρ）。
上式表示右端与 γ_ρ 的半径 ρ 无关，因此我们只需证明

$$\lim_{\rho \to 0} \int_{\gamma_\rho} \frac{f(\zeta)}{\zeta - z} \mathrm{d}\zeta = 2\pi \mathrm{i} f(z), \tag{3.17}$$

则柯西积分公式 (3.16) 就算证明了.

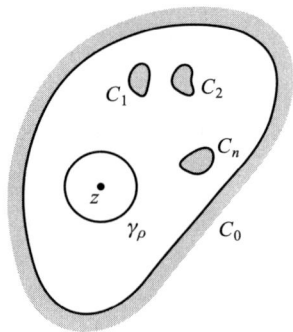

图 3.12

注意到 $f(z)$ 与积分变量 ζ 无关，而 $2\pi\mathrm{i} = \displaystyle\int_{\gamma_\rho} \frac{\mathrm{d}\zeta}{\zeta - z}$

（见例3.2），于是有

$$\left| \int_{\gamma_\rho} \frac{f(\zeta)}{\zeta - z} \mathrm{d}\zeta - 2\pi\mathrm{i} f(z) \right| = \left| \int_{\gamma_\rho} \frac{f(\zeta)}{\zeta - z} \mathrm{d}\zeta - f(z) \int_{\gamma_\rho} \frac{\mathrm{d}\zeta}{\zeta - z} \right|$$

$$= \left| \int_{\gamma_\rho} \frac{f(\zeta) - f(z)}{\zeta - z} \mathrm{d}\zeta \right|. \tag{3.18}$$

根据 $f(\zeta)$ 的连续性，对任给的 $\varepsilon > 0$，存在 $\delta > 0$，只要 $|\zeta - z| = \rho < \delta$，就有

$$|f(\zeta) - f(z)| < \frac{\varepsilon}{2\pi} \quad (\zeta \in \gamma_\rho).$$

由定理 3.2 知 (3.18) 不超过 $\dfrac{\varepsilon}{2\pi\rho} \cdot 2\pi\rho = \varepsilon$，于是证明了 (3.17). 定理得证.

定义 3.4 在定理 3.11 的条件下，

$$\frac{1}{2\pi\mathrm{i}} \int_C \frac{f(\zeta)}{\zeta - z} \mathrm{d}\zeta \quad (z \notin C)$$

称为**柯西积分**.

思考题 在定理 3.11 的条件下，如果 $z \notin \overline{D}$，则柯西积分 $\dfrac{1}{2\pi\mathrm{i}} \displaystyle\int_C \frac{f(\zeta)}{\zeta - z} \mathrm{d}\zeta$ 之值如何？

柯西积分公式 (3.16) 可以改写成

$$\int_C \frac{f(\zeta)}{\zeta - z} \mathrm{d}\zeta = 2\pi\mathrm{i} f(z) \quad (z \in D). \tag{3.16$'$}$$

借此公式可以计算某些**周线积分**（指路径是周线的积分）.

例 3.14 设 C 为圆周 $|\zeta| = 2$，则按 (3.16)$'$，

$$\int_C \frac{\zeta}{(9 - \zeta^2)(\zeta + \mathrm{i})} \mathrm{d}\zeta = \int_C \frac{\dfrac{\zeta}{9 - \zeta^2}}{\zeta - (-\mathrm{i})} \mathrm{d}\zeta = 2\pi\mathrm{i} \cdot \frac{\zeta}{9 - \zeta^2} \bigg|_{\zeta = -\mathrm{i}} = \frac{\pi}{5}.$$

注意到 $f(\zeta) = \dfrac{\zeta}{9 - \zeta^2}$ 在闭圆 $|\zeta| \leqslant 2$ 上解析，定理 3.11 的条件满足，故公式 (3.16)$'$ 可以
应用，因而上面的计算是正确的.

例 3.15 计算积分 $\displaystyle\int_{|z - \mathrm{i}| = \frac{1}{2}} \frac{1}{z(z^2 + 1)} \mathrm{d}z$.

解 $\dfrac{1}{z(z^2 + 1)} = \dfrac{1}{z(z + \mathrm{i})(z - \mathrm{i})} = \dfrac{\dfrac{1}{z(z + \mathrm{i})}}{z - \mathrm{i}}.$

因为 $f(z)=\dfrac{1}{z(z+\mathrm{i})}$ 在 $|z-\mathrm{i}|\leqslant\dfrac{1}{2}$ 内解析,由柯西积分公式 $(3.16)'$,

$$\int_{|z-\mathrm{i}|=\frac{1}{2}}\frac{1}{z(z^2+1)}\mathrm{d}z=\int_{|z-\mathrm{i}|=\frac{1}{2}}\frac{\dfrac{1}{z(z+\mathrm{i})}}{z-\mathrm{i}}\mathrm{d}z=2\pi\mathrm{i}\cdot\frac{1}{z(z+\mathrm{i})}\bigg|_{z=\mathrm{i}}$$

$$=2\pi\mathrm{i}\cdot\frac{1}{2\mathrm{i}^2}=-\pi\mathrm{i}.$$

注 在 (3.16) 及 $(3.16)'$ 中,$\zeta=z$ 是被积函数

$$F(\zeta)=\frac{f(\zeta)}{\zeta-z}$$

在 C 内部的惟一奇点,如果给定积分的被积函数 $F(\zeta)$ 在 C 内部有两个以上的奇点,就不能直接应用柯西积分公式.

定理 3.11 的特殊情形,有如下的**解析函数的平均值定理**.在下一章,我们将应用它来证明解析函数的最大模原理.

定理 3.12 如果函数 $f(z)$ 在圆 $|\zeta-z_0|<R$ 内解析,在闭圆 $|\zeta-z_0|\leqslant R$ 上连续,则

$$f(z_0)=\frac{1}{2\pi}\int_0^{2\pi}f(z_0+R\mathrm{e}^{\mathrm{i}\varphi})\mathrm{d}\varphi,$$

即 $f(z)$ 在圆心 z_0 的值等于它在圆周上的值的算术平均数.

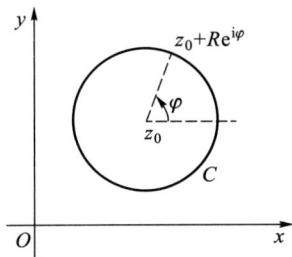

图 3.13

证 设 C 表示圆周 $|\zeta-z_0|=R$(如图 3.13),则

$$\zeta-z_0=R\mathrm{e}^{\mathrm{i}\varphi},\qquad 0\leqslant\varphi\leqslant 2\pi,$$

或

$$\zeta=z_0+R\mathrm{e}^{\mathrm{i}\varphi},$$

由此

$$\mathrm{d}\zeta=\mathrm{i}R\mathrm{e}^{\mathrm{i}\varphi}\mathrm{d}\varphi,$$

根据柯西积分公式 (3.16),

$$f(z_0)=\frac{1}{2\pi\mathrm{i}}\int_C\frac{f(\zeta)}{\zeta-z_0}\mathrm{d}\zeta=\frac{1}{2\pi\mathrm{i}}\int_0^{2\pi}\frac{f(z_0+R\mathrm{e}^{\mathrm{i}\varphi})\mathrm{i}R\mathrm{e}^{\mathrm{i}\varphi}}{R\mathrm{e}^{\mathrm{i}\varphi}}\mathrm{d}\varphi$$

$$=\frac{1}{2\pi}\int_0^{2\pi}f(z_0+R\mathrm{e}^{\mathrm{i}\varphi})\mathrm{d}\varphi.$$

例 3.16 设函数 $f(z)$ 在闭圆 $|z|\leqslant R$ 上解析.如果存在 $a>0$,使当 $|z|=R$ 时,

$$|f(z)|>a,$$

且

$$|f(0)|<a,$$

试证在圆 $|z|<R$ 内 $f(z)$ 至少有一个零点.

证 反证法.设 $f(z)$ 在 $|z|<R$ 内无零点,而由题设 $f(z)$ 在 $|z|=R$ 上也无零点.于是

$$F(z)=\frac{1}{f(z)}$$

在闭圆 $|z|\leqslant R$ 上解析.由解析函数的平均值定理,

$$F(0)=\frac{1}{2\pi}\int_0^{2\pi}F(R\mathrm{e}^{\mathrm{i}\varphi})\mathrm{d}\varphi,$$

又由题设
$$|F(0)|=\frac{1}{|f(0)|}>\frac{1}{a},$$
$$|F(R\mathrm{e}^{\mathrm{i}\varphi})|=\frac{1}{|f(R\mathrm{e}^{\mathrm{i}\varphi})|}<\frac{1}{a},$$

从而
$$\frac{1}{a}<|F(0)|=\left|\frac{1}{2\pi}\int_0^{2\pi}F(R\mathrm{e}^{\mathrm{i}\varphi})\mathrm{d}\varphi\right|\leqslant\frac{1}{a}\cdot\frac{1}{2\pi}\cdot2\pi=\frac{1}{a}.$$

矛盾.故在圆$|z|<R$内$f(z)$至少有一个零点.

2. 解析函数的无穷可微性

我们将柯西积分公式(3.16)形式地在积分号下对z求导,得

$$f'(z)=\frac{1}{2\pi\mathrm{i}}\int_C\frac{f(\zeta)}{(\zeta-z)^2}\mathrm{d}\zeta\quad(z\in D),\tag{3.19}$$

这样继续一次又可得

$$f''(z)=\frac{2!}{2\pi\mathrm{i}}\int_C\frac{f(\zeta)}{(\zeta-z)^3}\mathrm{d}\zeta\quad(z\in D),$$

我们将对这些公式的正确性加以证明.

定理 3.13　在定理 3.11 的条件下,函数$f(z)$在区域D内有各阶导数,并且有

$$f^{(n)}(z)=\frac{n!}{2\pi\mathrm{i}}\int_C\frac{f(\zeta)}{(\zeta-z)^{n+1}}\mathrm{d}\zeta\quad(z\in D,n=1,2,\cdots).\tag{3.20}$$

这是一个用解析函数$f(z)$的边界值表示其各阶导函数内部值的积分公式.

证　首先对$n=1$的情形来证明,即要证公式(3.19)成立.按照(3.16),有($\Delta z\neq0$)

$$\frac{f(z+\Delta z)-f(z)}{\Delta z}=\frac{1}{\Delta z}\left[\frac{1}{2\pi\mathrm{i}}\int_C\frac{f(\zeta)}{\zeta-z-\Delta z}\mathrm{d}\zeta-\frac{1}{2\pi\mathrm{i}}\int_C\frac{f(\zeta)}{\zeta-z}\mathrm{d}\zeta\right]$$
$$=\frac{1}{2\pi\mathrm{i}}\int_C\frac{f(\zeta)}{(\zeta-z-\Delta z)(\zeta-z)}\mathrm{d}\zeta.$$

我们要证明差数

$$\left|\frac{1}{2\pi\mathrm{i}}\int_C\frac{f(\zeta)\mathrm{d}\zeta}{(\zeta-z-\Delta z)(\zeta-z)}-\frac{1}{2\pi\mathrm{i}}\int_C\frac{f(\zeta)\mathrm{d}\zeta}{(\zeta-z)^2}\right|$$
$$=\left|\frac{1}{2\pi\mathrm{i}}\int_C\frac{\Delta zf(\zeta)}{(\zeta-z-\Delta z)(\zeta-z)^2}\mathrm{d}\zeta\right|\tag{3.21}$$

在$|\Delta z|$充分小时不超过任给的正数ε.

设沿周线C,$|f(\zeta)|\leqslant M$.设d表示z与C上点ζ间的最短距离.于是,当$\zeta\in C$时,$|\zeta-z|\geqslant d>0$(参看§2的柯西积分定理的古尔萨证明的注).

先设$|\Delta z|<\dfrac{d}{2}$,于是(图 3.14)$|\zeta-z-\Delta z|\geqslant|\zeta-z|-$

$|\Delta z|>\dfrac{d}{2}$,这样一来,差数(3.21)不超过

$$\frac{|\Delta z|}{2\pi}\cdot\frac{Ml}{\dfrac{d}{2}\cdot d^2},$$

其中l为C之长度.为使上式不超过任给正数ε,只要取

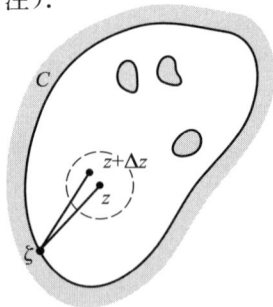

图 3.14

$$|\Delta z| < \delta = \min\left\{\frac{d}{2}, \frac{\pi d^3 \varepsilon}{Ml}\right\}.$$

于是(3.19)就证明了.

要完成定理的证明,只要应用数学归纳法.设 $n=k$ 时公式(3.20)成立,证明 $n=k+1$ 时,(3.20)也成立.这就是要证明式子

$$\frac{f^{(k)}(z+\Delta z)-f^{(k)}(z)}{\Delta z}=\frac{1}{\Delta z}\left[\frac{k!}{2\pi i}\int_C \frac{f(\zeta)\mathrm{d}\zeta}{(\zeta-z-\Delta z)^{k+1}}-\frac{k!}{2\pi i}\int_C \frac{f(\zeta)\mathrm{d}\zeta}{(\zeta-z)^{k+1}}\right]$$

在 $\Delta z \to 0$ 时,以

$$\frac{(k+1)!}{2\pi i}\int_C \frac{f(\zeta)}{(\zeta-z)^{k+2}}\mathrm{d}\zeta$$

为极限.方法和证明 $n=1$ 的情形类似,不过稍微复杂些,就不重复了.

公式(3.20)可改写成

$$\int_C \frac{f(\zeta)}{(\zeta-z)^{n+1}}\mathrm{d}\zeta=\frac{2\pi i}{n!}f^{(n)}(z) \quad (z\in D, n=1,2,\cdots). \tag{3.20$'$}$$

注 (1) 应用(3.20)$'$可以计算一些周线积分.

(2) 在(3.20)及(3.20)$'$中,$\zeta=z$ 是被积函数 $F(\zeta)$ 在 C 内部的惟一奇点,如果 $F(\zeta)$ 在 C 内部有两个以上的奇点,就不能直接应用它们.

例 3.17 计算积分

$$\int_C \frac{\cos z}{(z-i)^3}\mathrm{d}z,$$

其中 C 是绕 i 一周的周线.

解 因为 $\cos z$ 在 z 平面上解析,应用公式(3.20)$'$于 $f(z)=\cos z$,我们得

$$\int_C \frac{\cos z}{(z-i)^3}\mathrm{d}z=\frac{2\pi i}{2!}(\cos z)''\Big|_{z=i}=-\pi i\cos i=-\pi\frac{e^{-1}+e}{2}i.$$

例 3.18 计算积分 $\int_C \frac{e^z}{(z^2+1)^2}\mathrm{d}z$,其中 C 为正向圆周:$|z|=r>1$.

解 函数 $\frac{e^z}{(z^2+1)^2}$ 在 C 内 $z=\pm i$ 处不解析.在 C 内以 i 为中心作一个正向圆周 C_1,以 $-i$ 为中心作一个正向圆周 C_2,则函数 $\frac{e^z}{(z^2+1)^2}$ 在由 C,C_1^-,C_2^- 围成的区域内解析.根据定理 3.10,

$$\int_C \frac{e^z}{(z^2+1)^2}\mathrm{d}z=\int_{C_1} \frac{e^z}{(z^2+1)^2}\mathrm{d}z+\int_{C_2} \frac{e^z}{(z^2+1)^2}\mathrm{d}z.$$

又由公式(3.20)有

$$\int_{C_1} \frac{e^z}{(z^2+1)^2}\mathrm{d}z=\int_{C_1} \frac{\frac{e^z}{(z+i)^2}}{(z-i)^2}\mathrm{d}z=\frac{2\pi i}{(2-1)!}\left[\frac{e^z}{(z+i)^2}\right]'\Big|_{z=i}=\frac{(1-i)e^i}{2}\pi,$$

同理可得

$$\int_{C_2} \frac{e^z}{(z^2+1)^2}\mathrm{d}z=\frac{-(1+i)e^{-i}}{2}\pi.$$

于是 $\displaystyle\int_{c}\frac{e^{z}}{(z^{2}+1)^{2}}dz=\frac{(1-i)e^{i}}{2}\pi+\frac{-(1+i)e^{-i}}{2}\pi=i\pi(\sin 1-\cos 1)$.

应用上述定理,我们得出解析函数的无穷可微性:

定理 3.14 设函数 $f(z)$ 在 z 平面上的区域 D 内解析,则 $f(z)$ 在 D 内具有各阶导数,并且它们也在 D 内解析.

证 设 z_{0} 为 D 内任一点,将定理 3.13 应用于以 z_{0} 为圆心的充分小的圆(只要这个闭圆全含于 D 内),即知 $f(z)$ 在此圆内有各阶导数.特别说来,$f(z)$ 在点 z_{0} 有各阶导数.由于 z_{0} 的任意性,所以 $f(z)$ 在 D 内有各阶导数.

这样,由函数在区域 D 内解析(**注意**:仅假设其导数在 D 内存在),就推出了其各阶导数在 D 内存在且连续.而数学分析中,区间上的可微函数在此区间上不一定有二阶导数,更谈不上有高阶导数了.

借助解析函数的无穷可微性,我们现在来把判断函数 $f(z)$ 在区域 D 内解析的一个充分条件——定理 2.5,补充证明成刻画解析函数的第二个等价定理:

定理 3.15 函数 $f(z)=u(x,y)+iv(x,y)$ 在区域 D 内解析的充要条件是

(1) u_{x},u_{y},v_{x},v_{y} 在 D 内连续.

(2) $u(x,y),v(x,y)$ 在 D 内满足 C.—R.方程.

证 **充分性** 即定理 2.5.

必要性 条件(2)的必要性已由定理 2.1 得出.现在,由于解析函数 $f(z)$ 的无穷可微性,$f'(z)$ 必在 D 内连续,因而 u_{x},u_{y},v_{x},v_{y} 必在 D 内连续.

3. 柯西不等式与刘维尔(Liouville)定理

利用定理3.13可以得出一个很有用的导数的估计式:

柯西不等式 设函数 $f(z)$ 在区域 D 内解析,a 为 D 内一点,以 a 为圆心作圆周 $\gamma:|\zeta-a|=R$,只要 γ 及其内部 K 均含于 D,则有

$$|f^{(n)}(a)|\leqslant\frac{n!M(R)}{R^{n}},$$

其中 $M(R)=\max\limits_{|z-a|=R}|f(z)|,n=1,2,\cdots$.

证 应用定理 3.13 于 $\bar{K}$ 上,则有

$$|f^{(n)}(a)|=\left|\frac{n!}{2\pi i}\int_{\gamma}\frac{f(\zeta)}{(\zeta-a)^{n+1}}d\zeta\right|\leqslant\frac{n!}{2\pi}\cdot\frac{M(R)}{R^{n+1}}\cdot 2\pi R=\frac{n!M(R)}{R^{n}}.$$

注 柯西不等式是对解析函数各阶导数模的估计式,说明解析函数在解析点 a 的各阶导数的估计与它的解析区域的大小密切相关.

在整个复平面上解析的函数称为**整函数**.例如多项式,e^{z},$\cos z$ 及 $\sin z$ 都是整函数.常数当然也是整函数.应用柯西不等式可得一个关于整函数的定理:

刘维尔定理 有界整函数 $f(z)$ 必为常数.

证 设 $|f(z)|$ 的上界为 M,则在柯西不等式中,对无论什么样的 R,均有 $M(R)\leqslant M$.于是令 $n=1$,有

$$|f'(a)|\leqslant\frac{M}{R},$$

上式对一切 R 均成立,令 $R\rightarrow+\infty$,即知 $f'(a)=0$.而 a 是 z 平面上任一点,故 $f(z)$ 在

z 平面上的导数为零.由第二章习题(一)6(2)知 $f(z)$ 必为常数.

注 这是一个非局部性命题,也是**模有界定理**,其逆也真,即:常数是有界整函数;此定理的逆否定理为:非常数的整函数必无界;关于刘维尔定理,我们以后还要论及.

应用刘维尔定理可以很简洁地证明:

代数学基本定理 在 z 平面上,n 次多项式
$$p(z) = a_0 z^n + a_1 z^{n-1} + \cdots + a_n \quad (a_0 \neq 0)$$
至少有一个零点.

证 反证法.设 $p(z)$ 在 z 平面上无零点.由于 $p(z)$ 在 z 平面上是解析的,$\dfrac{1}{p(z)}$ 在 z 平面上也必解析.

下面我们证明 $\dfrac{1}{p(z)}$ 在 z 平面上有界.由于
$$\lim_{z \to \infty} p(z) = \lim_{z \to \infty} z^n \left(a_0 + \frac{a_1}{z} + \cdots + \frac{a_n}{z^n} \right) = \infty,$$
$$\lim_{z \to \infty} \frac{1}{p(z)} = 0,$$
故存在充分大的正数 R,使当 $|z| > R$ 时,$\left| \dfrac{1}{p(z)} \right| < 1$.

又因 $\dfrac{1}{p(z)}$ 在闭圆 $|z| \leqslant R$ 上连续,故可设
$$\left| \frac{1}{p(z)} \right| \leqslant M (\text{正常数}),$$
从而,在 z 平面上,
$$\left| \frac{1}{p(z)} \right| < M + 1,$$
于是,$\dfrac{1}{p(z)}$ 在 z 平面上是解析且有界的.由刘维尔定理,$\dfrac{1}{p(z)}$ 必为常数,即 $p(z)$ 必为常数.这与定理的假设矛盾.故定理得证.

注 代数学基本定理,用纯粹代数的方法是不容易证明的,这是因为数学知识还不够,由此可见,数学知识积累在解决问题中的重要性.

4. 莫雷拉(Morera)定理

我们现在来证明柯西积分定理 3.3 的逆定理,称为**莫雷拉定理**.

定理 3.16 若函数 $f(z)$ 在单连通区域 D 内连续,且对 D 内的任一周线 C,有
$$\int_C f(z) \mathrm{d}z = 0,$$
则 $f(z)$ 在 D 内解析.

证 在假设条件下,根据定理 3.7 即知
$$F(z) = \int_{z_0}^{z} f(\zeta) \mathrm{d}\zeta \quad (z_0 \in D)$$
在 D 内解析,且 $F'(z) = f(z) (z \in D)$.但解析函数 $F(z)$ 的导函数 $F'(z)$ 还是解析的.即是说 $f(z)$ 在 D 内解析.

下面我们着重指出刻画解析函数的第三个等价定理.

定理 3.17　函数 $f(z)$ 在区域 G 内解析的充要条件是：

(1) $f(z)$ 在 G 内连续.

(2) 对任一周线 C，只要 C 及其内部全含于 G 内，就有

$$\int_C f(z)\mathrm{d}z = 0.$$

证　必要性可由柯西积分定理 3.3 导出.至于充分性，我们可在 G 内任一点 z_0 的一个邻域 $K: |\zeta - z_0| < \rho$ 内来应用定理3.16，只要 ρ 充分小，就知道 $f(z)$ 在圆 K 内解析.特别说来，在 z_0 解析，因为 z_0 可在 G 内任意取，故 $f(z)$ 在 G 内解析.

例 3.19　如果函数 $f(z)$ 为一整函数，且有使

$$\mathrm{Re}\, f(z) < M$$

的实数 M 存在，试证 $f(z)$ 为常数.

证　令 $F(z) = \mathrm{e}^{f(z)}$，则 $F(z)$ 为整函数.又在 z 平面上，

$$|F(z)| = \mathrm{e}^{\mathrm{Re}\, f(z)} < \mathrm{e}^M,$$

故有界，由刘维尔定理可见 $F(z)$ 是常数.因此 $f(z)$ 也是常数.

例 3.20　设 $f(z)$ 是整函数，n 为正整数.试证，当

$$\lim_{z \to \infty} \frac{f(z)}{z^n} = 0$$

时，$f(z)$ 至多是 $n-1$ 次多项式.

证　由第二章习题(一)6(2)及定理 3.8，只需证得对任何的 z，$f^{(n)}(z) = 0$.

由

$$\lim_{z \to \infty} \frac{f(z)}{z^n} = 0$$

可知，对任给的 $\varepsilon > 0$，存在 $R > 0$，只要 $|z| > R$，就有

$$|f(z)| < \varepsilon |z|^n.$$

在 z 平面上任取一点 z.再取以 z 为圆心，以 r 为半径的圆周 C，使圆周 $C_1 = \{z \,|\, |z| = R\}$ 全含于其内部.于是有 $r > |z|$.这时对于 $\zeta \in C$，必有 $|\zeta| > R$，因而

$$|f(\zeta)| < \varepsilon |\zeta|^n \leqslant \varepsilon(|z| + r)^n.$$

由柯西不等式可得

$$|f^{(n)}(z)| \leqslant \frac{n!}{r^n} \varepsilon (|z| + r)^n = n!\,\varepsilon \left(1 + \frac{|z|}{r}\right)^n \leqslant n!\, 2^n \varepsilon.$$

因为 $\varepsilon > 0$ 是任意的，所以

$$f^{(n)}(z) = 0.$$

故 $f(z)$ 至多是 $n-1$ 次多项式.

*5. 柯西型积分

定义 3.4$'$　设 C 为任一条简单逐段光滑曲线（不必闭合），$f(\zeta)$ 是在 C 上有定义的可积函数，则具有如下形式的积分：

$$\frac{1}{2\pi \mathrm{i}} \int_C \frac{f(\zeta)}{\zeta - z} \mathrm{d}\zeta \quad (z \notin C),$$

称为**柯西型积分**.

显然柯西积分为柯西型积分的特例,但柯西型积分就不一定为柯西积分.

例如:(1) $\dfrac{1}{2\pi i}\displaystyle\int_{|\zeta|=1}\dfrac{\bar{\zeta}}{\zeta-z}\mathrm{d}\zeta$ $(|z|\neq 1).$

(2) $\dfrac{1}{2\pi i}\displaystyle\int_{|\zeta|=1}\dfrac{\dfrac{1}{\zeta}}{\zeta-z}\mathrm{d}\zeta$ $(|z|\neq 1).$

(3) $\dfrac{1}{2\pi i}\displaystyle\int_{-1}^{1}\dfrac{\mathrm{d}x}{x-z}$ $(z\in[-1,1]).$

(显然(1)可变形为(2);(2),(3)的计算留给读者.)这三个积分都是柯西型积分而非柯西积分.

类似定理 3.13 的证明,我们可以得到类似定理 3.13 的结果.

定理 3.13' 若函数 $f(\zeta)$ 沿简单逐段光滑曲线 C(不必闭合)连续,则由柯西型积分

$$F(z)=\frac{1}{2\pi i}\int_{C}\frac{f(\zeta)}{\zeta-z}\mathrm{d}\zeta \quad (z\notin C)$$

所定义的函数 $F(z)$,在 z 平面上 C 外任一区域 D 内解析,且

$$F^{(n)}(z)=\frac{n!}{2\pi i}\int_{C}\frac{f(\zeta)}{(\zeta-z)^{n+1}}\mathrm{d}\zeta \quad (z\in D,n=1,2,\cdots).$$

证明留给读者.

§4 解析函数与调和函数的关系

在前一节,我们已经证明了,在区域 D 内解析的函数具有任何阶的导数.因此,在区域 D 内它的实部 u 与虚部 v 都有二阶连续偏导数.现在我们来研究应该如何选择 u 与 v 才能使函数 $u+iv$ 在区域 D 内解析.

设 $f(z)=u+iv$ 在区域 D 内解析,则由 C.—R.方程

$$\frac{\partial u}{\partial x}=\frac{\partial v}{\partial y}, \quad \frac{\partial u}{\partial y}=-\frac{\partial v}{\partial x},$$

得

$$\frac{\partial^2 u}{\partial x^2}=\frac{\partial^2 v}{\partial x \partial y}, \quad \frac{\partial^2 u}{\partial y^2}=-\frac{\partial^2 v}{\partial y \partial x},$$

因 $\dfrac{\partial^2 v}{\partial x \partial y}$ 与 $\dfrac{\partial^2 v}{\partial y \partial x}$ 在 D 内连续,它们必定相等,故在 D 内有

$$\frac{\partial^2 u}{\partial x^2}+\frac{\partial^2 u}{\partial y^2}=0,$$

同理,在 D 内有

$$\frac{\partial^2 v}{\partial x^2}+\frac{\partial^2 v}{\partial y^2}=0,$$

即 u 及 v 在 D 内满足拉普拉斯(Laplace)方程:

$$\Delta u=0, \quad \Delta v=0.$$

这里 $\Delta \equiv \dfrac{\partial^2}{\partial x^2} + \dfrac{\partial^2}{\partial y^2}$ 是一种运算记号,称为**拉普拉斯算子**.

定义 3.5 如果二元实变函数 $H(x,y)$ 在区域 D 内有二阶连续偏导数,且满足拉普拉斯方程 $\Delta H = 0$,则称 $H(x,y)$ 为区域 D 内的**调和函数**.

调和函数常出现在诸如流体力学、电学、磁学等实际问题中.

定义 3.6 在区域 D 内满足 C.－R.方程

$$\frac{\partial u}{\partial x} = \frac{\partial v}{\partial y}, \quad \frac{\partial u}{\partial y} = -\frac{\partial v}{\partial x}$$

的两个调和函数 u,v 中,v 称为 u 在区域 D 内的**共轭调和函数**.

由上面的讨论,我们已经证明了:

定理 3.18 若 $f(z) = u(x,y) + iv(x,y)$ 在区域 D 内解析,则在区域 D 内 $v(x,y)$ 必为 $u(x,y)$ 的共轭调和函数.

现在接着上面的讨论.反过来,如果 u,v 是任意选取的在区域 D 内的两个调和函数,则 $u+iv$ 在 D 内就不一定解析.

要想 $u+iv$ 在区域 D 内解析,u 及 v 还必须满足 C.－R.方程.即 v 必须是 u 的共轭调和函数.由此,如已知一个解析函数的实部 $u(x,y)$(或虚部 $v(x,y)$)就可以求出它的虚部 $v(x,y)$(或实部 $u(x,y)$).

假设 D 是一个单连通区域,$u(x,y)$ 是区域 D 内的调和函数,则 $u(x,y)$ 在 D 内有二阶连续偏导数,且

$$\frac{\partial^2 u}{\partial x^2} + \frac{\partial^2 u}{\partial y^2} = 0.$$

即 $-\dfrac{\partial u}{\partial y}, \dfrac{\partial u}{\partial x}$ 在 D 内具有一阶连续偏导数,且

$$\frac{\partial}{\partial y}\left(-\frac{\partial u}{\partial y}\right) = \frac{\partial}{\partial x}\left(\frac{\partial u}{\partial x}\right).$$

由数学分析的定理,知道 $-\dfrac{\partial u}{\partial y}\mathrm{d}x + \dfrac{\partial u}{\partial x}\mathrm{d}y$ 是全微分,

令 $$-\frac{\partial u}{\partial y}\mathrm{d}x + \frac{\partial u}{\partial x}\mathrm{d}y = \mathrm{d}v(x,y), \tag{3.22}$$

则 $$v(x,y) = \int_{(x_0,y_0)}^{(x,y)} -\frac{\partial u}{\partial y}\mathrm{d}x + \frac{\partial u}{\partial x}\mathrm{d}y + C, \tag{3.23}$$

其中 (x_0,y_0) 是 D 内的定点,(x,y) 是 D 内的动点,C 是一个任意常数,积分与路径无关.

将(3.23)分别对 x,y 求偏导数,得

$$\frac{\partial v}{\partial x} = -\frac{\partial u}{\partial y}, \quad \frac{\partial v}{\partial y} = \frac{\partial u}{\partial x},$$

这就是 C.－R.方程.由定理 3.15 知 $u+iv$ 在 D 内解析.故得

定理 3.19 设 $u(x,y)$ 是在单连通区域 D 内的调和函数,则存在由(3.23)所确定的函数 $v(x,y)$,使 $u+iv = f(z)$ 是 D 内的解析函数.

注 (1) 如单连通区域 D 包含原点,则(3.23)中的 (x_0,y_0) 显然可取成原点 $(0,$

0);如 D 非单连通区域,则积分(3.23)可能确定一个多值函数.

（2）公式(3.23)不必强记,可以先如下去推(3.22):由

$$\mathrm{d}v(x,y)=v_x\mathrm{d}x+v_y\mathrm{d}y\xrightarrow{\mathrm{C.-R.}}-u_y\mathrm{d}x+u_x\mathrm{d}y,$$

然后两端积分之.

（3）类似地,

$$\mathrm{d}u(x,y)=u_x\mathrm{d}x+u_y\mathrm{d}y\xrightarrow{\mathrm{C.-R.}}v_y\mathrm{d}x-v_x\mathrm{d}y,$$

然后两端积分,有

$$u(x,y)=\int_{(x_0,y_0)}^{(x,y)}v_y\mathrm{d}x-v_x\mathrm{d}y+C. \tag{3.23$'$}$$

思考题　（1）"v 是 u 的共轭调和函数",其中 u,v 是否可以交换顺序?

（2）如果 v 是 u 的共轭调和函数,那么 v 的共轭调和函数是什么?

注　（1）刻画解析函数的又一等价定理:

$$f(z)=u(x,y)+\mathrm{i}v(x,y)\text{在区域 } D \text{ 内解析}$$

$$\underset{\text{定理3.19}}{\overset{\text{定理3.18}}{\Longleftrightarrow}}\text{在区域 } D \text{ 内}v(x,y)\text{是 }u(x,y)\text{的共轭调和函数.}$$

（2）任一个二元调和函数都可作为一个解析函数 $f(z)$ 的实部 $u(x,y)$（或虚部 $v(x,y)$）,而虚部 $v(x,y)$（或实部 $u(x,y)$）可由 C.－R. 方程确定.于是由于解析函数 $f(z)=u+\mathrm{i}v$ 的任意阶导数仍然是解析的,可知,任一个二元调和函数的任意阶偏导数也是调和函数.

例 3.21　验证 $u(x,y)=x^3-3xy^2$ 是 z 平面上的调和函数,并求以 $u(x,y)$ 为实部的解析函数 $f(z)$,使满足 $f(0)=\mathrm{i}$.

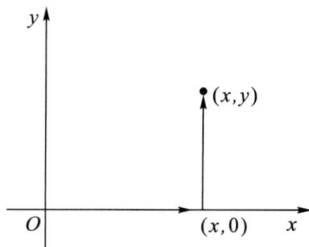

图 3.15

解　因在 z 平面上任一点,

$$u_x=3x^2-3y^2,\quad u_y=-6xy,$$
$$u_{xx}=6x,\quad u_{yy}=-6x.$$

故 $u(x,y)$ 在 z 平面上为调和函数.

解法一　$(\mathrm{d}v=v_x\mathrm{d}x+v_y\mathrm{d}y\xrightarrow{\mathrm{C.-R.}}-u_y\mathrm{d}x+u_x\mathrm{d}y)$

$$\Rightarrow v(x,y)\xrightarrow[\text{图 3.15}]{(3.23)}\int_{(0,0)}^{(x,0)}6xy\mathrm{d}x+(3x^2-3y^2)\mathrm{d}y+$$

$$\int_{(x,0)}^{(x,y)}6xy\mathrm{d}x+(3x^2-3y^2)\mathrm{d}y+C$$

$$=\int_0^y(3x^2-3y^2)\mathrm{d}y+C$$

$$=3x^2y-y^3+C,$$

故

$$f(z)=u+\mathrm{i}v=x^3-3xy^2+\mathrm{i}(3x^2y-y^3+C)$$

$$=(x+\mathrm{i}y)^3+\mathrm{i}C=z^3+\mathrm{i}C.$$

要满足 $f(0)=\mathrm{i}$,必有 $C=1$,故 $f(z)=z^3+\mathrm{i}$.

解法二　先由 C.－R. 方程中的一个得

$$v_y=u_x=3x^2-3y^2$$

$$(\mathrm{d}v = v_x\,\mathrm{d}x + v_y\,\mathrm{d}y \xupdownequals{\text{C.-R.}} -u_y\,\mathrm{d}x + u_x\,\mathrm{d}y)$$

$$\Rightarrow v = \int u_x\,\mathrm{d}y + \varphi(x),$$

故

$$v = 3x^2 y - y^3 + \varphi(x).$$

再由 C.-R.方程中的另一个得

$$v_x = 6xy + \varphi'(x) = -u_y = 6xy,$$

故

$$\varphi'(x) = 0,$$

即

$$\varphi(x) = C,$$

因此

$$v(x,y) = 3x^2 y - y^3 + C.$$

下同解法一.

注 这两个方法都可以根据公式前括号内的形式推导进行,不必强记公式.两个方法的共同点是都要引用 C.-R.方程.

例 3.22 验证 $v(x,y) = \arctan\dfrac{y}{x}(x>0)$ 在右半 z 平面内是调和函数,并求以此为虚部的解析函数 $f(z)$.

解
$$v_x = \frac{-\dfrac{y}{x^2}}{1+\dfrac{y^2}{x^2}} = -\frac{y}{x^2+y^2} \quad (x>0),$$

$$v_y = \frac{\dfrac{1}{x}}{1+\dfrac{y^2}{x^2}} = \frac{x}{x^2+y^2} \quad (x>0),$$

$$v_{xx} = \frac{2xy}{(x^2+y^2)^2}, \quad v_{yy} = \frac{-2xy}{(x^2+y^2)^2} \quad (x>0),$$

于是
$$v_{xx} + v_{yy} = 0 \quad (x>0),$$

故在右半 z 平面内,$v(x,y)$ 是调和函数.

$$u(x,y) = \int u_x\,\mathrm{d}x + \psi(y) \xupdownequals{\text{C.-R.}} \int v_y\,\mathrm{d}x + \psi(y)$$

$$= \int \frac{x}{x^2+y^2}\,\mathrm{d}x + \psi(y) = \frac{1}{2}\ln(x^2+y^2) + \psi(y),$$

两端对 y 求导,

$$\frac{1}{2}\cdot\frac{2y}{x^2+y^2} + \psi'(y) = u_y \xupdownequals{\text{C.-R.}} -v_x = \frac{y}{x^2+y^2},$$

所以 $\psi'(y) = 0$,从而 $\psi(y) = C$(任意常数),

$$u(x,y) = \frac{1}{2}\ln(x^2+y^2) + C,$$

故

$$f(z) = \frac{1}{2}\ln(x^2+y^2) + C + \mathrm{i}\arctan\frac{y}{x}$$

$$= \ln|z| + \mathrm{i}\arg z + C = \ln z + C \quad (\text{其中 } x>0),$$

它在右半 z 平面内单值解析.

注 由于解析函数与调和函数的密切联系,人们自然会想到利用这种联系,可以由解析函数的已知性质去推出调和函数的某些性质.不过调和函数尚有它本身的重要性,且对它们的研究又常常不能用复变函数的方法加以简化.因此,有必要对它作专门的研究.我们将在第九章作适当介绍.

*§5 平面向量场——解析函数的应用(一)

本节我们要讨论平行于一个平面的定常向量场.这就是说:第一,这个向量场中的向量是与时间无关的;第二,这个向量场中的向量都平行于某一个平面 S_0,并且在垂直于 S_0 的任何一条直线上所有的点处,这个场中的向量(就大小与方向来说)都是相等的.显然,在所有的平行于 S_0 的平面内,这个向量场的情形都完全相同.因此,这个向量场可以由位于平面 S_0 内的向量所构成的一个平面向量场完全表示出来.这时,说到平面向量场 S_0 的一个点 z_0,我们便要记起在那个平行于平面的向量场中的一条无限直线,它通过所说的那个点 z_0 而垂直于平面 S_0;说到 S_0 内的一条曲线 C,则是意味着一个以 C 为基线的柱面;说到 S_0 的一个区域 D,则是意味着以 D 为底面的一个柱体.

我们把平面 S_0 取作 z 平面.于是向量场中每个向量便可以用复数来表示.

由于解析函数的发展是与流体力学密切联系的,因此,在下面讲平面向量场与解析函数的关系时,我们常采用流体力学中的术语.尽管所讲的那些内容,都是可以关系着各种不同物理特性的向量场的(如在第五章§5所提到的平面电场).

现在我们把江面上水的流动(例1.2)作些补充,并把问题深入一步,从中可以看出解析函数是怎样应用于流体力学的.

我们不限于水的流动,广泛一点说是流体的流动.假设流体是质量均匀的,并且具有不可压缩性,即是说密度不因流体所处的位置以及受到的压力而改变.我们假设密度为1.流体的形式是定常的(即与时间无关)平面流动.所谓平面流动是指流体在垂直于某一固定平面的直线上各点均有相同的流动情况(图3.16).流体层的厚度可以不考虑,或者认为是一个单位长.

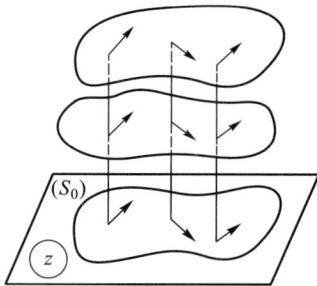

图 3.16

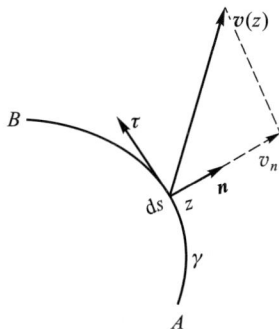

图 3.17

1. 流量与环量

设流体在 z 平面上某一区域 D 内流动,$\boldsymbol{v}(z)=p+qi$ 是在点 $z\in D$ 处的流速,其中 $p=p(x,y),q=q(x,y)$ 分别为 $\boldsymbol{v}(z)$ 的水平及垂直分速,并且假设它们都是连续的.

今考查流体在单位时间内流过以 A 为起点,B 为终点的有向曲线 γ(图 3.17)一侧的**流量**(实际上是流体层的质量).为此取弧元 ds,$\boldsymbol{n}$ 为其**单位法向量**,它指向曲线 γ 的右边(顺着 A 到 B 的方向看).显然,在单位时间内流过 ds 的流量为 $v_n\,ds$(v_n 是 $\boldsymbol{v}$ 在 $\boldsymbol{n}$ 上的投影),再乘上流体层的厚度以及流体的密度(取厚度为一个单位长,密度为 1).因此,这个流量的值就是

$$v_n\,ds,$$

这里 ds 为切向量 $dz=dx+idy$ 之长.当 $\boldsymbol{v}$ 与 $\boldsymbol{n}$ 的夹角为锐角时,流量 $v_n\,ds$ 为正;夹角为钝角时为负.

令

$$\boldsymbol{\tau}=\frac{dx}{ds}+i\,\frac{dy}{ds}$$

是沿 γ 的正方向的**单位切向量**.故 $\boldsymbol{n}$ 恰好可由 $\boldsymbol{\tau}$ 旋转 $-\dfrac{\pi}{2}$ 得到,即

$$\boldsymbol{n}=e^{-\frac{\pi}{2}i}\boldsymbol{\tau}=-i\boldsymbol{\tau}=\frac{dy}{ds}-i\,\frac{dx}{ds}.$$

于是即得 $\boldsymbol{v}$ 在 $\boldsymbol{n}$ 上的投影为

$$v_n=\boldsymbol{v}\cdot\boldsymbol{n}=p\,\frac{dy}{ds}-q\,\frac{dx}{ds}.$$

以 N_γ 表示单位时间内流过 γ 的流量,则

$$N_\gamma=\int_\gamma\left(p\,\frac{dy}{ds}-q\,\frac{dx}{ds}\right)ds=\int_\gamma-q\,dx+p\,dy.$$

在流体力学中,还有一个重要的概念,即流速的**环量**.它定义为:流速在曲线 γ 上的切线分速,沿着该曲线的积分,以 Γ_γ 表示.于是

$$\Gamma_\gamma=\int_\gamma\left(p\,\frac{dx}{ds}+q\,\frac{dy}{ds}\right)ds=\int_\gamma p\,dx+q\,dy.$$

现在我们可以借助于复积分来表示环量和流量.为此,我们以 i 乘 N_γ,再与 Γ_γ 相加即得**环流量**

$$\Gamma_\gamma+iN_\gamma=\int_\gamma p\,dx+q\,dy+i\int_\gamma-q\,dx+p\,dy$$

$$=\int_\gamma(p-qi)(dx+idy),$$

即

$$\Gamma_\gamma+iN_\gamma=\int_\gamma\overline{\boldsymbol{v}(z)}\,dz.$$

我们称 $\overline{\boldsymbol{v}(z)}$ 为**复速度**.

2. 无源、漏的无旋流动

我们可以假设在流动过程中没有流体自 D 内任何一处**涌出**或者**漏掉**.用术语来说,即 D 内无**源**、**漏**.即使有源、漏,为了研究方便,我们也可以把 D 适当缩小使源、漏

从研究的区域中排除.这样一来,在 D 内任作一周线 C,只要其内部均含于 D,由于不可压缩性,则经过 C 而流进 C 内的流量恰好等于经过 C 而流出的流量,即 $N_C=0$.并且,在源点邻域内 $N_C>0$;在漏点邻域内 $N_C<0$(图3.18).

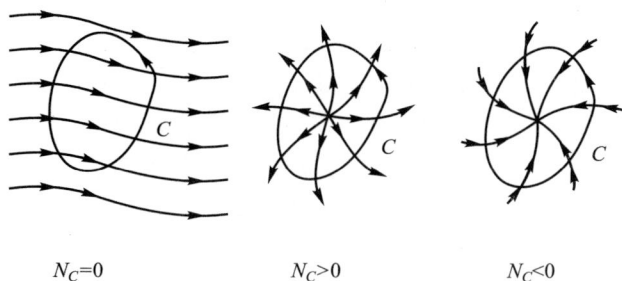

$$N_C=0 \qquad\qquad N_C>0 \qquad\qquad N_C<0$$

图 3.18

在流体力学中,对于无旋流动的研究是很重要的.这里它可以定义为 $\Gamma_C=0$,只要 C 及其内部均含于 D.

这样,如果流体在 D 内作无源、漏的无旋流动,其充要条件为

$$\int_C \overline{\boldsymbol{v}(z)}\mathrm{d}z=0,$$

只要 C 及其内部均含于 D.

按照定理3.17,即知无源、漏的无旋流动特征是 $\overline{\boldsymbol{v}(z)}$ 在该流动区域 D 内解析.

3. 复势

设在区域 D 内有一无源、漏的无旋流动,从以上的讨论,即知其对应的复速度为解析函数 $\overline{\boldsymbol{v}(z)}$.我们称函数 $f(z)$ 为对应于此流动的**复势**,是指 $f(z)$ 在 D 内处处满足条件

$$f'(z)=\overline{\boldsymbol{v}(z)}.$$

对于无源、漏的无旋流动,复势总是存在的;如果略去常数不计,它还是惟一的.这是因为 $\overline{\boldsymbol{v}(z)}$ 解析,由下式确定的

$$f(z)=\int_{z_0}^{z}\overline{\boldsymbol{v}(z)}\mathrm{d}z$$

就是复势,其中 z,z_0 属于 D.当 D 为单连通时,$f(z)$ 为单值解析函数.当 D 为多连通时,$f(z)$ 可能为多值解析函数.但它在 D 内任何一个单连通子区域内均能分出单值解析分支.

今设 $$f(z)=\varphi(x,y)+\mathrm{i}\psi(x,y)$$
为某一流动的复势.我们称 $\varphi(x,y)$ 为所述流动的**势函数**,称 $\varphi(x,y)=k(k$ 为实常数) 为**势线**;称 $\psi(x,y)$ 为所述流动的**流函数**,称 $\psi(x,y)=k(k$ 为实常数)为**流线**.

因 $$\varphi_x+\mathrm{i}\psi_x=f'(z)=\overline{\boldsymbol{v}(z)}=p-\mathrm{i}q,$$

所以 $$p=\varphi_x=\psi_y, \quad q=-\psi_x=\varphi_y. \quad \text{(C.--R.)}$$

又因流线上点 $z(x,y)$ 的速度方向与该点的切线方向一致,即流线的微分方程为

$$\frac{\mathrm{d}x}{p}=\frac{\mathrm{d}y}{q},$$

即

$$\psi_x\,\mathrm{d}x+\psi_y\,\mathrm{d}y=0.$$

而 $\psi(x,y)$ 为调和函数,我们有 $\psi_{yx}=\psi_{xy}$,于是

$$\mathrm{d}\psi(x,y)=0,$$

所以 $\psi(x,y)=k$ 就是流线方程的积分曲线.

流线与势线在流速不为零的点处互相正交(根据例 2.12).

我们用复势来刻画流动比用复速度方便.因为由复势求复速度只用到求导数,反之则要用积分.另一方面,由复势容易求流线和势线,这样就可以了解流动的概况.

例 3.23　考察复势为 $f(z)=az$ 的流动情况.

解　设 $a>0$,则势函数和流函数分别为

$$\varphi(x,y)=ax,\quad \psi(x,y)=ay,$$

故势线是 $x=C_1$,流线是 $y=C_2$(C_1,C_2 均为实常数).这种流动称为**均匀常流**(图 3.19).

当 a 为复数时,情况相仿,势线和流线也是直线,只是方向有了改变.这时的速度为 $\bar{a}$.

例 3.24　设复势为 $f(z)=z^2$,试确定其流线、势线和速度.

解　势函数和流函数分别为

$$\varphi(x,y)=x^2-y^2,$$
$$\psi(x,y)=2xy,$$

故势线及流线是互相正交的两族等轴双曲线(图 3.20).

在点 z 处的速度 $\boldsymbol{v}(z)=\overline{f'(z)}=2\,\bar{z}$.

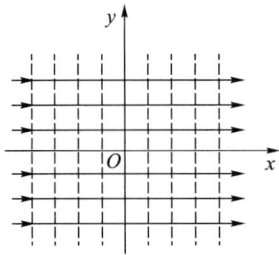

图 3.19

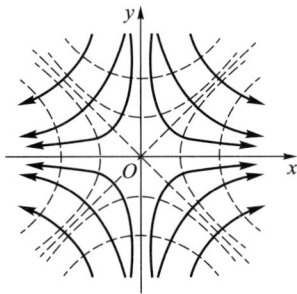

图 3.20

第三章习题

(一)

1. 计算积分 $\displaystyle\int_C (x-y+\mathrm{i}x^2)\mathrm{d}z$,积分路径 C 是连接由 0 到 $1+\mathrm{i}$ 的直线段.

2. 计算积分 $\displaystyle\int_{-1}^{1}|z|\mathrm{d}z$,积分路径是(1)直线段;(2)上半单位圆周;(3)下半单位圆周.

3. 利用积分估值,证明

(1) $\left|\displaystyle\int_{C}(x^2+\mathrm{i}y^2)\mathrm{d}z\right|\leqslant 2$,其中 C 是连接 $-\mathrm{i}$ 到 i 的直线段;

(2) $\left|\displaystyle\int_{C}(x^2+\mathrm{i}y^2)\mathrm{d}z\right|\leqslant \pi$,其中 C 是连接 $-\mathrm{i}$ 到 i 的右半圆周.

4. 不用计算,验证下列积分之值为零,其中 C 均为单位圆周 $|z|=1$.

(1) $\displaystyle\int_{c}\frac{\mathrm{d}z}{\cos z}$;
    (2) $\displaystyle\int_{c}\frac{\mathrm{d}z}{z^2+2z+2}$;

(3) $\displaystyle\int_{c}\frac{\mathrm{e}^z\mathrm{d}z}{z^2+5z+6}$;
    (4) $\displaystyle\int_{C}z\cos z^2\mathrm{d}z$.

5. 计算

(1) $\displaystyle\int_{-2}^{-2+\mathrm{i}}(z+2)^2\mathrm{d}z$;
    (2) $\displaystyle\int_{0}^{\pi+2\mathrm{i}}\cos\frac{z}{2}\mathrm{d}z$.

6. 求积分

$$\int_{0}^{2\pi a}(2z^2+8z+1)\mathrm{d}z$$

之值,其中积分路径是连接 0 到 $2\pi a$ 的摆线:

$$x=a(\theta-\sin\theta),\quad y=a(1-\cos\theta).$$

7. (分部积分法)设函数 $f(z),g(z)$ 在单连通区域 D 内解析,α,β 是 D 内两点,试证

$$\int_{\alpha}^{\beta}f(z)g'(z)\mathrm{d}z=f(z)g(z)\Big|_{\alpha}^{\beta}-\int_{\alpha}^{\beta}g(z)f'(z)\mathrm{d}z.$$

8. 由积分 $\displaystyle\int_{C}\frac{\mathrm{d}z}{z+2}$ 之值证明

$$\int_{0}^{\pi}\frac{1+2\cos\theta}{5+4\cos\theta}\mathrm{d}\theta=0,$$

其中 C 取单位圆周 $|z|=1$.

9. 计算($C:|z|=2$)

(1) $\displaystyle\int_{C}\frac{2z^2-z+1}{z-1}\mathrm{d}z$;
    (2) $\displaystyle\int_{C}\frac{2z^2-z+1}{(z-1)^2}\mathrm{d}z$.

10. 计算积分

$$\int_{C_j}\frac{\sin\frac{\pi}{4}z}{z^2-1}\mathrm{d}z\quad(j=1,2,3),$$

(1) $C_1:|z+1|=\dfrac{1}{2}$;
    (2) $C_2:|z-1|=\dfrac{1}{2}$;
    (3) $C_3:|z|=2$.

11. 求积分

$$\int_{C}\frac{\mathrm{e}^z}{z}\mathrm{d}z\quad(C:|z|=1),$$

从而证明

$$\int_{0}^{\pi}\mathrm{e}^{\cos\theta}\cos(\sin\theta)\mathrm{d}\theta=\pi.$$

12. 设 C 表示圆周 $x^2+y^2=3$,$f(z)=\displaystyle\int_{C}\frac{3\zeta^2+7\zeta+1}{\zeta-z}\mathrm{d}\zeta$,求 $f'(1+\mathrm{i})$.

提示 令 $\varphi(\zeta)=3\zeta^2+7\zeta+1$.

13. 设 $C:z=z(t)(\alpha\leqslant t\leqslant\beta)$ 为区域 D 内的光滑曲线，$f(z)$ 于区域 D 内单叶解析且 $f'(z)\neq0$①，$w=f(z)$ 将 C 映成曲线 Γ，求证 Γ 亦为光滑曲线.

提示 光滑曲线 C 的特点是：C 是若尔当曲线且 $z'(t)\neq0$ 在 $\alpha\leqslant t\leqslant\beta$ 上连续.现要证 $\Gamma:w=f[z(t)]$ 亦具有类似的性质.

14. 同前题的假设，证明积分换元公式

$$\int_\Gamma \Phi(w)\mathrm{d}w=\int_C \Phi[f(z)]f'(z)\mathrm{d}z,$$

其中 $\Phi(w)$ 沿 Γ 连续.

15. 试证下述定理（无界区域的柯西积分公式）：设 C 为一简单闭曲线，D 为 C 之外部区域，$f(z)$ 在 D 内解析，在 $D\cup C$ 上连续，又 $\lim\limits_{z\to\infty}f(z)=A(A\neq\infty)$，则

$$\frac{1}{2\pi\mathrm{i}}\int_{C^-}\frac{f(\xi)}{\xi-z}\mathrm{d}\xi=\begin{cases}-A, & z\in C \text{ 的内部},\\ f(z)-A, & \text{其他}.\end{cases}$$

这里 C^- 的方向为顺时针方向，对区域 D 来说是正方向.

16. 分别由下列条件求解析函数 $f(z)=u+\mathrm{i}v$.

(1) $u=x^2+xy-y^2$， $f(\mathrm{i})=-1+\mathrm{i}$；

(2) $u=\mathrm{e}^x(x\cos y-y\sin y)$， $f(0)=0$；

(3) $v=\dfrac{y}{x^2+y^2}$， $f(2)=0$.

17. 设函数 $f(z)$ 在区域 D 内解析，试证

(1) $\left(\dfrac{\partial^2}{\partial x^2}+\dfrac{\partial^2}{\partial y^2}\right)f(z)=4\dfrac{\partial^2 f(z)}{\partial z\partial\bar{z}}$；

(2) $\left(\dfrac{\partial^2}{\partial x^2}+\dfrac{\partial^2}{\partial y^2}\right)|f(z)|^2=4|f'(z)|^2$.

18. 设函数 $f(z)$ 在区域 D 内解析，且 $f'(z)\neq0$，试证 $\ln|f'(z)|$ 为区域 D 内的调和函数.

19. 证明：若 $f(z)$ 在由简单闭曲线 C 所围成的闭区域 $\bar{G}$ 上解析，点 $z_1,z_2,\cdots,z_n$ 是 C 内部任意 n 个不同的点，且

$$g_n(z)=(z-z_1)(z-z_2)\cdots(z-z_n),$$

则

$$p(z)=\frac{1}{2\pi\mathrm{i}}\int_C\frac{f(\xi)\left[g_n(\xi)-g_n(z)\right]}{g_n(\xi)(\xi-z)}\mathrm{d}\xi$$

是与 $f(z)$ 在点 $z_1,z_2,\cdots,z_n$ 相等的 $n-1$ 次多项式.

20. 某流动的复势为 $f(z)=\dfrac{1}{z^2-1}$，试分别求出沿圆周

(1) $C_1:|z-1|=\dfrac{1}{2}$； (2) $C_2:|z+1|=\dfrac{1}{2}$； (3) $C_3:|z|=3$

的流量及环量.

（二）

1. 设函数 $f(z)$ 在 $0<|z|<1$ 内解析，且沿任何圆周 $C:|z|=r,0<r<1$ 的积分值为零.问 $f(z)$ 是否必须在 $z=0$ 处解析？试举例说明之.

2. 设 D 为从复平面上去掉 O 点及负实轴后所剩下的区域.Γ 是 D 内以 $z=1$ 为起点，α 为终点的

---

① $f'(z)\neq0$ 的条件实际上是不需要的.参看第六章定理 6.11.

曲线. 试证

$$\int_\Gamma \frac{dz}{z} = \ln \alpha.$$

3. 试证

$$\left| \int_C \frac{z+1}{z-1} dz \right| \leqslant 8\pi,$$

其中 C 为圆周 $|z-1|=2$.

4. $\int_0^z \frac{dz}{z^2-1}$ (积分路径不经过 ± 1) 表示怎样一个多值函数?

5. 设 $f(z)$ 在 $|z|<1$ 内解析, 在 $|z|\leqslant 1$ 上连续且 $f(0)=1$, 求积分

$$\frac{1}{2\pi i} \int_{|z|=1} \left[2 \pm \left(z + \frac{1}{z} \right) \right] \frac{f(z)}{z} dz,$$

并由此证明

$$\frac{2}{\pi} \int_0^{2\pi} f(e^{i\theta}) \cos^2 \frac{\theta}{2} d\theta = 2 + f'(0),$$

$$\frac{2}{\pi} \int_0^{2\pi} f(e^{i\theta}) \sin^2 \frac{\theta}{2} d\theta = 2 - f'(0).$$

6. 试证

$$\left(\frac{z^n}{n!} \right)^2 = \frac{1}{2\pi i} \int_C \frac{z^n e^{z\xi}}{n! \xi^n} \cdot \frac{d\xi}{\xi},$$

其中 C 为含有原点 $\xi=0$ 的围线, n 为正整数.

7. 设 (1) $f(z)$ 在 $|z|\leqslant 1$ 上连续; (2) 对任意的 $r(0<r<1)$,

$$\int_{|z|=r} f(z) dz = 0,$$

试证

$$\int_{|z|=1} f(z) dz = 0.$$

8. 设 (1) 函数 $f(z)$ 当 $|z-z_0|>r_0>0$ 时是连续的; (2) $M(r)$ 表示 $|f(z)|$ 在 $K_r: |z-z_0|=r>r_0$ 上的最大值; (3) $\lim_{r \to +\infty} rM(r)=0$. 试证

$$\lim_{r \to +\infty} \int_{K_r} f(z) dz = 0.$$

提示 应用积分估值定理.

9. 证明:

(1) 若函数 $f(z)$ 在点 $z=a$ 的邻域内连续, 则

$$\lim_{r \to 0} \int_{|z-a|=r} \frac{f(z)}{z-a} dz = 2\pi i f(a);$$

(2) 若函数 $f(z)$ 在原点 $z=0$ 的邻域内连续, 则

$$\lim_{r \to 0} \int_0^{2\pi} f(re^{i\theta}) d\theta = 2\pi f(0).$$

10. 设 $f(z)$ 在有界闭区域 $\overline{D}$ 上解析, γ 是 $\overline{D}$ 的边界, z 与 z_0 是 D 内两点, 求证

$$\frac{f(z)-f(z_0)}{z-z_0} - f'(z_0) = \frac{1}{2\pi i} \int_\gamma \frac{z-z_0}{(\xi-z)(\xi-z_0)^2} f(\xi) d\xi.$$

11. 若函数 $f(z)$ 在区域 D 内解析, C 为 D 内以 a,b 为端点的直线段. 试证存在数 $\lambda(|\lambda|\leqslant 1)$ 与 $\xi \in C$, 使得

$$f(b)-f(a)=\lambda(b-a)f'(\xi).$$

12. 如果在 $|z|<1$ 内函数 $f(z)$ 解析, 且

$$|f(z)| \leqslant \frac{1}{1-|z|},$$

试证

$$|f^{(n)}(0)| \leqslant (n+1)! \left(1+\frac{1}{n}\right)^n < \mathrm{e}(n+1)! \quad (n=1,2,\cdots).$$

提示　可取积分路径为圆周 $C:|z|=\dfrac{n}{n+1}$，然后应用柯西高阶导数公式(3.20).

13. 试用莫雷拉定理证明:在区域 G 内,不可能存在同时满足下列条件的函数 $f(z)$:(1) $f(z)$ 在 G 内连续;(2) 除了在 G 内某一线段 l 上的点处不解析外, $f(z)$ 在 G 内解析.

14. 设 $f(z)$ 为非常数的整函数,又设 R,M 为任意正数,试证满足 $|z|>R$ 且 $|f(z)|>M$ 的 z 必存在.

提示　用反证法,并应用刘维尔定理.

15. 已知 $u+v=(x-y)(x^2+4xy+y^2)-2(x+y)$,试确定解析函数 $f(z)=u+\mathrm{i}v$.

16. 设(1) 区域 D 是有界区域,其边界是周线或复周线 C;(2) 函数 $f_1(z)$ 及 $f_2(z)$ 在 D 内解析,在闭域 $\overline{D}=D+C$ 上连续;(3) 沿 C, $f_1(z)=f_2(z)$,试证在整个闭域 $\overline{D}$ 上, $f_1(z)\equiv f_2(z)$.

第三章重难点讲解

第三章综合自测题

第四章
解析函数的幂级数表示法

级数也是研究解析函数的一个重要工具.把解析函数表示为级数不仅有理论上的意义,而且也有实用的意义.例如,利用级数可以计算函数的近似值,在许多带有应用性质的问题中(如解微分方程等)也常常用到级数.

本章将讨论把解析函数表示为幂级数的问题,对于某些和数学分析中平行的结论,往往只叙述而不加证明.

§1 复级数的基本性质

1. 复数项级数

定义 4.1 对于复数项的无穷级数

$$\sum_{n=1}^{\infty} \alpha_n = \alpha_1 + \alpha_2 + \cdots + \alpha_n + \cdots, \tag{4.1}$$

令 $s_n = \alpha_1 + \alpha_2 + \cdots + \alpha_n$ (部分和).若复数列 $s_n (n=1,2,\cdots)$ 以有限复数 s 为极限,即若

$$\lim_{n \to \infty} s_n = s,$$

则称复数项无穷级数(4.1)**收敛**于 s,且称 s 为级数(4.1)的**和**,写成

$$s = \sum_{n=1}^{\infty} \alpha_n;$$

若复数列 $s_n (n=1,2,\cdots)$ 无有限极限,则称级数(4.1)**发散**.

定理 4.1 设 $\alpha_n = a_n + \mathrm{i}b_n (n=1,2,\cdots)$,$a_n$ 及 b_n 为实数,则复级数(4.1)收敛于 $s = a + \mathrm{i}b (a,b$ 为实数)的充要条件为:实级数 $\sum_{n=1}^{\infty} a_n$ 及 $\sum_{n=1}^{\infty} b_n$ 分别收敛于 a 及 b.

证 设 $s_n = \sum_{k=1}^{n} \alpha_k$,$A_n = \sum_{k=1}^{n} a_k$,$B_n = \sum_{k=1}^{n} b_k$,则

$$s_n = A_n + \mathrm{i}B_n \quad (n=1,2,\cdots),$$

由第一章习题(一)第 16 题,

$$\lim_{n \to \infty} s_n = a + \mathrm{i}b$$

的充要条件为

$$\lim_{n \to \infty} A_n = a \text{ 及 } \lim_{n \to \infty} B_n = b.$$

例 4.1　考察级数 $\sum\limits_{n=1}^{\infty}\left(\dfrac{1}{n}+\dfrac{i}{2^n}\right)$ 的敛散性.

解　因 $\sum\limits_{n=1}^{\infty}\dfrac{1}{n}$ 发散,故虽 $\sum\limits_{n=1}^{\infty}\dfrac{1}{2^n}$ 收敛,我们仍断定原级数发散.

由柯西收敛准则(第一章习题(一)第 18 题)立得

定理 4.2　复级数(4.1)收敛的充要条件为:对任给 $\varepsilon>0$,存在正整数 $N(\varepsilon)$,当 $n>N$ 且 p 为任何正整数时,

$$|\alpha_{n+1}+\alpha_{n+2}+\cdots+\alpha_{n+p}|<\varepsilon.$$

特别,取 $p=1$,则必有 $|\alpha_{n+1}|<\varepsilon$,即收敛级数的通项必趋于零:$\lim\limits_{n\to\infty}\alpha_n=0$.

显然,收敛级数的各项必是有界的.

若级数(4.1)中略去有限个项,则所得级数与原级数同为收敛或同为发散.

定理 4.3　复级数(4.1)收敛的一个充分条件为级数 $\sum\limits_{n=1}^{\infty}|\alpha_n|$ 收敛.

证　由于

$$|\alpha_{n+1}+\alpha_{n+2}+\cdots+\alpha_{n+p}|\leqslant|\alpha_{n+1}|+|\alpha_{n+2}|+\cdots+|\alpha_{n+p}|,$$

若 $\sum\limits_{n=1}^{\infty}|\alpha_n|$ 收敛,则由定理 4.2,必有 $\sum\limits_{n=1}^{\infty}\alpha_n$ 收敛.

定义 4.2　若级数 $\sum\limits_{n=1}^{\infty}|\alpha_n|$ 收敛,则原级数 $\sum\limits_{n=1}^{\infty}\alpha_n$ 称为**绝对收敛**;非绝对收敛的收敛级数,称为**条件收敛**.

级数 $\sum\limits_{n=1}^{\infty}|\alpha_n|$ 的各项既为非负实数,故它是否收敛,可依正项级数的理论判定之.

和实级数一样,我们有

定理 4.4　(1) 一个绝对收敛的复级数的各项可以任意重排次序,而不致改变其绝对收敛性,亦不致改变其和.(2) 两个绝对收敛的复级数

$$s=\alpha_1+\alpha_2+\cdots+\alpha_n+\cdots,$$
$$s'=\alpha_1'+\alpha_2'+\cdots+\alpha_n'+\cdots,$$

可按**对角线方法**

	α_1'	α_2'	α_3'	$\cdots$
α_1	$\alpha_1\alpha_1'$	$\alpha_1\alpha_2'$	$\alpha_1\alpha_3'$	$\cdots$
α_2	$\alpha_2\alpha_1'$	$\alpha_2\alpha_2'$	$\alpha_2\alpha_3'$	$\cdots$
α_3	$\alpha_3\alpha_1'$	$\alpha_3\alpha_2'$	$\alpha_3\alpha_3'$	$\cdots$
$\vdots$	$\vdots$	$\vdots$	$\vdots$	

得出乘积(柯西积)级数

$$\alpha_1\alpha_1'+(\alpha_1\alpha_2'+\alpha_2\alpha_1')+\cdots+(\alpha_1\alpha_n'+\alpha_2\alpha_{n-1}'+\cdots+\alpha_n\alpha_1')+\cdots=\sum_{n=1}^{\infty}\sum_{k=1}^{n}\alpha_k\alpha_{(n+1)-k}'$$

也绝对收敛于 ss'.

2. 一致收敛的复函数项级数

定义 4.3 设复函数项级数

$$f_1(z)+f_2(z)+\cdots+f_n(z)+\cdots \tag{4.2}$$

的各项均在点集 E 上有定义,且在 E 上存在一个函数 $f(z)$,对于 E 上的每一点 z,级数(4.2)均收敛于 $f(z)$,则称 $f(z)$ 为级数(4.2)的**和函数**,记为

$$f(z)=\sum_{n=1}^{\infty}f_n(z).$$

用 $\varepsilon-N$ 的说法来描述这件事就是:

任给 $\varepsilon>0$,以及给定的 $z\in E$,存在正整数 $N=N(\varepsilon,z)$,使当 $n>N$ 时,有

$$|f(z)-s_n(z)|<\varepsilon,$$

式中 $s_n(z)=\sum_{k=1}^{n}f_k(z)$.

上述的正整数 $N=N(\varepsilon,z)$,一般地说,不仅依赖于 ε,而且依赖于 $z\in E$.重要的一种情形是 $N=N(\varepsilon)$ 不依赖于 $z\in E$,这就是:

定义 4.4 对于级数(4.2),如果在点集 E 上有一个函数 $f(z)$,使对任意给定的 $\varepsilon>0$,存在正整数 $N=N(\varepsilon)$,当 $n>N$ 时,对一切的 $z\in E$,均有

$$|f(z)-s_n(z)|<\varepsilon,$$

则称级数(4.2)在 E 上**一致收敛**于 $f(z)$.

注 (1) 根据定义 4.4,证明级数(4.2)在点集 E 上一致收敛于 $f(z)$ 的关键,是找不依赖于 z 的正整数 N,使当 $n>N$ 时,$|f(z)-s_n(z)|<\varepsilon$ 成立.因此,一般是先如下加强不等式 $|f(z)-s_n(z)|\leqslant \underset{(摆脱z)}{P_n(z)} \leqslant Q_n$,并 $\forall\varepsilon>0$,由 $Q_n<\varepsilon$ 找 N.

(2) 证明不一致收敛的方法,是利用定义 4.4 的否定形式.即把定义 4.4 逐句以否定语句代替,而成

定义 4.4′ $\sum_{n=1}^{\infty}f_n(z)$ 在点集 E 上不一致收敛于 $f(z)\Leftrightarrow$ 存在某个 $\varepsilon_0>0$,对任何整数 $N>0$,存在整数 $n_0>N$ 时,总有某个 $z_0\in E$,使 $|f(z_0)-s_{n_0}(z_0)|\geqslant\varepsilon_0$.

定理 4.5(柯西一致收敛准则) 级数(4.2)在点集 E 上一致收敛于某函数的充要条件是:任给 $\varepsilon>0$,存在正整数 $N=N(\varepsilon)$,使当 $n>N$ 时,对一切 $z\in E$,均有

$$|f_{n+1}(z)+f_{n+2}(z)+\cdots+f_{n+p}(z)|<\varepsilon \quad (p=1,2,\cdots).$$

定理 4.5′ $\sum_{n=1}^{\infty}f_n(z)$ 在点集 E 上不一致收敛 $\Leftrightarrow$ 存在某个 $\varepsilon_0>0$,对任何正整数 N,存在整数 n_0,使当 $n_0>N$,总有某个 $z_0\in E$ 及某个正整数 p_0,有

$$|f_{n_0+1}(z_0)+f_{n_0+2}(z_0)+\cdots+f_{n_0+p_0}(z_0)|\geqslant\varepsilon_0.$$

由这个准则,可得出一致收敛的一个充分条件,即**优级数准则**:

如果有正数列 $M_n(n=1,2,\cdots)$,使对一切 $z\in E$,有

$$|f_n(z)|\leqslant M_n \quad (n=1,2,\cdots),$$

而且正项级数 $\sum_{n=1}^{\infty}M_n$ 收敛,则复函数项级数 $\sum_{n=1}^{\infty}f_n(z)$ 在点集 E 上绝对收敛且一致收敛:

这样的正项级数 $\sum\limits_{n=1}^{\infty} M_n$ 称为复函数项级数 $\sum\limits_{n=1}^{\infty} f_n(z)$ 的**优级数**.

注 优级数准则是一个被广泛应用的方法.因为它把判别复函数项级数的一致收敛性转化为判别正项级数的收敛性,而实现后者较容易;另外,优级数准则同时还可以判定绝对收敛性.

例 4.2 级数

$$1+z+z^2+\cdots+z^n+\cdots$$

在闭圆 $|z| \leqslant r (r < 1)$ 上一致收敛.

事实上,所述级数有收敛的优级数 $\sum\limits_{n=0}^{\infty} r^n$.

下述两个定理也和数学分析中相应的定理平行.

定理 4.6 设级数 $\sum\limits_{n=1}^{\infty} f_n(z)$ 的各项在点集 E 上连续,并且一致收敛于 $f(z)$,则和函数

$$f(z) = \sum_{n=1}^{\infty} f_n(z)$$

也在 E 上连续.

定理 4.7 设级数 $\sum\limits_{n=1}^{\infty} f_n(z)$ 的各项在曲线 C 上连续,并且在 C 上一致收敛于 $f(z)$,则沿 C 可以逐项积分:

$$\int_C f(z) \mathrm{d}z = \sum_{n=1}^{\infty} \int_C f_n(z) \mathrm{d}z.$$

定义 4.5 设函数 $f_n(z) (n=1,2,\cdots)$ 定义于区域 D 内,若级数 (4.2) 在 D 内任一有界闭集上一致收敛,则称此级数在 D 内**内闭一致收敛**.

定理 4.8 级数 (4.2) 在圆 $K: |z-a| < R$ 内内闭一致收敛的充要条件为:对任意正数 ρ,只要 $\rho < R$,级数 (4.2) 在闭圆 $\overline{K}_\rho: |z-a| \leqslant \rho$ 上一致收敛.

证 必要性 因为 $\overline{K}_\rho$ 就是 K 内的有界闭集.

充分性 因为圆 K 内的任意闭集 F 总可以包含在 K 内的某个闭圆 $\overline{K}_\rho$ 上.

显然,在区域 D 内一致收敛的级数必在 D 内内闭一致收敛,但其逆不真.例如,我们考察几何级数

$$1+z+z^2+\cdots+z^n+\cdots,$$

当 $|z| < 1$ 时,此级数收敛但不一致收敛.可是,由例 4.2 知它在单位圆 $|z| < 1$ 内是内闭一致收敛的.

3. 解析函数项级数

在数学分析中,函数项级数能逐项求导的条件是苛刻的,然而解析函数项级数求导的条件却比较宽些,这就是下面的**魏尔斯特拉斯定理**.

定理 4.9 设(1) 函数 $f_n(z) (n=1,2,\cdots)$ 在区域 D 内解析.(2) $\sum\limits_{n=1}^{\infty} f_n(z)$ 在 D 内内闭一致收敛于函数 $f(z)$:

$$f(z) = \sum_{n=1}^{\infty} f_n(z).$$

则

(1) 函数 $f(z)$ 在区域 D 内解析.

(2) $f^{(p)}(z) = \sum_{n=1}^{\infty} f_n^{(p)}(z) \quad (z \in D, p = 1, 2, \cdots).$

证 (1) 设 z_0 为 D 内任一点,则必有 $\rho > 0$,使闭圆 $\overline{K}: |z - z_0| \leqslant \rho$ 全含于 D 内. 若 C 为圆 $K: |z - z_0| < \rho$ 内任一周线,则由柯西积分定理得

$$\int_C f_n(z) \mathrm{d}z = 0, \quad n = 1, 2, \cdots.$$

再由假设知级数 $\sum_{n=1}^{\infty} f_n(z)$ 在 $\overline{K}$ 上一致收敛,且 $f_n(z)$ 是连续的.所以由定理 4.6 知 $f(z)$ 在 $\overline{K}$ 上连续. 由定理 4.7 得

$$\int_C f(z) \mathrm{d}z = \sum_{n=1}^{\infty} \int_C f_n(z) \mathrm{d}z = 0,$$

于是,由莫雷拉定理知 $f(z)$ 在 K 内解析,即 $f(z)$ 在点 z_0 解析,由于 z_0 的任意性,故 $f(z)$ 在区域 D 内解析.

(2) 设 z_0 为 D 内任一点,则必有 $\rho > 0$,使闭圆 $\overline{K}: |z - z_0| \leqslant \rho$ 全含于 D 内,$\overline{K}$ 的边界是圆周 $\Gamma: |z - z_0| = \rho$.故由定理 3.13 有

$$f^{(p)}(z_0) = \frac{p!}{2\pi \mathrm{i}} \int_\Gamma \frac{f(\zeta)}{(\zeta - z_0)^{p+1}} \mathrm{d}\zeta,$$

$$f_n^{(p)}(z_0) = \frac{p!}{2\pi \mathrm{i}} \int_\Gamma \frac{f_n(\zeta)}{(\zeta - z_0)^{p+1}} \mathrm{d}\zeta \quad (p = 1, 2, \cdots),$$

在 Γ 上由条件(2)知级数

$$\frac{f(\zeta)}{(\zeta - z_0)^{p+1}} = \sum_{n=1}^{\infty} \frac{f_n(\zeta)}{(\zeta - z_0)^{p+1}}$$

是一致收敛的.于是由定理 4.7 得到

$$\int_\Gamma \frac{f(\zeta)}{(\zeta - z_0)^{p+1}} \mathrm{d}\zeta = \sum_{n=1}^{\infty} \int_\Gamma \frac{f_n(\zeta)}{(\zeta - z_0)^{p+1}} \mathrm{d}\zeta,$$

两端同乘 $\dfrac{p!}{2\pi \mathrm{i}}$ 就得到所要证明的

$$f^{(p)}(z_0) = \sum_{n=1}^{\infty} f_n^{(p)}(z_0) \quad (p = 1, 2, \cdots).$$

注 (1) 这个定理的证明,关键是用了柯西高阶导数公式(3.20),它使我们可以根据原来函数项级数的内闭一致收敛性,对级数进行逐项求积分,从而推出逐项求任意阶导数的性质.这是上一章柯西高阶导数公式应用的一个范例.

(2) 这个定理还有第三条结论:

$$\sum_{n=1}^{\infty} f_n^{(p)}(z) \text{ 在 } D \text{ 内内闭一致收敛于 } f^{(p)}(z) \quad (p = 1, 2, \cdots).$$

证明从略.

设 $\{f_n(z)\}_{n=1}^{\infty}$ 是区域 D 内的解析函数族.如果从 $f_n(z)(n=1,2,\cdots)$ 可以选出一个子序列 $f_{n_k}(z)(k=1,2,\cdots)$ 满足下列两个条件之一：

(1) $f_{n_k}(z)(k=1,2,\cdots)$ 在 D 内内闭一致收敛.

(2) $f_{n_k}(z)(k=1,2,\cdots)$ 在 D 内内闭一致趋于 ∞,

则称此函数族 $\{f_n(z)\}$ 在 D 内是**正规**的.

下面我们来介绍蒙泰尔(Montel)定理.

定理 4.10(蒙泰尔定理)　设复函数序列 $\{f_n(z)\}_{n=1}^{\infty}$ 在区域 D 内解析,并且在 D 内内闭一致有界,则 $\{f_n(z)\}_{n=1}^{\infty}$ 存在子序列 $\{f_{n_k}(z)\}$ 在 D 内内闭一致收敛,并且这个子序列的极限函数在区域 D 内解析.

为证明解析函数列的蒙泰尔定理,需要下面的引理：

引理　设复函数序列 $\{f_n(z)\}$ 在区域 D 内解析,在 D 内内闭一致有界,并且在 D 的一个稠密子集 Ω 上收敛,则序列 $\{f_n(z)\}$ 在 D 内内闭一致收敛.

证　设 Π 是 D 内任一有界闭集,ρ 为 Π 到 D 的边界之距离,即 $\rho=\rho(\Pi,\partial D)$.又设 $E=\left\{z\,\middle|\,\rho(z,\Pi)\leqslant\dfrac{\rho}{2}\right\}$,显然,$\Pi\subset E\subset D$.

由引理条件知,序列 $\{f_n(z)\}$ 在 E 上一致有界,即在 E 上 $|f_n(z)|\leqslant M$.设点 $z_1,z_2\in\Pi$ 且 $|z_1-z_2|<\dfrac{\rho}{4}$；用 Γ 表示圆周 $|\xi-z_1|=\dfrac{\rho}{2}$.显然 Γ 的内部包含在 E 中.由柯西积分公式得到

$$|f_n(z_1)-f_n(z_2)|=\left|\frac{1}{2\pi i}\int_\Gamma\frac{f(\xi)}{\xi-z_1}d\xi-\frac{1}{2\pi i}\int_\Gamma\frac{f(\xi)}{\xi-z_2}d\xi\right|$$

$$=\frac{1}{2\pi}|z_1-z_2|\left|\int_\Gamma\frac{f(\xi)}{(\xi-z_1)(\xi-z_2)}d\xi\right|.$$

因为当 $\xi\in\Gamma$ 时,$|\xi-z_2|=|(\xi-z_1)-(z_2-z_1)|\geqslant|\xi-z_1|-|z_1-z_2|\geqslant\dfrac{\rho}{4}$.所以

$$|f_n(z_1)-f_n(z_2)|\leqslant\frac{1}{2\pi}\times\frac{M}{\dfrac{\rho}{2}\times\dfrac{\rho}{4}}\times2\pi\times\frac{\rho}{2}\times|z_1-z_2|$$

$$=\frac{4M}{\rho}|z_1-z_2|.$$

于是,对任给的 $\varepsilon>0$,取 $\delta=\min\left\{\dfrac{\rho}{4},\dfrac{\rho\varepsilon}{4M}\right\}$,则当 $z_1,z_2\in\Pi$ 且 $|z_1-z_2|<\delta$ 时,对任意的 n,有

$$|f_n(z_1)-f_n(z_2)|<\varepsilon. \tag{4.3}$$

称满足此条件的序列 $\{f_n(z)\}$ 在 Π 上等度连续.

在 z 平面上作边平行于坐标轴的正方形网格,使其边长为 $\delta/2$.因为 Π 是有界闭集,所以含有 Π 的点的网格仅有限个,记为 $\Pi_1,\Pi_2,\cdots,\Pi_\mu$.在每个 Π_k 上任取两点 z_1,z_2,则

$$|z_1-z_2|<\sqrt{2}\times\frac{\delta}{2}<\delta.$$

由于 Ω 是 D 的稠密子集,在每个 Π_k 内必有 Ω 的一点 z_k,序列 $\{f_n(z)\}$ 在 z_k 是收敛

的.因此存在正整数 N,使得当 $m,n>N$ 时,对于所有的 $z_k,k=1,2,\cdots,\mu$,有

$$|f_n(z_k)-f_m(z_k)|<\varepsilon.$$

现在设 z 是 Π 上任意一点,它必属于某个 Π_k 内.由(4.3),对任意的 m,n,有

$$|f_n(z)-f_n(z_k)|<\varepsilon,\quad |f_m(z)-f_m(z_k)|<\varepsilon.$$

于是当 $m,n>N$ 时,有

$$|f_n(z)-f_m(z)|\leqslant|f_n(z)-f_n(z_k)|+|f_n(z_k)-f_m(z_k)|+$$
$$|f_m(z_k)-f_m(z)|<3\varepsilon.$$

由于 N 只与 ε 有关,而与 z 无关,所以 $\{f_n(z)\}$ 在 Π 上一致收敛,故 $\{f_n(z)\}$ 在 D 内内闭一致收敛.

下面我们来证明蒙泰尔定理:设 Ω 是区域 D 内所有有理点(即实部和虚部都是有理数的点)构成的点集,则 Ω 在区域 D 内是稠密的.因为 Ω 是可列集,可记 $\Omega=\{z_1,z_2,\cdots,z_n,\cdots\}$.由于 $\{f_n(z)\}$ 在 $z=z_1$ 有界,故有 $\{f_n(z)\}$ 的子序列 $\{f_{n,1}(z)\}$,使得 $\{f_{n,1}(z_1)\}$ 收敛.同样的理由,$\{f_{n,1}(z)\}$ 有子序列 $\{f_{n,2}(z)\}$ 使得 $\{f_{n,2}(z_2)\}$ 收敛.以此类推,$\{f_{n,k}(z)\}$ 有子序列 $\{f_{n,k+1}(z)\}$ 使得 $\{f_{n,k+1}(z_{k+1})\}$ 收敛.于是得到下面的一串函数序列:

$$
\begin{array}{cccc}
f_{1,1}(z) & f_{2,1}(z) & f_{3,1}(z) & \cdots \\
f_{1,2}(z) & f_{2,2}(z) & f_{3,2}(z) & \cdots \\
f_{1,3}(z) & f_{2,3}(z) & f_{3,3}(z) & \cdots \\
\vdots & \vdots & \vdots & \\
f_{1,n}(z) & f_{2,n}(z) & f_{3,n}(z) & \cdots \\
\vdots & \vdots & \vdots &
\end{array}
$$

其中后一行序列是前一行序列的子序列,并且第 k 行序列在 $z_1,z_2,\cdots,z_k$ 收敛.我们取对角线序列 $\{f_{n,n}(z)\}$,则它在 Ω 上收敛.于是由前面的引理知,序列 $\{f_{n,n}(z)\}$ 在 D 内内闭一致收敛.由魏尔斯特拉斯定理知,这个子序列 $\{f_{n,n}(z)\}$ 在区域 D 内解析.

§2 幂 级 数

1. 幂级数的敛散性

具有

$$\sum_{n=0}^{\infty}c_n(z-a)^n=c_0+c_1(z-a)+c_2(z-a)^2+\cdots \tag{4.4}$$

形式的复函数项级数称为**幂级数**,其中 $c_0,c_1,c_2,\cdots$ 和 a 都是复常数.如果作变换 $\zeta=z-a$,则以上幂级数还可以写成如下形式(把 ζ 仍改写为 z):

$$\sum_{n=0}^{\infty}c_nz^n=c_0+c_1z+c_2z^2+\cdots.$$

幂级数是最简单的解析函数项级数.其收敛范围很规范,是个圆,因而在理论和应用上都很重要.为了搞清它的敛散性,先建立下述定理,通常称为**阿贝尔(Abel)定理**.

定理 4.11　如果幂级数 (4.4) 在某点 $z_1(\neq a)$ 收敛,则它必在圆 $K:|z-a|<|z_1-a|$(即以 a 为圆心,圆周通过 z_1 的圆)内绝对收敛且内闭一致收敛.

证　设 z 是所述圆 K 内的任意定点.因为 $\sum\limits_{n=0}^{\infty} c_n(z_1-a)^n$ 收敛,它的各项必然有界,即有正数 M,使
$$|c_n(z_1-a)^n|\leqslant M \quad (n=0,1,2,\cdots),$$
这样一来,即有
$$\left|c_n(z-a)^n\right|=\left|c_n(z_1-a)^n\left(\frac{z-a}{z_1-a}\right)^n\right|\leqslant M\left|\frac{z-a}{z_1-a}\right|^n,$$
注意到 $|z-a|<|z_1-a|$,故级数
$$\sum_{n=0}^{\infty} M\left|\frac{z-a}{z_1-a}\right|^n$$
为收敛的等比级数.因而 $\sum\limits_{n=0}^{\infty} c_n(z-a)^n$ 在圆 K 内绝对收敛.

其次,对 K 内任一闭圆 $\overline{K}_\rho:|z-a|\leqslant\rho(0<\rho<|z_1-a|)$ 上的一切点来说,有
$$|c_n(z-a)^n|\leqslant M\left|\frac{z-a}{z_1-a}\right|^n\leqslant M\left(\frac{\rho}{|z_1-a|}\right)^n,$$
故 $\sum\limits_{n=0}^{\infty} c_n(z-a)^n$ 在 $\overline{K}_\rho$ 上有收敛的优级数
$$\sum_{n=0}^{\infty} M\left(\frac{\rho}{|z_1-a|}\right)^n,$$
因而它在 $\overline{K}_\rho$ 上绝对且一致收敛.再由定理 4.8,此级数必在圆 K 内绝对且内闭一致收敛.

推论 4.12　若幂级数 (4.4) 在某点 $z_2(\neq a)$ 发散,则它在以 a 为圆心并通过 z_2 的圆周外部发散.

证　用反证法,证明留给读者.

对于一个形如 (4.4) 的幂级数,$z=a$ 这一点总是收敛的.$z\neq a$ 时,可能有下述三种情况.

第一种　对于任意的 $z\neq a$,级数 $\sum\limits_{n=0}^{\infty} c_n(z-a)^n$ 均发散.

例 4.3　级数
$$1+z+2^2z^2+\cdots+n^nz^n+\cdots,$$
当 $z\neq 0$ 时,通项不趋于零,故发散.

第二种　对于任意的 z,级数 $\sum\limits_{n=0}^{\infty} c_n(z-a)^n$ 均收敛.

例 4.4　级数
$$1+z+\frac{z^2}{2^2}+\cdots+\frac{z^n}{n^n}+\cdots,$$
对任意固定的 z,从某个 n 开始,以后总有 $\frac{|z|}{n}<\frac{1}{2}$,于是从此以后,有 $\left|\frac{z^n}{n^n}\right|<\left(\frac{1}{2}\right)^n$,

故所述级数对任意的 z 均收敛.

第三种　存在一点 $z_1 \neq a$,使 $\sum_{n=0}^{\infty} c_n(z_1-a)^n$ 收敛(此时,根据定理 4.11 的第一部分知,它必在圆周 $|z-a|=|z_1-a|$ 内部绝对收敛),另外又存在一点 z_2,使 $\sum_{n=0}^{\infty} c_n(z_2-a)^n$ 发散(肯定 $|z_2-a| \geqslant |z_1-a|$;根据推论 4.12 知,它必在圆周 $|z-a|=|z_2-a|$ 外部发散).

在这种情况下,可以证明,存在一个有限正数 R,使得 $\sum_{n=0}^{\infty} c_n(z-a)^n$ 在圆周 $|z-a|=R$ 内部绝对收敛,在圆周 $|z-a|=R$ 的外部发散.R 称为此幂级数的**收敛半径**;圆 $|z-a|<R$ 和圆周 $|z-a|=R$ 分别称为它的**收敛圆**和**收敛圆周**.在第一种情形,约定 $R=0$;在第二种情形,约定 $R=+\infty$,并也称它们为收敛半径.

一个幂级数在其收敛圆周上的敛散性有如下三种可能:(1) 处处发散.(2) 既有收敛点,又有发散点.(3) 处处收敛.

注意　在收敛圆周上是收敛还是发散,不能作出一般的结论,要对具体级数进行具体分析.

例如,以下级数的收敛半径 R 均为 1,收敛圆周为 $|z|=1$:

$\sum_{n=0}^{\infty} z^n$ 在收敛圆周上无收敛点;

$\sum_{n=1}^{\infty} \frac{z^n}{n}$ 在点 $z=1$ 发散,在收敛圆周的其他点都收敛;

$\sum_{n=1}^{\infty} \frac{z^n}{n^2}$ 在收敛圆周上处处收敛.

2. 收敛半径 R 的求法,柯西-阿达马(Cauchy-Hadamard)公式

定理 4.13　如果幂级数 $\sum_{n=0}^{\infty} c_n(z-a)^n$ 的系数 c_n 满足

$$\lim_{n \to \infty} \left| \frac{c_{n+1}}{c_n} \right| = l \quad (达朗贝尔(d'Alembert)),$$

$$或 \quad \lim_{n \to \infty} \sqrt[n]{|c_n|} = l \quad (柯西),$$

$$或 \quad \overline{\lim_{n \to \infty}} \sqrt[n]{|c_n|} = l \quad (柯西-阿达马),$$

则幂级数 $\sum_{n=0}^{\infty} c_n(z-a)^n$ 的收敛半径[1]

$$R = \begin{cases} \frac{1}{l}, & l \neq 0, l \neq +\infty; \\ 0, & l = +\infty; \\ +\infty, & l = 0. \end{cases} \tag{4.5}$$

例 4.5　试求下列各幂级数的收敛半径 R.

---

[1]　证明可参阅 J.B.康威.单复变函数.上海:上海科学技术出版社,1985:第三章 §1.

(1) $\displaystyle\sum_{n=1}^{\infty}\frac{z^n}{n^2}$.　　　　(2) $\displaystyle\sum_{n=0}^{\infty}\cos(\mathrm{i}n)(z-1)^n$.

(3) $\displaystyle\sum_{n=0}^{\infty}n!\,z^n$.　　　　(4) $\displaystyle\sum_{n=0}^{\infty}(3+4\mathrm{i})^n(z-\mathrm{i})^{2n}$.

解　(1) $R=\lim\limits_{n\to\infty}\left|\dfrac{c_n}{c_{n+1}}\right|=\lim\limits_{n\to\infty}\left(\dfrac{n+1}{n}\right)^2=1$.

(2) 因
$$c_n=\cos(\mathrm{i}n)=\frac{\mathrm{e}^n+\mathrm{e}^{-n}}{2},$$
$$\lim_{n\to\infty}\left|\frac{c_{n+1}}{c_n}\right|=\lim_{n\to\infty}\left|\frac{\mathrm{e}^{n+1}+\mathrm{e}^{-n-1}}{\mathrm{e}^n+\mathrm{e}^{-n}}\right|=\mathrm{e},$$

故 $R=\mathrm{e}^{-1}$.

(3) 因
$$l=\lim_{n\to\infty}\left|\frac{c_{n+1}}{c_n}\right|=\lim_{n\to\infty}\frac{(n+1)!}{n!}=+\infty,$$

故 $R=0$.

(4) 该级数为缺项幂级数,不能直接用定理 4.13.

令
$$f_n(z)=(3+4\mathrm{i})^n(z-\mathrm{i})^{2n},$$
$$\lim_{n\to\infty}\left|\frac{f_{n+1}(z)}{f_n(z)}\right|=\lim_{n\to\infty}\left|\frac{(3+4\mathrm{i})^{n+1}(z-\mathrm{i})^{2n+2}}{(3+4\mathrm{i})^n(z-\mathrm{i})^{2n}}\right|$$
$$=\lim_{n\to\infty}|(3+4\mathrm{i})(z-\mathrm{i})^2|=5|z-\mathrm{i}|^2,$$

当 $5|z-\mathrm{i}|^2<1$,即 $|z-\mathrm{i}|<\dfrac{\sqrt5}{5}$ 时,幂级数绝对收敛;当 $5|z-\mathrm{i}|^2>1$,即 $|z-\mathrm{i}|>\dfrac{\sqrt5}{5}$ 时,

幂级数发散.故 $R=\dfrac{\sqrt5}{5}$.

3. 幂级数和的解析性

定理 4.14　(1) 幂级数
$$\sum_{n=0}^{\infty}c_n(z-a)^n \tag{4.6}$$
的和函数 $f(z)$ 在其收敛圆 $K:|z-a|<R(0<R\leqslant+\infty)$ 内解析.

(2) 在 K 内,幂级数(4.6)可以逐项求导至任意阶,即
$$f^{(p)}(z)=p!\,c_p+(p+1)p\cdots2c_{p+1}(z-a)+\cdots+$$
$$n(n-1)\cdots(n-p+1)c_n(z-a)^{n-p}+\cdots \quad(p=1,2,\cdots). \tag{4.7}$$
还有,(4.7)与(4.6)的收敛半径 R 相同(本章习题(一)第 3 题).

(3) $c_p=\dfrac{f^{(p)}(a)}{p!}$ $(p=0,1,2,\cdots)$. $\tag{4.8}$

证　由阿贝尔定理(定理 4.11),幂级数
$$\sum_{n=0}^{\infty}c_n(z-a)^n$$
在其收敛圆 $K:|z-a|<R(0<R\leqslant+\infty)$ 内内闭一致收敛于 $f(z)$,而其各项 $c_n(z-$

$a)^n(n=0,1,2,\cdots)$ 又都在 z 平面上解析.故由魏尔斯特拉斯定理(定理 4.9),本定理的 (1),(2)部分得证.逐项求 p 阶导数$(p=1,2,\cdots)$后,即得(4.7).

在(4.7)中令 $z=a$,得

$$c_p=\frac{f^{(p)}(a)}{p!} \quad (p=1,2,\cdots),$$

注意到 $c_0=f(a)=f^{(0)}(a)$,即得(4.8).

注 (1)本定理还有一条结论:级数(4.6)可沿 K 内曲线 C 逐项积分,且其收敛半径与原级数(4.6)的收敛半径 R 相同(本章习题(一)第 3 题).

(2)所有的幂级数(4.6)至少在中心 a 是收敛的,但收敛半径等于零的幂级数没有什么有益的性质,是平凡情形.

§3 解析函数的泰勒(Taylor)展式

这一节主要研究在圆内解析的函数展开成幂级数的问题.

1. 泰勒定理

由定理 4.14(1)我们看到,任意一个具有非零收敛半径的幂级数在其收敛圆内收敛于一个解析函数,这个性质是很重要的.但在解析函数的研究上,幂级数之所以重要,还在于这个性质的逆命题也是成立的,即有

定理 4.15(泰勒定理) 设 $f(z)$ 在区域 D 内解析,$a\in D$,只要圆 $K:|z-a|<R$ 含于 D,则 $f(z)$ 在 K 内能展成幂级数

$$f(z)=\sum_{n=0}^{\infty}c_n(z-a)^n, \tag{4.9}$$

其中系数

$$c_n=\frac{1}{2\pi i}\int_{\Gamma_\rho}\frac{f(\zeta)}{(\zeta-a)^{n+1}}\mathrm{d}\zeta=\frac{f^{(n)}(a)}{n!} \tag{4.10}$$

$$\text{(积分形式)} \qquad \text{(微分形式)}$$

$$(\Gamma_\rho:|\zeta-a|=\rho,0<\rho<R;n=0,1,2,\cdots),$$

且展式是惟一的.

证 证明的关键是利用柯西积分公式及熟知的公式

$$\frac{1}{1-u}=\sum_{n=0}^{\infty}u^n \quad (|u|<1). \tag{4.11}$$

设 z 为 K 内任意取定的点,总有一个圆周 $\Gamma_\rho:|\zeta-a|=\rho(0<\rho<R)$,使点 z 含在 Γ_ρ 的内部(图 4.1 中虚线表示 Γ_ρ).由柯西积分公式得

$$f(z)=\frac{1}{2\pi i}\int_{\Gamma_\rho}\frac{f(\zeta)}{\zeta-z}\mathrm{d}\zeta.$$

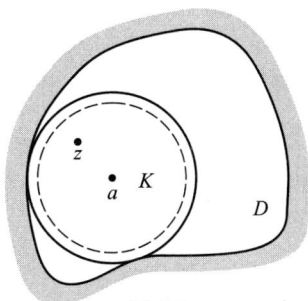

图 4.1

我们设法将被积式 $\dfrac{f(\zeta)}{\zeta-z}$ 表示为含有 $z-a$ 的正幂次的级数.为此写

$$\frac{f(\zeta)}{\zeta-z}=\frac{f(\zeta)}{\zeta-a-(z-a)}=\frac{f(\zeta)}{\zeta-a}\cdot\frac{1}{1-\dfrac{z-a}{\zeta-a}},\qquad(4.12)$$

当 $\zeta\in\Gamma_\rho$ 时,由于

$$\left|\frac{z-a}{\zeta-a}\right|=\frac{|z-a|}{\rho}<1,$$

应用公式(4.11),我们有

$$\frac{1}{1-\dfrac{z-a}{\zeta-a}}=\sum_{n=0}^{\infty}\left(\frac{z-a}{\zeta-a}\right)^n,$$

等号右端的级数在 Γ_ρ 上(关于 ζ)是一致收敛的.以 Γ_ρ 上的有界函数 $\dfrac{f(\zeta)}{\zeta-a}$ 相乘,仍然得到 Γ_ρ 上的一致收敛级数.于是(4.12)表示为 Γ_ρ 上的一致收敛级数

$$\frac{f(\zeta)}{\zeta-z}=\sum_{n=0}^{\infty}(z-a)^n\cdot\frac{f(\zeta)}{(\zeta-a)^{n+1}},$$

将上式沿 Γ_ρ 积分,并以 $\dfrac{1}{2\pi\mathrm{i}}$ 乘所得结果.根据逐项积分定理,即得

$$f(z)=\frac{1}{2\pi\mathrm{i}}\int_{\Gamma_\rho}\frac{f(\zeta)}{\zeta-z}\mathrm{d}\zeta$$

$$=\sum_{n=0}^{\infty}(z-a)^n\cdot\frac{1}{2\pi\mathrm{i}}\int_{\Gamma_\rho}\frac{f(\zeta)}{(\zeta-a)^{n+1}}\mathrm{d}\zeta,$$

由定理 3.13 知

$$\frac{1}{2\pi\mathrm{i}}\int_{\Gamma_\rho}\frac{f(\zeta)}{(\zeta-a)^{n+1}}\mathrm{d}\zeta=\frac{f^{(n)}(a)}{n!},$$

最后得出

$$f(z)=\sum_{n=0}^{\infty}c_n(z-a)^n.$$

其中的系数 c_n 由公式(4.10)给出.上面的证明对任意 $z\in K$ 均成立,故定理的前半部分得证.

下面证明展式是惟一的.

设另有展式

$$f(z)=\sum_{n=0}^{\infty}c_n'(z-a)^n\qquad(z\in K:|z-a|<R).$$

由定理 4.14(3),即知

$$c_n'=\frac{f^{(n)}(a)}{n!}=c_n\qquad(n=0,1,2,\cdots),$$

故展式是惟一的.

显然幂级数(4.9)的收敛半径大于或等于 R.

定义 4.6 (4.9)称为 $f(z)$ 在点 a 的**泰勒展式**,(4.10)称为其**泰勒系数**,而(4.9)等

号右边的级数,则称为**泰勒级数**.

综合定理 4.14(1)和定理 4.15 可得出刻画解析函数的第四个等价定理:

定理 4.16 函数 $f(z)$ 在区域 D 内解析的充要条件为:$f(z)$ 在 D 内任一点 a 的邻域内可展成 $z-a$ 的幂级数,即泰勒级数.

由第三章的柯西不等式知,若 $f(z)$ 在 $|z-a|<R$ 内解析,则其泰勒系数 c_n 满足柯西不等式

$$|c_n| \leqslant \frac{\max\limits_{|z-a|=\rho} |f(z)|}{\rho^n} \quad (0<\rho<R, n=0,1,2,\cdots).$$

2. 幂级数的和函数在其收敛圆周上的状况

泰勒展式(4.9)仅限于 z 在 Γ_ρ(图 4.1)的内部时方能成立,而 Γ_ρ 又只需在 $f(z)$ 的解析区域 D 内就行,其大小并无限制.故展式(4.9)在以 a 为圆心,通过与 a 最接近的 $f(z)$ 之奇点的圆周内部皆成立.事实上,我们有

定理 4.17 如果幂级数 $\sum\limits_{n=0}^{\infty} c_n(z-a)^n$ 的收敛半径 $R>0$,且

$$f(z) = \sum_{n=0}^{\infty} c_n(z-a)^n \quad (z \in K: |z-a|<R),$$

则 $f(z)$ 在收敛圆周 $C:|z-a|=R$ 上至少有一奇点,即不可能有这样的函数 $F(z)$ 存在,它在 $|z-a|<R$ 内与 $f(z)$ 恒等,而在 C 上处处解析.

证 假若这样的 $F(z)$ 存在,这时 C 上的每一点就都是某圆 O 的圆心,而在圆 O 内 $F(z)$ 是解析的.根据有限覆盖定理,我们就可以在这些圆 O 中选取有限个圆将 C 覆盖了.这有限个圆构成一个区域 G,用 $\rho>0$ 表示 C 到 G 的边界的距离(参看第三章§2 的柯西积分定理的古尔萨证明中的注).于是,$F(z)$ 在较圆 K 大的同心圆 $K':|z-a|<R+\rho$ 内是解析的.于是 $F(z)$ 在 K' 中可展开为泰勒级数.但因在 $|z-a|<R$ 中 $F(z) \equiv f(z)$,故在 $z=a$ 处它们以及各阶导数有相同的值,因此级数 $\sum\limits_{n=0}^{\infty} c_n(z-a)^n$ 也是 $F(z)$ 的泰勒级数,而它的收敛半径不会小于 $R+\rho$,这与假设矛盾.

现在,我们立即可得一确定收敛半径 R 的方法:

设 $f(z)$ 在点 a 解析,b 是 $f(z)$ 的奇点中距 a 最近的一个奇点,则 $|b-a|=R$ 即为 $f(z)$ 在点 a 的邻域内的幂级数展式 $\sum\limits_{n=0}^{\infty} c_n(z-a)^n$ 的收敛半径.

注 (1)纵使幂级数在其收敛圆周上处处收敛,其和函数在收敛圆周上仍然至少有一个奇点.

例如,

$$f(z) = \frac{z}{1^2} + \frac{z^2}{2^2} + \frac{z^3}{3^2} + \cdots + \frac{z^n}{n^2} + \cdots,$$

由例 4.5(1)知其收敛半径 $R=1>0$,而在圆周 $|z|=1$ 上级数

$$\sum_{n=1}^{\infty} \left| \frac{z^n}{n^2} \right| = \sum_{n=1}^{\infty} \frac{1}{n^2}$$

是收敛的,所以原级数 $\sum\limits_{n=1}^{\infty} \frac{z^n}{n^2}$ 在收敛圆周 $|z|=1$ 上是处处绝对收敛的;从而 $\sum\limits_{n=1}^{\infty} \frac{z^n}{n^2}$ 在

闭圆 $|z| \leqslant 1$ 上绝对且一致收敛.但

$$f'(z) = 1 + \frac{z}{2} + \frac{z^2}{3} + \cdots + \frac{z^{n-1}}{n} + \cdots \quad (|z| < 1),$$

当 z 沿实轴从单位圆内趋于 1 时,$f'(z)$ 趋于 ∞,所以 $z=1$ 是 $f(z)$ 的一个奇点.

(2) 这个定理建立了幂级数的收敛半径与此幂级数所代表的函数的性质之间的密切关系;同时,还表明幂级数的理论只有在复数域内才弄得完全明白.

例如,在实数域内便不了解:为什么仅当 $|x| < 1$ 时有展式

$$\frac{1}{1+x^2} = 1 - x^2 + x^4 - x^6 + \cdots,$$

而函数 $\dfrac{1}{1+x^2}$ 对于独立变数 x 的所有的值都是确定的,且在全实轴上有任意阶导数.这个现象从复变数的观点来看,就完全可以解释清楚.实际上,函数 $\dfrac{1}{1+z^2}$ 在 z 平面上有两个奇点,即 $z = \pm \mathrm{i}$.故我们所考虑的级数的收敛半径等于 1.

思考题　(1) 读者可以将实变函数中无穷阶可微函数展开为泰勒级数和复变函数中解析函数展开为泰勒级数,两者的条件作一比较.

(2) 试列举在区域 D 内解析的函数的种种等价刻画(包括定义 2.2).

幂级数在它的收敛圆内绝对收敛.因此两个幂级数在收敛半径较小的那个圆域(两圆心相同)内,不但可作加法、减法,还可作乘法.至于除法,我们将通过乘法及待定系数法来解决.

3. 一些初等函数的泰勒展式

一些初等函数的泰勒展开方法,一般不采取计算泰勒系数(4.10)的**直接法**;而是常采取借用一些已知展式来计算要求展式的**间接法**.下面给出几个初等函数的泰勒展式,它们的形式与数学分析中大家熟知的形式是一致的.

例 4.6　函数 $f(z) = \mathrm{e}^z$ 在 z 平面上解析,它在 $z=0$ 处的泰勒系数为

$$c_n = \frac{f^{(n)}(0)}{n!} = \frac{1}{n!} \quad (n = 0, 1, 2, \cdots),$$

于是有

$$\mathrm{e}^z = 1 + z + \frac{z^2}{2!} + \cdots + \frac{z^n}{n!} + \cdots \quad (|z| < +\infty).$$

例 4.7　我们利用 e^z 的上述展式求得

$$\cos z = \frac{\mathrm{e}^{\mathrm{i}z} + \mathrm{e}^{-\mathrm{i}z}}{2} = \frac{1}{2} \sum_{n=0}^{\infty} \frac{(\mathrm{i}z)^n}{n!} + \frac{1}{2} \sum_{n=0}^{\infty} \frac{(-\mathrm{i}z)^n}{n!}.$$

注意到两个级数的奇次方项互相抵消,故得

$$\cos z = \sum_{n=0}^{\infty} \frac{(-1)^n z^{2n}}{(2n)!} \quad (|z| < +\infty);$$

同理又可得

$$\sin z = \sum_{n=0}^{\infty} \frac{(-1)^n z^{2n+1}}{(2n+1)!} \quad (|z| < +\infty).$$

根据泰勒展式的惟一性,上两个展式分别是 $\cos z$ 及 $\sin z$ 在 z 平面上的泰勒展式.

例 4.8   多值函数 $\mathrm{Ln}(1+z)$ 以 $z=-1,\infty$ 为支点,将 z 平面沿负实轴从 -1 到 ∞ 割破,在这样得到的区域 G(特别在单位圆 $|z|<1$)内,$\mathrm{Ln}(1+z)$ 可以分出无穷多个单值解析分支.先取主值支 $f_0(z)=[\ln(1+z)]_0$ 在单位圆内展成 z 的幂级数.为此先计算其泰勒系数.由于

$$f'_0(z)=\frac{1}{1+z},\cdots,f_0^{(n)}(z)=(-1)^{n-1}\frac{(n-1)!}{(1+z)^n},$$

所以其泰勒系数为

$$c_n=\frac{f_0^{(n)}(0)}{n!}=\frac{(-1)^{n-1}}{n}\quad(n=1,2,\cdots).$$

因为 $f_0(z)=[\ln(1+z)]_0$ 是主值,即在 $1+z$ 取正实数时,$[\ln(1+z)]_0$ 取实数,于是有 $f_0(0)=0$.最后得出

$$[\ln(1+z)]_0=z-\frac{z^2}{2}+\frac{z^3}{3}-\cdots+(-1)^{n-1}\frac{z^n}{n}+\cdots\quad(|z|<1),\qquad(4.13)$$

所以 $\mathrm{Ln}(1+z)$ 的各支的展式应该是

$$[\ln(1+z)]_k=2k\pi\mathrm{i}+z-\frac{z^2}{2}+\frac{z^3}{3}+\cdots+(-1)^{n-1}\frac{z^n}{n}+\cdots$$

$$(|z|<1;k=0,\pm1,\pm2,\cdots).$$

例 4.9   按一般幂函数的定义,

$$(1+z)^\alpha=\mathrm{e}^{\alpha\mathrm{Ln}(1+z)}\quad(\alpha\text{ 为复数})$$

的支点也是 $-1,\infty$,故 $(1+z)^\alpha$ 在 $|z|<1$ 内也能分出单值解析分支.取其主值支

$$g(z)=(1+z)^\alpha=\mathrm{e}^{\alpha[\ln(1+z)]_0}$$

在 $z=0$ 处展开.我们先算泰勒系数,为此令

$$g(z)=\mathrm{e}^{\alpha f_0(z)}\quad(f_0(z)\text{ 就是上例中的}[\ln(1+z)]_0),$$

按复合函数求导法则得

$$g'(z)=\mathrm{e}^{\alpha f_0(z)}\cdot\alpha f'_0(z),$$

为了方便继续求导,注意到

$$f'_0(z)=\frac{1}{1+z}=\frac{1}{\mathrm{e}^{[\ln(1+z)]_0}}=\frac{1}{\mathrm{e}^{f_0(z)}},$$

所以

$$g'(z)=\alpha\mathrm{e}^{(\alpha-1)f_0(z)}.$$

继续求导,每次应用 $f'_0(z)=\dfrac{1}{\mathrm{e}^{f_0(z)}}$,即得

$$g^{(n)}(z)=\alpha(\alpha-1)\cdots(\alpha-n+1)\mathrm{e}^{(\alpha-n)f_0(z)}.$$

我们得出泰勒系数为

$$g(0)=1,\quad\frac{g^{(n)}(0)}{n!}=\frac{\alpha(\alpha-1)\cdots(\alpha-n+1)}{n!}\quad(n=1,2,\cdots),$$

于是得出 $(1+z)^\alpha$ 的主值支的展式为

$$(1+z)^\alpha=1+\alpha z+\frac{\alpha(\alpha-1)}{2!}z^2+\cdots+$$

$$\frac{\alpha(\alpha-1)\cdots(\alpha-n+1)}{n!}z^n+\cdots\quad(|z|<1).\qquad(4.14)$$

121

利用一些基本的展式,又可导出其他一些函数的展式.

例 4.10 将 $\dfrac{e^z}{1-z}$ 在 $z=0$ 展开成幂级数.

解 因 $\dfrac{e^z}{1-z}$ 在 $|z|<1$ 内解析,故展开后的幂级数在 $|z|<1$ 内收敛.已经知道

$$e^z=1+z+\frac{z^2}{2!}+\frac{z^3}{3!}+\cdots \quad (|z|<+\infty),$$

$$\frac{1}{1-z}=1+z+z^2+z^3+\cdots \quad (|z|<1),$$

在 $|z|<1$ 时将两式相乘得

$$\frac{e^z}{1-z}=1+\left(1+\frac{1}{1!}\right)z+\left(1+\frac{1}{1!}+\frac{1}{2!}\right)z^2+\left(1+\frac{1}{1!}+\frac{1}{2!}+\frac{1}{3!}\right)z^3+\cdots.$$

相乘的方法可按定理 4.4 所指出的对角线方法.

例 4.11 求 $\sqrt{z+i}$ $\left(\sqrt{i}=\dfrac{1+i}{\sqrt{2}}\right)$ 的展式.

解 因 $\sqrt{z+i}$ 的支点为 $-i$ 及 ∞,故其指定分支在 $|z|<1$ 内单值解析.

$$\sqrt{z+i}=\sqrt{i}\sqrt{1+\frac{z}{i}}=\sqrt{i}\left(1+\frac{z}{i}\right)^{\frac{1}{2}}$$

$$=\frac{1+i}{\sqrt{2}}\left[1+\frac{1}{2}\cdot\frac{z}{i}+\frac{\frac{1}{2}\left(\frac{1}{2}-1\right)}{2!}\left(\frac{z}{i}\right)^2+\cdots\right]$$

$$=\frac{1+i}{\sqrt{2}}\left(1-\frac{i}{2}z+\frac{1}{8}z^2+\cdots\right) \quad (|z|<1),$$

其一般表达式为:当 $|z|<1$ 时,

$$\sqrt{z+i}=\frac{1+i}{\sqrt{2}}\left[1-\frac{i}{2}z-\sum_{n=2}^{\infty}\frac{1\cdot3\cdot\cdots\cdot(2n-3)}{2\cdot4\cdot\cdots\cdot(2n)}i^nz^n\right].$$

例 4.12 将 $e^z\cos z$ 及 $e^z\sin z$ 展为 z 的幂级数.

解 因

$$e^z(\cos z+i\sin z)=e^ze^{iz}$$

$$=e^{(1+i)z}=e^{\sqrt{2}\,e^{\frac{\pi}{4}i}z}$$

$$=1+\sqrt{2}\,e^{\frac{\pi}{4}i}z+\sum_{n=2}^{\infty}\frac{(\sqrt{2})^n e^{\frac{n\pi}{4}i}}{n!}z^n,$$

同理

$$e^z(\cos z-i\sin z)=e^{\sqrt{2}\,e^{-\frac{\pi}{4}i}z}$$

$$=1+\sqrt{2}\,e^{-\frac{\pi}{4}i}z+\sum_{n=2}^{\infty}\frac{(\sqrt{2})^n e^{-\frac{n\pi}{4}i}}{n!}z^n.$$

两式相加除以 2 得

$$e^z\cos z=1+\sqrt{2}\left(\cos\frac{\pi}{4}\right)z+\sum_{n=2}^{\infty}\frac{(\sqrt{2})^n\cos\dfrac{n\pi}{4}}{n!}z^n$$

$$=1+\sum_{n=1}^{\infty}\frac{(\sqrt{2})^n\cos\frac{n\pi}{4}}{n!}z^n,\quad|z|<+\infty;$$

两式相减除以 2i 得

$$\mathrm{e}^z\sin z=\sqrt{2}\left(\sin\frac{\pi}{4}\right)z+\sum_{n=2}^{\infty}\frac{(\sqrt{2})^n\sin\frac{n\pi}{4}}{n!}z^n$$

$$=\sum_{n=1}^{\infty}\frac{(\sqrt{2})^n\sin\frac{n\pi}{4}}{n!}z^n,\quad|z|<+\infty.$$

例 4.13 试将函数

$$f(z)=\frac{z}{z+2}$$

按 $z-1$ 的幂展开,并指明其收敛范围.

解
$$f(z)=\frac{z}{z+2}=1-\frac{2}{z+2}=1-\frac{2}{(z-1)+3}$$

$$=1-\frac{2}{3}\cdot\frac{1}{1+\dfrac{z-1}{3}}=1-\frac{2}{3}\sum_{n=0}^{\infty}(-1)^n\left(\frac{z-1}{3}\right)^n$$

$$=\frac{1}{3}-\frac{2}{3}\sum_{n=1}^{\infty}\left(-\frac{1}{3}\right)^n(z-1)^n\quad(|z-1|<3).$$

*例 4.14 设 $\dfrac{1}{1-z-z^2}=\sum_{n=0}^{\infty}c_nz^n$.

(1) 证明 $c_n=c_{n-1}+c_{n-2}(n\geqslant2)$.

(2) 求出展式的前五项.

(3) 指出收敛范围.

解　(1) **解法一**　利用系数公式(4.10)的积分形式,有

$$c_{n-1}+c_{n-2}=\frac{1}{2\pi\mathrm{i}}\int_{\Gamma_\rho:|\zeta|=\rho}\frac{1}{1-\zeta-\zeta^2}\left(\frac{1}{\zeta^n}+\frac{1}{\zeta^{n-1}}\right)\mathrm{d}\zeta$$

$$=\frac{1}{2\pi\mathrm{i}}\int_{\Gamma_\rho}\frac{1+\zeta}{\zeta^n(1-\zeta-\zeta^2)}\mathrm{d}\zeta=\frac{1}{2\pi\mathrm{i}}\int_{\Gamma_\rho}\frac{\dfrac{\zeta+\zeta^2}{1-\zeta-\zeta^2}}{\zeta^{n+1}}\mathrm{d}\zeta$$

$$=\frac{1}{2\pi\mathrm{i}}\int_{\Gamma_\rho}\frac{\dfrac{1}{1-\zeta-\zeta^2}}{\zeta^{n+1}}\mathrm{d}\zeta-\frac{1}{2\pi\mathrm{i}}\int_{\Gamma_\rho}\frac{1}{\zeta^{n+1}}\mathrm{d}\zeta=c_n\quad(n\geqslant2).$$

解法二　利用待定系数法,有

$$1=(1-z-z^2)(c_0+c_1z+c_2z^2+\cdots+c_{n-2}z^{n-2}+c_{n-1}z^{n-1}+c_nz^n+\cdots)$$

$$=c_0+c_1\begin{vmatrix}z+c_2\\-c_0\end{vmatrix}z^2+\cdots+c_n\begin{vmatrix}z^n+\cdots.\\-c_{n-1}\\-c_{n-2}\end{vmatrix}$$

比较两端同次幂的系数得

$$c_0=1,\ c_1-c_0=0,\ c_2-c_1-c_0=0,\ \cdots,\ c_n-c_{n-1}-c_{n-2}=0,$$

所以
$$c_0 = 1, \quad c_1 = c_0 = 1, \quad c_2 = c_1 + c_0 = 2, \quad \cdots, \quad c_n = c_{n-1} + c_{n-2} \quad (n \geqslant 2).$$

(2)
$$c_0 = \frac{1}{1-z-z^2}\Big|_{z=0} = 1,$$

$$c_1 = \left(\frac{1}{1-z-z^2}\right)'_{z=0} = \frac{1+2z}{(1-z-z^2)^2}\Big|_{z=0} = 1,$$

从而由(1)依次得
$$c_2 = c_1 + c_0 = 1 + 1 = 2,$$
$$c_3 = c_2 + c_1 = 2 + 1 = 3,$$
$$c_4 = c_3 + c_2 = 3 + 2 = 5,$$

即
$$\frac{1}{1-z-z^2} = 1 + z + 2z^2 + 3z^3 + 5z^4 + \cdots.$$

(3) 因由 $1-z-z^2=0$ 解得 $z = \dfrac{-1 \pm \sqrt{5}}{2}$，它们是和函数的两个奇点. 故知收敛圆为
$$|z| < \frac{\sqrt{5}-1}{2}.$$

注 在有关单叶解析函数的文献中，常见把单位圆 $|z|<1$ 内解析的函数 $f(z)$ 规范成展式
$$f(z) = z + a_1 z^2 + \cdots, \quad |z| < 1,$$
它满足标准化条件 $f(0)=0, f'(0)=1$，其中 a_1 为复常数.

§4 解析函数零点的孤立性及惟一性定理

在很多实际问题中，往往需要研究使一个函数等于零的点，也就是求根. 最简单的情况是：在解常系数线性微分方程时，将这个问题转化为求其特征多项式的根的问题. 一个 n 次多项式有 n 个根，而多项式是解析函数，那么一个解析函数有几个根呢？在一般情况下，它可能有无穷多个根. 那么这无穷多个可能的根的分布情况如何呢？这个问题是属于值的分布论中的问题. 这一节，我们只从函数 $f(z)$ 的根的分布情况来研究 $f(z) \equiv 0$ 的问题.

1. 解析函数零点的孤立性

定义 4.7 设函数 $f(z)$ 在解析区域 D 内一点 a 的值为零，则称 a 为解析函数 $f(z)$ 的**零点**.

如果在 $|z-a| < R$ 内，解析函数 $f(z)$ 不恒为零，我们将 $f(z)$ 在点 a 展成幂级数，此时，幂级数的系数必不全为零. 故必有一正整数 m $(m \geqslant 1)$，使得
$$f(a) = f'(a) = \cdots = f^{(m-1)}(a) = 0, \quad \text{但} \ f^{(m)}(a) \neq 0,$$
满足上述条件的 m 称为零点 a 的阶，a 称为 $f(z)$ 的 m **阶零点**. 特别是当 $m=1$ 时，a 也称为 $f(z)$ 的**单零点**.

定理 4.18 不恒为零的解析函数 $f(z)$ 以 a 为 m 阶零点的充要条件为

$$f(z) = (z-a)^m \varphi(z),$$ (4.15)

其中 $\varphi(z)$ 在点 a 的邻域 $|z-a| < R$ 内解析,且 $\varphi(a) \neq 0$.

证 **必要性** 由假设,

$$f(z) = \frac{f^{(m)}(a)}{m!}(z-a)^m + \frac{f^{(m+1)}(a)}{(m+1)!}(z-a)^{m+1} + \cdots,$$

只要设

$$\varphi(z) = \frac{f^{(m)}(a)}{m!} + \frac{f^{(m+1)}(a)}{(m+1)!}(z-a) + \cdots,$$

就得到 (4.15).

充分性 证明留给读者.

(4.15) 是具有 m 阶零点 a 的解析函数 $f(z)$ 的解析表达式.

例 4.15 考察函数

$$f(z) = z - \sin z$$

在原点 $z=0$ 的性质.

解 显然 $f(z)$ 在 $z=0$ 解析,且 $f(0)=0$.

由

$$f(z) = z - \left(z - \frac{z^3}{3!} + \frac{z^5}{5!} - \cdots\right) = z^3\left(\frac{1}{3!} - \frac{z^2}{5!} + \cdots\right),$$

或由

$$f'(z) = 1 - \cos z, \quad f'(0) = 1 - 1 = 0,$$
$$f''(z) = \sin z, \quad f''(0) = 0,$$
$$f'''(z) = \cos z, \quad f'''(0) = 1 \neq 0,$$

知 $z=0$ 为 $f(z) = z - \sin z$ 的三阶零点.

例 4.16 求 $\sin z - 1$ 的全部零点,并指出它们的阶.

解 $\sin z - 1$ 在 z 平面上解析. 由 $\sin z - 1 = 0$ 得

$$e^{iz} - e^{-iz} = 2i,$$

即

$$(e^{iz} - i)^2 = 0, \quad e^{iz} = i,$$

故

$$z = \frac{\pi}{2} + 2k\pi \quad (k = 0, \pm 1, \pm 2, \cdots),$$

这就是 $\sin z - 1$ 在 z 平面上的全部零点.

显然

$$(\sin z - 1)'\Big|_{z=\frac{\pi}{2}+2k\pi} = \cos z\Big|_{z=\frac{\pi}{2}+2k\pi} = 0,$$
$$(\sin z - 1)''\Big|_{z=\frac{\pi}{2}+2k\pi} = -\sin z\Big|_{z=\frac{\pi}{2}+2k\pi} = -1 \neq 0,$$

故 $z = \frac{\pi}{2} + 2k\pi (k = 0, \pm 1, \pm 2, \cdots)$ 都是函数 $\sin z - 1$ 的二阶零点.

一个实变可微函数的零点不一定是孤立的. 例如实变函数

$$f(x) = \begin{cases} x^2 \sin\dfrac{1}{x}, & x \neq 0, \\ 0, & x = 0 \end{cases}$$

在点 $x=0$ 可微,在实轴上其他地方也处处可微,且以 $x=0$ 为一个零点. 但 $x = \pm\dfrac{1}{n\pi}$

$(n=1,2,3,\cdots)$也是它的零点,并以 $x=0$ 为聚点.所以尽管这里函数 $f(x)$ 不恒为零, $x=0$ 却不是一个孤立零点.但在复变函数中,我们有

定理 4.19　如在 $|z-a|<R$ 内的解析函数 $f(z)$ 不恒为零,a 为其零点,则必有 a 的一个邻域,使得 $f(z)$ 在其中无异于 a 的零点.(简单说来就是:不恒为零的解析函数的零点必是孤立的.)

证　设 a 为 $f(z)$ 的 m 阶零点,于是,由定理 4.18,
$$f(z)=(z-a)^m\varphi(z),$$
其中 $\varphi(z)$ 在 $|z-a|<R$ 内解析,且 $\varphi(a)\neq0$,从而 $\varphi(z)$ 在点 a 连续.于是由例 1.32 知存在一邻域 $|z-a|<r$,使得 $\varphi(z)$ 于其中恒不为零.故 $f(z)$ 在其中无异于 a 的其他零点.

上述定理实际上告诉我们这样的结论:

推论 4.20　设(1) 函数 $f(z)$ 在邻域 $K:|z-a|<R$ 内解析.(2) 在 K 内有 $f(z)$ 的一列零点 $\{z_n\}$($z_n\neq a$)收敛于 a.则 $f(z)$ 在 K 内必恒为零.

证　因为 $f(z)$ 在点 a 连续,且 $f(z_n)=0$,让 n 趋于无穷取极限,即得 $f(a)=0$.故 a 是一个非孤立的零点.由定理 4.19 必有 $f(z)$ 在 K 内恒为零.

注　为了便于应用,推论 4.20 中的条件(2)可代换成更强的条件"$f(z)$ 在 K 内某一子区域(或某一小段弧)上等于 0".

思考题　试举一例,说明 $f(z)$ 在某区域 D 内解析且有无穷多个零点,但在 D 内 $f(z)\not\equiv0$;这与推论 4.20 矛盾吗?

2. 惟一性定理

对于一个不加条件限制的复变函数,我们不能从其定义域中某一部分的取值情况来确定其他部分的值.对于连续函数也只能说:相邻两点的函数值相差很小.对于解析函数来说就完全不同了.从下面的(内部)惟一性定理可以看出,解析函数在其定义域中某点邻域内的取值情况完全决定着它在其他部分的值.柯西积分公式使我们知道,从解析函数在边界 C 上的值可以推得它在 C 的内部的一切值,因之(内部)惟一性定理可以看成柯西积分公式的补充定理,它们都反映解析函数的特性,同是解析函数论中最基本的定理.

定理 4.21　设(1) 函数 $f_1(z)$ 和 $f_2(z)$ 在区域 D 内解析.(2) D 内有一个收敛于 $a\in D$ 的点列 $\{z_n\}$($z_n\neq a$),在其上 $f_1(z)$ 和 $f_2(z)$ 等值.则 $f_1(z)$ 和 $f_2(z)$ 在 D 内恒等.

证　令 $f(z)=f_1(z)-f_2(z)$,我们只需证明 $f(z)$ 在 D 内恒为零就行了.

由假设知 $f(z)$ 在 D 内解析,且在 D 内有一列零点 $\{z_n\}$($z_n\neq a$)收敛于 $a\in D$.如果 D 本身就是以 a 为心的圆,或 D 就是整个 z 平面,则由推论 4.20 即知 $f(z)\equiv0$.定理得证.在一般情形下,可用下述所谓圆链法来证明.

设 b 是 D 内任意固定的点(图4.2).在 D 内可作一

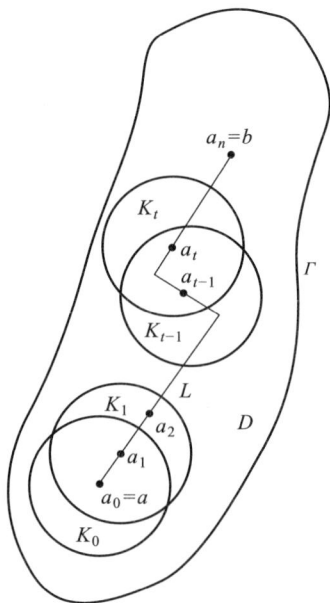

图 4.2

折线 L 连接 a 及 b,以 d 表示 L 与 D 的边界 Γ 间的最短距离(见第三章§2的柯西积分定理的古尔萨证明中的注,$d>0$).在 L 上依次取一串点 $a=a_0,a_1,\cdots,a_{n-1},a_n=b$,使相邻两点间的距离小于定数 R($0<R<d$).显然,由推论4.20,在圆 $K_0:|z-a_0|<R$ 内 $f(z)\equiv0$.在圆 $K_1:|z-a_1|<R$ 又重复应用推论4.20,即知在 K_1 内 $f(z)\equiv0$.这样继续下去,直到最后一个含有点 b 的圆为止,在该圆内 $f(z)\equiv0$,特别说来,$f(b)=0$.因为 b 是 D 内任意的点,故证明了在 D 内 $f(z)\equiv0$.

推论 4.22 设在区域 D 内解析的函数 $f_1(z)$ 及 $f_2(z)$ 在 D 内的某一子区域(或一小段弧)上相等,则它们必在区域 D 内恒等.

例 4.17 设(1)函数 $f(z)$ 及 $g(z)$ 在区域 D 内解析.(2)在 D 内,$f(z)\cdot g(z)\equiv0$.试证在 D 内 $f(z)\equiv0$ 或 $g(z)\equiv0$.

证 若有 $z_0\in D$ 使 $g(z_0)\neq0$.因 $g(z)$ 在点 z_0 连续,故由例1.32知,存在 z_0 的邻域 $K\subset D$,使 $g(z)$ 在 K 内恒不为零.而由题设

$$f(z)\cdot g(z)\equiv0 \quad (z\in K\subset D),$$

故必有

$$f(z)\equiv0 \quad (z\in K\subset D).$$

由惟一性定理(推论4.22),$f(z)\equiv0(z\in D)$.

推论 4.23 一切在实轴上成立的恒等式(例如,$\sin^2z+\cos^2z=1$,$\sin 2z=2\sin z\cos z$ 等),在 z 平面上也成立,只要这个恒等式的等号两边在 z 平面上都是解析的.

注 (1)推论4.20显然包含在定理4.21中,因此它们和推论4.22、推论4.23在引用时都称为解析函数的惟一性定理.

(2)惟一性定理揭示了解析函数一个非常深刻的性质,函数在区域 D 内的局部值确定了函数在区域 D 内整体的值,即局部与整体之间有着十分紧密的内在联系.

例 4.18 应用惟一性定理,在 $|z|<1$ 内展开 $\mathrm{Ln}(1+z)$ 的主值支成 z 的幂级数.

解 我们已知 $\mathrm{Ln}(1+z)$ 的主值支 $\ln(1+z)$ 在 $|z|<1$ 内解析.又在数学分析中已知

$$\ln(1+x)=\sum_{n=0}^{\infty}\frac{(-1)^n x^{n+1}}{n+1}, \quad x\in(-1,1),$$

而幂级数

$$\sum_{n=0}^{\infty}\frac{(-1)^n z^{n+1}}{n+1}$$

的收敛半径为1,即它在 $|z|<1$ 内收敛于一个解析函数 $g(z)$.但在实轴的线段$(-1,1)$上,

$$g(z)=\ln(1+z),$$

因此根据惟一性定理(推论4.22),在圆 $|z|<1$ 内,

$$g(z)=\ln(1+z),$$

故得 $\ln(1+z)$ 在 $|z|<1$ 内的幂级数展式为

$$\ln(1+z)=\sum_{n=0}^{\infty}\frac{(-1)^n z^{n+1}}{n+1},$$

这与(4.13)一致.

由此例我们看出：应用惟一性定理（特别是推论 4.22 或推论 4.23），在数学分析中常见的一些初等函数的幂级数展式都可以推广到复数域上来.

3. 最大模原理

下面的定理是解析函数论中极有用的定理之一.

定理 4.24（最大模原理） 设函数 $f(z)$ 在区域 D 内解析，则 $|f(z)|$ 在 D 内任何点都不能达到最大值，除非在 D 内 $f(z)$ 恒等于常数.

证 如果用 M 表示 $|f(z)|$ 在 D 内的最小上界，则必 $0 < M < +\infty$. 假定在 D 内有一点 z_0，函数 $f(z)$ 的模在 z_0 达到它的最大值，即 $|f(z_0)| = M$.

（1）应用平均值定理（定理 3.12）于以 z_0 为圆心，并且连同它的周界一起都全含于区域 D 内的一个圆 $|z - z_0| < R$，就得到

$$f(z_0) = \frac{1}{2\pi} \int_0^{2\pi} f(z_0 + Re^{i\varphi}) \, d\varphi.$$

由此推出

$$|f(z_0)| \leqslant \frac{1}{2\pi} \int_0^{2\pi} |f(z_0 + Re^{i\varphi})| \, d\varphi. \tag{4.16}$$

由于

$$|f(z_0 + Re^{i\varphi})| \leqslant M,$$

而 $|f(z_0)| = M$，

从不等式（4.16）就可以看出，对于任何 $\varphi (0 \leqslant \varphi \leqslant 2\pi)$，

$$|f(z_0 + Re^{i\varphi})| = M.$$

事实上，如果对于某一个值 $\varphi = \varphi_0$，有

$$|f(z_0 + Re^{i\varphi_0})| < M,$$

那么根据 $|f(z)|$ 的连续性，不等式 $|f(z_0 + Re^{i\varphi})| < M$ 在某个充分小的区间

$$\varphi_0 - \varepsilon < \varphi < \varphi_0 + \varepsilon$$

内成立. 同时，在这个区间之外，总是

$$|f(z_0 + Re^{i\varphi})| \leqslant M.$$

在这样的情况下，由（4.16）得

$$M = |f(z_0)|$$

$$\leqslant \frac{1}{2\pi} \int_0^{2\pi} |f(z_0 + Re^{i\varphi})| \, d\varphi < M,$$

矛盾. 因此，我们已经证明了：在以点 z_0 为圆心的每一个充分小的圆周上 $|f(z)| = M$. 换句话说，在 z_0 点的足够小的邻域 K 内（K 及其周界全含于 D 内）有 $|f(z)| = M$.

（2）由第二章习题（一）的 6(4) 题，必有 $f(z)$ 在 K 内为一常数.

（3）由惟一性定理，$f(z)$ 在 D 内必为一常数.

要把最大模原理推广到无界区域情形，需要对 $f(z)$ 在无穷远点邻域内的增长性加上一些条件. 由此可得林德勒夫（E. L. Lindelöf）定理、弗拉格门（Phragmén）定理等.

推论 4.25 设（1）函数 $f(z)$ 在有界区域 D 内解析，在闭域 $\overline{D} = D + \partial D$ 上连续.

(2) $|f(z)| \leqslant M(z \in \overline{D})$. 则除 $f(z)$ 为常数的情形外,$|f(z)| < M(z \in D)$.

注 (1) 在柯西不等式中的 $M(R) = \max\limits_{|z-a|=R} |f(z)|$,现在也可以理解为 $M(R) = \max\limits_{|z-a| \leqslant R} |f(z)|$.

(2) 读者可以应用本书第七章定理 7.1 的保域定理来作出最大模原理的几何解释.

(3) 最大模原理说明了解析函数在区域边界上的最大模可以限制区域内的最大模.这也是解析函数特有的性质.

例 4.19 试用最大模原理证明例 3.16.即证:设 $f(z)$ 在闭圆 $|z| \leqslant R$ 上解析,如果存在 $a > 0$,使当 $|z| = R$ 时,

$$|f(z)| > a,$$

且

$$|f(0)| < a,$$

则在圆 $|z| < R$ 内,$f(z)$ 至少有一个零点.

证 如果在 $|z| < R$ 内,$f(z)$ 无零点.而由题设在 $|z| = R$ 上 $|f(z)| > a > 0$,且 $f(z)$ 在 $|z| \leqslant R$ 上解析.故

$$\varphi(z) = \frac{1}{f(z)}$$

在 $|z| \leqslant R$ 上解析.此时

$$|\varphi(0)| = \left| \frac{1}{f(0)} \right| > \frac{1}{a},$$

且在 $|z| = R$ 上,

$$|\varphi(z)| = \left| \frac{1}{f(z)} \right| < \frac{1}{a},$$

于是 $\varphi(z)$ 必非常数,在 $|z| = R$ 上

$$|\varphi(z)| < |\varphi(0)|.$$

由最大模原理,这就得到矛盾.

第四章习题

(一)

1. 判断下列级数的敛散性:

(1) $\sum\limits_{n=1}^{\infty} \frac{\mathrm{i}^n}{n}$; (2) $\sum\limits_{n=1}^{\infty} \frac{(3+5\mathrm{i})^n}{n!}$; (3) $\sum\limits_{n=1}^{\infty} \left(\frac{1+5\mathrm{i}}{2} \right)^n$.

2. 试确定下列幂级数的收敛半径:

(1) $\sum\limits_{n=0}^{\infty} \frac{z^n}{n}$; (2) $\sum\limits_{n=0}^{\infty} \frac{nz^n}{2^n}$; (3) $\sum\limits_{n=1}^{\infty} n^n z^n$.

3. 如果 $\lim\limits_{n \to \infty} \frac{c_{n+1}}{c_n}$ 存在$(\neq +\infty)$,试证下列三个幂级数有相同的收敛半径:

(1) $\sum c_n z^n$(原级数);

(2) $\sum \dfrac{c_n}{n+1} z^{n+1}$(原级数逐项积分后所成级数);

(3) $\sum n c_n z^{n-1}$(原级数逐项求导后所成级数).

4. 设 $\displaystyle\sum_{n=0}^{\infty} c_n z^n$ 的收敛半径为 $R(0<R<+\infty)$,并且在收敛圆周上一点绝对收敛.试证明这个级数对于所有的点 $z:|z|\leqslant R$ 为绝对收敛且一致收敛.

5. 将下列函数展成 z 的幂级数,并指出展式成立的范围:

(1) $\dfrac{1}{az+b}$(a,b 为复数,且 $b\neq 0$);

(2) $\displaystyle\int_0^z \mathrm{e}^{z^2}\,\mathrm{d}z$;   (3) $\displaystyle\int_0^z \dfrac{\sin z}{z}\,\mathrm{d}z$;

(4) $\sin^2 z$;   (5) $\dfrac{1}{(1-z)^2}$.

6. 将 $\dfrac{1}{(1-z)^n}$($n=1,2,3,\cdots$)展开成 z 的幂级数.

7. 将下列函数按 $z-1$ 的幂展开,并指明其收敛范围:

(1) $\sin z$;   (2) $\dfrac{z-1}{z+1}$;

(3) $\dfrac{z}{z^2-2z+5}$;   (4) $\sqrt[3]{z}$ $\left(\sqrt[3]{1}=\dfrac{-1+\sqrt{3}\,\mathrm{i}}{2}\right)$.

8. 指出下列函数在零点 $z=0$ 的阶:

(1) $z^2(\mathrm{e}^{z^2}-1)$;   (2) $6\sin z^3+z^3(z^6-6)$.

9. 设 z_0 是函数 $f(z)$ 的 m 阶零点,又是 $g(z)$ 的 n 阶零点,试问下列函数在 z_0 处具有何种性质?

(1) $f(z)+g(z)$;   (2) $f(z)\cdot g(z)$;   (3) $\dfrac{f(z)}{g(z)}$.

10. 设 z_0 为解析函数 $f(z)$ 的至少 n 阶零点,又为解析函数 $\varphi(z)$ 的 n 阶零点,试证

$$\lim_{z\to z_0}\frac{f(z)}{\varphi(z)}=\frac{f^{(n)}(z_0)}{\varphi^{(n)}(z_0)} \quad (\varphi^{(n)}(z_0)\neq 0).$$

注 由解析函数的无穷可微性,本题就构成一般形式的洛必达法则.

11. 在原点解析,而在 $z=\dfrac{1}{n}$($n=1,2,\cdots$)处取下列各组值的函数是否存在?

(1) $0,1,0,1,0,1,\cdots$;   (2) $0,\dfrac{1}{2},0,\dfrac{1}{4},0,\dfrac{1}{6},\cdots$;

(3) $\dfrac{1}{2},\dfrac{1}{2},\dfrac{1}{4},\dfrac{1}{4},\dfrac{1}{6},\dfrac{1}{6},\cdots$;   (4) $\dfrac{1}{2},\dfrac{2}{3},\dfrac{3}{4},\dfrac{4}{5},\dfrac{5}{6},\cdots$.

12. 设(1) $f(z)$ 在区域 D 内解析;(2) 在某一点 $z_0\in D$,有 $f^{(n)}(z_0)=0,n=1,2,\cdots$,试证 $f(z)$ 在 D 内必为常数.

13. (最小模原理)若区域 D 内不恒为常数的解析函数 $f(z)$,在 D 内的点 z_0 有 $f(z_0)\neq 0$,则 $|f(z_0)|$ 不可能是 $|f(z)|$ 在 D 内的最小值,试证之.

提示 反证法,应用最大模原理.

注 最小模原理的推论:

设(1) 函数 $f(z)$ 在有界区域 D 内解析,在有界闭域 $\overline{D}=D+\partial D$ 上连续;(2) $f(z)\neq 0$($z\in D$);(3) 存在 $m>0$,使 $|f(z)|\geqslant m$($z\in\overline{D}$),则除 $f(z)$ 为常数外,$|f(z)|>m$($z\in D$).

14. 设 D 是周线 C 的内部,函数 $f(z)$ 在区域 D 内解析,在闭域 $\overline{D}=D+C$ 上连续,其模 $|f(z)|$ 在 C 上为常数.试证若 $f(z)$ 不恒等于一个常数,则 $f(z)$ 在 D 内至少有一个零点.

15. 设 D 是复平面上的一区域(不一定有界),并且 $f(z)$ 在 D 内解析.设 $\exists M>0$, $\forall a\in\partial_\infty D$, $\lim\limits_{z\to a}|f(z)|\leqslant M(z\in D)$,试证 $\forall z\in D$, $|f(z)|\leqslant M$. 其中当 D 是有界区域时 ,$\partial_\infty D=\partial D$;当 D 是无界区域时,$\partial_\infty D=\partial D\bigcup\{\infty\}$.

(二)

1. 试分析复函数项级数 $\sum\limits_{n=1}^{\infty}\dfrac{1}{n^z}$ 的收敛性.

2. 试证在单位圆 $|z|<1$ 内,级数
$$z+(z^2-z)+\cdots+(z^n-z^{n-1})+\cdots$$
收敛于函数 $f(z)\equiv 0$,但它并非一致收敛的.

3. 试证

(1) 如果 $\sum\limits_{n=1}^{\infty}v_n=\delta$ 绝对收敛,则
$$|\delta|\leqslant|v_1|+|v_2|+\cdots+|v_n|+\cdots;$$

(2) 对任一复数 z,
$$|e^z-1|\leqslant e^{|z|}-1\leqslant|z|e^{|z|};$$

(3) 当 $0<|z|<1$ 时,
$$\frac{1}{4}|z|<|e^z-1|<\frac{7}{4}|z|.$$

4. 设 $f(z)=\sum\limits_{n=0}^{\infty}a_nz^n(a_0\neq 0)$ 的收敛半径 $R>0$,且
$$M=\max\limits_{|z|\leqslant\rho}|f(z)|\quad(\rho<R).$$
试证在圆
$$|z|<\frac{|a_0|}{|a_0|+M}\rho$$
内 $f(z)$ 无零点.

提示 由柯西不等式 $|a_n|\leqslant\dfrac{M}{\rho^n}$,在圆 $|z|<\rho$ 内可证 $|f(z)-a_0|\leqslant M\dfrac{|z|}{\rho-|z|}$,从而在题设的圆内可证 $|f(z)|>0$.

5. 设在 $|z|<R$ 内解析的函数 $f(z)$ 有泰勒展式
$$f(z)=a_0+a_1z+a_2z^2+\cdots+a_nz^n+\cdots,$$
试证当 $0\leqslant r<R$ 时,
$$\frac{1}{2\pi}\int_0^{2\pi}|f(re^{i\theta})|^2\mathrm{d}\theta=\sum_{n=0}^{\infty}|a_n|^2r^{2n}.$$

提示 $|f(z)|^2=f(z)\cdot\overline{f(z)}$.

6. 设 $f(z)$ 是一个整函数,且假定存在着一个非负整数 n,以及两个正数 R 与 M,使当 $|z|\geqslant R$ 时,$|f(z)|\leqslant M|z|^n$.试证 $f(z)$ 是一个至多 n 次的多项式或一常数.

提示 估计 $f(z)$ 的积分形式的泰勒系数.

注 当 $n=0$ 时,这就是通常的刘维尔定理,故本题是刘维尔定理的推广.

7. 试证黎曼函数

$$\zeta(z) = \sum_{n=1}^{\infty} \frac{1}{n^z} = \sum_{n=1}^{\infty} e^{-z\ln n} \quad (\ln n > 0)$$

在点 $z=2$ 的邻域内可展开为泰勒级数,并求收敛半径.

8. 斐波那契(Fibonacci)数列 $\{c_n\}$ 定义为:$c_0 = 0, c_1 = 1, c_2 = 1, \cdots, c_n = c_{n-1} + c_{n-2}$ $(n = 2, 3, \cdots)$,证明c_n是一有理函数的泰勒级数的系数,并确定c_n的表达式.

*9. 设(1) 函数 $f(z)$ 在区域 D 内解析,$f(z) \not\equiv$ 常数;

(2) C 为 D 内任一条周线,只要 $\overline{I(C)}$ 全含于 D;

(3) A 为任一复数.

试证 $f(z) = A$ 在 C 的内部 $I(C)$ 只有有限个根.

10. 问 $|e^z|$ 在闭圆 $|z - z_0| \leqslant 1$ 上的何处达到最大? 并求出最大值.

11. 设函数 $f(z)$ 在 $|z| < R$ 内解析,令
$$M(r) = \max_{|z|=r} |f(z)| \quad (0 \leqslant r < R).$$

试证 $M(r)$ 在区间 $[0, R)$ 上是一个单调递增函数,且若存在 r_1 及 $r_2 (0 \leqslant r_1, r_2 < R)$,使得 $M(r_1) = M(r_2)$,则 $f(z) \equiv$ 常数.

12. 简述:

(1) 阿贝尔定理的意义是什么?

(2) 有了柯西法,为什么还要柯西-阿达马法? 并举例说明.

(3) 函数 $\frac{1}{1+x^2}$,当 x 为任何实数时都有确定的值,但它的泰勒展式 $\frac{1}{1+x^2} = 1 - x^2 + x^4 - \cdots$ 却只当 $|x| < 1$ 时才成立.这是为什么?

第四章重难点讲解

第四章综合自测题

第五章

解析函数的洛朗(Laurent)展式与孤立奇点

在前一章我们已经看出,用泰勒级数来表示圆形区域内的解析函数是很方便的.但是对于有些特殊函数,如贝塞尔(Bessel)函数,以圆心为奇点,就不能在奇点邻域内表示成泰勒级数.为此,本章将建立(挖去奇点 a 的)圆环 $r<|z-a|<R(r\geqslant0,R\leqslant+\infty$,当 $r=0$ 时为去心圆 $0<|z-a|<R$)内解析函数的级数表示,并以它为工具去研究解析函数在孤立奇点邻域内的性质.

§1 解析函数的洛朗展式

1. 双边幂级数

考虑两个级数

$$c_0+c_1(z-a)+c_2(z-a)^2+\cdots, \tag{5.1}$$

$$\frac{c_{-1}}{z-a}+\frac{c_{-2}}{(z-a)^2}+\cdots. \tag{5.2}$$

前者是幂级数,故它在收敛圆 $|z-a|<R(0<R\leqslant+\infty)$ 内表示一解析函数 $f_1(z)$.对第二个级数作代换

$$\zeta=\frac{1}{z-a},$$

则它成为一个幂级数

$$c_{-1}\zeta+c_{-2}\zeta^2+\cdots.$$

设它的收敛区域为 $|\zeta|<\frac{1}{r}\left(0<\frac{1}{r}\leqslant+\infty\right)$,换回到原来的变数 z,即知(5.2)在 $|z-a|>r(0\leqslant r<+\infty)$ 内表示一解析函数 $f_2(z)$.

当且仅当 $r<R$ 时,(5.1)及(5.2)有公共的收敛区域即圆环 $H:r<|z-a|<R$.这时,我们称级数(5.1)与(5.2)之和为**双边幂级数**,可以表示为

$$\sum_{n=-\infty}^{\infty}c_n(z-a)^n. \tag{5.3}$$

由以上讨论及定理 4.11 和定理 4.14 得

定理 5.1 设双边幂级数(5.3)的收敛圆环为

$$H:r<|z-a|<R \quad (r\geqslant0,R\leqslant+\infty),$$

则

(1) (5.3)在 H 内绝对收敛且内闭一致收敛于
$$f(z) = f_1(z) + f_2(z).$$

(2) 函数 $f(z)$ 在 H 内解析.

(3) 函数 $f(z) = \sum_{n=-\infty}^{\infty} c_n(z-a)^n$ 在 H 内可逐项求导 p 次($p=1,2,\cdots$).

(4) 函数 $f(z)$ 可沿 H 内曲线 C 逐项积分.

注 定理 5.1 对应于定理 4.14.

2. 解析函数的洛朗展式

前面指出了双边幂级数在其收敛圆环内表示一解析函数,反过来有

定理 5.2(洛朗定理) 在圆环 $H:r<|z-a|<R(r\geqslant0,R\leqslant+\infty)$ 内解析的函数 $f(z)$ 必可展成双边幂级数

$$f(z) = \sum_{n=-\infty}^{\infty} c_n(z-a)^n, \tag{5.4}$$

其中

$$c_n = \frac{1}{2\pi i} \int_{\Gamma} \frac{f(\zeta)}{(\zeta-a)^{n+1}} d\zeta \quad (n=0,\pm1,\pm2,\cdots), \tag{5.5}$$

Γ 为圆周 $|\zeta-a|=\rho(r<\rho<R)$,并且展式是惟一的(即 $f(z)$ 及圆环 H 惟一地决定了系数 c_n).

注 定理 5.2 对应于定理 4.15(泰勒定理).

证 设 z 为 H 内任意取定的点,总可以找到含于 H 内的两个圆周

$$\Gamma_1 : |\zeta-a| = \rho_1,$$
$$\Gamma_2 : |\zeta-a| = \rho_2,$$

使得 z 含在圆环 $\rho_1<|z-a|<\rho_2$ 内(图5.1).

因为函数 $f(z)$ 在闭圆环 $\rho_1\leqslant|z-a|\leqslant\rho_2$ 上解析,由柯西积分公式有

图 5.1

$$f(z) = \frac{1}{2\pi i} \int_{\Gamma_2} \frac{f(\zeta)}{\zeta-z} d\zeta - \frac{1}{2\pi i} \int_{\Gamma_1} \frac{f(\zeta)}{\zeta-z} d\zeta,$$

或写成

$$f(z) = \frac{1}{2\pi i} \int_{\Gamma_2} \frac{f(\zeta)}{\zeta-z} d\zeta + \frac{1}{2\pi i} \int_{\Gamma_1} \frac{f(\zeta)}{z-\zeta} d\zeta. \tag{5.6}$$

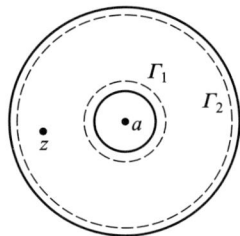

我们将上式中的两个积分表示为含有 $z-a$ 的(正或负)幂次的级数.

对于第一个积分,只要照抄泰勒定理 4.15 证明中的相应部分,就得

$$\frac{1}{2\pi i} \int_{\Gamma_2} \frac{f(\zeta)}{\zeta-z} d\zeta = \sum_{n=0}^{\infty} c_n(z-a)^n, \tag{5.7}$$

$$c_n = \frac{1}{2\pi i} \int_{\Gamma_2} \frac{f(\zeta)}{(\zeta-a)^{n+1}} d\zeta \quad (n=0,1,2,\cdots). \tag{5.8}$$

类似地,考虑(5.6)中的第二个积分

$$\frac{1}{2\pi i} \int_{\Gamma_1} \frac{f(\zeta)}{z-\zeta} d\zeta,$$

我们有

$$\frac{f(\zeta)}{z-\zeta}=\frac{f(\zeta)}{(z-a)-(\zeta-a)}=\frac{f(\zeta)}{z-a}\cdot\frac{1}{1-\dfrac{\zeta-a}{z-a}}.$$

当 $\zeta\in\Gamma_1$ 时,

$$\left|\frac{\zeta-a}{z-a}\right|=\frac{\rho_1}{|z-a|}<1,$$

于是上式可以展成一致收敛的级数

$$\frac{f(\zeta)}{z-\zeta}=\frac{f(\zeta)}{z-a}\sum_{n=1}^{\infty}\left(\frac{\zeta-a}{z-a}\right)^{n-1}.$$

沿 Γ_1 逐项积分,再以 $\dfrac{1}{2\pi i}$ 乘两端即得

$$\frac{1}{2\pi i}\int_{\Gamma_1}\frac{f(\zeta)}{z-\zeta}d\zeta=\sum_{n=1}^{\infty}\frac{c_{-n}}{(z-a)^n}, \qquad (5.9)$$

$$c_{-n}=\frac{1}{2\pi i}\int_{\Gamma_1}\frac{f(\zeta)}{(\zeta-a)^{-n+1}}d\zeta \quad (n=1,2,\cdots). \qquad (5.10)$$

由(5.6),(5.7),(5.9)即得

$$f(z)=\sum_{n=0}^{\infty}c_n(z-a)^n+\sum_{n=1}^{\infty}\frac{c_{-n}}{(z-a)^n}=\sum_{n=-\infty}^{\infty}c_n(z-a)^n.$$

回过头来考察系数(5.8)及(5.10),由复周线的柯西积分定理,对任意圆周 $\Gamma:|z-a|=\rho(r<\rho<R)$,有

$$c_n=\frac{1}{2\pi i}\int_{\Gamma_2}\frac{f(\zeta)}{(\zeta-a)^{n+1}}d\zeta$$

$$=\frac{1}{2\pi i}\int_{\Gamma}\frac{f(\zeta)}{(\zeta-a)^{n+1}}d\zeta \quad (n=0,1,2,\cdots),$$

$$c_{-n}=\frac{1}{2\pi i}\int_{\Gamma_1}\frac{f(\zeta)}{(\zeta-a)^{-n+1}}d\zeta$$

$$=\frac{1}{2\pi i}\int_{\Gamma}\frac{f(\zeta)}{(\zeta-a)^{-n+1}}d\zeta \quad (n=1,2,\cdots),$$

于是系数可统一表示成(5.5).

因为系数 c_n 与我们所取的 z 根本无关,故在圆环 H 内(5.4)成立.

最后证明展式的惟一性.设 $f(z)$ 在圆环 H 内又可展成下式:

$$f(z)=\sum_{n=-\infty}^{\infty}c_n'(z-a)^n,$$

由定理 5.1 知,它在圆周 $\Gamma:|z-a|=\rho(r<\rho<R)$ 上一致收敛.乘沿 Γ 上的有界函数 $\dfrac{1}{(z-a)^{m+1}}$,仍然一致收敛,故可逐项积分得

$$\int_{\Gamma}\frac{f(\zeta)}{(\zeta-a)^{m+1}}d\zeta=\sum_{n=-\infty}^{\infty}c_n'\int_{\Gamma}(\zeta-a)^{n-m-1}d\zeta,$$

由例 3.2 即知等号右端级数中 $n=m$ 那一项积分为 $2\pi i$,其余各项为零,于是

$$c_m'=\frac{1}{2\pi i}\int_{\Gamma}\frac{f(\zeta)}{(\zeta-a)^{m+1}}d\zeta \quad (m=0,\pm1,\pm2,\cdots),$$

与(5.5)比较,即知 $c'_n = c_n(n=0,\pm1,\pm2,\cdots)$.

定义 5.1 (5.4)称为函数 $f(z)$ 在点 a 的**洛朗展式**,(5.5)称为其**洛朗系数**,而(5.4)等号右边的级数则称为**洛朗级数**.

证明了洛朗展式的惟一性后,我们就可以采用一些常用的更简便的方法去求一些初等函数在指定圆环内的洛朗展开式(如例 5.1 至例 5.5),只有在个别的情况下,才直接采用公式(5.5)求洛朗系数的方法(如例 5.6).

3. 洛朗级数与泰勒级数的关系

当已给函数 $f(z)$ 在点 a 处解析时,圆心在 a,半径等于由 a 到函数 $f(z)$ 的最近奇点的距离的那个圆可以看成圆环的特殊情形,在其中就可作出洛朗级数展开式.根据柯西积分定理,由公式(5.5)可以看出,这个展式的所有系数 $c_{-n}(n=1,2,\cdots)$ 都等于零.在此情形下,计算洛朗级数的系数公式与泰勒级数的系数公式(积分形式)无异,所以洛朗级数就转化为泰勒级数.因此,泰勒级数是洛朗级数的特殊情形.

例 5.1 函数

$$f(z) = \frac{1}{(z-1)(z-2)}$$

在 z 平面上只有两个奇点:$z=1$ 及 $z=2$.因此 z 平面被分成如下三个不相交的 $f(z)$ 的解析区域:(1) 圆 $|z|<1$.(2) 圆环 $1<|z|<2$.(3) 圆环:$2<|z|<+\infty$.试分别在此三个区域内求 $f(z)$ 的展式.

解 首先将函数 $f(z)$ 分解成部分分式

$$f(z) = \frac{1}{z-2} - \frac{1}{z-1}.$$

(1) 在圆 $|z|<1$ 内,因 $|z|<1<2$,即 $\left|\dfrac{z}{2}\right|<1$,利用公式(4.11)得

$$f(z) = \frac{1}{1-z} - \frac{1}{2\left(1-\dfrac{z}{2}\right)} = \sum_{n=0}^{\infty}\left(1-\frac{1}{2^{n+1}}\right)z^n,$$

此即 $f(z)$ 在圆 $|z|<1$ 内的泰勒展式.

(2) 在圆环 $1<|z|<2$ 内,即有 $\left|\dfrac{1}{z}\right|<1,\left|\dfrac{z}{2}\right|<1$.

$$f(z) = -\frac{1}{2}\cdot\frac{1}{1-\dfrac{z}{2}} - \frac{1}{z}\cdot\frac{1}{1-\dfrac{1}{z}} = -\frac{1}{2}\sum_{n=0}^{\infty}\frac{z^n}{2^n} - \frac{1}{z}\sum_{n=1}^{\infty}\frac{1}{z^{n-1}}$$

$$= -\sum_{n=0}^{\infty}\frac{z^n}{2^{n+1}} - \sum_{n=1}^{\infty}\frac{1}{z^n}.$$

(3) 在圆环 $2<|z|<+\infty$ 内,$\left|\dfrac{1}{z}\right|<1,\left|\dfrac{2}{z}\right|<1$,故

$$f(z) = \frac{1}{z}\cdot\frac{1}{1-\dfrac{2}{z}} - \frac{1}{z}\cdot\frac{1}{1-\dfrac{1}{z}}$$

$$= \frac{1}{z}\sum_{n=0}^{\infty}\frac{2^n}{z^n} - \frac{1}{z}\sum_{n=0}^{\infty}\frac{1}{z^n} = \sum_{n=1}^{\infty}\frac{2^{n-1}-1}{z^n}.$$

本例中圆环域的中心 $z=0$ 是各负幂项的奇点,但却不是函数 $f(z)=\dfrac{1}{(z-1)(z-2)}$ 的奇点.

说明:

(1) 函数 $f(z)$ 在以 a 为中心的圆环域内的洛朗级数中尽管含有 $z-a$ 的负幂项,而且 a 又是这些项的奇点,但是 a 可能是函数 $f(z)$ 的奇点也可能不是 $f(z)$ 的奇点.

(2) 给定了函数 $f(z)$ 与复平面内的一点 a 以后,函数在各个不同的圆环域中有不同的洛朗展式(包括泰勒展式作为它的特例).

4. 解析函数在孤立奇点邻域内的洛朗展式

定义 5.2 如果函数 $f(z)$ 在点 a 的某一**去心邻域** $K\backslash\{a\}:0<|z-a|<R$(即除去圆心 a 的某圆)内解析,点 a 是 $f(z)$ 的奇点(见定义 2.3),则称 a 为 $f(z)$ 的一个**孤立奇点**.

注 因函数 $f(z)$ 在 $K\backslash\{a\}$ 内是单值的,故也称 a 为 $f(z)$ 的**单值性孤立奇点**;如以后遇到 $f(z)$ 在 $K\backslash\{a\}$ 内是多值的,则称 a 为 $f(z)$ 的**多值性孤立奇点**,即**支点**(由于在支点的邻域内函数能由一支变到另一支,故函数在支点邻域内缺少单值性.因而它以最简单的方式破坏了函数的解析性.因此支点也是函数的奇点).以后如无特别声明,提到孤立奇点总指单值性孤立奇点.当然,以后也会遇到**非孤立奇点**.

如果 a 为函数 $f(z)$ 的一个孤立奇点,则必存在正数 R,使得 $f(z)$ 在点 a 的去心邻域 $K\backslash\{a\}:0<|z-a|<R$ 内可展成洛朗级数.

常用展开方法:

(1) 直接展开法.

利用洛朗定理的公式计算系数 c_n:

$$c_n=\frac{1}{2\pi i}\int_\Gamma \frac{f(\zeta)}{(\zeta-a)^{n+1}}\mathrm{d}\zeta \quad (n=0,\pm1,\pm2,\cdots)$$

然后写出洛朗展式 $f(z)=\displaystyle\sum_{n=-\infty}^{\infty} c_n(z-a)^n$.缺点:计算往往很麻烦.

(2) 间接展开法.

根据正、负幂项组成的级数的惟一性,可用代数运算、变量代换,并利用已知的泰勒展式去求所需要的洛朗展式.优点:简捷、快速.

例 5.2 求函数 $f(z)=\dfrac{1}{(z-1)(z-3)^2}$ 分别在 (1) $0<|z-1|<2$;(2) $2<|z-1|<+\infty$ 内的洛朗展式.

解 (1) 当 $0<|z-1|<2$ 时,$\left|\dfrac{z-1}{2}\right|<1$,故

$$\frac{1}{z-3}=-\frac{1}{2}\,\frac{1}{1-\dfrac{z-1}{2}}=-\frac{1}{2}\sum_{n=0}^{\infty}\left(\frac{z-1}{2}\right)^n=-\sum_{n=0}^{\infty}\frac{(z-1)^n}{2^{n+1}}.$$

而

$$\frac{1}{(z-3)^2}=-\left(\frac{1}{z-3}\right)'=\sum_{n=1}^{\infty}\frac{n(z-1)^{n-1}}{2^{n+1}},$$

所以

$$f(z) = \frac{1}{(z-1)(z-3)^2} = \frac{1}{z-1} \sum_{n=1}^{\infty} \frac{n(z-1)^{n-1}}{2^{n+1}}$$

$$= \sum_{n=1}^{\infty} \frac{n(z-1)^{n-2}}{2^{n+1}}.$$

(2) 当 $2 < |z-1| < +\infty$ 时，$\left| \frac{2}{z-1} \right| < 1$，所以

$$\frac{1}{z-3} = \frac{1}{z-1} \cdot \frac{1}{1-\frac{2}{z-1}} = \sum_{n=0}^{\infty} \frac{2^n}{(z-1)^{n+1}}.$$

而

$$\frac{1}{(z-3)^2} = -\left(\frac{1}{z-3}\right)' = \sum_{n=0}^{\infty} \frac{(n+1)2^n}{(z-1)^{n+2}},$$

所以

$$f(z) = \frac{1}{(z-1)(z-3)^2} = \frac{1}{z-1} \sum_{n=0}^{\infty} \frac{(n+1)2^n}{(z-1)^{n+2}}$$

$$= \sum_{n=0}^{\infty} \frac{(n+1)2^n}{(z-1)^{n+3}}.$$

例 5.3 $\dfrac{\sin z}{z}$ 在 z 平面上只有奇点 $z=0$，在其去心邻域 $0 < |z| < +\infty$ 内有洛朗展式

$$\frac{\sin z}{z} = \sum_{n=0}^{\infty} \frac{(-1)^n z^{2n}}{(2n+1)!} = 1 - \frac{z^2}{3!} + \cdots.$$

例 5.4 $e^z + e^{\frac{1}{z}}$ 在 z 平面上只有奇点 $z=0$，在其去心邻域 $0 < |z| < +\infty$ 内有洛朗展式

$$e^z + e^{\frac{1}{z}} = 2 + \sum_{n=1}^{\infty} \frac{z^n}{n!} + \sum_{n=1}^{\infty} \frac{1}{n!} \cdot \frac{1}{z^n}.$$

由以上各例已可看出，在求一些初等函数的洛朗展式时，一般并不是按照公式 (5.5) 去计算洛朗系数，主要是利用已知的幂级数展式去求所需要的洛朗展式.下面我们再举两例.

例 5.5 $\sin\dfrac{z}{z-1}$ 在 z 平面上只有奇点 $z=1$，且在去心邻域 $0 < |z-1| < +\infty$ 内可展成洛朗级数.

解 $\sin\dfrac{z}{z-1} = \sin\left(1 + \dfrac{1}{z-1}\right) = \sin 1 \cos\dfrac{1}{z-1} + \cos 1 \sin\dfrac{1}{z-1}$

$$= \sin 1 \left[1 - \frac{1}{2!(z-1)^2} + \cdots + (-1)^n \frac{1}{(2n)!(z-1)^{2n}} + \cdots \right] +$$

$$\cos 1 \left[\frac{1}{z-1} - \frac{1}{3!(z-1)^3} + \cdots + (-1)^n \frac{1}{(2n+1)!(z-1)^{2n+1}} + \cdots \right]$$

$$= \sin 1 + \frac{\cos 1}{z-1} - \frac{\sin 1}{2!(z-1)^2} - \frac{\cos 1}{3!(z-1)^3} + \cdots +$$

$$(-1)^n \frac{\sin 1}{(2n)!(z-1)^{2n}} + (-1)^n \frac{\cos 1}{(2n+1)!(z-1)^{2n+1}} + \cdots.$$

例 5.6 试证

$$\cosh\left(z+\frac{1}{z}\right) = c_0 + \sum_{n=1}^{\infty} c_n(z^n + z^{-n}),$$

其中

$$c_n = \frac{1}{2\pi} \int_0^{2\pi} \cos n\varphi \cosh(2\cos\varphi) d\varphi.$$

证 因 $w = z + \dfrac{1}{z}$ 在 z 平面上只有 $z=0$ 一个奇点.而

$$\cosh w = \frac{1}{2}(e^w + e^{-w})$$

在 w 平面上解析,故 $\cosh\left(z+\dfrac{1}{z}\right)$ 在 z 平面上也只有一个奇点 $z=0$.即它在去心邻域 $0 < |z| < +\infty$ 内解析.由洛朗定理得

$$\cosh\left(z+\frac{1}{z}\right) = \sum_{n=-\infty}^{\infty} c_n z^n,$$

$$c_n = \frac{1}{2\pi i} \int_{\Gamma_\rho} \frac{\cosh(z+z^{-1})}{z^{n+1}} dz,$$

Γ_ρ 表示任意圆周 $|z|=\rho>0$.

取 $\rho=1$,则沿圆周 $\Gamma_\rho : z = e^{i\varphi}, 0 \leqslant \varphi \leqslant 2\pi$,有

$$c_n = \frac{1}{2\pi} \int_0^{2\pi} \cosh(e^{i\varphi} + e^{-i\varphi}) e^{-ni\varphi} d\varphi$$

$$= \frac{1}{2\pi} \int_0^{2\pi} \cosh(2\cos\varphi)\cos n\varphi d\varphi - \frac{i}{2\pi} \int_0^{2\pi} \cosh(2\cos\varphi)\sin n\varphi d\varphi.$$

命 $\varphi = 2\pi - \theta$,则可知等号右边第二个积分为零.故

$$c_n = \frac{1}{2\pi} \int_0^{2\pi} \cosh(2\cos\varphi)\cos n\varphi d\varphi.$$

$$c_n = c_{-n} \quad (n=1,2,\cdots).$$

所以

$$\cosh\left(z+\frac{1}{z}\right) = c_0 + \sum_{n=1}^{\infty} c_n(z^n + z^{-n}).$$

§2 解析函数的孤立奇点

孤立奇点是解析函数的奇点中最简单最重要的一种类型.以解析函数的洛朗展式为工具,我们能够在孤立奇点的去心邻域内充分研究一个解析函数的性质.

1. 孤立奇点的三种类型

已经说过,如 a 为函数 $f(z)$ 的孤立奇点,则 $f(z)$ 在 a 点的某去心邻域 $K\backslash\{a\}$ 内可以展成洛朗级数

$$f(z) = \sum_{n=-\infty}^{\infty} c_n (z-a)^n.$$

我们称非负幂部分 $\sum\limits_{n=0}^{\infty} c_n (z-a)^n$ 为 $f(z)$ 在点 a 的**正则部分**,而称负幂部分 $\sum\limits_{n=1}^{\infty} c_{-n} (z-a)^{-n}$ 为 $f(z)$ 在点 a 的**主要部分**.这是因为实际上非负幂部分表示在点 a 的邻域 $K:|z-a|<R$ 内的解析函数,故函数 $f(z)$ 在点 a 的奇异性质完全体现在洛朗级数的负幂部分上.

定义 5.3 设 a 为函数 $f(z)$ 的孤立奇点.

(1) 如果 $f(z)$ 在点 a 的主要部分为零,则称 a 为 $f(z)$ 的**可去奇点**(见例 5.3).

(2) 如果 $f(z)$ 在点 a 的主要部分为有限多项,设为

$$\frac{c_{-m}}{(z-a)^m} + \frac{c_{-(m-1)}}{(z-a)^{m-1}} + \cdots + \frac{c_{-1}}{z-a} \quad (c_{-m} \neq 0),$$

则称 a 为 $f(z)$ 的 m **阶极点**(见例 5.2).一阶极点也称为**单极点**.

(3) 如果 $f(z)$ 在点 a 的主要部分有无限多项,则称 a 为 $f(z)$ 的**本质奇点**(见例 5.4 及例 5.5).

以下我们分别讨论三类孤立奇点的特征.

2. 可去奇点

如果 a 为函数 $f(z)$ 的可去奇点,则有

$$f(z) = c_0 + c_1 (z-a) + c_2 (z-a)^2 + \cdots \quad (0 < |z-a| < R).$$

上式等号右边表示圆 $K:|z-a|<R$ 内的解析函数.如果命 $f(a)=c_0$,则 $f(z)$ 在圆 K 内与一个解析函数重合.也就是说,我们将 $f(z)$ 在点 a 的值加以适当定义,则点 a 就是 $f(z)$ 的解析点.这就是我们称 a 为 $f(z)$ 的可去奇点的由来.

例如,当我们约定 $\left.\dfrac{\sin z}{z}\right|_{z=0} = 1$ 时,$\dfrac{\sin z}{z}$ 在 $z=0$ 就解析了.

定理 5.3 如果 a 为函数 $f(z)$ 的孤立奇点,则下列三条是等价的.因此,它们中的任何一条都是可去奇点的特征.

(1) $f(z)$ 在点 a 的主要部分为零.

(2) $\lim\limits_{z \to a} f(z) = b(\neq \infty)$.

(3) $f(z)$ 在点 a 的某去心邻域内有界.

证 只要证明(1)推出(2),(2)推出(3),(3)推出(1)就行了.

(1) 推出(2):由(1)知

$$f(z) = c_0 + c_1 (z-a) + c_2 (z-a)^2 + \cdots \quad (0 < |z-a| < R),$$

于是

$$\lim_{z \to a} f(z) = c_0 (\neq \infty).$$

(2) 推出(3):即例 1.31.

(3) 推出(1):设 $f(z)$ 在点 a 的某去心邻域 $K \setminus \{a\}$ 内以 M 为界.考虑 $f(z)$ 在点 a 的主要部分

$$\frac{c_{-1}}{z-a} + \frac{c_{-2}}{(z-a)^2} + \cdots + \frac{c_{-n}}{(z-a)^n} + \cdots,$$

$$c_{-n} = \frac{1}{2\pi i} \int_\Gamma \frac{f(\zeta)}{(\zeta-a)^{-n+1}} d\zeta \quad (n=1,2,3,\cdots),$$

而 Γ 为全含于 K 内的圆周 $|\zeta-a|=\rho, \rho$ 可以充分小. 于是由

$$|c_{-n}| = \left| \frac{1}{2\pi i} \int_\Gamma \frac{f(\zeta)}{(\zeta-a)^{-n+1}} d\zeta \right|$$

$$\leqslant \frac{1}{2\pi} \cdot \frac{M}{\rho^{-n+1}} 2\pi\rho = M\rho^n$$

即知当 $n=1,2,\cdots$ 时, $c_{-n}=0$. 即是说, $f(z)$ 在点 a 的主要部分为零.

例 5.7　说明 $z=0$ 为 $\dfrac{e^z-1}{z}$ 的可去奇点.

解
$$\frac{e^z-1}{z} = \frac{1}{z}\left(1+z+\frac{1}{2!}z^2+\cdots+\frac{1}{n!}z^n+\cdots-1\right)$$
$$= 1+\frac{1}{2!}z+\cdots+\frac{1}{n!}z^{n-1}+\cdots, \quad 0<|z|<+\infty$$

无负幂项(主要部分为零). 所以 $z=0$ 为 $\dfrac{e^z-1}{z}$ 的可去奇点.

另解: 因为 $\lim\limits_{z\to 0}\dfrac{e^z-1}{z}=\lim\limits_{z\to 0}e^z=1$, 所以 $z=0$ 为 $\dfrac{e^z-1}{z}$ 的可去奇点.

3. 施瓦茨(Schwarz)引理

如果函数 $f(z)$ 在单位圆 $|z|<1$ 内解析, 并且满足条件
$$f(0)=0, \quad |f(z)|<1 \quad (|z|<1),$$
则在单位圆 $|z|<1$ 内恒有
$$|f(z)|\leqslant|z|,$$
且有
$$|f'(0)|\leqslant 1.$$
如果上式等号成立, 或在圆 $|z|<1$ 内一点 $z_0\neq 0$ 处前一式等号成立, 则(当且仅当)
$$f(z)=e^{i\alpha}z \quad (|z|<1),$$
其中 α 为一实常数.

证　设
$$f(z)=c_1 z+c_2 z^2+\cdots \quad (|z|<1).$$
令
$$\varphi(z)=\frac{f(z)}{z}=c_1+c_2 z+\cdots \quad (z\neq 0),$$
定义 $\varphi(0)=c_1=f'(0)$, 则 $\varphi(z)$ 在 $|z|<1$ 内解析.

考虑 $\varphi(z)$ 在单位圆 $|z|<1$ 内任一点 z_0 处的值, 如果 r 满足条件 $|z_0|<r<1$, 根据最大模原理, 有
$$|\varphi(z_0)|\leqslant\max_{|z|=r}|\varphi(z)|=\max_{|z|=r}\left|\frac{f(z)}{z}\right|\leqslant\frac{1}{r}.$$
令 $r\to 1$ 即得
$$|\varphi(z_0)|\leqslant 1.$$
于是 $|f'(0)|=|\varphi(0)|\leqslant 1$, 且当 $z_0\neq 0$ 时, 有

$$|\varphi(z_0)| = \left| \frac{f(z_0)}{z_0} \right| \leqslant 1,$$

即
$$|f(z_0)| \leqslant |z_0|.$$

如果这些关系式中,有一个取等号,这就意味着在单位圆$|z|<1$内的某一点z_0,模数$|\varphi(z)|$达到最大值,这只有$\varphi(z)\equiv$常数$e^{i\alpha}$(α为实数)时才可能,此即$f(z)\equiv e^{i\alpha}z$.

从几何上看,施瓦茨引理表明:任一解析变换$w=f(z)$,$f(0)=0$,当它把单位圆变到一个单位圆内的区域Δ上去时,圆内任一点$z\neq0$的像都比z本身距坐标原点为近.而如果有一个点的像与这个点本身距坐标原点有相同距离的话,则Δ就与单位圆相同,变换就仅仅是一个旋转(图5.2).

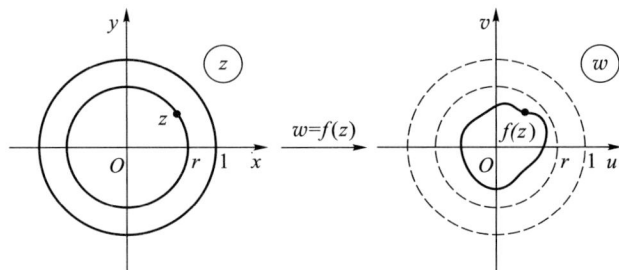

图 5.2

*注　施瓦茨引理有如下一个简单改进:

我们保留假设条件不变.如果原点是函数$f(z)$的λ阶零点,就可以考虑函数$\frac{f(z)}{z^\lambda}$,与刚才的情形一样,我们由此可以得到

$$|f(z)| \leqslant |z|^\lambda,$$

并且只有当

$$f(z) = e^{i\alpha}z^\lambda \quad (\alpha \text{ 为实数})$$

时,等号才成立.这样,在这个特殊情形之下,函数的模就有了一个比前面公式中更小的界限.

4. 极点

定理 5.4　如果函数$f(z)$以点a为孤立奇点,则下列三条是等价的.因此,它们中的任何一条都是m阶极点的特征.

(1) $f(z)$在点a的主要部分为

$$\frac{c_{-m}}{(z-a)^m} + \cdots + \frac{c_{-1}}{z-a} \quad (c_{-m} \neq 0).$$

(2) $f(z)$在点a的某去心邻域内能表示成

$$f(z) = \frac{\lambda(z)}{(z-a)^m}, \tag{5.11}$$

其中$\lambda(z)$在点a的邻域内解析,且$\lambda(a)\neq0$.

(3) $g(z)=\dfrac{1}{f(z)}$以点a为m阶零点(可去奇点要当作解析点看,只要令$g(a)=0$).

注 （3）表明：

$f(z)$以点 a 为 m 阶极点 $\Leftrightarrow \dfrac{1}{f(z)}$ 以点 a 为 m 阶零点.

证 （1）推出（2）：若（1）为真，则在点 a 的某去心邻域内有

$$f(z)=\frac{c_{-m}}{(z-a)^m}+\frac{c_{-(m-1)}}{(z-a)^{m-1}}+\cdots+\frac{c_{-1}}{z-a}+c_0+c_1(z-a)+\cdots$$

$$=\frac{c_{-m}+c_{-(m-1)}(z-a)+\cdots}{(z-a)^m}=\frac{\lambda(z)}{(z-a)^m},$$

其中 $\lambda(z)$ 显然在点 a 的邻域内解析，且 $\lambda(a)=c_{-m}\neq 0$.

（2）推出（3）：若（2）为真，则在点 a 的某去心邻域内有

$$g(z)=\frac{1}{f(z)}=\frac{(z-a)^m}{\lambda(z)},$$

其中 $\dfrac{1}{\lambda(z)}$ 在点 a 的某邻域内解析，且 $\dfrac{1}{\lambda(a)}\neq 0$（由例 1.32）.因此，$a$ 为 $g(z)$ 的可去奇点，作为解析点来看，只要令 $g(a)=0,a$ 就为 $g(z)$ 的 m 阶零点.

（3）推出（1）：如果 $g(z)=\dfrac{1}{f(z)}$ 以点 a 为 m 阶零点，则在点 a 的某邻域内

$$g(z)=(z-a)^m\varphi(z)$$

（见（4.15）），其中 $\varphi(z)$ 在此邻域内解析，且 $\varphi(a)\neq 0$.这样一来，

$$f(z)=\frac{1}{(z-a)^m}\cdot\frac{1}{\varphi(z)}.$$

因 $\dfrac{1}{\varphi(z)}$ 在点 a 的某邻域内解析（由例 1.32），如在此邻域内令

$$\frac{1}{\varphi(z)}=c_{-m}+c_{-(m-1)}(z-a)+\cdots$$

为其泰勒展式，则 $f(z)$ 在点 a 的主要部分就是

$$\frac{c_{-m}}{(z-a)^m}+\frac{c_{-(m-1)}}{(z-a)^{m-1}}+\cdots+\frac{c_{-1}}{z-a}\quad\left(c_{-m}=\frac{1}{\varphi(a)}\neq 0\right).$$

下述定理也能说明极点的特征，其缺点是不能指明极点的阶.

定理 5.5 函数 $f(z)$ 的孤立奇点 a 为极点的充要条件是

$$\lim_{z\to a}f(z)=\infty.$$

证 函数 $f(z)$ 以 a 为极点的充要条件是 $\dfrac{1}{f(z)}$ 以 a 为零点（定理 5.4（3）），由此知定理为真.

例 5.8 函数

$$f(z)=\frac{5z+1}{(z-1)(2z+1)^2}$$

以 $z=1$ 为一阶极点，$z=-\dfrac{1}{2}$ 为二阶极点（由定理 5.4（3））.

例 5.9　函数 $\dfrac{1}{\sin z}$ 有哪些奇点? 如果它是极点,指出其阶.

解　函数的奇点是使 $\sin z = 0$ 的点,这些奇点是 $z = k\pi \, (k=0, \pm 1, \pm 2, \cdots)$,是孤立奇点.因为 $(\sin z)'|_{z=k\pi} = \cos z|_{z=k\pi} = (-1)^k \neq 0$,所以 $z=k\pi$ 是 $\sin z$ 的一阶零点,即 $\dfrac{1}{\sin z}$ 的一阶极点.

5. 本质奇点

定理 5.6　函数 $f(z)$ 的孤立奇点 a 为本质奇点的充要条件是

$$\lim_{z \to a} f(z) \neq \begin{cases} b\,(有限数), \\ \infty, \end{cases} \quad 即 \lim_{z \to a} f(z) \, 不存在.$$

这可由定理 5.3(2)及定理 5.5 得到证明.

定理 5.7　若 $z=a$ 为函数 $f(z)$ 的一本质奇点,且在点 a 的充分小去心邻域内不为零,则 $z=a$ 亦必为 $\dfrac{1}{f(z)}$ 的本质奇点.

证　令 $\varphi(z) = \dfrac{1}{f(z)}$.由假设,$z=a$ 必为 $\varphi(z)$ 的孤立奇点.若 $z=a$ 为 $\varphi(z)$ 的可去奇点(解析点),则 $z=a$ 必为 $f(z)$ 的可去奇点或极点,此与假设矛盾;若 $z=a$ 为 $\varphi(z)$ 的极点,则 $z=a$ 必为 $f(z)$ 的可去奇点(零点),亦与假设矛盾.故 $z=a$ 必为 $\varphi(z)$ 的本质奇点.

例 5.10　$z=0$ 为 $e^{\frac{1}{z}}$ 的本质奇点,因为

$$e^{\frac{1}{z}} = 1 + \frac{1}{z} + \frac{1}{2!z^2} + \cdots + \frac{1}{n!z^n} + \cdots \quad (0 < |z| < +\infty).$$

由定理 5.7,我们可以断定 $z=0$ 亦为 $e^{-\frac{1}{z}}$ 的本质奇点.在上式中将 z 改为 $-z$,也可看出这一点.

注　就本书所遇到的奇点情况来看,可以列表如下:

$$\text{奇点} \begin{cases} \text{孤立奇点} \begin{cases} \text{可去奇点} \\ \text{极\quad\quad 点} \\ \text{本质奇点} \end{cases} (单值函数的); \\ \text{非孤立奇点}; \\ \text{支点}(多值函数的). \end{cases}$$

6. 皮卡(Picard)定理

魏尔斯特拉斯 1876 年给出下面的定理,描述出解析函数在本质奇点邻域内的特性.

定理 5.8　如果 a 为函数 $f(z)$ 的本质奇点,则对于任何常数 A,不管它是有限数还是无穷,都有一个收敛于 a 的点列 $\{z_n\}$,使得

$$\lim_{z_n \to a} f(z_n) = A.$$

换句话说,在本质奇点的无论怎样小的去心邻域内,函数 $f(z)$ 可以取任意接近于

预先给定的任何数值(有限的或无穷的).

证 (1) 在 $A=\infty$ 的情形,定理是正确的.因为函数 $f(z)$ 的模在 a 的任何去心邻域内都是无界的.否则,a 必为 $f(z)$ 的可去奇点.

(2) 现在设 $A\neq\infty$.

可能有这种情形发生,在点 a 的任意小的去心邻域内有这样一点 z 存在,使 $f(z)=A$.在这种情形下,定理已经得证.

因此,我们可以假定,在点 a 的充分小的去心邻域 $K\setminus\{a\}$ 内 $f(z)\neq A$.这样,由定理 5.7,函数

$$\varphi(z)=\frac{1}{f(z)-A}$$

在 $K\setminus\{a\}$ 内解析,且以 a 为本质奇点(因 a 为 $f(z)$ 的本质奇点).根据前面(1)段的结果,必定有一个趋向 a 的点列 $\{z_n\}$ 存在,使得

$$\lim_{z_n\to a}\varphi(z_n)=\infty.$$

由此推出

$$\lim_{z_n\to a}f(z_n)=A.$$

思考题 试描述这个魏尔斯特拉斯定理的几何意义.

我们用两个例子来说明这个定理.

例 5.11 $f(z)=\sin\dfrac{1}{z}$.

这里原点是 $f(z)$ 的本质奇点.事实上,当 $z\to 0$ 时,$\sin\dfrac{1}{z}$ 不趋于任何(有限的或无穷的)极限.只要考察 z 取实数值就可以发现这一点.

如果 $A=\infty$,则可设 $z_n=\dfrac{\mathrm{i}}{n}$,即 $\dfrac{1}{z_n}=-\mathrm{i}n$,我们得:$n\to\infty$ 时

$$\sin\frac{1}{z_n}=-\mathrm{i}\sinh n\to\infty.$$

现在设 $A\neq\infty$.为了得到如魏尔斯特拉斯定理中所说的点列 $\{z_n\}$,我们解方程

$$\sin\frac{1}{z}=A,$$

得

$$\frac{1}{z}=\operatorname{Arcsin}A=\frac{1}{\mathrm{i}}\operatorname{Ln}(\mathrm{i}A+\sqrt{1-A^2}).$$

于是

$$z_k=\frac{\mathrm{i}}{\ln(\mathrm{i}A+\sqrt{1-A^2})+2k\pi\mathrm{i}}\quad(k=0,\pm1,\pm2,\cdots).$$

若取

$$z_n=\frac{\mathrm{i}}{\ln(\mathrm{i}A+\sqrt{1-A^2})+2n\pi\mathrm{i}},$$

并使 $n=1,2,\cdots$,我们得到点列 $z_n\to 0$,并满足条件

$$f(z_n)=A\quad(n=1,2,\cdots).$$

因此

$$\lim_{n\to\infty}f(z_n)=A.$$

思考题 $z=0$ 是否为 $\dfrac{1}{\sin\dfrac{1}{z}}$ 的本质奇点?

例 5.12 $f(z)=\mathrm{e}^{\frac{1}{z}}$.

这里,原点是 $f(z)$ 的本质奇点(见例 5.10).

设 $A=\infty$,取 $z_n=\dfrac{1}{n}$,我们有

$$f(z_n)=\mathrm{e}^n\to\infty \quad (当\ n\to\infty\ 时).$$

就是说,当 $A=\infty$ 时,点列 $\left\{\dfrac{1}{n}\right\}$ 适合魏尔斯特拉斯定理中的论断.

现在设 $A=0$,若令 $z_n=-\dfrac{1}{n}$,我们有

$$f(z_n)=\mathrm{e}^{-n}\to 0 \quad (当\ n\to\infty\ 时).$$

就是说,定理的论断在此情形也得到证实.

最后,设 $A\neq 0,A\neq\infty$.这里极易由解方程

$$\mathrm{e}^{\frac{1}{z}}=A$$

来取相应的点 z_n.我们得

$$\frac{1}{z}=\mathrm{Ln}\ A,$$

于是

$$z_k=\frac{1}{\ln A+2k\pi\mathrm{i}} \quad (k=0,\pm 1,\pm 2,\cdots).$$

若取

$$z_n=\frac{1}{\ln A+2n\pi\mathrm{i}} \quad (n=1,2,\cdots),$$

我们就有收敛于零且满足条件 $f(z_n)=A$ 的点列 $\{z_n\}$.于是

$$\lim_{n\to\infty}f(z_n)=A.$$

在例 5.11 与例 5.12 中,我们看到,除了个别的例外(前例中的 $A=\infty$,后例中的 $A=\infty,A=0$),不但有点列 $\{z_n\}$ 满足极限等式

$$\lim_{z_n\to a}f(z_n)=A,$$

而且还有点列 $\{z_n\}$ 满足准确等式

$$f(z_n)=A \quad (n=1,2,\cdots).$$

在一般情况下,也有类似的结果.下面的定理是皮卡于 1879 年给出的.

定理 5.9(皮卡(大)定理) 如果 a 为函数 $f(z)$ 的本质奇点,则对于每一个 $A\neq\infty$,除掉可能一个值 $A=A_0$ 外,必有趋于 a 的无限点列 $\{z_n\}$,使 $f(z_n)=A(n=1,2,\cdots)$.

必须指出,皮卡定理较之魏尔斯特拉斯定理更普遍并且更深刻.但它只是函数值分布理论的早期结果之一.

皮卡证明的方法虽然很短[1],但却利用了一种称为椭圆模函数的性质这种较高深的数学工具.后人虽有多种浅近的证明[2][3]方法,但都非常繁复.本书限于篇幅,不加证明.

从皮卡定理出发,近代在这个方面还有许多深刻的研究,这些都是属于解析函数的值的分布理论范围,这里就不深入讨论了.

§3 解析函数在无穷远点的性质

上一节讨论的是函数的孤立奇点为有限的情形.由于函数 $f(z)$ 在点 ∞ 总是无意义的,所以点 ∞ 总是 $f(z)$ 的奇点.

定义 5.4 设函数 $f(z)$ 在无穷远点的(去心)邻域
$$N \backslash \{\infty\} : +\infty > |z| > r \geqslant 0$$
内解析,则称点 ∞ 为 $f(z)$ 的一个**孤立奇点**.

设点 ∞ 为 $f(z)$ 的孤立奇点,利用变换 $z' = \dfrac{1}{z}$,于是

$$\varphi(z') = f\left(\frac{1}{z'}\right) = f(z) \tag{5.12}$$

在去心邻域 $K \backslash \{0\} : 0 < |z'| < \dfrac{1}{r}$ $\left(\text{如 } r = 0, \text{规定 } \dfrac{1}{r} = +\infty\right)$ 内解析. $z' = 0$ 就为 $\varphi(z')$ 的一孤立奇点.我们还看出:

(1) 对应于扩充 z 平面上无穷远点的去心邻域 $N \backslash \{\infty\}$,有扩充 z' 平面上原点的去心邻域.

(2) 在对应的点 z 与 z' 上,函数 $f(z)$ 与 $\varphi(z')$ 的值相等.

(3) $\lim\limits_{z \to \infty} f(z) = \lim\limits_{z' \to 0} \varphi(z')$,或两个极限都不存在.

从这里,我们很自然地根据 $\varphi(z')$ 在原点的状态来规定函数 $f(z)$ 在无穷远点的状态.即有

定义 5.5 若 $z' = 0$ 为 $\varphi(z')$ 的可去奇点(解析点)、m 阶极点或本质奇点,则我们相应地称 $z = \infty$ 为 $f(z)$ 的可去奇点(解析点)、m 阶极点或本质奇点.

注 虽然我们可以定义 $f(\infty)$,但在无穷远点处没有定义差商,因此我们没有定义 $f(z)$ 在无穷远点处的可微性.但由定义5.5可见,所谓 $f(z)$ 在点 ∞ 解析,就是指点 ∞ 为 $f(z)$ 的可去奇点,且定义 $f(\infty) = \lim\limits_{z \to \infty} f(z)$.

设在去心邻域 $K \backslash \{0\} : 0 < |z'| < \dfrac{1}{r}$ 内将 $\varphi(z')$ 展成洛朗级数:

---

[1] 证明可参看 Copson. Theory of Functions of a Complex Variable. Oxford,1935:§15.5.

[2] 普里瓦洛夫.复变函数引论(中译本,高等教育出版社):第八章§4载有肖特基(Schottky)的证明.

[3] J. B. 康威.单复变函数.上海:上海科学技术出版社,1985:第十二章.

$$\varphi(z') = \sum_{n=-\infty}^{\infty} c_n z'^n.$$

令 $z' = \dfrac{1}{z}$,并根据(5.12),则有

$$f(z) = \sum_{n=-\infty}^{\infty} b_n z^n, \tag{5.13}$$

其中 $b_n = c_{-n} (n = 0, \pm 1, \pm 2, \cdots)$.

(5.13)为 $f(z)$ 在无穷远点的去心邻域 $N \setminus \{\infty\}$:$0 \leqslant r < |z| < +\infty$ 内的洛朗展式. 对应 $\varphi(z')$ 在 $z' = 0$ 的主要部分,我们称 $\sum\limits_{n=1}^{\infty} b_n z^n$ 为 $f(z)$ 在 $z = \infty$ 的主要部分.

注 我们来观察这样一个特例:设函数 $f(z)$ 在 $\mathbf{C}_\infty$ 上只有奇点 $z = 0$ 和 $z = \infty$,则可设

$$f(z) = a_0 + \frac{a_1}{z} + \cdots + \frac{a_n}{z^n} + \cdots + b_1 z + b_2 z^2 + \cdots + b_n z^n + \cdots \quad (0 < |z| < +\infty),$$

这样就把函数 $f(z) - a_0$ 一分为二:$\sum\limits_{n=1}^{\infty} \dfrac{a_n}{z^n}$ 及 $\sum\limits_{n=1}^{\infty} b_n z^n$. 在 $z = 0$ 的去心邻域 $0 < |z| < +\infty$ 内,前者是主要部分,起主导作用,$f(z)$ 的性质主要由前者所规定,而后者则是次要的. 但是当 $|z|$ 逐渐变大,趋向 $+\infty$ 时,主要部分和非主要部分就互相转化. 在 $z = \infty$ 的去心邻域 $0 < |z| < +\infty$ 内,后者是主要部分,起主导作用,决定 $f(z)$ 的性质,而前者却变为次要的.

由上述定义及性质(1),(2),(3)等,我们易得

定理 5.3′(对应于定理 5.3) 函数 $f(z)$ 的孤立奇点 $z = \infty$ 为可去奇点的充要条件是下列三条中的任何一条成立:

(1) $f(z)$ 在 $z = \infty$ 的主要部分为零.

(2) $\lim\limits_{z \to \infty} f(z) = b (\neq \infty)$.

(3) $f(z)$ 在 $z = \infty$ 的某去心邻域 $N \setminus \{\infty\}$ 内有界.

定理 5.4′(对应于定理 5.4) 函数 $f(z)$ 的孤立奇点 $z = \infty$ 为 m 阶极点的充要条件是下列三条中的任何一条成立:

(1) $f(z)$ 在 $z = \infty$ 的主要部分为

$$b_1 z + b_2 z^2 + \cdots + b_m z^m \quad (b_m \neq 0).$$

(2) $f(z)$ 在 $z = \infty$ 的某去心邻域 $N \setminus \{\infty\}$ 内能表示成

$$f(z) = z^m \mu(z), \tag{5.11'}$$

其中 $\mu(z)$ 在 $z = \infty$ 的邻域 N 内解析,且 $\mu(\infty) \neq 0$.

(3) $g(z) = \dfrac{1}{f(z)}$ 以 $z = \infty$ 为 m 阶零点(只要令 $g(\infty) = 0$).

例 5.13 由 $f(z) = \dfrac{1}{(z-1)(z-2)}$ 在 $2 < |z| < +\infty$ 内的洛朗展式(见例 5.1(3)),知它以 $z = \infty$ 为可去奇点,并且作为解析点来看是二阶零点(只要让 $f(\infty) = 0$).

又

$$g(z) = \frac{1}{f(z)} = (z-1)(z-2) = z^2 \left(1 - \frac{1}{z}\right)\left(1 - \frac{2}{z}\right)$$

以 $z = \infty$ 为二阶极点. 这里

$$\mu(z) = \left(1 - \frac{1}{z}\right)\left(1 - \frac{2}{z}\right), \quad \mu(\infty) = 1 \neq 0.$$

定理 5.5′(对应于定理 5.5) 函数 $f(z)$ 的孤立奇点 ∞ 为极点的充要条件是 $\lim\limits_{z \to \infty} f(z) = \infty$.

定理 5.6′(对应于定理 5.6) 函数 $f(z)$ 的孤立奇点 ∞ 为本质奇点的充要条件是下列两条中的任何一条成立:

(1) $f(z)$ 在 $z = \infty$ 的主要部分有无穷多项正幂不等于零.

(2) $\lim\limits_{z \to \infty} f(z)$ 不存在(即当 z 趋向于 ∞ 时,$f(z)$ 不趋向于任何(有限或无穷)极限).

注 定理 5.7,定理 5.8 及定理 5.9 对 $z = \infty$ 是 $f(z)$ 的本质奇点也真.

例 5.14 函数 $f(z) = \dfrac{(z^2-1)(z-2)^3}{(\sin \pi z)^3}$ 在扩充复平面内有些什么类型的奇点?若是极点,指出其阶.

解 分母的零点为函数的奇点,而 $\sin \pi z$ 的零点为

$$z = n \quad (n = 0, \pm 1, \pm 2, \cdots),$$
$$(\sin \pi z)' \big|_{z=n} = \pi \cos n\pi = (-1)^n \pi \neq 0,$$

所以这些点都是 $\sin \pi z$ 的一阶零点,故这些点中除 $-1, 1, 2$ 外,都是 $f(z)$ 的三阶极点. 因 $z^2 - 1 = (z-1)(z+1)$ 以 1 与 -1 为一阶零点,所以 1 与 -1 是 $f(z)$ 的二阶极点. 当 $z = 2$ 时,因为

$$\lim_{z \to 2} f(z) = \lim_{z \to 2} \frac{(z^2-1)(z-2)^3}{(\sin \pi z)^3} = \frac{3}{\pi^3},$$

于是 $z = 2$ 是 $f(z)$ 的可去奇点.

当 $z = \infty$ 时,设 $t = \dfrac{1}{z}$,$f\left(\dfrac{1}{t}\right) = \dfrac{(1-t^2)(1-2t)^3}{t^5 \sin^3 \dfrac{\pi}{t}}$. $t = 0$,$t_n = \dfrac{1}{n}$ 使分母为零,$t_n = \dfrac{1}{n}$

为 $f\left(\dfrac{1}{t}\right)$ 的极点,当 $n \to \infty$ 时,$t_n = \dfrac{1}{n} \to 0$,故 $t = 0$ 不是 $f(z)$ 的孤立奇点,所以 $z = \infty$ 不是 $f(z)$ 的孤立奇点(不能展成洛朗级数).

下面我们再举几个其他类型的例子.

例 5.15 将多值解析函数 $\operatorname{Ln} \dfrac{z-a}{z-b}$ 的各分支在无穷远点的某去心邻域内展成洛朗级数.

解 无穷远点不是

$$\operatorname{Ln} \frac{z-a}{z-b}$$

的支点,故能在点 ∞ 的邻域 $|z| > \max\{|a|, |b|\}$ 内分出单值解析分支. 且在此去心邻域内,各支均能展成洛朗级数. 现在第 k 支

$$\ln\frac{z-a}{z-b}=\ln\frac{1-\dfrac{a}{z}}{1-\dfrac{b}{z}}=\ln\left(1-\frac{a}{z}\right)-\ln\left(1-\frac{b}{z}\right)+2k\pi\mathrm{i},$$

其中 $\ln\left(1-\dfrac{a}{z}\right)$ 及 $\ln\left(1-\dfrac{b}{z}\right)$ 均表示主值支.由(4.13)即得

$$\ln\frac{z-a}{z-b}=2k\pi\mathrm{i}-\sum_{n=1}^{\infty}\frac{1}{n}\left(\frac{a}{z}\right)^{n}+\sum_{n=1}^{\infty}\frac{1}{n}\left(\frac{b}{z}\right)^{n}$$

$$=2k\pi\mathrm{i}+\sum_{n=1}^{\infty}\frac{b^{n}-a^{n}}{n}\cdot\frac{1}{z^{n}}\quad(k=0,\pm1,\pm2,\cdots).$$

由此可见,$z=\infty$ 实为各单值解析分支的单值性孤立奇点——可去奇点.

例 5.16 在点 $z=\infty$ 的去心邻域内将函数

$$f(z)=\mathrm{e}^{\frac{z}{z+2}}$$

展成洛朗级数.

解 令 $z=\dfrac{1}{\zeta}$,则得

$$f\left(\frac{1}{\zeta}\right)=\mathrm{e}^{\frac{\frac{1}{\zeta}}{\frac{1}{\zeta}+2}}=\mathrm{e}^{\frac{1}{1+2\zeta}},$$

而点 $\zeta=0$ 是此函数的解析点.将此函数简记为 $\varphi(\zeta)$,就得

$$\varphi'(\zeta)=-\frac{2}{(1+2\zeta)^{2}}\mathrm{e}^{\frac{1}{1+2\zeta}},$$

$$\varphi''(\zeta)=\mathrm{e}^{\frac{1}{1+2\zeta}}\left[\frac{8}{(1+2\zeta)^{3}}+\frac{4}{(1+2\zeta)^{4}}\right],$$

等等.于是 $\varphi(0)=\mathrm{e},\varphi'(0)=-2\mathrm{e},\varphi''(0)=12\mathrm{e}$,等等.由此得

$$\varphi(\zeta)=\mathrm{e}(1-2\zeta+6\zeta^{2}+\cdots).$$

所以

$$\mathrm{e}^{\frac{z}{z+2}}=\mathrm{e}\left(1-\frac{2}{z}+\frac{6}{z^{2}}+\cdots\right)\quad(2<|z|<+\infty),$$

这里 $z=\infty$ 是 $f(z)$ 的可去奇点,如令 $f(\infty)=\mathrm{e}$,则化为解析点.

例 5.17 求出函数 $\dfrac{\tan(z-1)}{z-1}$ 的奇点(包括无穷远点),并确定其类别.

解

$$\frac{\tan(z-1)}{z-1}=\frac{\sin(z-1)}{(z-1)\cos(z-1)},$$

以 $z=1$ 为可去奇点;$z_{k}=1+\dfrac{2k+1}{2}\pi,k=0,\pm1,\pm2,\cdots$ 为一阶极点;$z=\infty$ 为这些极点的聚点,是个非孤立奇点.

例 5.18 问函数 $\sec\dfrac{1}{z-1}$ 在 $z=1$ 的去心邻域内能否展成洛朗级数?

解 因 $z=1$ 为函数

$$\sec\frac{1}{z-1}=\frac{1}{\cos\dfrac{1}{z-1}}$$

的非孤立奇点$\left(\text{注意}:\sec\dfrac{1}{z-1}\text{的奇点除 }z=1\text{ 外,还有奇点}\right.$

$$z_k=\frac{1}{\left(k+\dfrac{1}{2}\right)\pi}+1,\quad k=0,\pm1,\pm2,\cdots$$

以 $z=1$ 为聚点$\Big)$.故此函数在 $z=1$ 的去心邻域内不能展开为洛朗级数.

例 5.19 若函数 $f(z)$ 在 $0<|z-a|<R$ 内解析,且不恒为零;又若 $f(z)$ 有一列异于 a 但却以 a 为聚点的零点.试证 a 必为 $f(z)$ 的本质奇点.

证 $z=a$ 必是 $f(z)$ 的孤立奇点且不能是可去奇点.否则 $f(z)$ 于 $|z-a|<R$ 内解析(令 $f(a)=0$)且以 a 为非孤立的零点.由推论 4.20 必有 $f(z)$ 恒为零,这与假设矛盾.

其次,$z=a$ 也不能是 $f(z)$ 的极点.否则,对任给 $M>0$,有 $\delta>0$,使当 $0<|z-a|<\delta$ 时,$|f(z)|>M$,也与假设矛盾.

故 $z=a$ 必为 $f(z)$ 的本质奇点.

注 在本节最后,我们把第一章 §4 定义过的无穷远点邻域的概念推广如下,以方便应用:

无穷远点邻域正好对应着以北极点 N 为心的一个球盖,在复平面$\mathbf{C}_\infty$上就是任何一个圆周的外部(包含点 ∞).确切地说,$N(\infty):r<|z-a|$ 就称为以 $z=a$ 为中心的 $z=\infty$ 的邻域(包含点 ∞);$N(\infty)\backslash\{\infty\}:r<|z-a|<+\infty$ 就称为以 $z=a$ 为中心的 $z=\infty$ 的去心邻域.

当 $a=0$ 时,这就是第一章 §4 定义过的情形.

设函数 $f(z)$ 在$\mathbf{C}_\infty$上只有奇点 $z=a$ 和 $z=\infty$,则其洛朗展式可设为

$$f(z)=a_0+\frac{a_1}{z-a}+\cdots+\frac{a_n}{(z-a)^n}+\cdots+b_1(z-a)+b_2(z-a)^2+\cdots+$$
$$b_n(z-a)^n+\cdots\quad(r<|z-a|<+\infty).$$

§4 整函数与亚纯函数的概念

根据解析函数的孤立奇点特征,便可以区分出两种最简单的解析函数族.

1. 整函数

在第三章我们已经定义过,在整个 z 平面上解析的函数 $f(z)$ 称为**整函数**.

设 $f(z)$ 为一整函数,则 $f(z)$ 只以 $z=\infty$ 为孤立奇点,且可设

$$f(z)=\sum_{n=0}^{\infty}c_nz^n\quad(0\leqslant|z|<+\infty).\tag{5.14}$$

于是显然有

定理 5.10 若 $f(z)$ 为一整函数,则

(1) $z=\infty$ 为 $f(z)$ 的可去奇点的充要条件为:$f(z)=$ 常数 c_0.

(2) $z=\infty$ 为 $f(z)$ 的 m 阶极点的充要条件为：$f(z)$ 是一个 m 次多项式 $c_0+c_1z+\cdots+c_mz^m(c_m\neq0)$.

(3) $z=\infty$ 为 $f(z)$ 的本质奇点的充要条件为：展式(5.14)有无穷多个 c_n 不等于零.(我们称这样的 $f(z)$ 为**超越整函数**.)

由此可见，整函数族按惟一奇点 $z=\infty$ 的不同类型而被分成了三类①.

例如，e^z，$\sin z$ 及 $\cos z$ 都是超越整函数.

2. 亚纯函数

定义 5.6　在 z 平面上除极点外无其他类型奇点的单值解析函数称为**亚纯函数**.

亚纯函数族是较整函数族更一般的函数族.

定理 5.11　一函数 $f(z)$ 为有理函数的充要条件为：$f(z)$ 在扩充 z 平面上除极点外没有其他类型的奇点.

证　必要性　设有理函数

$$f(z)=\frac{P(z)}{Q(z)},$$

其中 $P(z)$ 与 $Q(z)$ 分别为 z 的 m 次与 n 次多项式，且彼此互质，则

(1) 当 $m>n$ 时，$z=\infty$ 必为 $f(z)$ 的 $m-n$ 阶极点.

(2) 当 $m\leqslant n$ 时，$z=\infty$ 必为 $f(z)$ 的可去奇点，只要置

$$f(\infty)=\lim_{z\to\infty}\frac{P(z)}{Q(z)},$$

$z=\infty$ 就是 $f(z)$ 的解析点.

(3) $Q(z)$ 的零点必为 $f(z)$ 的极点.

充分性　若 $f(z)$ 在扩充 z 平面上除极点外无其他类型的奇点，则这些极点的个数只能是有限个.因若不然，这些极点在扩充 z 平面上的聚点就是 $f(z)$ 的非孤立奇点.与假设矛盾.

今令 $f(z)$ 在 z 平面上的极点为 $z_1,z_2,\cdots,z_n$，其阶分别为 $\lambda_1,\lambda_2,\cdots,\lambda_n$，则函数
$$g(z)=(z-z_1)^{\lambda_1}(z-z_2)^{\lambda_2}\cdots(z-z_n)^{\lambda_n}f(z)$$
至多以 $z=\infty$ 为极点，而在 z 平面上解析.故 $g(z)$ 必为一多项式（或常数）.即必有 $f(z)$ 为有理函数.

由此可见，每一有理函数都是亚纯函数.

定义 5.7　非有理函数的亚纯函数称为**超越亚纯函数**.

例 5.20　$\dfrac{1}{\mathrm{e}^z-1}$ 是一个超越亚纯函数，因为它有无穷多个极点：

$$z=2k\pi\mathrm{i}\quad(k=0,\pm1,\pm2,\cdots),$$

其聚点 $z=\infty$ 是一个非孤立奇点.故此函数不可能是一有理函数.

整函数也看成是亚纯函数的一种特例.

注　可去奇点既然可以除去后成为解析点，在定义及定理的条件中，一般就都不提到它.

————————————

① 　常数也可看作多项式的特例.

例 5.21 试证 $f(z)$ 是单叶整函数的充要条件为

$$f(z)=az+b \quad (a\neq 0).$$

证 **充分性** 由于函数

$$w=f(z)=az+b \quad (a\neq 0)$$

及其反函数

$$z=\frac{1}{a}(w-b)$$

都是单值整函数(一次多项式),所以

$$f(z)=az+b \quad (a\neq 0)$$

是单叶整函数.

必要性 设 $f(z)$ 是单叶整函数.由定理 5.10,整函数分三类:

(1) $f(z)$ 为常数,这与单叶性假设矛盾.

(2) $f(z)$ 为超越整函数,

$$f(z)=c_0+c_1z+\cdots+c_nz^n+\cdots \quad (0\leqslant|z|<+\infty),$$

它的惟一奇点是本质奇点 $z=\infty$,再由皮卡大定理,对每个 $A\neq\infty$,除掉可能的一个值 $A=A_0$ 外,必有趋于 ∞ 的无限点列 $\{z_n\}$,使 $f(z_n)=A(n=1,2,\cdots)$,这也与 $f(z)$ 的单叶性假设矛盾.

(3) $f(z)$ 为一多项式,

$$f(z)=c_0+c_1z+\cdots+c_nz^n \quad (c_n\neq 0),$$

对每个 $A\neq\infty$,由代数学基本定理,$f(z)=A$ 必有且只有 n 个根(是几重根就算作几个根),但由 $f(z)$ 的单叶性假设,必有 $n=1$,即必有

$$f(z)=c_0+c_1z \quad (c_1\neq 0),$$

也可写成 $\qquad\qquad f(z)=az+b \quad (a\neq 0).$

*§5 平面向量场——解析函数的应用(二)

1. 奇点的流体力学意义

在第三章 §5 中已经知道,流体在区域 D 内作无源、漏的无旋流动时,对应复势 $f(z)$ 是 D 内的解析函数(可能是多值的).现在我们举两个例子来说明某些奇点具有的流体力学意义.

例 5.22 考察复势为 $f(z)=\dfrac{N}{2\pi}\ln z$ 的流动(N 为非零实数).

解 我们知道 $f(z)=\dfrac{N}{2\pi}\ln z$ 对应的流动在 $0<|z|<+\infty$ 内是无源、漏的并且是无旋的.现在我们来看看原点及 ∞(作为 $\ln z$ 的支点)有什么性质.

令 $z=re^{i\theta}$,易知其势函数及流函数分别为

$$\varphi(r,\theta)=\frac{N}{2\pi}\ln r, \quad \psi(r,\theta)=\frac{N}{2\pi}\theta.$$

为了确定原点、∞ 及 N 的物理意义,考察沿圆周 $C:r=$ 常数的环量及流量.

$$\Gamma_C+\mathrm{i}N_C=\int_C f'(z)\mathrm{d}z=\frac{N}{2\pi}\int_C \frac{\mathrm{d}z}{z}=\mathrm{i}N.$$

故 $\Gamma_C=0,N_C=N$.即对于任意的同心圆周 $r=$ 常数,均有相同的流量流过.这恰好说明,每单位时间内有 $|N|$ 这样多的流量自原点涌出($N>0$)到点 ∞ 漏掉或自点 ∞ 涌出($N<0$)到原点漏掉.即原点就是一个源($N>0$)或漏($N<0$).对应的,∞ 就算作一个漏($N>0$)或源($N<0$).而称 $|N|$ 为源(漏)强(图 5.3).

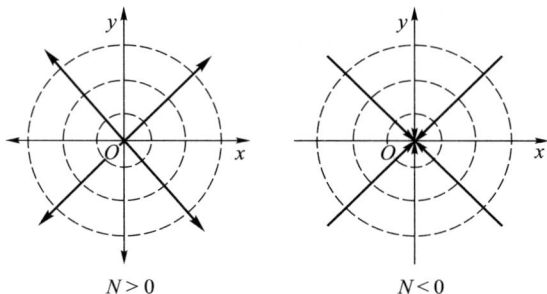

$N>0$ $\qquad\qquad$ $N<0$

图 5.3

故势线是同心圆周 $r=$ 常数,流线是过原点的射线 $\theta=$ 常数,且此流动的复速度 $\overline{v(z)}=f'(z)=\dfrac{N}{2\pi z}$,以 $z=0$ 为一阶极点,以 $z=\infty$ 为一阶零点(只要令 $v(\infty)=0$).

例 5.23 考察复势 $f(z)=\dfrac{1}{z}$ 的流动情况.

解 我们首先指出,$\dfrac{1}{z}$ 以 $z=0$ 为一阶极点,以 $z=\infty$ 为可去奇点(一阶零点,只要令 $f(\infty)=0$),它在 $0<|z|<+\infty$ 内是无源(漏)并且是无旋的.

其次,容易算得势函数及流函数分别为

$$\varphi(x,y)=\frac{x}{x^2+y^2},\quad \psi(x,y)=\frac{-y}{x^2+y^2},$$

故势线及流线是经过原点且互为正交的圆周(图 5.4).

设 C 是不过原点但包围原点的周线,则

$$\Gamma_C+\mathrm{i}N_C=\int_C f'(z)\mathrm{d}z=-\int_C \frac{\mathrm{d}z}{z^2}=0.$$

这种流动,可以想象为在原点处有充分多的流体以无限大的速度涌出,同时又以无限大的速度被漏掉.原点称为**重源**或称为**偶极子**,它是强度相同的一个源及一个漏无限接近而它们的强度无限增大时的极限情形.

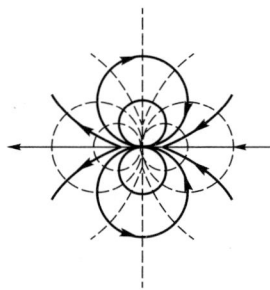

图 5.4

2. 在电场中的应用举例

在平面电场中,**电通** φ 和**电位** ψ 都是调和函数,即它们都满足拉普拉斯方程,而且**电力线**(相当于势线)$\varphi=k_1$ 和**等位线**(相当于流线)$\psi=k_2$ 互相正交.这种性质正好和一个解析函数的实部和虚部所具有的性质相符合.因此,在研究平面电场时,常将电场

的电通 φ(相当于势函数)和电位 ψ(相当于流函数)分别看作一个解析函数的实部和虚部,而将它们合为一个解析函数进行研究.这种由电通作实部,电位作虚部组成的解析函数

$$f(z) = \varphi(x, y) + i\psi(x, y)$$

称为电场的**复电位**(相当于复势).

如果不是利用解析函数作为研究电场的工具,则研究电场的电通和电位是孤立进行的,看不出它们之间的联系,在研究过程中也无一定的方法可循.如果使用解析函数,则这些缺点都可以克服,而且计算起来亦较简单.反过来,如果知道了一个平面电场的复电位,则通过对复电位的实部和虚部的研究,便可得出电场的分布情况.

注 静电场的势函数一定是单值函数.

例 5.24 已知一电场的电力线方程为

$$\arctan \frac{y}{x+b} - \arctan \frac{y}{x-b} = k_1,$$

试求其等位线方程和复电位.

解 设复电位 $f(z) = \varphi + i\psi$,则

$$\varphi(x, y) = \arctan \frac{y}{x+b} - \arctan \frac{y}{x-b}.$$

根据 C.-R.方程,

$$\psi_y = \varphi_x = \frac{-y}{(x+b)^2 + y^2} + \frac{y}{(x-b)^2 + y^2}.$$

两边对 y 积分,得

$$\begin{aligned}\psi(x, y) &= \int \left[\frac{y}{(x-b)^2 + y^2} - \frac{y}{(x+b)^2 + y^2} \right] dy \\ &= \frac{1}{2}\ln[(x-b)^2 + y^2] - \frac{1}{2}\ln[(x+b)^2 + y^2] + \lambda(x).\end{aligned}$$

又 $\psi_x = -\varphi_y$,而

$$\psi_x = \frac{x-b}{(x-b)^2 + y^2} - \frac{x+b}{(x+b)^2 + y^2} + \lambda'(x),$$

$$\varphi_y = \frac{x+b}{(x+b)^2 + y^2} - \frac{x-b}{(x-b)^2 + y^2},$$

故 $\lambda'(x) = 0$,即 $\lambda(x) = \lambda$ 为一常数.于是得等位线方程为

$$\frac{1}{2}\ln[(x-b)^2 + y^2] - \frac{1}{2}\ln[(x+b)^2 + y^2] + \lambda = \lambda_1,$$

或

$$\ln \sqrt{\frac{(x-b)^2 + y^2}{(x+b)^2 + y^2}} = k_2 \quad (k_2 = \lambda_1 - \lambda).$$

复电位为

$$f(z) = \left(\arctan \frac{y}{x+b} - \arctan \frac{y}{x-b} \right) + i \ln \sqrt{\frac{(x-b)^2 + y^2}{(x+b)^2 + y^2}},$$

或

$$f(z) = i \ln \left(\frac{z-b}{z+b} \right).$$

这是双曲线传输线所产生的电场(图 5.5). $f(z)$ 的支点 $-b$ 及 b 就是这个电场的正、负电荷位置.

通过上面的讨论,我们知道,利用解析函数对电场进行研究是十分理想的,它可将对电场的电位和电通的研究联系起来,克服了分别研究的复杂手续,而且使问题得到了简化.但找出这样的解析函数是极不容易的.因此,一般是将问题反转过来,不是根据电场去找解析函数,而是先研究一些不同的解析函数,找出它们所表示的电场图形,再由这些电场的图形推出带电导体的形状.如此积累了一些电场图形与解析函数之间的关系,再由这些已知的关系,推出新电场的复电位函数.即使现有导体的形状为已知的关系所不具备,也可选用近似的形状,把所得的解析函数用于现有的情况,较无根据的猜测,总要好些.下面就介绍一个由解析函数所表示的电场.

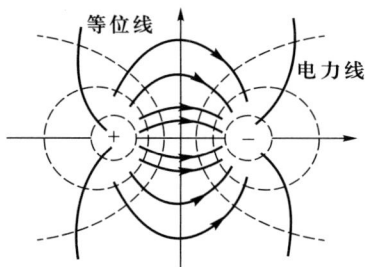

图 5.5

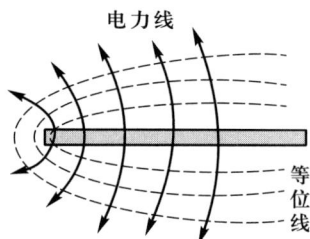

图 5.6

例 5.25　求由 $f(z)=z^{\frac{1}{2}}$ 所表现的电场.

解　设 $f(z)=u+\mathrm{i}v$,则
$$(u+\mathrm{i}v)^2=x+\mathrm{i}y.$$
故
$$u^2-v^2=x,\quad 2uv=y.$$
解两式得
$$y^2=4u^2(u^2-x),$$
或
$$y^2=4v^2(v^2+x).$$

令 $u=k_1$,得电力线方程为
$$y^2=4k_1^2(k_1^2-x),$$
即
$$y^2=-2p(x-a)\quad(这里\ p=2k_1^2,a=k_1^2),$$
这是抛物线(图 5.6).

令 $v=k_2$,得等位线方程为
$$y^2=4k_2^2(k_2^2+x),$$
即
$$y^2=2p(x+a)\quad(这里\ p=2k_2^2,a=k_2^2),$$
这也是抛物线(图 5.6).

第五章习题

（一）

1. 将下列各函数在指定圆环内展为洛朗级数.

(1) $\dfrac{\ln(2-z)}{z(z-1)}$，$0<|z-1|<1$;

(2) $\dfrac{1}{z^2\left(z^2-\dfrac{5}{2}z+1\right)}$，$0<|z|<\dfrac{1}{2}$;

(3) $\sin\dfrac{1}{z-2}$，$0<|z-2|<+\infty$.

2. 将下列各函数在指定点的去心邻域内展成洛朗级数，并指出其收敛范围.

(1) $\dfrac{1}{(z^2+1)^2}$，$z=\mathrm{i}$;

(2) $z^2\mathrm{e}^{\frac{1}{z}}$，$z=0$ 及 $z=\infty$;

(3) $\mathrm{e}^{\frac{1}{1-z}}$，$z=1$ 及 $z=\infty$.

3. 设 λ 为复数，试证

$$\mathrm{e}^{\frac{1}{2}\lambda\left(z+\frac{1}{z}\right)}=a_0+\sum_{n=1}^{\infty}a_n(z^n+z^{-n}),\quad 0<|z|<+\infty,$$

$$\mathrm{e}^{\frac{1}{2}\lambda\left(z-\frac{1}{z}\right)}=b_0+\sum_{n=1}^{\infty}b_n[z^n+(-1)^nz^{-n}],\quad 0<|z|<+\infty,$$

其中

$$a_n=\frac{1}{\pi}\int_0^{\pi}\mathrm{e}^{\lambda\cos\theta}\cos n\theta\,\mathrm{d}\theta\quad(n=0,1,2,\cdots),$$

$$b_n=\frac{1}{\pi}\int_0^{\pi}\cos(n\theta-\lambda\sin\theta)\,\mathrm{d}\theta\quad(n=0,1,2,\cdots).$$

4. 求出下列函数的奇点，并确定它们的类别（对于极点，要指出它们的阶），对无穷远点也要加以讨论.

(1) $\dfrac{z-1}{z(z^2+4)^2}$;

(2) $\dfrac{1}{\sin z+\cos z}$;

(3) $\dfrac{1-\mathrm{e}^z}{1+\mathrm{e}^z}$;

(4) $\dfrac{1}{(z^2+\mathrm{i})^3}$;

(5) $\tan^2 z$;

(6) $\cos\dfrac{1}{z+\mathrm{i}}$;

(7) $\dfrac{1-\cos z}{z^2}$;

(8) $\dfrac{1}{\mathrm{e}^z-1}$.

5. 下列函数在指定点的去心邻域内能否展为洛朗级数？

(1) $\cos\dfrac{1}{z}$，$z=0$;

(2) $\cos\dfrac{1}{z}$，$z=\infty$;

(3) $\dfrac{1}{\sin\dfrac{1}{z}}$，$z=0$;

(4) $\cot z$，$z=\infty$.

6. 函数 $f(z),g(z)$ 分别以 $z=a$ 为 m 阶极点及 n 阶极点.试问：$z=a$ 为 $f(z)+g(z)$，$f(z)g(z)$ 及 $f(z)/g(z)$ 的什么点？

7. 设函数 $f(z)$ 不恒为零且以 $z=a$ 为解析点或极点，而函数 $\varphi(z)$ 以 $z=a$ 为本质奇点，试证 $z=$

a 是 $\varphi(z) \pm f(z), \varphi(z)f(z)$ 及 $\varphi(z)/f(z)$ 的本质奇点.

8. 试证在扩充 z 平面上解析的函数 $f(z)$ 必为常数(刘维尔定理).

9. 刘维尔定理的几何意义是"非常数整函数的值不能全含于一圆之内",试证非常数整函数的值不能全含于一圆之外.

10. 设幂级数 $f(z) = \sum_{n=0}^{\infty} a_n z^n$ 所表示的和函数 $f(z)$ 在其收敛圆周上只有惟一的一阶极点 z_0. 试证 $\dfrac{a_n}{a_{n+1}} \to z_0$,因而 $\left| \dfrac{a_n}{a_{n+1}} \right| \to |z_0|$ ($|z_0| = r$ 是收敛半径).

(二)

1. 下列多值函数在指定点的去心邻域内能否有分支可展成洛朗级数?

(1) $\sqrt{z}$,$z=0$;

(2) $\sqrt{z(z-2)}$,$z=1$;

(3) $\sqrt{\dfrac{z}{(z-1)(z-2)}}$,$z=\infty$;

(4) $\mathrm{Ln}\dfrac{1}{z-1}$,$z=\infty$;

(5) $\mathrm{Ln}\dfrac{(z-1)(z-3)}{(z-2)(z-4)}$,$z=\infty$.

2. 试问用洛朗级数

$$\left(\cdots + \frac{1}{z^n} + \cdots + \frac{1}{z} \right) + \left(\frac{1}{2} + \frac{z}{2^2} + \frac{z^2}{2^3} + \cdots + \frac{z^n}{2^{n+1}} + \cdots \right)$$

所表示的函数 $f(z)$,是否以点 $z=0$ 为本质奇点? 为什么?

3. 设函数 $f(z)$ 在点 a 解析,试证函数

$$g(z) = \begin{cases} \dfrac{f(z)-f(a)}{z-a}, & z \neq a, \\ f'(a), & z = a \end{cases}$$

在点 a 也解析.

4. 任意给定一点列 $\{a_n\}$,$0 < |a_1| \leqslant |a_2| \leqslant |a_3| \leqslant \cdots \leqslant |a_n| \leqslant \cdots \to +\infty$,和任意的有限值 $\{b_n\}$,证明存在整函数 $f(z)$,满足 $f(a_n) = b_n (n=1,2,3,\cdots)$.

5. 试证:若 a 为 $f(z)$ 的单值性孤立奇点,则 a 为 $f(z)$ 的 m 阶极点的充要条件是

$$\lim_{z \to a} (z-a)^m f(z) = \alpha (\neq 0, \infty),$$

其中 m 是正整数.

6. 若 a 为 $f(z)$ 的单值性孤立奇点,$(z-a)^k f(z)$(k 为正整数)在点 a 的去心邻域内有界.试证 a 是 $f(z)$ 的不高于 k 阶的极点或可去奇点.

7. 考察函数

$$f(z) = \sin \left[\frac{1}{\sin \dfrac{1}{z}} \right]$$

的奇点类型.

8. 试证在扩充 z 平面上只有一个一阶极点的解析函数 $f(z)$ 必有如下形式:

$$f(z) = \frac{az+b}{cz+d}, \quad ad-bc \neq 0.$$

9. (含点 ∞ 的区域的柯西积分定理)设 C 是一条周线,区域 D 是 C 的外部(含点 ∞),$f(z)$ 在 D 内解析且连续到 C;又设

$$\lim_{z \to \infty} f(z) = c_0 \neq \infty,$$

则

$$\frac{1}{2\pi i} \int_{C^-} f(z) \, dz = -c_{-1},$$

这里 c_0 及 c_{-1} 是 $f(z)$ 在无穷远点去心邻域内的洛朗展式的系数.试证之.

提示 设 R 充分大,使 C 及其内部全含于圆周 $\Gamma : |z| = R$ 的内部
(图 5.7).其次,证明

$$\frac{1}{2\pi i} \int_{\Gamma^-} f(z) \, dz = -c_{-1}.$$

再应用复周线的柯西积分定理,就会得证.

注 第 9 题中的区域 D 和边界 C 可代以更一般的形式:设 D 是
扩充 z 平面上包含点 ∞ 的区域,其边界 C 由有限条互不包含且互不相
交的周线 $C_1, C_2, \cdots, C_m$ 组成,即

$$C = C_1 + C_2 + \cdots + C_m.$$

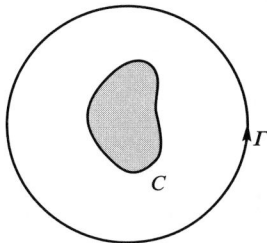

图 5.7

10. 若 $f(z)$ 在任何一个包含单位圆周 $z = e^{i\theta} (0 \leqslant \theta \leqslant 2\pi)$ 的以 $z = 0$ 为圆心的圆环域上解析,将
$f(z) = f(e^{i\theta})$ 视为 θ 的函数时,证明:$f(z)$ 的洛朗级数是 $f(e^{i\theta})$ 作为 θ 的函数的傅里叶级数.

11. 计算积分

$$I = \frac{1}{2\pi i} \int_{|z|=99} \frac{dz}{(z-2)(z-4)(z-6) \cdots (z-98)(z-100)}.$$

12. 设解析函数 $f(z)$ 在扩充 z 平面上只有孤立奇点,则奇点的个数必为有限个.试证之.

13. 求在扩充 z 平面上只有 n 个一阶极点的解析函数的一般形式.

14. 设(1) C 是一条周线,$f(z)$ 在 C 的内部是亚纯的,且连续到 C;

(2) $f(z)$ 沿 C 不为零.

试证函数 $f(z)$ 在 C 的内部至多只有有限个零点和极点.

15. 在施瓦茨引理的假设条件下,如果原点是 $f(z)$ 的 λ 阶零点,求证

$$\left| \frac{f^{\lambda}(0)}{\lambda !} \right| \leqslant 1.$$

要想这里的等号成立,必需 $f(z) = e^{i\alpha} z^{\lambda}$ (α 为实数,$|z| < 1$).

16. 若 $f(z)$ 在圆 $|z| < R$ 内解析,$f(0) = 0$,$|f(z)| \leqslant M < +\infty$,试证

(1) $|f(z)| \leqslant \dfrac{M}{R} |z|$,$|z| < R$,且有 $|f'(0)| \leqslant \dfrac{M}{R}$;

(2) 若在圆内有一点 $z (0 < |z| < R)$ 使

$$|f(z)| = \frac{M}{R} |z|,$$

就有

$$f(z) = \frac{M}{R} e^{i\alpha} z \quad (\alpha \text{ 为实数}, |z| < R).$$

注 (1) 当 $R = 1, M = 1$ 时,本题就是我们前面证明过的施瓦茨引理,故本题为其更一般的形式.

(2) 本题的结果也有如下一个简单改进:我们保留本题的假设条件不变,如果 $z = 0$ 是 $f(z)$ 的 λ
阶零点,则

$$|f(z)| \leqslant \frac{M}{R} |z|^{\lambda} \, (|z| < R), \text{且有} \left| \frac{f^{(\lambda)}(0)}{\lambda !} \right| \leqslant \frac{M}{R}.$$

如果这些关系中,有一个取等号,这只有

$$f(z) = \frac{M}{R} e^{i\alpha} z^{\lambda} \quad (\alpha \text{ 为实数}, |z| < R).$$

(当 $\lambda = 1$ 时,这些就是本题的结果.)

17. 试证米塔-列夫勒(Mittag-Leffler)定理:设 $\{a_n\}$ 为满足 $0 < |a_1| \leqslant |a_2| \leqslant |a_3| \leqslant \cdots \leqslant |a_n| \leqslant \cdots$, $|a_n| \to +\infty (n \to +\infty)$ 的点列. 任意给定一个函数列

$$H\left(\frac{1}{z-a_n}\right) = \frac{A_1^{(n)}}{z-a_n} + \cdots + \frac{A_{k_n}^{(n)}}{(z-a_n)^{k_n}} \quad (n=1,2,3,\cdots),$$

则总存在函数 $f(z)$, 它在 $|z| < +\infty$ 上是亚纯函数, 而在 $z=a_n$ 的主要部分是 $H\left(\frac{1}{z-a_n}\right)$.

第五章重难点讲解

第五章综合自测题

第六章
留数理论及其应用

这一章是第三章柯西积分理论的继续.中间插入的泰勒级数和洛朗级数是研究解析函数的有力工具.留数在复变函数论本身及实际应用中都是很重要的,它和计算周线积分(或归结为考察周线积分)的问题有密切关系.此外应用留数理论,我们已有条件去解决"大范围"的积分计算问题,还可以考察区域内函数的零点分布状况.

§1 留 数

1. 留数的定义及留数定理

如果函数 $f(z)$ 在点 a 是解析的,周线 C 全在点 a 的某邻域内,并包围点 a,则根据柯西积分定理,有

$$\int_C f(z)\mathrm{d}z = 0.$$

但是,如果 a 是 $f(z)$ 的一个孤立奇点,且周线 C 全在 a 的某个去心邻域内,并包围点 a,则积分

$$\int_C f(z)\mathrm{d}z$$

的值,一般说来,不再为零.并且利用洛朗系数公式很容易计算出它的值来.概括起来,我们有

定义 6.1 设函数 $f(z)$ 以有限点 a 为孤立奇点,即 $f(z)$ 在点 a 的某去心邻域 $0<|z-a|<R$ 内解析,则称积分

$$\frac{1}{2\pi\mathrm{i}}\int_\Gamma f(z)\mathrm{d}z \quad (\Gamma\colon |z-a|=\rho, 0<\rho<R)$$

为 $f(z)$ 在点 a 的**留数**(residue),记为 $\underset{z=a}{\mathrm{Res}}\,f(z)$.

由柯西积分定理 3.10 知道,当 $0<\rho<R$ 时,留数的值与 ρ 无关,利用洛朗系数公式(5.5),有

$$\frac{1}{2\pi\mathrm{i}}\int_\Gamma f(z)\mathrm{d}z = c_{-1}, \tag{6.1}$$

即

$$\underset{z=a}{\mathrm{Res}}\,f(z) = c_{-1}.$$

这里 c_{-1} 是 $f(z)$ 在 $z=a$ 处的洛朗展式中 $\dfrac{1}{z-a}$ 这一项的系数.

由此可知,函数在有限可去奇点处的留数为零.

定理 6.1(柯西留数定理) $f(z)$ 在周线或复周线 C 所围的区域 D 内,除 $a_1,a_2,\cdots,a_n$ 外解析,在闭域 $\overline{D}=D+C$ 上除 $a_1,a_2,\cdots,a_n$ 外连续,则("大范围"积分)

$$\int_C f(z)\mathrm{d}z = 2\pi\mathrm{i}\sum_{k=1}^n \operatorname*{Res}_{z=a_k} f(z). \tag{6.2}$$

证 以 a_k 为圆心,充分小的正数 ρ_k 为半径画圆周 $\Gamma_k:|z-a_k|=\rho_k(k=1,2,\cdots,n)$,使这些圆周及其内部均含于 D,并且彼此互相隔离(图 6.1).应用复周线的柯西积分定理 3.10 得

$$\int_C f(z)\mathrm{d}z = \sum_{k=1}^n \int_{\Gamma_k} f(z)\mathrm{d}z.$$

由留数的定义,有

$$\int_{\Gamma_k} f(z)\mathrm{d}z = 2\pi\mathrm{i}\operatorname*{Res}_{z=a_k} f(z).$$

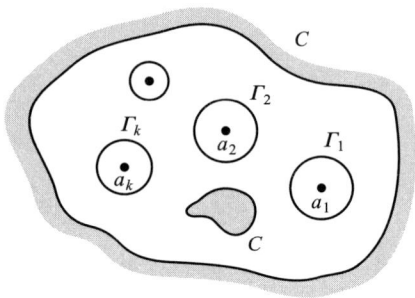

图 6.1

代入上式,即知(6.2)为真.

思考题 试说明柯西积分定理 3.10 与柯西积分公式都是柯西留数定理的特殊情形.

留数定理把计算周线积分的整体问题,化为计算各孤立奇点处留数的局部问题.

2. 留数与原函数

(1) $D_1 \subset \mathbf{C}$ 为复平面上的单连通区域,$f(z)$ 为 D_1 上的解析函数.则存在 D_1 上的解析函数 $F(z)$ 使得 $F'(z)=f(z)$.

(2) $D_2 = D_1 \setminus \{a\} \subset \mathbf{C}$ 为复平面上的二连通区域,$f(z)$ 为 D_2 上的解析函数.设 γ 是 D_2 内包含点 a 的任意闭曲线,

$$\operatorname*{Res}_{z=a} f(z) = \frac{1}{2\pi\mathrm{i}}\int_\gamma f(z)\,\mathrm{d}z = 0,$$

则对 D_2 内的任意闭曲线 C,都有 $\int_C f(z)\,\mathrm{d}z = 0$,因此,存在 D_2 上的解析函数 $F(z)$ 使得 $F'(z)=f(z)$.

设 $f(z)$ 为 D_2 上的解析函数,若

$$\operatorname*{Res}_{z=a} f(z) = \frac{1}{2\pi\mathrm{i}}\int_{|z-a|=\rho} f(z)\,\mathrm{d}z \neq 0,$$

令

$$g(z) = f(z) - \operatorname*{Res}_{z=a} f(z)\,\frac{1}{z-a},$$

则 $g(z)$ 为 D_2 上的解析函数,并且

$$\int_{|z-a|=\rho} g(z)\,\mathrm{d}z = 0.$$

于是对 D_2 内的任意闭曲线 C,都有 $\int_C g(z)\,\mathrm{d}z = 0$,因此,存在 D_2 上的解析函数 $G(z)$ 使得 $G'(z)=g(z)$.

这表明
$$f(z) = g(z) + \operatorname*{Res}_{z=a} f(z) \frac{1}{z-a}.$$

（3）设 $\Omega_2 \subset \mathbf{C}$ 为复平面上的二连通区域（图 6.2），有外边界 γ_1 和内边界 γ_2。设 $f(z)$ 为 Ω_2 上的解析函数。设 C 是 Ω_2 内的任意围绕 γ_2 的一条闭曲线，记

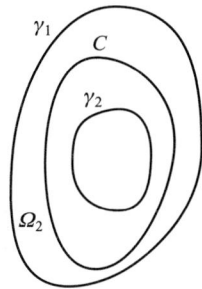

图 6.2

$$\mu = \int_C f(z)\,\mathrm{d}z.$$

在 γ_2 的内部任取一点 a。令

$$g(z) = f(z) - \frac{\mu}{2\pi\mathrm{i}} \frac{1}{z-a},$$

则 $g(z)$ 为 Ω_2 上的解析函数，并且

$$\int_C g(z)\,\mathrm{d}z = 0.$$

于是对 Ω_2 内的任意闭曲线 C，都有 $\displaystyle\int_C g(z)\,\mathrm{d}z = 0$，因此，存在 Ω_2 上的解析函数 $G(z)$ 使得 $G'(z) = g(z)$。

这表明
$$f(z) = g(z) + \frac{\mu}{2\pi\mathrm{i}} \frac{1}{z-a}.$$

（4）设 $D_{n+1} = D_1 \setminus \{a_1, a_2, \cdots, a_n\} \subset \mathbf{C}$ 为复平面上的 $(n+1)$ 连通区域（图 6.3）。

设 $f(z)$ 为 D_{n+1} 上的解析函数。对每个 a_i，选包含 a_i 在其内部的闭曲线 γ_i（图 6.4）。

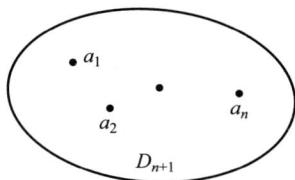

图 6.3

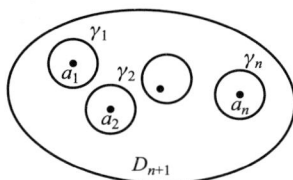

图 6.4

如果对每个 a_i 都有
$$\operatorname*{Res}_{z=a_i} f(z) = \frac{1}{2\pi\mathrm{i}} \int_{\gamma_i} f(z)\,\mathrm{d}z = 0,$$

则对 D_{n+1} 内的任意闭曲线 C，都有 $\displaystyle\int_C f(z)\,\mathrm{d}z = 0$，因此，存在 D_{n+1} 上的解析函数 $F(z)$ 使得 $F'(z) = f(z)$。

设 $f(z)$ 为 D_{n+1} 上的解析函数，若
$$\operatorname*{Res}_{z=a_i} f(z) = \frac{1}{2\pi\mathrm{i}} \int_{\gamma_i} f(z)\,\mathrm{d}z \neq 0,$$

令
$$g(z) = f(z) - \sum_{k=1}^{n} \operatorname*{Res}_{z=a_k} f(z) \frac{1}{z-a_k},$$

则 $g(z)$ 为 D_{n+1} 上的解析函数，并且

$$\int_{\gamma_i} g(z)\,\mathrm{d}z = 0.$$

于是对 D_{n+1} 内的任意闭曲线 C，都有 $\int_C g(z)\,\mathrm{d}z=0$，因此，存在 D_{n+1} 上的解析函数 $G(z)$ 使得 $G'(z)=g(z)$.

这表明

$$f(z)=g(z)+\sum_{k=1}^{n}\operatorname*{Res}_{z=a_k}f(z)\frac{1}{z-a_k}.$$

（5）设 $\Omega_{n+1}\subset\mathbf{C}$ 为复平面上的 $(n+1)$ 连通区域（图 6.5），有外边界 γ_0 和内边界 $\gamma_1,\gamma_2,\cdots,\gamma_n$.

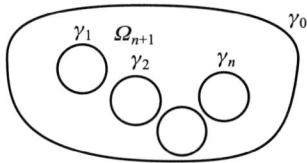

图 6.5

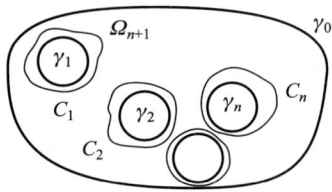

图 6.6

设 $f(z)$ 为 Ω_{n+1} 上的解析函数，C_k 是 Ω_{n+1} 内任意围绕 γ_k 的闭曲线（图 6.6），

$$\mu_k=\frac{1}{2\pi\mathrm{i}}\int_{C_k}f(z)\,\mathrm{d}z,\quad k=1,2,\cdots,n.$$

在每个 γ_k 的内部任取一点 $a_k,k=1,2,\cdots,n.$ 令

$$g(z)=f(z)-\sum_{k=1}^{n}\frac{\mu_k}{z-a_k},$$

则 $g(z)$ 为 Ω_{n+1} 上的解析函数，并且

$$\int_{C_k}g(z)\,\mathrm{d}z=0,\quad k=1,2,\cdots,n.$$

于是，对 Ω_{n+1} 内的任意闭曲线 C，都有 $\int_C g(z)\,\mathrm{d}z=0$，因此，存在 Ω_{n+1} 上的解析函数 $G(z)$ 使得 $G'(z)=g(z)$.

这表明

$$f(z)=g(z)+\sum_{k=1}^{n}\frac{\mu_k}{z-a_k}.$$

3. 留数的求法

为了应用留数定理求周线积分，首先应该掌握求留数的方法.而计算在孤立奇点 a 的留数时，我们只关心其洛朗展式中的 $\dfrac{1}{z-a}$ 这一项的系数，所以应用洛朗展式求留数是一般方法.下面的定理是求 n 阶极点处留数的公式，免得每求一个极点处的留数，都要去求一次洛朗展式.不过这个公式对于阶数过高（例如超过三阶）的极点，计算起来也未必简单.

定理 6.2　设 a 为 $f(z)$ 的 n 阶极点，

$$f(z) = \frac{\varphi(z)}{(z-a)^n},$$

其中 $\varphi(z)$（由定理 5.4）在点 a 解析，$\varphi(a) \neq 0$，则

$$\operatorname*{Res}_{z=a} f(z) = \frac{\varphi^{(n-1)}(a)}{(n-1)!}. \tag{6.3}$$

这里符号 $\varphi^{(0)}(a)$ 代表 $\varphi(a)$，且有 $\varphi^{(n-1)}(a) = \lim\limits_{z \to a} \varphi^{(n-1)}(z)$.

证 $\qquad \operatorname*{Res}_{z=a} f(z) = \frac{1}{2\pi i} \int_\Gamma \frac{\varphi(z)}{(z-a)^n} \mathrm{d}z = \frac{\varphi^{(n-1)}(a)}{(n-1)!}.$

推论 6.3 设 a 为 $f(z)$ 的一阶极点，

$$\varphi(z) = (z-a) f(z),$$

则 $\qquad\qquad\qquad\qquad \operatorname*{Res}_{z=a} f(z) = \varphi(a). \tag{6.4}$

推论 6.4 设 a 为 $f(z)$ 的二阶极点，

$$\varphi(z) = (z-a)^2 f(z),$$

则 $\qquad\qquad\qquad\qquad \operatorname*{Res}_{z=a} f(z) = \varphi'(a). \tag{6.5}$

定理 6.5 设 a 为 $f(z) = \dfrac{\varphi(z)}{\psi(z)}$ 的一阶极点（只要 $\varphi(z)$ 及 $\psi(z)$ 在点 a 解析，且 $\varphi(a) \neq 0, \psi(a) = 0, \psi'(a) \neq 0$），则

$$\operatorname*{Res}_{z=a} f(z) = \frac{\varphi(a)}{\psi'(a)}.$$

证 因为 a 为 $f(z) = \dfrac{\varphi(z)}{\psi(z)}$ 的一阶极点，故

$$\operatorname*{Res}_{z=a} f(z) = \lim_{z \to a} \frac{\varphi(z)}{\psi(z)}(z-a) = \lim_{z \to a} \frac{\varphi(z)}{\dfrac{\psi(z) - \psi(a)}{z-a}} = \frac{\varphi(a)}{\psi'(a)}.$$

要熟练掌握应用推论 6.3、推论 6.4 及定理 6.5 来计算函数在一、二阶极点处的留数.

例 6.1 计算积分 $\displaystyle\int_{|z|=2} \frac{5z-2}{z(z-1)^2} \mathrm{d}z$.

解 显然，被积函数 $f(z) = \dfrac{5z-2}{z(z-1)^2}$ 在圆周 $|z| = 2$ 的内部只有一阶极点 $z = 0$ 及二阶极点 $z = 1$.

由推论 6.3，

$$\operatorname*{Res}_{z=0} f(z) = \frac{5z-2}{(z-1)^2} \bigg|_{z=0} = -2;$$

由推论 6.4，

$$\operatorname*{Res}_{z=1} f(z) = \left(\frac{5z-2}{z} \right)' \bigg|_{z=1} = \frac{2}{z^2} \bigg|_{z=1} = 2;$$

故由留数定理得

$$\int_{|z|=2} \frac{5z-2}{z(z-1)^2} \mathrm{d}z = 2\pi i(-2+2) = 0.$$

例 6.2　计算积分 $\displaystyle\int_{|z|=n} \tan \pi z \, \mathrm{d}z$ (n 为正整数).

解　$\tan \pi z = \dfrac{\sin \pi z}{\cos \pi z}$ 只以 $z = k + \dfrac{1}{2}$ $(k = 0, \pm 1, \pm 2, \cdots)$ 为一阶极点.由定理 6.5 得

$$\operatorname*{Res}_{z=k+\frac{1}{2}} (\tan \pi z) = \frac{\sin \pi z}{(\cos \pi z)'}\bigg|_{z=k+\frac{1}{2}} = -\frac{1}{\pi} \quad (k = 0, \pm 1, \pm 2, \cdots).$$

于是,由留数定理得

$$\int_{|z|=n} \tan \pi z \, \mathrm{d}z = 2\pi \mathrm{i} \sum_{|k+\frac{1}{2}|<n} \operatorname*{Res}_{z=k+\frac{1}{2}} (\tan \pi z)$$

$$= 2\pi \mathrm{i} \left(-\frac{2n}{\pi} \right) = -4n\mathrm{i}.$$

例 6.3　计算积分 $\displaystyle\int_{|z|=1} \dfrac{\cos z}{z^3} \mathrm{d}z$.

解　$f(z) = \dfrac{\cos z}{z^3}$ 只以 $z = 0$ 为三阶极点.由定理 6.2 得

$$\operatorname*{Res}_{z=0} f(z) = \frac{1}{2!} \big[\cos z \big]''_{z=0} = -\frac{1}{2},$$

故由留数定理得 $\displaystyle\int_{|z|=1} \dfrac{\cos z}{z^3} \mathrm{d}z = 2\pi \mathrm{i} \left(-\dfrac{1}{2} \right) = -\pi \mathrm{i}$.

*例 6.4　计算积分 $\displaystyle\int_{|z|=1} \dfrac{z \sin z}{(1 - \mathrm{e}^z)^3} \mathrm{d}z$.

解法一　被积函数在单位圆周 $|z| = 1$ 内部只有 $z = 0$ 一个奇点,但其进一步的性质粗略一看还不明显,故我们先采用洛朗展式求留数的一般方法.

$$\frac{z \sin z}{(1 - \mathrm{e}^z)^3} = \frac{z \left(z - \dfrac{z^3}{3!} + \cdots \right)}{- \left(z + \dfrac{z^2}{2!} + \cdots \right)^3} = -\frac{z^2}{z^3} \cdot \frac{\left(1 - \dfrac{z^2}{3!} + \cdots \right)}{\left(1 + \dfrac{z}{2!} + \cdots \right)^3},$$

后面那个分式在 $z = 0$ 处解析,故可展为 z 的幂级数:

$$1 + a_1 z + \cdots$$

(数字 a_1 及以下各项我们不需关心!).于是在 $z = 0$ 的去心邻域内,有

$$\frac{z \sin z}{(1 - \mathrm{e}^z)^3} = -\frac{1}{z} - a_1 - \cdots,$$

由此即得

$$\operatorname*{Res}_{z=0} \frac{z \sin z}{(1 - \mathrm{e}^z)^3} = -1,$$

故由留数定理,原积分等于 $-2\pi \mathrm{i}$.

解法二　仔细分析,我们看出 $1 - \mathrm{e}^z$ 的全部零点为

$$z = 2k\pi \mathrm{i}, \quad k = 0, \pm 1, \pm 2, \cdots.$$

只有 $z = 0$ 在单位圆周 $|z| = 1$ 的内部,它是被积函数分母 $(1 - \mathrm{e}^z)^3$ 的三阶零点.又 $z = 0$ 显然是被积函数分子 $z \sin z$ 的二阶零点.所以被积函数

$$f(z) = \frac{z \sin z}{(1 - \mathrm{e}^z)^3}$$

在圆周 $|z|=1$ 的内部只有 $z=0$ 一个一阶极点. 这时,

$$\varphi(z)=zf(z)=\frac{z^2\sin z}{(1-\mathrm{e}^z)^3}$$

$\Big($**注意**: 因子 z 与 $f(z)$ 的分母形式上消不掉, 若这时将 $z=0$ 代入, 则成 $\frac{0}{0}$ 的不定型$\Big)$,

所以

$$\begin{aligned}
\operatorname*{Res}_{z=0}f(z)&=\varphi(0)=\lim_{z\to0}\varphi(z)=\lim_{z\to0}\frac{z^2\sin z}{(1-\mathrm{e}^z)^3}\\
&=\lim_{z\to0}\frac{\sin z}{z}\cdot\frac{z^3}{(1-\mathrm{e}^z)^3}=\Big(\lim_{z\to0}\frac{z}{1-\mathrm{e}^z}\Big)^3\\
&=\Big(\lim_{z\to0}\frac{1}{-\mathrm{e}^z}\Big)^3=(-1)^3=-1.
\end{aligned}$$

故由留数定理, 原积分等于 $-2\pi\mathrm{i}$.

例 6.5　计算积分 $\displaystyle\int_{|z|=1}\mathrm{e}^{\frac{1}{z^2}}\mathrm{d}z$.

解　在单位圆周 $|z|=1$ 的内部, 函数 $\mathrm{e}^{\frac{1}{z^2}}$ 只有一个本质奇点 $z=0$. 在该点的去心邻域内有洛朗展式

$$\mathrm{e}^{\frac{1}{z^2}}=1+\frac{1}{z^2}+\frac{1}{2!}\frac{1}{z^4}+\cdots,$$

于是
$$\operatorname*{Res}_{z=0}\mathrm{e}^{\frac{1}{z^2}}=0.$$

故由留数定理得

$$\int_{|z|=1}\mathrm{e}^{\frac{1}{z^2}}\mathrm{d}z=2\pi\mathrm{i}\cdot\operatorname*{Res}_{z=0}\mathrm{e}^{\frac{1}{z^2}}=0.$$

4. 函数在无穷远点的留数

留数的概念可以推广到无穷远点的情形.

定义 6.2　设 ∞ 为函数 $f(z)$ 的一个孤立奇点, 即 $f(z)$ 在去心邻域 $N\setminus\{\infty\}:0\leqslant r<|z|<+\infty$ 内解析, 则称

$$\frac{1}{2\pi\mathrm{i}}\int_{\Gamma^-}f(z)\mathrm{d}z\quad(\Gamma:|z|=\rho>r)$$

为 $f(z)$ 在点 ∞ 的留数, 记为 $\operatorname*{Res}_{z=\infty}f(z)$, 这里 Γ^- 是指顺时针方向(这个方向很自然地可以看作是绕无穷远点的正方向).

设 $f(z)$ 在 $0\leqslant r<|z|<+\infty$ 内的洛朗展式为

$$f(z)=\cdots+\frac{c_{-n}}{z^n}+\cdots+\frac{c_{-1}}{z}+c_0+c_1z+\cdots+c_nz^n+\cdots,$$

由逐项积分定理及第三章例 3.2, 即知

$$\operatorname*{Res}_{z=\infty}f(z)=\frac{1}{2\pi\mathrm{i}}\int_{\Gamma^-}f(z)\mathrm{d}z=-c_{-1},\tag{6.6}$$

也就是说, $\operatorname*{Res}_{z=\infty}f(z)$ 等于 $f(z)$ 在点 ∞ 的洛朗展式中 $\frac{1}{z}$ 这一项的系数反号.

定理 6.6　如果函数 $f(z)$ 在扩充 z 平面上只有有限个孤立奇点(包括无穷远点在

内),设为 $a_1, a_2, \cdots, a_n, \infty$,则 $f(z)$ 在各点的留数总和为零.

证 以原点为圆心作圆周 Γ,使 $a_1, a_2, \cdots, a_n$ 皆含于 Γ 的内部,则由留数定理得

$$\int_\Gamma f(z)\mathrm{d}z = 2\pi\mathrm{i} \sum_{k=1}^n \operatorname*{Res}_{z=a_k} f(z),$$

两边除以 $2\pi\mathrm{i}$,并移项即得

$$\sum_{k=1}^n \operatorname*{Res}_{z=a_k} f(z) + \frac{1}{2\pi\mathrm{i}} \int_{\Gamma^-} f(z)\mathrm{d}z = 0,$$

亦即

$$\sum_{k=1}^n \operatorname*{Res}_{z=a_k} f(z) + \operatorname*{Res}_{z=\infty} f(z) = 0.$$

要特别注意:虽然在 $f(z)$ 的有限可去奇点 a 处,必有 $\operatorname*{Res}_{z=a} f(z) = 0$,但是,如果点 ∞ 为 $f(z)$ 的可去奇点(或解析点),则 $\operatorname*{Res}_{z=\infty} f(z)$ 可以不是零.例如,$f(z) = 2 + \dfrac{1}{z}$ 以 $z = \infty$ 为可去奇点,但 $\operatorname*{Res}_{z=\infty} f(z) = -1$.

下面我们引入计算留数 $\operatorname*{Res}_{z=\infty} f(z)$ 的另一公式.

令

$$t = \frac{1}{z}.$$

于是

$$\varphi(t) = f\left(\frac{1}{t}\right) = f(z),$$

且 z 平面上无穷远点的去心邻域 $N\backslash\{\infty\}: 0 \leqslant r < |z| < +\infty$ 被变成 t 平面上原点的去心邻域 $K\backslash\{0\}: 0 < |t| < \dfrac{1}{r}$(如 $r = 0$,规定 $\dfrac{1}{r} = +\infty$);圆周 $\Gamma: |z| = \rho > r$ 被变成圆周 $\gamma: |t| = \lambda = \dfrac{1}{\rho} < \dfrac{1}{r}$.从而易证

$$\frac{1}{2\pi\mathrm{i}} \int_{\Gamma^-} f(z)\mathrm{d}z = -\frac{1}{2\pi\mathrm{i}} \int_\gamma f\left(\frac{1}{t}\right) \frac{1}{t^2}\mathrm{d}t.$$

所以

$$\operatorname*{Res}_{z=\infty} f(z) = -\operatorname*{Res}_{t=0}\left[f\left(\frac{1}{t}\right) \frac{1}{t^2} \right]. \tag{6.7}$$

例 6.6 计算积分

$$I = \int_{|z|=4} \frac{z^{15}}{(z^2+1)^2 (z^4+2)^3}\mathrm{d}z.$$

解 被积函数一共有七个奇点:$z = \pm\mathrm{i}$,$z = \sqrt[4]{2}\, \mathrm{e}^{\mathrm{i}\frac{\pi+2k\pi}{4}}$ $(k = 0,1,2,3)$ 以及 $z = \infty$.前六个奇点均含在 $|z| = 4$ 内部.

要计算 $|z| = 4$ 内部六个奇点的留数和是十分麻烦的,所以应用上述定理及留数定理得

$$I = 2\pi\mathrm{i}\left[-\operatorname*{Res}_{z=\infty} f(z) \right].$$

由下式可知 $f(z)$ 在 ∞ 处的洛朗展式中 $\dfrac{1}{z}$ 这一项的系数 c_{-1},

$$f(z) = \frac{z^{15}}{(z^2+1)^2 (z^4+2)^3} = \frac{z^{15}}{z^{16}\left(1 + \dfrac{1}{z^2}\right)^2 \left(1 + \dfrac{2}{z^4}\right)^3}$$

$$= \frac{1}{z}\left(1 - 2 \cdot \frac{1}{z^2} + \cdots\right)\left(1 - 3 \cdot \frac{2}{z^4} + \cdots\right),$$

因此, $\operatorname*{Res}_{z=\infty} f(z) \overset{(6.6)}{=\!=\!=} -1$, 故 $I = 2\pi i$.

另外, 也可应用公式(6.7). 先看

$$f\left(\frac{1}{t}\right)\frac{1}{t^2} = \frac{\dfrac{1}{t^{15}}}{\left(\dfrac{1}{t^2}+1\right)^2\left(\dfrac{1}{t^4}+2\right)^3} \cdot \frac{1}{t^2} = \frac{1}{t(1+t^2)^2(1+2t^4)^3},$$

它以 $t=0$ 为一阶极点. 所以

$$I = 2\pi i\left[-\operatorname*{Res}_{z=\infty} f(z)\right] \overset{(6.7)}{=\!=\!=} 2\pi i\operatorname*{Res}_{t=0}\left[f\left(\frac{1}{t}\right)\frac{1}{t^2}\right] = 2\pi i.$$

思考题 试总结计算 $f(z)$ 的周线积分 $\int_C f(z)\mathrm{d}z$ 的种种方法.

§2 用留数定理计算实积分

某些实的定积分可应用留数定理进行计算, 尤其是对原函数不易直接求得的定积分和反常积分, 这常是一个有效的方法, 其要点是将它化归为复变函数的周线积分.

1. 计算 $\int_0^{2\pi} R(\cos\theta, \sin\theta)\mathrm{d}\theta$ 型积分

这里 $R(\cos\theta, \sin\theta)$ 表示 $\cos\theta, \sin\theta$ 的有理函数, 并且在 $[0,2\pi]$ 上连续. 若令 $z = \mathrm{e}^{i\theta}$, 则

$$\cos\theta = \frac{z+z^{-1}}{2}, \quad \sin\theta = \frac{z-z^{-1}}{2i}, \quad \mathrm{d}\theta = \frac{\mathrm{d}z}{iz},$$

当 θ 经历变程 $[0,2\pi]$ 时, z 沿圆周 $|z|=1$ 的正方向绕行一周. 因此有

$$\int_0^{2\pi} R(\cos\theta, \sin\theta)\mathrm{d}\theta = \int_{|z|=1} R\left(\frac{z+z^{-1}}{2}, \frac{z-z^{-1}}{2i}\right)\frac{\mathrm{d}z}{iz},$$

右端是 z 的有理函数的周线积分, 并且积分路径上无奇点, 应用留数定理就可求得其值.

注 这里关键一步是引进变量代换 $z = \mathrm{e}^{i\theta}$, 至于被积函数 $R(\cos\theta, \sin\theta)$ 在 $[0, 2\pi]$ 上的连续性可不必先检验, 只要看变换后的被积函数在 $|z|=1$ 上是否有奇点.

例 6.7 计算积分

$$I = \int_0^{2\pi} \frac{\mathrm{d}\theta}{1 - 2p\cos\theta + p^2} \quad (0 \leqslant |p| < 1).$$

解 令 $z = \mathrm{e}^{i\theta}$, 则 $\mathrm{d}\theta = \frac{\mathrm{d}z}{iz}$. 当 $p \neq 0$ 时,

$$1 - 2p\cos\theta + p^2 = 1 - p(z+z^{-1}) + p^2 = \frac{(z-p)(1-pz)}{z},$$

这样就有
$$I = \frac{1}{i} \int_{|z|=1} \frac{dz}{(z-p)(1-pz)},$$

且在圆 $|z|<1$ 内，
$$f(z) = \frac{1}{(z-p)(1-pz)}$$

只以 $z=p$ 为一阶极点，在 $|z|=1$ 上无奇点，依公式(6.4)，
$$\operatorname*{Res}_{z=p} f(z) = \frac{1}{1-pz}\bigg|_{z=p} = \frac{1}{1-p^2} \quad (0<|p|<1).$$

所以，由留数定理得 $I = \frac{1}{i} \cdot 2\pi i \cdot \frac{1}{1-p^2} = \frac{2\pi}{1-p^2}(0\leqslant|p|<1).$

注 此题在数学分析中可用万能代换的方法求解，比较起来，用复变函数的方法求解要简单得多.

思考题 当 $|p|>1$ 时，积分
$$\int_0^{2\pi} \frac{d\theta}{1-2p\cos\theta+p^2}$$

之值为何？

例 6.8 计算积分
$$I = \int_0^{2\pi} \frac{\sin^2\theta}{a+b\cos\theta}d\theta \quad (a>b>0).$$

解 令 $z=e^{i\theta}$，则
$$I = \int_{|z|=1} \left[\frac{-(z^2-1)^2}{4z^2}\right] \cdot \frac{1}{a+b\left(\frac{z^2+1}{2z}\right)} \cdot \frac{dz}{iz}$$

$$= \frac{i}{2b} \int_{|z|=1} \frac{(z^2-1)^2}{z^2\left(z^2+\frac{2a}{b}z+1\right)}dz$$

$$= \frac{i}{2b} \int_{|z|=1} \frac{(z^2-1)^2}{z^2(z-\alpha)(z-\beta)}dz,$$

其中
$$\alpha = \frac{-a+\sqrt{a^2-b^2}}{b}, \quad \beta = \frac{-a-\sqrt{a^2-b^2}}{b}$$

为实系数二次方程
$$z^2 + \frac{2a}{b}z + 1 = 0$$

的两个相异实根. 由根与系数的关系 $\alpha\beta=1$，且显然 $|\beta|>|\alpha|$，故必 $|\alpha|<1,|\beta|>1$.

于是，被积函数 $f(z)$ 在 $|z|=1$ 上无奇点. 在单位圆 $|z|<1$ 内只有一个二阶极点 $z=0$ 和一个一阶极点 $z=\alpha$. 由公式(6.5)及(6.4)得
$$\operatorname*{Res}_{z=0} f(z) = \left[\frac{(z^2-1)^2}{z^2+\frac{2a}{b}z+1}\right]'_{z=0} = -\frac{2a}{b},$$

$$\operatorname*{Res}_{z=\alpha} f(z) = \frac{(z^2-1)^2}{z^2(z-\beta)}\bigg|_{z=\alpha} = \frac{(\alpha^2-1)^2}{\alpha^2(\alpha-\beta)} = \frac{\left(\alpha-\frac{1}{\alpha}\right)^2}{\alpha-\beta}$$

$$= \frac{(\alpha - \beta)^2}{\alpha - \beta} = \alpha - \beta = \frac{2\sqrt{a^2 - b^2}}{b},$$

由留数定理得

$$I = \frac{\mathrm{i}}{2b} \cdot 2\pi\mathrm{i}\left(-\frac{2a}{b} + \frac{2\sqrt{a^2 - b^2}}{b}\right) = \frac{2\pi}{b^2}(a - \sqrt{a^2 - b^2}).$$

例 6.9　计算积分

$$I = \int_0^{2\pi} \frac{\mathrm{d}\theta}{1 + \cos^2\theta}.$$

解　令 $z = \mathrm{e}^{\mathrm{i}\theta}$，则

$$I = \int_{\Gamma: |z|=1} \frac{4z\,\mathrm{d}z}{\mathrm{i}(z^4 + 6z^2 + 1)},$$

又令 $z^2 = u$，则 $\dfrac{4z\,\mathrm{d}z}{\mathrm{i}(z^4 + 6z^2 + 1)} = \dfrac{2\,\mathrm{d}u}{\mathrm{i}(u^2 + 6u + 1)}$. 当 z 绕 Γ 圆周一周时，u 亦在其上绕二周，故

$$I = 2\int_{\Gamma} \frac{2\,\mathrm{d}u}{\mathrm{i}(u^2 + 6u + 1)} = \frac{4}{\mathrm{i}}\int_{\Gamma} \frac{\mathrm{d}u}{u^2 + 6u + 1}.$$

被积函数 $f(u)$ 在 Γ 内部仅有一个一阶极点 $u = -3 + \sqrt{8}$.

$$\operatorname*{Res}_{u = -3+\sqrt{8}} f(u) = \frac{1}{u + 3 + \sqrt{8}}\bigg|_{u = -3+\sqrt{8}} = \frac{1}{2\sqrt{8}} = \frac{1}{4\sqrt{2}}.$$

所以由留数定理，

$$I = \frac{4}{\mathrm{i}} \cdot 2\pi\mathrm{i} \cdot \frac{1}{4\sqrt{2}} = \sqrt{2}\,\pi.$$

若 $R(\cos\theta, \sin\theta)$ 为 θ 的偶函数，则 $\displaystyle\int_0^{\pi} R(\cos\theta, \sin\theta)\,\mathrm{d}\theta$ 之值亦可由上述方法求之. 因此时

$$\int_0^{\pi} R(\cos\theta, \sin\theta)\,\mathrm{d}\theta = \frac{1}{2}\int_{-\pi}^{\pi} R(\cos\theta, \sin\theta)\,\mathrm{d}\theta,$$

仍令 $z = \mathrm{e}^{\mathrm{i}\theta}$，与前同法，我们可将 $\displaystyle\int_{-\pi}^{\pi} R(\cos\theta, \sin\theta)\,\mathrm{d}\theta$ 化为单位圆周 Γ 上的积分.

例 6.10　计算积分

$$I = \int_0^{\pi} \frac{\cos mx}{5 - 4\cos x}\,\mathrm{d}x,$$

m 为正整数.

解　因为积分号下的函数为 x 的偶函数，故

$$I = \frac{1}{2}\int_{-\pi}^{\pi} \frac{\cos mx}{5 - 4\cos x}\,\mathrm{d}x,$$

令

$$I_1 = \int_{-\pi}^{\pi} \frac{\cos mx}{5 - 4\cos x}\,\mathrm{d}x, \quad I_2 = \int_{-\pi}^{\pi} \frac{\sin mx}{5 - 4\cos x}\,\mathrm{d}x,$$

则

$$I_1 + \mathrm{i}I_2 = \int_{-\pi}^{\pi} \frac{\mathrm{e}^{\mathrm{i}mx}}{5 - 4\cos x}\,\mathrm{d}x.$$

设 $z = \mathrm{e}^{\mathrm{i}x}$，则

$$I_1+\mathrm{i}I_2=\frac{1}{\mathrm{i}}\int_\Gamma\frac{z^m}{5z-2(1+z^2)}\mathrm{d}z=\frac{\mathrm{i}}{2}\int_\Gamma\frac{z^m}{\left(z-\frac{1}{2}\right)(z-2)}\mathrm{d}z.$$

在圆周 Γ 内部,积分号下函数 $f(z)$ 仅有一个一阶极点 $z=\frac{1}{2}$,于是

$$\operatorname*{Res}_{z=\frac{1}{2}}f(z)=\frac{z^m}{z-2}\bigg|_{z=\frac{1}{2}}=-\frac{1}{3\cdot 2^{m-1}},$$

故由留数定理,

$$I_1+\mathrm{i}I_2=\left(-\frac{1}{2\mathrm{i}}\right)\cdot 2\pi\mathrm{i}\left(-\frac{1}{3\cdot 2^{m-1}}\right)=\frac{\pi}{3\cdot 2^{m-1}},$$

于是知

$$I_1=\frac{\pi}{3\cdot 2^{m-1}},\quad I_2=0,$$

所以

$$I=\frac{1}{2}I_1=\frac{\pi}{3\cdot 2^m}.$$

在实际问题中,往往需要计算反常积分,如:

$$\int_0^{+\infty}\frac{\sin x}{x}\mathrm{d}x\quad（有阻尼的振动）;$$

$$\int_0^{+\infty}\sin x^2\,\mathrm{d}x\quad（光的折射）;$$

$$\int_0^{+\infty}\mathrm{e}^{-ax^2}\cos bx\,\mathrm{d}x(a>0)\quad（热传导）,等等.$$

回忆数学分析中计算反常积分的方法,要计算上述几个反常积分是麻烦的,而且没有统一的处理方法.但是根据留数定理来计算,往往就比较简捷.这种方法的线索如下:

对于一个实变函数 $f(x)$ 沿 x 轴上一条有限线段 $[a,b]$ 的积分,我们以一条或几条辅助曲线 Γ 来补充 $[a,b]$,使 $[a,b]$ 和 Γ 一起构成一条周线,围成一个区域 D(图 6.7).如果有在 D 内解析,在 $\overline{D}$ 上连续(除了 D 中有限个点外)的辅助函数 $g(z)$,在 $[a,b]$ 内 $g(z)$ 或 $g(z)$ 的实部及虚部中的一个等于 $f(x)$,则由留数定理就有

$$\int_a^b g(x)\mathrm{d}x+\int_\Gamma g(z)\mathrm{d}z=2\pi\mathrm{i}\sum,\tag{6.8}$$

其中 $\sum$ 是 $g(z)$ 在 D 内的奇点的留数总和.假如上式中的第二个积分能够算出,则 $\int_a^b f(x)\mathrm{d}x$ 的计算问题就解决了.如果 a 或 b 不是有限数,则可于(6.8)式两端取极限,这时,如能求得 $\int_\Gamma g(z)\mathrm{d}z$ 的极限,就能至少得到所求反常积分的柯西主值.但在一般给出的问题中,或者只需要求主值,或者不难预先看出这一反常积分收敛,因此,所求出的那个主值恰好就是所需要的值.

下面几段我们就分几种类型来具体讨论这个问题.

2. 计算 $\int_{-\infty}^{+\infty}\dfrac{P(x)}{Q(x)}\mathrm{d}x$ 型积分

为了计算这种反常积分,我们先证明一个引理.它主要用来估计辅助曲线 Γ 上的

积分.

引理 6.1 设 $f(z)$ 沿圆弧 $S_R: z = R\mathrm{e}^{\mathrm{i}\theta}$ ($\theta_1 \leqslant \theta \leqslant \theta_2$, R 充分大) 上连续 (图 6.8), 且

$$\lim_{R \to +\infty} zf(z) = \lambda$$

于 S_R 上一致成立 (即与 $\theta_1 \leqslant \theta \leqslant \theta_2$ 中的 θ 无关), 则

$$\lim_{R \to +\infty} \int_{S_R} f(z)\mathrm{d}z = \mathrm{i}(\theta_2 - \theta_1)\lambda. \tag{6.9}$$

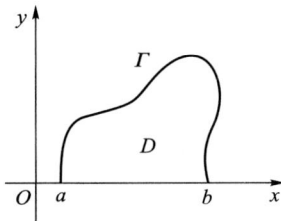
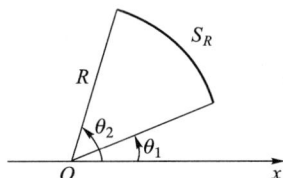

图 6.7   图 6.8

证 因为

$$\mathrm{i}(\theta_2 - \theta_1)\lambda = \lambda \int_{S_R} \frac{\mathrm{d}z}{z},$$

于是有

$$\left| \int_{S_R} f(z)\mathrm{d}z - \mathrm{i}(\theta_2 - \theta_1)\lambda \right| = \left| \int_{S_R} \frac{zf(z) - \lambda}{z}\mathrm{d}z \right|. \tag{6.10}$$

对于任给 $\varepsilon > 0$, 由已知条件, 存在 $R_0(\varepsilon) > 0$, 使当 $R > R_0$ 时, 有不等式

$$|zf(z) - \lambda| < \frac{\varepsilon}{\theta_2 - \theta_1}, \quad z \in S_R.$$

于是 (6.10) 不超过 $\dfrac{\varepsilon}{\theta_2 - \theta_1} \cdot \dfrac{l}{R} = \varepsilon$ (其中 l 为 S_R 的长度, 即 $l = R(\theta_2 - \theta_1)$).

定理 6.7 设 $f(z) = \dfrac{P(z)}{Q(z)}$ 为有理分式, 其中

$$P(z) = c_0 z^m + c_1 z^{m-1} + \cdots + c_m \quad (c_0 \neq 0)$$

与

$$Q(z) = b_0 z^n + b_1 z^{n-1} + \cdots + b_n \quad (b_0 \neq 0)$$

为互质多项式, 且符合条件: (1) $n - m \geqslant 2$; (2) 在实轴上 $Q(z) \neq 0$. 于是有

$$\int_{-\infty}^{+\infty} f(x)\mathrm{d}x = 2\pi\mathrm{i} \sum_{\mathrm{Im}\, a_k > 0} \operatorname*{Res}_{z = a_k} f(z). \tag{6.11}$$

证 由条件 (1), (2) 及数学分析的结论, 知 $\int_{-\infty}^{+\infty} f(x)\mathrm{d}x$ 存在, 且等于它的主值

$$\lim_{R \to +\infty} \int_{-R}^{+R} f(x)\mathrm{d}x.$$

记为

$$\mathrm{P.V.} \int_{-\infty}^{+\infty} f(x)\mathrm{d}x.$$

取上半圆周 $\Gamma_R: z = R\mathrm{e}^{\mathrm{i}\theta}$ ($0 \leqslant \theta \leqslant \pi$) 作为辅助曲线 (图 6.9). 于是, 由线段 $[-R, R]$ 及 Γ_R 合成一周线

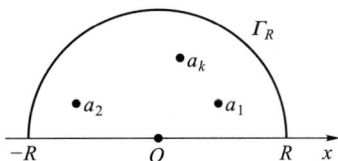

图 6.9

C_R,先取 R 充分大,使 C_R 内部包含 $f(z)$ 在上半平面内的一切孤立奇点(实际上只有有限个极点).而由条件(2),$f(z)$ 在 C_R 上没有奇点.

按留数定理得

$$\int_{C_R} f(z)\mathrm{d}z = 2\pi\mathrm{i} \sum_{\mathrm{Im}\, a_k>0} \operatorname*{Res}_{z=a_k} f(z),$$

或写成

$$\int_{-R}^{R} f(x)\mathrm{d}x + \int_{\Gamma_R} f(z)\mathrm{d}z = 2\pi\mathrm{i} \sum_{\mathrm{Im}\, a_k>0} \operatorname*{Res}_{z=a_k} f(z). \tag{6.12}$$

因为

$$|zf(z)| = \left| z\frac{P(z)}{Q(z)} \right| = \left| z\frac{c_0 z^m + \cdots + c_m}{b_0 z^n + \cdots + b_n} \right|$$

$$= \left| \frac{z^{m+1}}{z^n} \right| \left| \frac{c_0 + \cdots + \dfrac{c_m}{z^m}}{b_0 + \cdots + \dfrac{b_n}{z^n}} \right|,$$

由假设条件(1)知 $n-m-1 \geqslant 1$,故沿 Γ_R 上,就有

$$|zf(z)| \to 0 \quad (R\to+\infty).$$

在等式(6.12)中令 $R\to+\infty$,并根据引理 6.1,知(6.12)中第二项的积分之极限为零,这就证明了(6.11).

例 6.11 设 $a>0$,计算积分

$$\int_0^{+\infty} \frac{\mathrm{d}x}{x^4+a^4}.$$

解 因

$$\int_0^{+\infty} \frac{\mathrm{d}x}{x^4+a^4} = \frac{1}{2}\int_{-\infty}^{+\infty} \frac{\mathrm{d}x}{x^4+a^4}, \quad f(z) = \frac{1}{z^4+a^4},$$

它一共有四个一阶极点

$$a_k = a\,\mathrm{e}^{\frac{\pi+2k\pi}{4}\mathrm{i}} \quad (k=0,1,2,3),$$

且符合定理 6.7 的条件.而

$$\operatorname*{Res}_{z=a_k} f(z) = \frac{1}{4z^3}\bigg|_{z=a_k} = \frac{1}{4a_k^3} = \frac{a_k}{4a_k^4} = -\frac{a_k}{4a^4} \quad (k=0,1,2,3)$$

(这里用到了 $a_k^4+a^4=0$).$f(z)$ 在上半平面内只有两个极点 a_0 及 a_1,于是

$$\int_0^{+\infty} \frac{\mathrm{d}x}{x^4+a^4} = -\pi\mathrm{i}\,\frac{1}{4a^4}\left(a\mathrm{e}^{\frac{\pi}{4}\mathrm{i}} + a\mathrm{e}^{\frac{3\pi}{4}\mathrm{i}} \right)$$

$$= -\pi\mathrm{i}\,\frac{1}{4a^3}\left(\mathrm{e}^{\frac{\pi}{4}\mathrm{i}} - \mathrm{e}^{-\frac{\pi}{4}\mathrm{i}} \right) = \frac{\pi}{2a^3}\sin\frac{\pi}{4} = \frac{\pi}{2\sqrt{2}\,a^3}.$$

例 6.12 计算积分

$$\int_{-\infty}^{+\infty} \frac{x^4\mathrm{d}x}{(2+3x^2)^4}.$$

解 函数 $f(z) = \dfrac{z^4}{(2+3z^2)^4}$ 在上半平面内只有 $z = \sqrt{\dfrac{2}{3}}\,\mathrm{i}$ 一个四阶极点,且符合

定理 6.7 的条件.

记 $\sqrt{\dfrac{2}{3}}\,\mathrm{i}=a$，令 $z-a=t$，即令 $z=a+t$，则

$$f(z)=\frac{z^4}{(2+3z^2)^4}=\frac{z^4}{3^4(z-a)^4(z+a)^4}=\frac{(t+a)^4}{3^4 t^4(t+2a)^4}$$

$$=\frac{1}{3^4 t^4}\cdot\frac{a^4+4a^3 t+6a^2 t^2+4at^3+t^4}{16a^4+32a^3 t+24a^2 t^2+8at^3+t^4}$$

$$=\frac{1}{3^4 t^4}\left(\frac{1}{16}+\frac{t}{8a}+\frac{t^2}{32a^2}-\frac{t^3}{32a^3}+\cdots\right).$$

故

$$\operatorname*{Res}_{z=a}f(z)=-\frac{1}{3^4\cdot 32a^3},$$

即

$$\operatorname*{Res}_{z=\sqrt{\frac{2}{3}}\,\mathrm{i}}f(z)=-\frac{1}{3^4\cdot 32\left(\sqrt{\dfrac{2}{3}}\,\mathrm{i}\right)^3}=\frac{-\mathrm{i}}{32\sqrt{2^3\cdot 3^5}}=\frac{-\mathrm{i}}{576\sqrt{6}}.$$

故

$$\int_{-\infty}^{+\infty}\frac{x^4}{(2+3x^2)^4}\mathrm{d}x=2\pi\mathrm{i}\cdot\frac{-\mathrm{i}}{576\sqrt{6}}=\frac{\pi}{288\sqrt{6}}.$$

3. 计算 $\displaystyle\int_{-\infty}^{+\infty}\frac{P(x)}{Q(x)}\mathrm{e}^{\mathrm{i}mx}\mathrm{d}x$ 型积分

引理 6.2(若尔当引理) 设函数 $g(z)$ 沿半圆周 $\varGamma_R:z=R\mathrm{e}^{\mathrm{i}\theta}(0\leqslant\theta\leqslant\pi,R$ 充分大$)$ 上连续，且

$$\lim_{R\to+\infty}g(z)=0$$

在 $\varGamma_R$ 上一致成立.则

$$\lim_{R\to+\infty}\int_{\varGamma_R}g(z)\mathrm{e}^{\mathrm{i}mz}\mathrm{d}z=0\quad(m>0).$$

证 对于任给的 $\varepsilon>0$，存在 $R_0(\varepsilon)>0$，使当 $R>R_0$ 时，有

$$|g(z)|<\varepsilon,\quad z\in\varGamma_R.$$

于是，就有

$$\left|\int_{\varGamma_R}g(z)\mathrm{e}^{\mathrm{i}mz}\mathrm{d}z\right|=\left|\int_0^\pi g(R\mathrm{e}^{\mathrm{i}\theta})\mathrm{e}^{\mathrm{i}mR\mathrm{e}^{\mathrm{i}\theta}}R\mathrm{e}^{\mathrm{i}\theta}\mathrm{i}\mathrm{d}\theta\right|$$

$$\leqslant R\varepsilon\int_0^\pi \mathrm{e}^{-mR\sin\theta}\mathrm{d}\theta,\qquad(6.13)$$

这里利用了 $|g(R\mathrm{e}^{\mathrm{i}\theta})|<\varepsilon$，$|R\mathrm{e}^{\mathrm{i}\theta}\mathrm{i}|=R$ 以及

$$|\mathrm{e}^{\mathrm{i}mR\mathrm{e}^{\mathrm{i}\theta}}|=|\mathrm{e}^{-mR\sin\theta+\mathrm{i}mR\cos\theta}|=\mathrm{e}^{-mR\sin\theta}.$$

于是，由(若尔当不等式)

$$\frac{2\theta}{\pi}\leqslant\sin\theta\leqslant\theta\quad\left(0\leqslant\theta\leqslant\frac{\pi}{2}\right),$$

将(6.13)化为

$$\left| \int_{\Gamma_R} g(z) e^{imz} dz \right| \leqslant 2R\varepsilon \int_0^{\frac{\pi}{2}} e^{-mR\sin\theta} d\theta \leqslant 2R\varepsilon \int_0^{\frac{\pi}{2}} e^{-\frac{2mR\theta}{\pi}} d\theta$$

$$= 2\varepsilon R \left[-\frac{e^{-\frac{2mR}{\pi}\theta}}{\frac{2mR}{\pi}} \right]_{\theta=0}^{\theta=\frac{\pi}{2}} = \frac{\pi\varepsilon}{m}(1 - e^{-mR}) < \frac{\pi\varepsilon}{m}.$$

应用引理 6.2,完全和证明定理 6.7 一样可得

定理 6.8 设 $g(z) = \dfrac{P(z)}{Q(z)}$,其中 $P(z)$ 及 $Q(z)$ 是互质多项式,且符合条件:

(1) $Q(z)$ 的次数比 $P(z)$ 的次数高.

(2) 在实轴上 $Q(z) \neq 0$.

(3) $m > 0$.

则有

$$\int_{-\infty}^{+\infty} g(x) e^{imx} dx = 2\pi i \sum_{\operatorname{Im} a_k > 0} \operatorname{Res}_{z=a_k} [g(z) e^{imz}]. \tag{6.14}$$

特别说来,将(6.14)分开实虚部,就可以得到形如

$$\int_{-\infty}^{+\infty} \frac{P(x)}{Q(x)} \cos mx \, dx \quad \text{及} \quad \int_{-\infty}^{+\infty} \frac{P(x)}{Q(x)} \sin mx \, dx$$

的积分.由数学分析的结论,可知上面两个反常积分都存在,其值就等于其柯西主值.

例 6.13 计算积分 $\displaystyle\int_0^{+\infty} \frac{\cos mx}{1+x^2} dx \, (m > 0)$.

解 被积函数为偶函数,故

$$\int_0^{+\infty} \frac{\cos mx}{1+x^2} dx = \frac{1}{2} \int_{-\infty}^{+\infty} \frac{\cos mx}{1+x^2} dx.$$

根据定理 6.8 得

$$\int_{-\infty}^{+\infty} \frac{e^{imx}}{1+x^2} dx = 2\pi i \operatorname{Res}_{z=i} \left(\frac{e^{imz}}{1+z^2} \right) = 2\pi i \frac{e^{-m}}{2i} = \pi e^{-m}.$$

于是有

$$\int_{-\infty}^{+\infty} \frac{\cos mx}{1+x^2} dx = \pi e^{-m},$$

$$\int_0^{+\infty} \frac{\cos mx}{1+x^2} dx = \frac{\pi}{2} e^{-m}.$$

例 6.14 计算积分 $\displaystyle\int_{-\infty}^{+\infty} \frac{x \cos x \, dx}{x^2 - 2x + 10}$.

解 不难验证,函数

$$f(z) = \frac{z e^{iz}}{z^2 - 2z + 10}$$

满足若尔当引理的条件,这里 $m = 1, g(z) = \dfrac{z}{z^2 - 2z + 10}$.

函数 $f(z)$ 有两个一阶极点 $z = 1 + 3i$ 及 $z = 1 - 3i$.

$$\operatorname{Res}_{z=1+3i} f(z) = \frac{z e^{iz}}{(z^2 - 2z + 10)'} \bigg|_{z=1+3i} = \frac{(1+3i) e^{-3+i}}{6i}.$$

于是

$$\int_{-\infty}^{+\infty} \frac{x\,\mathrm{e}^{\mathrm{i}x}\,\mathrm{d}x}{x^2 - 2x + 10} = 2\pi\mathrm{i}\,\frac{(1 + 3\mathrm{i})\,\mathrm{e}^{-3+\mathrm{i}}}{6\mathrm{i}}$$

$$= \frac{\pi}{3}\mathrm{e}^{-3}(1 + 3\mathrm{i})(\cos 1 + \mathrm{i}\sin 1)$$

$$= \frac{\pi}{3}\mathrm{e}^{-3}(\cos 1 - 3\sin 1) + \mathrm{i}\,\frac{\pi}{3}\mathrm{e}^{-3}(3\cos 1 + \sin 1).$$

比较等式两端的实部与虚部,就得

$$\int_{-\infty}^{+\infty} \frac{x\cos x\,\mathrm{d}x}{x^2 - 2x + 10} = \frac{\pi}{3}\mathrm{e}^{-3}(\cos 1 - 3\sin 1),$$

$$\int_{-\infty}^{+\infty} \frac{x\sin x\,\mathrm{d}x}{x^2 - 2x + 10} = \frac{\pi}{3}\mathrm{e}^{-3}(3\cos 1 + \sin 1).$$

4. 计算积分路径上有奇点的积分

在数学分析中,对于反常积分,也可以类似地定义它的柯西主值.又在定理 6.8 中假定 $Q(z)$ 无实零点,现在我们可以把条件放宽一点,容许 $Q(z)$ 有有限多个一阶零点,即允许函数 $f(z) = \dfrac{P(z)}{Q(z)}\mathrm{e}^{\mathrm{i}mz}$ 在实轴上有有限个一阶极点.为了估计挖去这种极点后沿辅助路径的积分,除了上面两个引理外,再引进一个与引理 6.1 相似的引理.

引理 6.3 设 $f(z)$ 沿圆弧 $S_r: z - a = r\mathrm{e}^{\mathrm{i}\theta}$ $(\theta_1 \leqslant \theta \leqslant \theta_2, r$ 充分小$)$ 上连续,且

$$\lim_{r \to 0}(z - a)f(z) = \lambda$$

于 S_r 上一致成立,则有

$$\lim_{r \to 0}\int_{S_r} f(z)\,\mathrm{d}z = \mathrm{i}(\theta_2 - \theta_1)\lambda.$$

证 因为 $\mathrm{i}(\theta_2 - \theta_1)\lambda = \lambda\displaystyle\int_{S_r}\frac{\mathrm{d}z}{z - a}$,于是有

$$\left|\int_{S_r} f(z)\,\mathrm{d}z - \mathrm{i}(\theta_2 - \theta_1)\lambda\right| = \left|\int_{S_r}\frac{(z - a)f(z) - \lambda}{z - a}\,\mathrm{d}z\right|.$$

与引理 6.1 的证明相仿,得知上式在 r 充分小时,其值不超过任意给定的正数 ε.

例 6.15 计算积分 $\displaystyle\int_0^{+\infty} \frac{\sin x}{x}\,\mathrm{d}x$.

解 $\displaystyle\int_0^{+\infty} \frac{\sin x}{x}\,\mathrm{d}x$ 存在,且

$$\int_0^{+\infty} \frac{\sin x}{x}\,\mathrm{d}x = \frac{1}{2}\mathrm{P.V.}\int_{-\infty}^{+\infty} \frac{\sin x}{x}\,\mathrm{d}x.$$

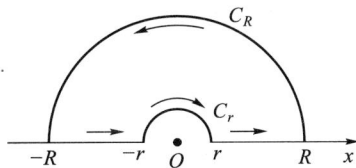

图 6.10

考虑函数 $f(z) = \dfrac{\mathrm{e}^{\mathrm{i}z}}{z}$ 沿图 6.10 所示之闭曲线路径 C 的积分.

根据柯西积分定理得

$$\int_C f(z)\,\mathrm{d}z = 0,$$

或写成

$$\int_r^R \frac{e^{ix}}{x}dx + \int_{C_R} \frac{e^{iz}}{z}dz + \int_{-R}^{-r} \frac{e^{ix}}{x}dx - \int_{C_r} \frac{e^{iz}}{z}dz = 0. \tag{6.15}$$

这里 C_R 及 C_r 分别表示半圆周 $z=Re^{i\theta}$ 及 $z=re^{i\theta}(0\leqslant\theta\leqslant\pi,r<R)$.

由引理 6.2 知

$$\lim_{R\to+\infty}\int_{C_R} \frac{e^{iz}}{z}dz = 0.$$

由引理 6.3 知

$$\lim_{r\to 0}\int_{C_r} \frac{e^{iz}}{z}dz = i\pi.$$

在 (6.15) 中,令 $r\to 0,R\to+\infty$ 取极限即得 $\int_{-\infty}^{+\infty} \frac{e^{ix}}{x}dx$ 的主值

$$\text{P.V.}\int_{-\infty}^{+\infty} \frac{e^{ix}}{x}dx = i\pi.$$

所以

$$\int_0^{+\infty} \frac{\sin x}{x}dx = \frac{1}{2}\text{P.V.}\int_{-\infty}^{+\infty} \frac{\sin x}{x}dx = \frac{\pi}{2}.$$

5. 杂例

下面我们举出两个例子来说明,计算反常积分有时要用种种不同的方式来选择积分路径.

例 6.16 假定已知**泊松**(Poisson)**积分**

$$\int_0^{+\infty} e^{-t^2}dt = \frac{\sqrt{\pi}}{2}, \tag{6.16}$$

试计算**菲涅尔**(Fresnel)**积分**[①]

$$\int_0^{+\infty} \cos x^2 dx \ \text{及} \ \int_0^{+\infty} \sin x^2 dx.$$

解 考察辅助函数

$$f(z) = e^{-z^2},$$

它是一个整函数.并取如图 6.11 的辅助积分路径 C_R.则

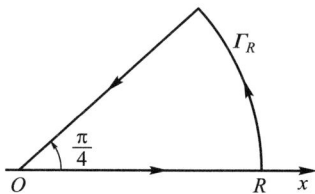

图 6.11

$$0 = \int_{C_R} e^{-z^2}dz$$

$$= \int_0^R e^{-x^2}dx + \int_{\Gamma_R} e^{-z^2}dz + \int_R^0 e^{-x^2 e^{\frac{\pi}{2}i}}e^{\frac{\pi}{4}i}dx. \tag{6.17}$$

而

$$\left|\int_{\Gamma_R} e^{-z^2}dz\right| = \left|\int_0^{\frac{\pi}{4}} e^{-R^2(\cos 2\varphi + i\sin 2\varphi)}iRe^{i\varphi}d\varphi\right|$$

$$\leqslant \int_0^{\frac{\pi}{4}} e^{-R^2\cos 2\varphi}Rd\varphi$$

$$= \frac{R}{2}\int_0^{\frac{\pi}{2}} e^{-R^2\sin\theta}d\theta \quad \left(\text{令 } 2\varphi = \frac{\pi}{2}-\theta\right)$$

---

① Harley Flanders.关于 Fresnel 积分.沐定夷译自 Amer. Math. Monthly,1982(4):264—266.译文见数学通报,1983(7):28—29.

$$\leqslant \frac{R}{2} \int_0^{\frac{\pi}{2}} e^{-R^2 \cdot \frac{2\theta}{\pi}} d\theta \quad (\text{若尔当不等式})$$

$$= -\frac{R}{2} \cdot \frac{\pi}{2R^2} e^{-\frac{2R^2}{\pi}\theta} \Big|_{\theta=0}^{\theta=\frac{\pi}{2}}$$

$$= \frac{\pi}{4R}(1 - e^{-R^2}).$$

故当 $R \to +\infty$ 时,

$$\left| \int_{\Gamma_R} e^{-z^2} dz \right| \to 0.$$

于是当 $R \to +\infty$ 时,(6.17)变成

$$\frac{1+i}{\sqrt{2}} \int_0^{+\infty} (\cos x^2 - i\sin x^2) dx = \int_0^{+\infty} e^{-x^2} dx \xlongequal{(6.16)} \frac{\sqrt{\pi}}{2}.$$

即

$$\int_0^{+\infty} (\cos x^2 - i\sin x^2) dx = \frac{1}{2}\sqrt{\frac{\pi}{2}}(1-i).$$

比较两端实部与虚部,即得

$$\int_0^{+\infty} \cos x^2 dx = \int_0^{+\infty} \sin x^2 dx = \frac{1}{2}\sqrt{\frac{\pi}{2}}.$$

*例 6.17** 计算积分

$$I = \int_0^{+\infty} e^{-ax^2} \cos bx \, dx, \quad a > 0.$$

解 若 $b = 0$,则

$$I = \int_0^{+\infty} e^{-ax^2} dx \xlongequal[\frac{1}{\sqrt{a}}]{t=\sqrt{a}\,x} \int_0^{+\infty} e^{-t^2} dt$$

$$\xlongequal{(6.16)} \frac{1}{\sqrt{a}} \cdot \frac{\sqrt{\pi}}{2} = \frac{1}{2}\sqrt{\frac{\pi}{a}}. \tag{6.18}$$

若 $b \neq 0$,因为 $\cos bx$ 是偶函数,所以只需考虑 $b > 0$ 的情况.

根据前面的经验,似乎应该取辅助函数 $f(z) = e^{-az^2} e^{ibz}$.下面分析应该取什么样的辅助路径及辅助函数才合适.

因为

$$I = \frac{1}{2}\text{Re}\left[\int_{-\infty}^{+\infty} e^{-(ax^2+ibx)} dx \right] = \frac{1}{2}\text{Re}\left[e^{-\frac{b^2}{4a}} \int_{-\infty}^{+\infty} e^{-a\left(x+\frac{b}{2a}i\right)^2} dx \right]$$

$$= \frac{1}{2} e^{-\frac{b^2}{4a}} \text{Re}\left(\int_{-\infty+\frac{b}{2a}i}^{+\infty+\frac{b}{2a}i} e^{-az^2} dz \right), \tag{6.19}$$

而由(6.18)知道

$$\int_{-\infty}^{+\infty} e^{-ax^2} dx = \sqrt{\frac{\pi}{a}}. \tag{6.20}$$

由此可见,应该取辅助函数 $f(z) = e^{-az^2}$,并可取如图 6.12 的辅助路径 C_R.由柯西积分定理得到

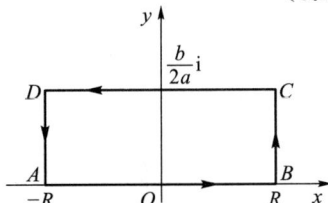

图 6.12

$$0 = \int_{C_R} e^{-az^2} dz$$

$$= \int_{AB} e^{-az^2} dz + \int_{BC} e^{-az^2} dz + \int_{CD} e^{-az^2} dz + \int_{DA} e^{-az^2} dz. \quad (6.21)$$

比较(6.19)与(6.21),就得到

$$I \xrightarrow{(6.19)} \frac{1}{2} e^{-\frac{b^2}{4a}} \mathrm{Re}\left(\lim_{R \to +\infty} \int_{DC} e^{-az^2} dz \right)$$

$$\xrightarrow{(6.21)} \frac{1}{2} e^{-\frac{b^2}{4a}} \mathrm{Re}\left[\lim_{R \to +\infty} \left(\int_{AB} e^{-az^2} dz + \int_{BC} e^{-az^2} dz + \int_{DA} e^{-az^2} dz \right) \right].$$

另外,在线段 BC 及 DA 上,

$$z = \pm R + iy \quad \left(0 \leqslant y \leqslant \frac{b}{2a} \right),$$

$$| e^{-az^2} | = e^{-a(R^2 - y^2)} \leqslant e^{\frac{b^2}{4a}} e^{-aR^2}.$$

故
$$\lim_{R \to +\infty} \int_{BC} e^{-az^2} dz = 0, \quad \lim_{R \to +\infty} \int_{DA} e^{-az^2} dz = 0.$$

最后得到

$$I = \frac{1}{2} e^{-\frac{b^2}{4a}} \mathrm{Re}\left(\lim_{R \to +\infty} \int_{AB} e^{-az^2} dz \right) \xrightarrow{(6.20)} \frac{1}{2} e^{-\frac{b^2}{4a}} \sqrt{\frac{\pi}{a}}.$$

从前面几个模式可见,利用留数计算定积分,关键在于选择一个合适的辅助函数及一条相应的辅助闭路(周线),从而把定积分的计算化成沿闭路的复积分的计算,除了一些标准模式外,辅助函数尤其是辅助闭路的选择很不规则.一般说来,辅助函数 $F(z)$ 总要选得使当 $z = x$ 时, $F(x) = f(x)$ ($f(x)$ 是原定积分中的被积函数)或 $\mathrm{Re}\, F(z) = f(x)$ 或 $\mathrm{Im}\, F(z) = f(x)$.辅助闭路的选择原则是:使添加的路线上的积分能够通过一定的办法(包括用我们给出的几个引理)估计出来,或者是能够转化为原来的定积分.但具体选取时,形状则是多种多样,有半圆周周线、长方形周线、扇形周线、三角形周线,等等;此外,周线上有奇点还要绕过去.

6. 应用多值函数的积分

被积函数或辅助函数是多值解析函数的情形,一定要适当割开平面,使其能分出单值解析分支,才能应用柯西积分定理或柯西留数定理来求出给定的积分的值.

* **例 6.18** 试计算积分

$$\int_0^{+\infty} \frac{\ln x}{(1 + x^2)^2} dx.$$

解 以原点 O 为圆心, r 及 R 为半径,在 x 轴上方画两个半圆周, r 可充分小, R 可充分大.此两个半圆周与 x 轴上的 AB 及 $B'A'$ 二线段构成一周线 C (如图 6.13).

辅助函数

$$f(z) = \frac{\ln z}{(1 + z^2)^2}$$

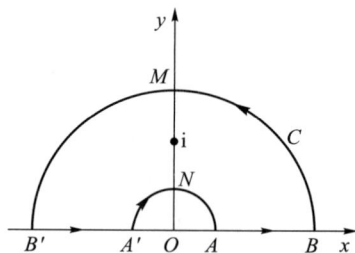

在 C 内部仅有一个二阶极点 $z = i$,而其支点 $z = 0$ 及

图 6.13

$z=\infty$ 已不属于 C 的内部.故 $f(z)$ 在 C 所围的有界闭域上,除 $z=\mathrm{i}$ 外,是单值解析的.令

$$\varphi(z)=(z-\mathrm{i})^2\,\frac{\ln z}{(z+\mathrm{i})^2(z-\mathrm{i})^2}=\frac{\ln z}{(z+\mathrm{i})^2},$$

则

$$\varphi'(z)=\frac{1}{z}\cdot\frac{1}{(z+\mathrm{i})^2}-\frac{2}{(z+\mathrm{i})^3}\ln z,$$

$$\mathop{\mathrm{Res}}\limits_{z=\mathrm{i}}f(z)\xlongequal{(6.5)}\varphi'(\mathrm{i})=-\frac{1}{4\mathrm{i}}-\frac{2}{-8\mathrm{i}}\cdot\frac{\pi\mathrm{i}}{2}=\frac{\pi+2\mathrm{i}}{8}.$$

由留数定理,

$$\int_{\widehat{BMB'}}+\int_{B'A'}+\int_{\widehat{A'NA}}+\int_{AB}=\int_C\frac{\ln z}{(1+z^2)^2}\mathrm{d}z$$

$$=2\pi\mathrm{i}\cdot\frac{\pi+2\mathrm{i}}{8}=-\frac{\pi}{2}+\frac{\pi^2}{4}\mathrm{i}. \tag{6.22}$$

下面分别计算(6.22)左边各个积分:

(1) 因 $\lim\limits_{|z|\to+\infty}z\,\dfrac{\ln z}{(1+z^2)^2}=0$,由引理 6.1 即知

$$\lim_{R\to+\infty}\int_{\widehat{BMB'}}\frac{\ln z}{(1+z^2)^2}\mathrm{d}z=0.$$

(2) 因 $\lim\limits_{|z|\to0}z\,\dfrac{\ln z}{(1+z^2)^2}=0$,故由引理 6.3 即知

$$\lim_{r\to0}\int_{\widehat{A'NA}}\frac{\ln z}{(1+z^2)^2}\mathrm{d}z=0.$$

(3) 令 AB 上的 $z=x\mathrm{e}^{\mathrm{i}\cdot0}(x>0)$,则

$$\lim_{\substack{r\to0\\R\to+\infty}}\int_{AB}\frac{\ln z}{(1+z^2)^2}\mathrm{d}z=\int_0^{+\infty}\frac{\ln x}{(1+x^2)^2}\mathrm{d}x.$$

(4) $B'A'$ 上的 $z=x\mathrm{e}^{\mathrm{i}\pi}(x>0)$,于是

$$\ln z=\ln x+\mathrm{i}\pi,\quad \mathrm{d}z=\mathrm{e}^{\mathrm{i}\pi}\mathrm{d}x=-\mathrm{d}x.$$

故

$$\lim_{\substack{r\to0\\R\to+\infty}}\int_{B'A'}\frac{\ln z}{(1+z^2)^2}\mathrm{d}z=\int_{+\infty}^0\frac{\ln x+\mathrm{i}\pi}{(1+x^2)^2}(-\mathrm{d}x)$$

$$=\int_0^{+\infty}\frac{\ln x+\mathrm{i}\pi}{(1+x^2)^2}\mathrm{d}x.$$

于是,当 $R\to+\infty,r\to0$ 时,(6.22)变成

$$\int_0^{+\infty}\frac{\ln x}{(1+x^2)^2}\mathrm{d}x+\int_0^{+\infty}\frac{\ln x+\mathrm{i}\pi}{(1+x^2)^2}\mathrm{d}x=-\frac{\pi}{2}+\frac{\pi^2}{4}\mathrm{i}.$$

比较两端的实部,得

$$2\int_0^{+\infty}\frac{\ln x}{(1+x^2)^2}\mathrm{d}x=-\frac{\pi}{2},$$

故

$$\int_0^{+\infty}\frac{\ln x}{(1+x^2)^2}\mathrm{d}x=-\frac{\pi}{4}.$$

例 6.19 计算积分

$$I = \int_{-1}^{1} \frac{\mathrm{d}x}{\sqrt[3]{(1-x)(1+x)^2}}.$$

解　考虑辅助函数

$$f(z) = \sqrt[3]{(1-z)(1+z)^2},$$

它在 z 平面上是(2.27)型的多值函数,1 及 -1 显然是它的支点.

当 z 沿图 6.14 中虚线所表示的闭曲线(-1 及 1 在其内部)按逆时针方向绕行一周,$\varphi_1 = \arg(1+z)$ 和 $\varphi_2 = \arg(1-z)$ 同时增加 2π,而

$$\arg f(z) = \frac{2\varphi_1 + \varphi_2}{3}$$

也增加 2π.这表示 $f(z)$ 回到原来的数值,因而 ∞ 不是 $f(z)$ 的支点.

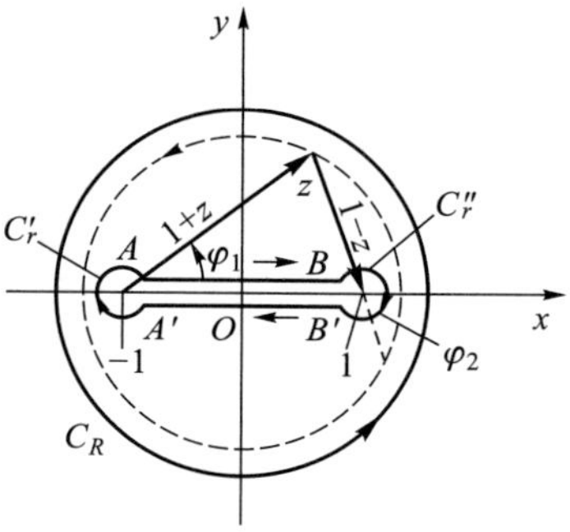

作支割线 $[-1,1]$,$f(z)$ 在其外部可以分出三个单值解析分支.

我们选定在 $[-1,1]$ 上岸 AB 上取正值的那个分支,并取在图 6.14 中所表示的那条复周线 $\Gamma = C_R + C_r'^- + AB + C_r''^- + B'A'$,当 z 在 $[-1,1]$ 上岸 AB 上时,$\arg f(z) = 0$,即

图 6.14

$$f(z) = \sqrt[3]{(1-x)(1+x)^2} > 0.$$

当 z 从 B 沿 C_r'' 转到 B',$f(z)$ 的辐角增加 $-\frac{2}{3}\pi$,于是在 $[-1,1]$ 下岸 $B'A'$ 上,

$\arg f(z) = -\frac{2}{3}\pi$,即

$$f(z) = \mathrm{e}^{-\frac{2\pi}{3}\mathrm{i}} \sqrt[3]{(1-x)(1+x)^2}.$$

这样我们有

$$\left| \int_{C_r''} \frac{1}{f(z)} \,\mathrm{d}z \right| \leqslant \int_{|1-z|=r} \frac{|\,\mathrm{d}z\,|}{(|\,1+z\,|^2 |\,1-z\,|)^{\frac{1}{3}}}$$

$$\leqslant \int_{|1-z|=r} \frac{1}{r^{\frac{1}{3}}} |\,\mathrm{d}z\,| = 2\pi r \cdot \frac{1}{r^{\frac{1}{3}}} = 2\pi r^{\frac{2}{3}}.$$

$$\left| \int_{C_r'} \frac{1}{f(z)} \mathrm{d}z \right| \leqslant \int_{|1+z|=r} \frac{|\,\mathrm{d}z\,|}{(|\,1+z\,|^2 |\,1-z\,|)^{\frac{1}{3}}} \leqslant 2\pi r^{\frac{1}{3}}.$$

所以当 $r \to 0$ 时,上述两个积分趋于零.

因为,按复周线的柯西积分定理,

$$\int_{\Gamma} \frac{1}{f(z)} \mathrm{d}z = 0,$$

所以当 $r \to 0$ 时,有

$$\left(1 - \mathrm{e}^{\frac{2\pi\mathrm{i}}{3}}\right) \int_{-1}^{1} \frac{\mathrm{d}x}{\sqrt[3]{(1-x)(1+x)^2}} = \int_{C_R} \frac{\mathrm{d}z}{f(z)} = 2\pi\mathrm{i} \operatorname*{Res}_{z=\infty} \frac{1}{f(z)}. \tag{6.23}$$

我们来观察 $f(z)$ 已选取的分支.当 z 从上岸 AB 变化到 $(1, +\infty)$ 上时,即 z 从上岸的点 B 沿 C_r''(如图 6.14)绕 1 转到 $(1, +\infty)$ 上的点 e 时,$1+z$ 的辐角最终无改变,只

有 $1-z$ 的辐角减少了 π，从而 $f(z)$ 的辐角就减少 $\dfrac{\pi}{3}$.

故在线段 $(1,+\infty)$ 上，
$$f(z)=\sqrt[3]{|1-z||1+z|^2}\,\mathrm{e}^{-\frac{\pi}{3}\mathrm{i}},$$
即
$$f(z)=\sqrt[3]{(z-1)(1+z)^2}\,\mathrm{e}^{-\frac{\pi}{3}\mathrm{i}}. \tag{6.24}$$

由公式 (6.7)，
$$
\begin{aligned}
\operatorname*{Res}_{z=\infty}\frac{1}{f(z)} &=\operatorname*{Res}_{z=\infty}\left[\frac{1}{\sqrt[3]{(1-z)(1+z)^2}}\right]\\
&=-\operatorname*{Res}_{t=0}\left[\frac{1}{\sqrt[3]{\left(1-\dfrac{1}{t}\right)\left(1+\dfrac{1}{t}\right)^2}}\cdot\frac{1}{t^2}\right]\\
&=-\operatorname*{Res}_{t=0}\left[\frac{1}{t\cdot\sqrt[3]{(t-1)(t+1)^2}}\right]\quad(t=0\text{ 为一阶极点})\\
&=-\frac{1}{\sqrt[3]{(t-1)(t+1)^2}}\bigg|_{t=0}=-\frac{1}{\sqrt[3]{-1}}\\
&\xlongequal{(6.24)}-\frac{1}{\mathrm{e}^{-\frac{\pi}{3}\mathrm{i}}}=-\mathrm{e}^{\frac{\pi}{3}\mathrm{i}}.
\end{aligned}
$$

因此，
$$\left(1-\mathrm{e}^{\frac{2\pi}{3}\mathrm{i}}\right)I\xlongequal{(6.23)}-\mathrm{e}^{\frac{\pi}{3}\mathrm{i}}\cdot2\pi\mathrm{i}.$$

由此，最后得到
$$I=\int_{-1}^{1}\frac{\mathrm{d}x}{\sqrt[3]{(1-x)(1+x)^2}}=\frac{\pi}{\sin\dfrac{\pi}{3}}=\frac{2\pi}{\sqrt{3}}.$$

例 6.20　计算积分
$$\int_{0}^{1}\frac{\mathrm{d}x}{(x-2)\sqrt[5]{x^2(1-x)^3}}.$$

解　考虑辅助函数
$$f(z)=\frac{1}{(z-2)\sqrt[5]{z^2(1-z)^3}},$$

其中 $\sqrt[5]{z^2(1-z)^3}=F(z)$ 是 (2.27) 型的多值函数，它只以 $z=0$ 及 $z=1$ 为支点，$z=\infty$ 不是支点.作支割线 $[0,1]$，$F(z)$ 在其外部能分出五个单值解析分支，选取在 $z=2(>1)$ 取负值的那一支，从而对应的单值解析函数 $f(z)$ 在 $[0,1]$ 外部只以 $z=2$ 为一阶极点，$z=\infty$ 为可去奇点.

以原点 O 为圆心画两个圆周，大圆周 C_1 的半径大于 2，小圆周 C_2 的半径在 1 与 2 之间（如图 6.15）；再各以 O 及 1 为圆心画两个小圆周 γ_0 及 γ_1，半径 r 均可无限小.

（1）因
$$\int_{C_1}f(z)\mathrm{d}z=-2\pi\mathrm{i}\operatorname*{Res}_{z=\infty}f(z),$$

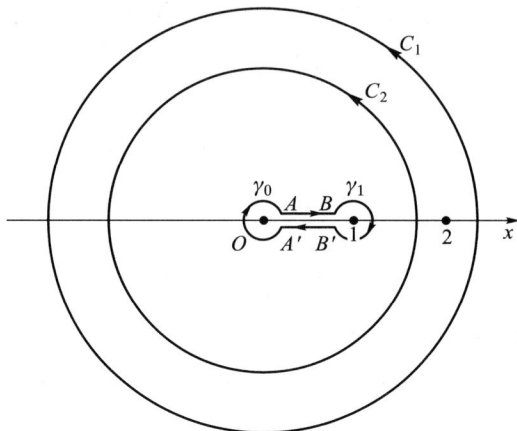

图 6.15

又因 $f(z)$ 在点 ∞ 的去心邻域内的洛朗展式从 $\dfrac{1}{z^2}$ 项开始，无 $\dfrac{1}{z}$ 项，故

$$\operatorname*{Res}_{z=\infty} f(z)=0.$$

所以

$$\int_{C_1} f(z)\mathrm{d}z=0.$$

（2）含点 ∞ 的区域的留数定理（列入本章习题（二）第 5 题）.

设 D 是扩充 z 平面上含点 ∞ 的区域，其边界 C 是由有限条互不包含且互不相交的周线 $C_1,C_2,\cdots,C_m$ 组成；又设函数 $f(z)$ 在 D 内除去有限个孤立奇点 $z_1,z_2,\cdots,z_n$ 及 ∞ 外解析，且连续到边界 C，则

$$\int_{C^-} f(z)\mathrm{d}z=2\pi\mathrm{i}\left[\sum_{k=1}^{n}\operatorname*{Res}_{z=z_k} f(z)+\operatorname*{Res}_{z=\infty} f(z)\right].$$

由此定理，我们得到

$$\int_{C_2^-} f(z)\mathrm{d}z=2\pi\mathrm{i}\left[\operatorname*{Res}_{z=2} f(z)+\operatorname*{Res}_{z=\infty} f(z)\right]=2\pi\mathrm{i}\operatorname*{Res}_{z=2} f(z).$$

但

$$\operatorname*{Res}_{z=2} f(z)=\frac{1}{\sqrt[5]{-4}}\xlongequal{\text{按选的分支}}\frac{1}{-\sqrt[5]{4}}=-\frac{\sqrt[5]{8}}{2},$$

故

$$\int_{C_2} f(z)\mathrm{d}z=-2\pi\mathrm{i}\left(-\frac{\sqrt[5]{8}}{2}\right)=\sqrt[5]{8}\,\pi\mathrm{i}.$$

（3）应用复周线的柯西积分定理，

$$\lim_{r\to 0}\left[\int_{C_2} f(z)\mathrm{d}z+\int_{AB} f(z)\mathrm{d}z+\int_{B'A'} f(z)\mathrm{d}z\right]=0,$$

因由引理 6.3，$f(z)$ 沿两个小圆周的积分均为零.

于是我们有

$$\lim_{r\to 0}\left[\int_{AB} f(z)\mathrm{d}z+\int_{B'A'} f(z)\mathrm{d}z\right]=-\int_{C_2} f(z)\mathrm{d}z=-\sqrt[5]{8}\,\pi\mathrm{i}. \tag{6.25}$$

(4) 考察 $\sqrt[5]{z^2(1-z)^3}$ 的辐角的连续改变量.已知所选分支在小圆周 γ_1 上起点 x (>1) 的函数值为 $\sqrt[5]{x^2(x-1)^3}\,e^{i\pi}$,从而沿逆时针方向转回上岸的点 $x(0<x<1)$ 的值为

$$\sqrt[5]{x^2(1-x)^3}\,e^{i\left(\pi+\frac{3\pi}{5}\right)}$$

(因这时 z 的辐角改变量为零,只有 $1-z$ 的辐角改变量为 π);沿顺时针方向转至下岸的点 $x(0<x<1)$ 的值为

$$\sqrt[5]{x^2(1-x)^3}\,e^{i\left(\pi-\frac{3\pi}{5}\right)}$$

(因这时只有 $1-z$ 的辐角改变量为 $-\pi$).

当两个小圆周的半径 $r\to 0$ 时(图 6.16),我们有

$$-\sqrt[5]{8}\,\pi i \xlongequal{(6.25)} \int_0^1 \frac{\mathrm{d}x}{(x-2)\sqrt[5]{x^2(1-x)^3}\,e^{i\left(\pi+\frac{3\pi}{5}\right)}} +$$

$$\int_1^0 \frac{\mathrm{d}x}{(x-2)\sqrt[5]{x^2(1-x)^3}\,e^{i\left(\pi-\frac{3\pi}{5}\right)}}$$

$$= \int_0^1 \frac{e^{-\frac{8\pi}{5}i}-e^{-\frac{2\pi}{5}i}}{(x-2)\sqrt[5]{x^2(1-x)^3}}\mathrm{d}x$$

$$= \int_0^1 \frac{e^{\frac{2\pi}{5}i}-e^{-\frac{2\pi}{5}i}}{(x-2)\sqrt[5]{x^2(1-x)^3}}\mathrm{d}x.$$

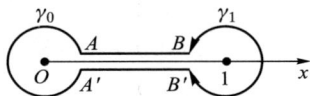

图 6.16

最后得到

$$\int_0^1 \frac{\mathrm{d}x}{(x-2)\sqrt[5]{x^2(1-x)^3}} = \frac{-\sqrt[5]{8}\,\pi i}{e^{\frac{2\pi}{5}i}-e^{-\frac{2\pi}{5}i}} = \frac{-\sqrt[5]{8}\,\pi}{2\sin\frac{2\pi}{5}}.$$

§3　辐角原理及其应用

1. 对数留数

留数理论的重要应用之一是计算积分

$$\frac{1}{2\pi i}\int_C \frac{f'(z)}{f(z)}\mathrm{d}z,$$

它称为 $f(z)$ 的**对数留数**$\left(\text{这个名称来源于} \dfrac{f'(z)}{f(z)}=\dfrac{\mathrm{d}}{\mathrm{d}z}[\ln f(z)]\right)$,由它推出的辐角原理提供了计算解析函数零点个数的一个有效方法.特别是,可以借此研究在一个指定

区域内多项式零点的个数问题.

显然,函数 $f(z)$ 的零点和奇点都可能是 $\dfrac{f'(z)}{f(z)}$ 的奇点.

引理 6.4　(1) 设 a 为 $f(z)$ 的 n 阶零点,则 a 必为函数 $\dfrac{f'(z)}{f(z)}$ 的一阶极点,并且

$$\operatorname*{Res}_{z=a}\left[\frac{f'(z)}{f(z)}\right]=n.$$

(2) 设 b 为 $f(z)$ 的 m 阶极点,则 b 必为函数 $\dfrac{f'(z)}{f(z)}$ 的一阶极点,并且

$$\operatorname*{Res}_{z=b}\left[\frac{f'(z)}{f(z)}\right]=-m.$$

证　(1) 如 a 为 $f(z)$ 的 n 阶零点,则在点 a 的邻域内有

$$f(z)=(z-a)^n g(z),$$

其中 $g(z)$ 在点 a 的邻域内解析,且 $g(a)\neq0$.于是

$$f'(z)=n(z-a)^{n-1}g(z)+(z-a)^n g'(z),$$

$$\frac{f'(z)}{f(z)}=\frac{n}{z-a}+\frac{g'(z)}{g(z)}.$$

由于 $\dfrac{g'(z)}{g(z)}$ 在点 a 的邻域内解析,故 a 必为 $\dfrac{f'(z)}{f(z)}$ 的一阶极点,且

$$\operatorname*{Res}_{z=a}\left[\frac{f'(z)}{f(z)}\right]=n.$$

(2) 如 b 为 $f(z)$ 的 m 阶极点,则在点 b 的去心邻域内有

$$f(z)=\frac{h(z)}{(z-b)^m},$$

其中 $h(z)$ 在点 b 的邻域内解析,且 $h(b)\neq0$.由此易得

$$\frac{f'(z)}{f(z)}=\frac{-m}{z-b}+\frac{h'(z)}{h(z)},$$

而 $\dfrac{h'(z)}{h(z)}$ 在点 b 的邻域内解析.故 b 必为 $\dfrac{f'(z)}{f(z)}$ 的一阶极点,且

$$\operatorname*{Res}_{z=b}\left[\frac{f'(z)}{f(z)}\right]=-m.$$

定理 6.9　设 C 是一条周线,$f(z)$ 符合条件:

(1) $f(z)$ 在 C 的内部是亚纯的.

(2) $f(z)$ 在 C 上解析且不为零.

则有
$$\frac{1}{2\pi\mathrm{i}}\int_C\frac{f'(z)}{f(z)}\mathrm{d}z=N(f,C)-P(f,C), \tag{6.26}$$

式中 $N(f,C)$ 与 $P(f,C)$ 分别表示 $f(z)$ 在 C 内部的零点与极点的个数(一个 n 阶零点算作 n 个零点,一个 m 阶极点算作 m 个极点).

证　由第五章习题(二)第 14 题,可知 $f(z)$ 在 C 内部至多只有有限个零点和极点.设 $a_k(k=1,2,\cdots,p)$ 为 $f(z)$ 在 C 内部的不同零点,其阶相应地为 n_k;$b_j(j=1,2,\cdots,q)$ 为 $f(z)$ 在 C 内部的不同极点,其阶相应地为 m_j.则根据引理 6.4 知,$\dfrac{f'(z)}{f(z)}$ 在 C

的内部及 C 上除去在 C 内部有一阶极点 $a_k(k=1,2,\cdots,p)$ 及 $b_j(j=1,2,\cdots,q)$ 外均是解析的.故由留数定理及引理 6.4 得

$$\frac{1}{2\pi i}\int_C \frac{f'(z)}{f(z)}dz = \sum_{k=1}^{p}\mathop{Res}_{z=a_k}\left[\frac{f'(z)}{f(z)}\right] + \sum_{j=1}^{q}\mathop{Res}_{z=b_j}\left[\frac{f'(z)}{f(z)}\right]$$

$$= \sum_{k=1}^{p}n_k + \sum_{j=1}^{q}(-m_j) = N(f,C) - P(f,C).$$

2. 辐角原理

公式 (6.26) 的左端是 $f(z)$ 的对数留数,它有简单的意义.

为了说明这个意义,我们将它写成

$$\frac{1}{2\pi i}\int_C \frac{f'(z)}{f(z)}dz = \frac{1}{2\pi i}\int_C \frac{d}{dz}[\ln f(z)]dz = \frac{1}{2\pi i}\int_C d[\ln f(z)]$$

$$= \frac{1}{2\pi i}\left\{\int_C d[\ln|f(z)|] + i\int_C d[\arg f(z)]\right\},$$

函数 $\ln|f(z)|$ 是 z 的单值函数,当 z 从 z_0 起绕行周线 C 一周回到 z_0 时,有

$$\int_C d[\ln|f(z)|] = \ln|f(z_0)| - \ln|f(z_0)| = 0.$$

另一方面,当 z 从 z_0 起沿周线 C 的正方向绕行一周而回到 z_0 时,$\arg f(z)$ 的值可能改变.如图 6.17,对应的 $w=f(z)$ 从 $w_0=f(z_0)$ 起围绕原点 $w=0$ 二周后又回到起点 $w_0=f(z_0)$.显然,$\arg f(z)$ 的终值 φ_1 与始值 φ_0 相差 4π.于是我们得

$$\frac{1}{2\pi i}\int_C \frac{f'(z)}{f(z)}dz = \frac{i(\varphi_1-\varphi_0)}{2\pi i} = \frac{\Delta_C \arg f(z)}{2\pi},$$

式中 $\Delta_C \arg f(z)$ 表示 z 沿 C 之正方向绕行一周后 $\arg f(z)$ 的改变量,它一定是 2π 的整倍数.

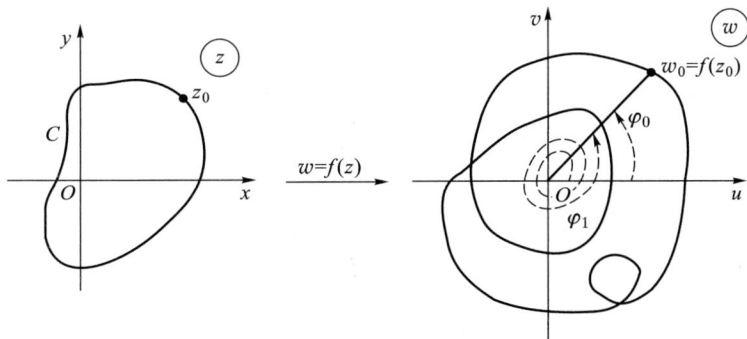

图 6.17

这样,我们可以将定理 6.9 改写成:

辐角原理   在定理 6.9 的条件下,$f(z)$ 在周线 C 内部的零点个数与极点个数之差,等于当 z 沿 C 之正方向绕行一周后 $\arg f(z)$ 的改变量 $\Delta_C \arg f(z)$ 除以 2π,即

$$N(f,C) - P(f,C) = \frac{\Delta_C \arg f(z)}{2\pi}. \tag{6.27}$$

特别说来,如 $f(z)$ 在周线 C 上及 C 之内部均解析,且 $f(z)$ 在 C 上不为零,则

$$N(f,C)=\frac{\Delta_C \arg f(z)}{2\pi}. \tag{6.28}$$

例 6.21　设 $f(z)=(z-1)(z-2)^2(z-4)$，$C\colon|z|=3$，试验证辐角原理.

证　$f(z)$ 在 z 平面上解析，在 C 上无零点，且在 C 的内部只有一阶零点 $z=1$ 及二阶零点 $z=2$. 所以，一方面有

$$N(f,C)=1+2=3.$$

另一方面，当 z 沿正方向绕 C 一周时，有

$$
\begin{aligned}
\Delta_C \arg f(z) &= \Delta_C \arg(z-1)+\Delta_C \arg(z-2)^2+\Delta_C \arg(z-4)\\
&=\Delta_C \arg(z-1)+2\Delta_C \arg(z-2)\\
&=2\pi+4\pi=6\pi,
\end{aligned}
$$

于是，(6.28) 成立.

注　若将定理 6.9 的条件(2)减弱为"$f(z)$ 连续到边界 C，且沿 C 有 $f(z)\neq0$"，则辐角原理(6.27)(特别是当 $f(z)$ 在 C 内部解析时，(6.28))仍成立.

事实上，首先取一条全含于 C 内部的周线 C'，使 C' 的内部包含 C 内部的全部零点和极点，则对此周线 C'，根据定理 6.9，有

$$N(f,C)-P(f,C)=N(f,C')-P(f,C')=\frac{\Delta_{C'} \arg f(z)}{2\pi},$$

然后过渡到极限 $C'\to C$，利用函数 $f(z)$ 的连续性即得.

例 6.22　设 n 次多项式

$$P(z)=a_0 z^n+a_1 z^{n-1}+\cdots+a_n \quad (a_0\neq0)$$

在虚轴上没有零点，试证明它的零点全在左半平面 $\operatorname{Re} z<0$ 内的充要条件是

$$\Delta_{y(-\infty\nearrow+\infty)} \arg P(\mathrm{i}y)=n\pi.$$

即当点 z 自下而上沿虚轴从 $-\infty$ 走向 $+\infty$ 的过程中，$P(z)$ 绕原点转了 $\dfrac{n}{2}$ 圈.

证　令周线 C_R 是右半圆周

$$\Gamma_R\colon z=R\mathrm{e}^{\mathrm{i}\theta} \quad \left(-\frac{\pi}{2}\leqslant\theta\leqslant\frac{\pi}{2}\right)$$

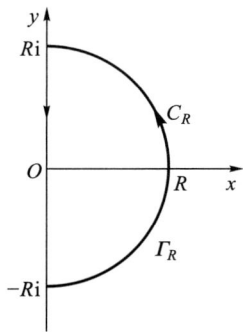

图 6.18

以及虚轴上从 $R\mathrm{i}$ 到 $-R\mathrm{i}$ 的有向线段所构成(图 6.18).

于是 $P(z)$ 的零点全在左半平面的充要条件为 $N(P,C_R)=0$ 对任意 R 均成立，由(6.28)即知此条件可写成

$$
\begin{aligned}
0&=\lim_{R\to+\infty}\Delta_{C_R} \arg P(z)\\
&=\lim_{R\to+\infty}\Delta_{\Gamma_R} \arg P(z)-\lim_{R\to+\infty}\Delta_{y(-R\nearrow R)} \arg P(\mathrm{i}y). \tag{6.29}
\end{aligned}
$$

但我们有

$$
\begin{aligned}
\Delta_{\Gamma_R} \arg P(z)&=\Delta_{\Gamma_R} \arg a_0 z^n[1+g(z)]\\
&=\Delta_{\Gamma_R} \arg a_0 z^n+\Delta_{\Gamma_R} \arg[1+g(z)],
\end{aligned}
$$

其中 $g(z)=\dfrac{a_1 z^{n-1}+\cdots+a_n}{a_0 z^n}$，在 $R\to+\infty$ 时 $g(z)$ 沿 Γ_R 一致趋于零.

由此知

$$\lim_{R\to+\infty}\Delta_{\Gamma_R}\arg[1+g(z)]=0.$$

另一方面,又有

$$\Delta_{\Gamma_R}\arg a_0 z^n=\Delta_\theta\left[-\frac{\pi}{2}\nearrow\frac{\pi}{2}\right]\arg a_0 R^n e^{in\theta}=n\pi.$$

这样一来,(6.29)就是我们所要证明的

$$\Delta_{y(-\infty\nearrow+\infty)}\arg P(iy)=n\pi.$$

注 在自动控制中,若干物理和技术装置的稳定性归结为,要求常系数线性微分方程

$$a_0\frac{d^n y}{dt^n}+a_1\frac{d^{n-1}y}{dt^{n-1}}+\cdots+a_n y=f(t)$$

解的稳定性.此问题要求其特征多项式

$$P(z)=a_0 z^n+a_1 z^{n-1}+\cdots+a_n$$

的根全在左半平面.例 6.22 给出了此问题的一个判据.

3. 鲁歇(Rouché)定理

下面的定理是辐角原理的一个推论,在考察函数的零点分布时,用起来更为方便.

定理 6.10(鲁歇定理) 设 C 是一条周线,函数 $f(z)$ 及 $\varphi(z)$ 满足条件:

(1) 它们在 C 的内部均解析,且连续到 C.

(2) 在 C 上,$|f(z)|>|\varphi(z)|$.

则函数 $f(z)$ 与 $f(z)+\varphi(z)$ 在 C 的内部有同样多(几阶算作几个)的零点,即

$$N(f+\varphi,C)=N(f,C).$$

证 由假设知 $f(z)$ 及 $f(z)+\varphi(z)$ 在 C 的内部解析,且连续到 C,在 C 上有 $|f(z)|>0$,

$$|f(z)+\varphi(z)|\geqslant|f(z)|-|\varphi(z)|>0.$$

这样一来,这两个函数 $f(z)$ 及 $f(z)+\varphi(z)$ 都满足定理 6.9 及其注的条件.由于这两个函数在 C 的内部解析,于是由(6.28),只需证明

$$\Delta_C\arg[f(z)+\varphi(z)]=\Delta_C\arg f(z). \tag{6.30}$$

由关系式

$$f(z)+\varphi(z)=f(z)\left[1+\frac{\varphi(z)}{f(z)}\right],$$

$$\Delta_C\arg[f(z)+\varphi(z)]=\Delta_C\arg f(z)+\Delta_C\arg\left[1+\frac{\varphi(z)}{f(z)}\right], \tag{6.31}$$

根据条件(2),当 z 沿 C 变动时 $|\varphi(z)/f(z)|<1$.借助函数 $\eta=1+\frac{\varphi(z)}{f(z)}$ 将 z 平面上的周线 C 变成 η 平面上的闭曲线 Γ.于是 Γ 全在圆周 $|\eta-1|=1$ 的内部(图 6.19),而原点 $\eta=0$ 又不在此圆周的内部.即是说,点 η 不会围着原点 $\eta=0$ 绕行.故

$$\Delta_C\arg\left[1+\frac{\varphi(z)}{f(z)}\right]=0,$$

由(6.31)即知(6.30)为真.

例 6.23 设 n 次多项式

$$p(z)=a_0 z^n+\cdots+a_t z^{n-t}+\cdots+a_n\quad(a_0\neq0)$$

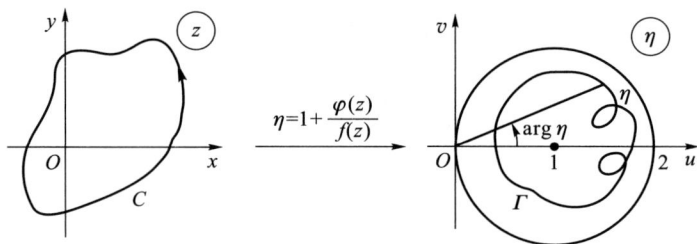

图 6.19

符合条件

$$|a_t| > |a_0| + \cdots + |a_{t-1}| + |a_{t+1}| + \cdots + |a_n|,$$

试证 $p(z)$ 在单位圆 $|z| < 1$ 内有 $n - t$ 个零点.

证 取 $f(z) = a_t z^{n-t}$,

$$\varphi(z) = a_0 z^n + \cdots + a_{t-1} z^{n-t+1} + a_{t+1} z^{n-t-1} + \cdots + a_n,$$

易于验证在单位圆周 $|z| = 1$ 上, 有

$$|f(z)| > |\varphi(z)|.$$

依鲁歇定理知, $p(z) = f(z) + \varphi(z)$ 在单位圆 $|z| < 1$ 内的零点, 与 $f(z) = a_t z^{n-t}$ 在单位圆 $|z| < 1$ 内的零点一样多, 即 $n - t$ 个.

据此, 一望而知:

方程 $z^8 - 5z^5 - 2z + 1 = 0$ 在单位圆内有 5 个根;

方程 $z^7 - 5z^4 + z^2 - 2 = 0$ 在单位圆内有 4 个根;

方程 $z^4 - 5z + 1 = 0$ 在单位圆内有 1 个根;

方程 $z^6 + 6z + 10 = 0$ 在单位圆内无根.

例 6.24 试证当 $|a| > \mathrm{e}$ 时, 方程 $\mathrm{e}^z - az^n = 0$ 在单位圆 $|z| < 1$ 内有 n 个根.

证 在单位圆周 $|z| = 1$ 上, 有

$$|-az^n| = |a| > \mathrm{e},$$

$$|\mathrm{e}^z| = \mathrm{e}^{\mathrm{Re}\,z} \leqslant \mathrm{e}^{|z|} = \mathrm{e},$$

即有

$$|-az^n| > |\mathrm{e}^z|,$$

而函数 e^z 及 $-az^n$ 均在单位闭圆 $|z| \leqslant 1$ 上解析. 故由鲁歇定理,

$$N(\mathrm{e}^z - az^n, |z| = 1) = N(-az^n, |z| = 1) = n.$$

即方程 $\mathrm{e}^z - az^n = 0$ 在单位圆 $|z| < 1$ 内有 n 个根.

例 6.25 应用鲁歇定理证明代数学基本定理: 任一 n 次方程

$$a_0 z^n + a_1 z^{n-1} + \cdots + a_{n-1} z + a_n = 0 \quad (a_0 \neq 0)$$

有且只有 n 个根 (几重根就算作几个根).

证 命 $f(z) = a_0 z^n$, $\varphi(z) = a_1 z^{n-1} + \cdots + a_n$, 当 z 在充分大的圆周 $C: |z| = R$ 上时, 例如取

$$R > \max\left\{\frac{|a_1| + \cdots + |a_n|}{|a_0|}, 1\right\},$$

有

$$|\varphi(z)| \leqslant |a_1| R^{n-1} + \cdots + |a_{n-1}| R + |a_n|$$

$$< (|a_1| + \cdots + |a_n|) R^{n-1}$$
$$< |a_0| R^n = |f(z)|,$$

由鲁歇定理即知在圆 $|z| < R$ 内,方程

$$a_0 z^n + a_1 z^{n-1} + \cdots + a_{n-1} z + a_n = 0 \quad \text{与} \quad a_0 z^n = 0$$

有相同个数的根.而 $a_0 z^n = 0$ 在 $|z| < R$ 内有一个 n 重根 $z = 0$.因此原 n 次方程在 $|z| < R$ 内有 n 个根.

另外,在圆周 $|z| = R$ 上,或者在它的外部,任取一点 z_0,则 $|z_0| = R_0 \geqslant R$,于是

$$|a_0 z_0^n + a_1 z_0^{n-1} + \cdots + a_{n-1} z_0 + a_n|$$
$$\geqslant |a_0 z_0^n| - |a_1 z_0^{n-1} + a_2 z_0^{n-2} + \cdots + a_n|$$
$$\geqslant |a_0| R_0^n - (|a_1| R_0^{n-1} + |a_2| R_0^{n-2} + \cdots + |a_n|)$$
$$> |a_0| R_0^n - (|a_1| + |a_2| + \cdots + |a_n|) R_0^{n-1}$$
$$> |a_0| R_0^n - |a_0| R_0^n = 0,$$

这说明原 n 次方程在圆周 $|z| = R$ 上及其外部都没有根.所以原 n 次方程在 z 平面上有且只有 n 个根.

例 6.26 试证方程

$$z^7 - z^3 + 12 = 0 \tag{6.32}$$

的根全在圆环 $1 < |z| < 2$ 内.

证 由例 6.23 知方程 (6.32) 在圆周 $|z| = 1$ 的内部无根.

又在圆周 $|z| = 2$ 上

$$|12 - z^3| \leqslant 12 + |z|^3 = 12 + 8 = 20 < 128 = 2^7 = |z^7|,$$

故由鲁歇定理,方程 (6.32) 的 7 个根全在

$$1 \leqslant |z| < 2$$

上.但当 $|z| = 1$ 时

$$|z^7 - z^3| = |z|^3 |z^4 - 1| \leqslant |z|^3 (|z|^4 + 1) = 2,$$
$$|z^7 - z^3 + 12| \geqslant 12 - |z^7 - z^3| \geqslant 12 - 2 = 10 > 0.$$

故方程 (6.32) 的根全在圆环 $1 < |z| < 2$ 内.

下面应用鲁歇定理证明的定理是单叶解析函数的一个重要性质.在下一章共形映射中要用.

定理 6.11 若函数 $f(z)$ 在区域 D 内单叶解析,则在 D 内 $f'(z) \neq 0$.

证 若有 D 的点 z_0,使 $f'(z_0) = 0$,则 z_0 必为 $f(z) - f(z_0)$ 的一个 n 阶零点($n \geqslant 2$).由零点的孤立性,故存在 $\delta > 0$,使在圆周 $C: |z - z_0| = \delta$ 上

$$f(z) - f(z_0) \neq 0,$$

在 C 的内部,$f(z) - f(z_0)$ 及 $f'(z)$ 无异于 z_0 的零点.

令 m 表示 $|f(z) - f(z_0)|$ 在 C 上的下确界,则由鲁歇定理即知,当 $0 < |-a| < m$ 时,$f(z) - f(z_0) - a$ 在圆周 C 的内部亦恰有 n 个零点.但这些零点无一为多重点,理由是 $f'(z)$ 在 C 内部除 z_0 外无其他零点,而 z_0 显然非 $f(z) - f(z_0) - a$ 的零点.

故令 $z_1, z_2, \cdots, z_n$ 表示 $f(z) - f(z_0) - a$ 在 C 内部的 n 个相异零点.于是

$$f(z_k) = f(z_0) + a \quad (k = 1, 2, \cdots, n).$$

这与 $f(z)$ 的单叶性假设矛盾.

故在区域 D 内 $f'(z) \neq 0$.

思考题 试举一个初等解析函数,说明定理 6.11 的逆不真.

定理 6.12 设 $f(z)$ 是单连通区域 D 内的单叶解析函数,则 $G = f(D)$ 是单连通的.

证 设 Γ 是 G 内任意一条简单闭曲线. 需要证明 Γ 的内部 $G_1 \subset G$. 由于 $f(z)$ 是单叶解析函数,它的反函数 $z = g(w)$ 是 G 内的单叶解析函数,它把 Γ 映成 D 内的一条简单闭曲线 C. 由于 D 是单连通的,闭曲线 C 的内部 $D_1 \subset D$. 任取 $w_0 \in G_1$,由定理 6.9 知,$f(z) - w_0$ 在 C 内部的零点数是

$$N = \frac{1}{2\pi i} \int_C \frac{[f(z) - w_0]'}{f(z) - w_0} dz = \frac{1}{2\pi i} \int_C \frac{f'(z)}{f(z) - w_0} dz = \pm \frac{1}{2\pi i} \int_\Gamma \frac{dw}{w - w_0} = 1.$$

上式第 3 个等式中若 Γ 与 C 的定向一致取正号,相反取负号. 即在 C 内部有点 $z_0 \in D$ 使 $f(z_0) = w_0$. 由 w_0 在 G_1 中的任意性推出 $G_1 \subset G$. 证毕.

定理 6.13(分歧覆盖定理) 设 $f(z)$ 在区域 D 内解析,点 $z_0 \in D$,记 $f(z_0) = w_0$. 设 z_0 是 $f(z) - w_0$ 的 n 阶零点,n 为正整数,则对充分小的 $\varepsilon > 0$ 存在 $\delta > 0$,使得对满足 $0 < |a - w_0| < \delta$ 的 a,函数 $f(z) - a$ 在圆 $|z - z_0| < \varepsilon$ 内恰有 n 个一阶零点. 即在点 z_0 附近,$f(z)$ 类似于函数 $w(z) = z^n$.

证 由点 z_0 是 $f(z) - w_0$ 的 n 阶零点知 $f(z)$ 非常值函数. 由解析函数零点孤立性知,存在 $\varepsilon > 0$,使得在 $0 < |z - z_0| \leq \varepsilon$ 上,$f(z) - w_0$ 无零点. 取 $\delta = \min\limits_{|z - z_0| = \varepsilon} \{ |f(z) - w_0| \}$. 对任意固定的 $a \in B_\delta(w_0)$,在 $|z - z_0| = \varepsilon$ 上有

$$|w_0 - a| < \delta \leq |f(z) - w_0|.$$

由鲁歇定理知 $f(z) - a$ 在 $|z - z_0| < \varepsilon$ 内的零点数为

$$N(f(z) - a) = N(f(z) - w_0 + w_0 - a) = N(f(z) - w_0) = n.$$

余下只需证明 $f(z) - a$ 的零点都是一阶零点.

事实上,若 $n = 1$,则显然 $f(z) - a$ 的零点都是一阶零点. 若 $n > 1$,考虑 $[f(z) - a]' = f'(z)$. 由于 z_0 为 $f(z) - w_0$ 的 n 阶零点,故 z_0 为 $f'(z)$ 的 $n - 1$ 阶零点,于是可以让之前取的 ε 再小一些,使得在 $0 < |z - z_0| \leq \varepsilon$ 上,$f'(z)$ 没有异于 z_0 的零点,从而在 $|z - z_0| = \varepsilon$ 的内部,$f(z) - a$ 的零点都是一阶零点. 证毕.

第六章习题

(一)

1. 求下列函数 $f(z)$ 在指定点的留数.

(1) $\dfrac{z}{(z-1)(z+1)^2}$ 在 $z = \pm 1, \infty$;

(2) $\dfrac{1}{\sin z}$ 在 $z = n\pi (n = 0, \pm 1, \pm 2, \cdots)$;

(3) $\dfrac{1 - e^{2z}}{z^4}$ 在 $z = 0, \infty$;

(4) $e^{\frac{1}{z-1}}$ 在 $z = 1, \infty$;

(5) $\dfrac{z^{2n}}{(z-1)^n}$ 在 $z = 1, \infty$;

(6) $\dfrac{e^z}{z^2 - 1}$ 在 $z = \pm 1, \infty$.

2. 求下列函数 $f(z)$ 在其孤立奇点(包括无穷远点)处的留数(m 是正整数).

(1) $z^m \sin \dfrac{1}{z}$;

(2) $\dfrac{z^{2m}}{1+z^m}$;

(3) $\dfrac{1}{(z-\alpha)^m(z-\beta)}$ $(\alpha \neq \beta)$;

(4) $\dfrac{\mathrm{e}^z}{z^2(z-\pi\mathrm{i})^4}$.

3. 计算下列各积分:

(1) $\displaystyle\int_{|z|=1} \dfrac{\mathrm{d}z}{z\sin z}$;

(2) $\dfrac{1}{2\pi\mathrm{i}} \displaystyle\int_{|z|=2} \dfrac{\mathrm{e}^{z\mathrm{i}}}{1+z^2}\mathrm{d}z$;

(3) $\displaystyle\int_C \dfrac{\mathrm{d}z}{(z-1)^2(z^2+1)}$, $C: x^2+y^2=2(x+y)$;

(4) $\displaystyle\int_{|z|=1} \dfrac{\mathrm{d}z}{(z-a)^n(z-b)^n}$ $(|a|<1, |b|<1, a\neq b, n$ 为正整数$)$.

4. 求下列各积分之值:

(1) $\displaystyle\int_0^{2\pi} \dfrac{\mathrm{d}\theta}{a+\cos \theta}$ $(a>1)$;

(2) $\displaystyle\int_0^{2\pi} \dfrac{\mathrm{d}x}{(2+\sqrt{3}\cos x)^2}$;

(3) $\displaystyle\int_0^{\pi} \tan(\theta+\mathrm{i}a)\mathrm{d}\theta$ $(a$ 为实数且 $a\neq 0)$.

5. 求下列各积分:

(1) $\displaystyle\int_0^{+\infty} \dfrac{x^2}{(x^2+1)(x^2+4)}\mathrm{d}x$;

(2) $\displaystyle\int_{-\infty}^{+\infty} \dfrac{x^2}{(x^2+a^2)^2}\mathrm{d}x$ $(a>0)$;

(3) $\displaystyle\int_{-\infty}^{+\infty} \dfrac{\cos x}{(x^2+1)(x^2+9)}\mathrm{d}x$;

(4) $\displaystyle\int_0^{+\infty} \dfrac{x\sin mx}{x^4+a^4}\mathrm{d}x$ $(m>0, a>0)$.

6. 仿照例 6.15 的方法计算下列积分:

(1) $\displaystyle\int_0^{+\infty} \dfrac{\sin x}{x(x^2+a^2)}\mathrm{d}x$ $(a>0)$;

(2) $\displaystyle\int_0^{+\infty} \dfrac{\sin x}{x(x^2+1)^2}\mathrm{d}x$.

7. 从 $\displaystyle\int_C \dfrac{\mathrm{e}^{\mathrm{i}z}}{\sqrt{z}}\mathrm{d}z$ 出发,其中 C 是如图 6.20 所示之周线($\sqrt{z}$ 沿正实轴取正值),证明

$$\int_0^{+\infty} \dfrac{\cos x}{\sqrt{x}}\mathrm{d}x = \int_0^{+\infty} \dfrac{\sin x}{\sqrt{x}}\mathrm{d}x = \sqrt{\dfrac{\pi}{2}}.$$

8. 从 $\displaystyle\int_C \dfrac{\sqrt{z}\ln z}{(1+z)^2}\mathrm{d}z$ 出发,其中 C 是如图 6.21 所示的周线,证明

$$\int_0^{+\infty} \dfrac{\sqrt{x}\ln x}{(1+x)^2}\mathrm{d}x = \pi,$$

$$\int_0^{+\infty} \dfrac{\sqrt{x}}{(1+x)^2}\mathrm{d}x = \dfrac{\pi}{2}.$$

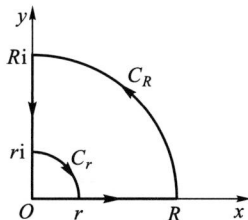

图 6.20

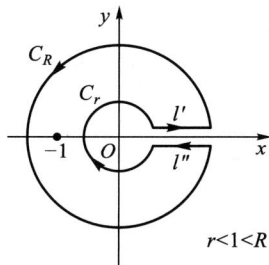

图 6.21

9. 证明

$$I = \int_0^1 \frac{\mathrm{d}x}{(1+x^2)\sqrt{1-x^2}} = \frac{\pi}{2\sqrt{2}}.$$

提示 取辅助函数

$$f(z) = \frac{1}{(1+z^2)\sqrt{1-z^2}},$$

沿图 6.22 所示之路径 C 积分,其中根式是沿 l' 取正值的那一支.$C'_r:|z+1|=r,C''_r:|z-1|=r,C_R:$ $|z|=R,r$ 充分小,R 充分大.

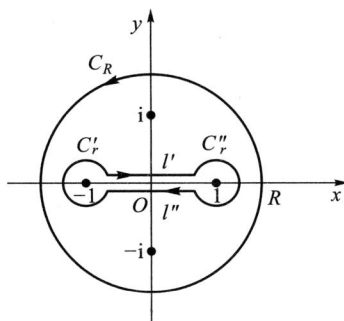

图 6.22

10. 设 $f(z) = \sum_{n=0}^{\infty} a_n z^n$,假若 $a_0=1,a_1=1$,且 f 不是一个常数,证明若 $\sum_{l=2}^{\infty} l\,|a_l| \leqslant 1$,则 f 在单位圆盘 $\{z\,|\,|z|<1\}$ 内是一一的.

11. 证明方程

$$e^z - e^{\lambda} z^n = 0 \quad (\lambda > 1)$$

在单位圆 $|z|<1$ 内有 n 个根.

12. 若 $f(z)$ 在周线 C 内部除有一个一阶极点外解析,且连续到 C,在 C 上 $|f(z)|=1$.证明

$$f(z) = a \quad (|a|>1)$$

在 C 内部恰好有一个根.

提示 用辐角原理证明

$$N(f(z)-a,C) - P(f(z)-a,C) = 0.$$

13. 若 $f(z)$ 在周线 C 内部是亚纯的且连续到 C,试证

(1) 若 $z \in C$ 时,$|f(z)|<1$,则方程 $f(z)=1$ 在 C 的内部的根个数,等于 $f(z)$ 在 C 的内部的极点个数;

(2) 若 $z \in C$ 时,$|f(z)|>1$,则方程 $f(z)=1$ 在 C 的内部的根个数,等于 $f(z)$ 在 C 的内部的零点个数.

14. 设 $\varphi(z)$ 在 $C:|z|=1$ 内部解析,且连续到 C,在 C 上 $|\varphi(z)|<1$.试证在 C 内部只有一个点 z_0,使 $\varphi(z_0)=z_0$.

15. 利用公式 $\frac{1}{2\pi i}\int_C \frac{f'(z)}{f(z)}\mathrm{d}z = N(f,C) - P(f,C)$,计算下列积分:

(1) $\int_{|z|=3} \frac{1}{z}\mathrm{d}z$;

(2) $\int_{|z|=2} \frac{5z^4+6z^2+1}{z(z^2+1)^2}\mathrm{d}z$;

(3) $\int_{|z|=4} \frac{6z^2-14}{z^3-7z+6}\mathrm{d}z$.

16. 证明方程 $a_0 + a_1\cos\theta + \cdots + a_n\cos n\theta = 0$ 当 $0<a_0<a_1<\cdots<a_n$ 时,在区间 $0<\theta<2\pi$ 上有

且仅有 $2n$ 个互异的根,且没有虚根.

（二）

1. 计算积分:

(1) $\displaystyle\int_{C:|z|=2}\dfrac{z}{\dfrac{1}{2}-\sin^2 z}\mathrm{d}z$;

(2) $\displaystyle\int_{C:|z|=2}\dfrac{z}{z^4-1}\mathrm{d}z$;

(3) $\displaystyle\int_{C:|z|=2}\dfrac{\mathrm{d}z}{(z+\mathrm{i})^{10}(z-1)(z-3)}$;

(4) $\displaystyle\int_0^{\frac{\pi}{2}}\dfrac{\mathrm{d}x}{a+\sin^2 x}$ $(a>0)$;

(5) $\displaystyle\int_0^{+\infty}\dfrac{x\sin ax}{x^2+b^2}\mathrm{d}x$ $(a>0,b>0)$.

2. 设 C 是 z 平面上一条不经过点 $z=0$ 和 $z=1$ 的正向简单闭曲线,试就 C 的各种情况计算积分 $\displaystyle\int_C\dfrac{\cos z}{z^3(z-1)}\mathrm{d}z$.

3. 设 a,b,c 都是正常数,求

$$I=\int_0^{+\infty}\mathrm{e}^{a\cos bx}\sin(a\sin bx)\dfrac{x\,\mathrm{d}x}{x^2+c^2}$$

的值.

4. 用多种方法求 $f(z)=\dfrac{5z-2}{z(z-1)}$ 的留数.

5. 试证含点 ∞ 的区域的留数定理(在例 6.20 中列出并引用过).

6. 证明若 $F(z)=\mathrm{e}^{\mathrm{i}mz}f(z)$, $m>0$,且满足:

(1) 在上半平面仅有有限个奇点 a_k $(k=1,2,\cdots,n)$;

(2) 除一阶极点 x_k $(k=1,2,\cdots,m)$外,在实轴上解析;

(3) 当 $\mathrm{Im}\,z\geqslant 0$, $z\to\infty$ 时,有 $f(z)\to 0$,则

$$\int_{-\infty}^{+\infty}F(x)\,\mathrm{d}x=2\pi\left[\sum_{k=1}^n\operatorname*{Res}_{z=a_k}F(z)+\dfrac{1}{2}\sum_{k=1}^n\operatorname*{Res}_{z=x_k}F(z)\right].$$

这里,积分(对所有 x_k 及 ∞)取主值,即

$$\int_{-\infty}^{+\infty}F(x)\,\mathrm{d}x=\lim_{R\to+\infty}\left\{\lim_{r\to 0}\left[\int_{-R}^{x_1-r}F(x)\,\mathrm{d}x+\int_{x_1-r}^{x_2-r}F(x)\,\mathrm{d}x+\cdots+\int_{x_m-r}^{R}F(x)\,\mathrm{d}x\right]\right\}.$$

7. 设函数 $f(z)$ 在 $|z|\leqslant r$ 上解析,在 $|z|=r$ 上 $f(z)\neq 0$.试证在 $|z|=r$ 上,

$$\mathrm{Re}\left[z\dfrac{f'(z)}{f(z)}\right]$$

的最大值至少等于 $f(z)$ 在 $|z|<r$ 内的零点个数.

提示　应用定理 6.9.

8. 设 C 是一条周线,且设

(1) $f(z)$ 符合定理 6.9 的条件($a_k(k=1,2,\cdots,p)$ 为 $f(z)$ 在 C 内部的不同的零点,其阶相应为 n_k; $b_j(j=1,2,\cdots,q)$ 为 $f(z)$ 在 C 内部的不同的极点,其阶相应为 m_j);

(2) $\varphi(z)$ 在闭域 $\overline{I(C)}$ 上解析.

试证

$$\dfrac{1}{2\pi\mathrm{i}}\int_C\varphi(z)\dfrac{f'(z)}{f(z)}\mathrm{d}z=\sum_{k=1}^p n_k\varphi(a_k)-\sum_{j=1}^q m_j\varphi(b_j)$$

(这是定理 6.9 的推广,$\varphi(z)=1$ 时就是定理 6.9).

9. 设 C 是一条周线,且设

(1) $f(z)$,$\varphi(z)$在 C 内部是亚纯的,且连续到 C;

(2) 沿 C,$|f(z)|>|\varphi(z)|$,

试证

$$N(f(z)+\varphi(z),C)-P(f(z)+\varphi(z),C)=N(f(z),C)-P(f(z),C).$$

注 这是鲁歇定理的推广形式.为了给出它的一个应用,可参阅:钟玉泉.一个解析函数定理的推广.四川大学学报(自然科学版),1990(1):86—87.

10. 设 $\varphi(z)$ 在 a 点的邻域内解析,$\varphi'(z)\neq0$,$f(\xi)$ 以 ξ_0 为一阶极点且 $\mathop{\text{Res}}\limits_{z=\xi_0}f(\xi)=A$,试证复合函数 $f[\varphi(z)]$ 在 a 点的留数 $\mathop{\text{Res}}\limits_{z=a}f[\varphi(z)]=\dfrac{A}{\varphi'(a)}$.

11. 设 $\overline{D}$ 为闭圆 $|z|\leqslant R$,证明对于任一首项系数为 1 的 n 次多项式 $Q_n(z)$,有

$$\max_{|z|\leqslant R}|Q_n(z)|\geqslant\max_{|z|\leqslant R}|z^n|.$$

12. 设 $c>0$,γ 为直线 $\text{Re}\,z=c$,证明

$$\frac{1}{2\pi\mathrm{i}}\int_\gamma\frac{a^z}{z^2}\mathrm{d}z=\frac{1}{2\pi\mathrm{i}}\int_{c-\mathrm{i}\infty}^{c+\mathrm{i}\infty}\frac{a^z}{z^2}\mathrm{d}z=\begin{cases}\ln a, & a>0,\\0, & 0<a<1.\end{cases}$$

13. 方程

$$z^4-8z+10=0$$

在圆 $|z|<1$ 与在圆环 $1<|z|<3$ 内各有几个根?

14. 应用鲁歇定理证明例 3.16.

15. 设 D 是周线 C 的内部,$f(z)$ 在闭域 $\overline{D}=D+C$ 上解析.试证在 D 内不可能存在一点 z_0,使

$$|f(z)|<|f(z_0)|\quad(z\in C).$$

第六章重难点讲解

第六章综合自测题

第七章

共形映射

前几章主要是用分析的方法,也就是用微分、积分和级数等来讨论解析函数的性质和应用.内容主要涉及柯西理论.在这一章中,我们将从几何的角度来对解析函数的性质和应用进行讨论.

第一章我们曾经说过,一个复变函数 $w = f(z)(z \in E)$,从几何观点看来,可以解释为从 z 平面到 w 平面之间的一个变换,本章将讨论解析函数所构成的变换(简称解析变换)的某些重要特性.我们将看到,这种变换在导数不为零的点处具有一种保角的特性,它在数学本身以及在解决流体力学、弹性力学、电学等学科的某些实际问题中,都是一种使问题化繁为简的重要方法.

§1 解析变换的特性

1. 解析变换的保域性

定理 7.1(保域定理) 设 $w = f(z)$ 在区域 D 内解析且不恒为常数,则 D 的像 $G = f(D)$ 也是一个区域.

证 首先证明 G 的每一点都是内点.设 $w_0 \in G$,则有一点 $z_0 \in D$,使 $w_0 = f(z_0)$. 要证 w_0 为 G 的内点,只需证明 w_* 与 w_0 充分接近时,w_* 亦属于 G,即是说,只需证明,当 w_* 与 w_0 充分接近时,方程 $w_* = f(z)$ 在 D 内有解.为此,考察

$$f(z) - w_* = f(z) - w_0 + w_0 - w_*,$$

由解析函数零点的孤立性,必有以 z_0 为心的某个圆周 C,C 及 C 的内部全含于 D,使得 $f(z) - w_0$ 在 C 上及 C 的内部(除 z_0 外)均不为零.因而在 C 上 $|f(z) - w_0| \geqslant \delta > 0$.对在邻域 $|w_* - w_0| < \delta$ 内的点 w_* 及在 C 上的点 z,有

$$|f(z) - w_0| \geqslant \delta > |w_* - w_0|.$$

因此根据第六章的鲁歇定理,在 C 的内部

$$f(z) - w_* = [f(z) - w_0] + w_0 - w_*$$

与

$$f(z) - w_0$$

有相同的零点个数.于是 $w_* = f(z)$ 在 D 内有解.

其次,要证明 G 中任意两点 $w_1 = f(z_1)$,$w_2 = f(z_2)$ 均可以用一条完全含于 G 的折线连接起来.为此,由于 D 是区域,可在 D 内取一条连接 z_1, z_2 的折线 $C: z = z(t)$

$(t_1 \leqslant t \leqslant t_2, z(t_1) = z_1, z(t_2) = z_2)$. 于是, $\Gamma: w = f[z(t)] (t_1 \leqslant t \leqslant t_2)$ 就是连接 w_1, w_2 的并且完全含于 G 的一条曲线. 从而, 参照柯西积分定理的古尔萨证明第三步, 可以找到一条连接 w_1, w_2, 内接于 Γ 且完全含于 G 的折线 Γ_1.

总结以上两点, 即知 $G = f(D)$ 是区域.

推论 7.2 设 $w = f(z)$ 在区域 D 内单叶解析, 则 D 的像 $G = f(D)$ 也是一个区域.

证 因 $f(z)$ 在区域 D 内单叶, 必有 $f(z)$ 在 D 内不恒为常数.

注 定理 7.1 可以推广成这样的形式: $w = f(z)$ 在扩充 z 平面的区域 D 内亚纯, 且不恒为常数, 则 D 的像 $G = f(D)$ 为扩充 w 平面上的区域.

上一章末, 我们证明了单叶解析函数的一个重要性质: 定理 6.11, 其逆不真, 但有下面我们引出的另一个定理, 局部单叶性, 列入本章习题(二)第 1 题, 请读者自己证明.

定理 7.3 设函数 $w = f(z)$ 在点 z_0 解析, 且 $f'(z_0) \neq 0$, 则 $f(z)$ 在 z_0 的一个邻域内单叶解析.

由此可见, 符合本定理条件的解析变换 $w = f(z)$ 将 z_0 的一个充分小邻域变成 $w_0 = f(z_0)$ 的一个曲边邻域.

2. 解析变换的保角性——导数的几何意义

设 $w = f(z)$ 于区域 D 内解析, $z_0 \in D$, 在点 z_0 有导数 $f'(z_0) \neq 0$. 通过 z_0 任意引一条有向光滑曲线

$$C: z = z(t) \quad (t_0 \leqslant t \leqslant t_1),$$

$z_0 = z(t_0)$, 则必有 $z'(t_0)$ 存在且 $z'(t_0) \neq 0$, 从而由第二章习题(一)第 1 题, C 在 z_0 有切线, $z'(t_0)$ 就是切向量, 它的倾角为 $\psi = \arg z'(t_0)$. 经过变换 $w = f(z)$, C 之像曲线 $\Gamma = f(C)$ 的参数方程应为

$$\Gamma: w = f[z(t)] \quad (t_0 \leqslant t \leqslant t_1).$$

由定理 7.3 及第三章习题(一)第 13 题, Γ 在点 $w_0 = w(t_0)$ 的邻域内是光滑的. 又由于 $w'(t_0) = f'(z_0) z'(t_0) \neq 0$, 故 Γ 在 $w_0 = f(z_0)$ 也有切线, $w'(t_0)$ 就是切向量, 其倾角为

$$\Psi = \arg w'(t_0) = \arg f'(z_0) + \arg z'(t_0),$$

即

$$\Psi = \psi + \arg f'(z_0).$$

假设

$$f'(z_0) = R e^{i\alpha},$$

则必有

$$|f'(z_0)| = R, \quad \arg f'(z_0) = \alpha,$$

于是

$$\Psi - \psi = \alpha, \tag{7.1}$$

且

$$\lim_{\Delta z \to 0} \left| \frac{\Delta w}{\Delta z} \right| = R \neq 0. \tag{7.2}$$

如果我们假定 x 轴与 u 轴、y 轴与 v 轴的正方向相同(如图 7.1), 而且将原曲线的切线正方向与变换后像曲线的切线正方向间的夹角, 理解为原曲线经过变换后的旋转角, 则

(7.1)说明: 像曲线 Γ 在点 $w_0 = f(z_0)$ 的切线正向, 可由原像曲线 C 在点 z_0 的切线正向旋转一个角 $\arg f'(z_0)$ 得出. $\arg f'(z_0)$ 仅与 z_0 有关, 而与过 z_0 的曲线 C 的选择无关, 称为变换 $w = f(z)$ 在点 z_0 的**旋转角**. 这也就是导数辐角的几何意义.

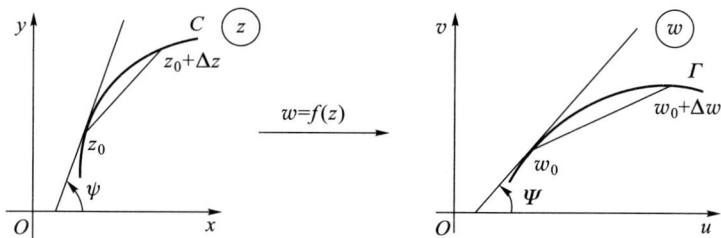

图 7.1

(7.2)说明:像点间的无穷小距离与原像点间的无穷小距离之比的极限是 $R=|f'(z_0)|$,它仅与 z_0 有关,而与过 z_0 的曲线 C 之方向无关.称为变换 $w=f(z)$ 在点 z_0 的**伸缩率**.这也就是导数模的几何意义.

上面提到的旋转角与 C 的选择无关这个性质,称为**旋转角不变性**;伸缩率与 C 的方向无关这个性质,称为**伸缩率不变性**.

从几何意义上看:如果忽略高阶无穷小,伸缩率不变性就表示 $w=f(z)$ 将 $z=z_0$ 处的无穷小的圆变成 $w=w_0$ 处的无穷小的圆,其半径之比为 $|f'(z_0)|$.

上面的讨论说明:解析函数在导数不为零的地方具有旋转角不变性和伸缩率不变性.

例 7.1   试求变换 $w=f(z)=z^2+2z$ 在点 $z=-1+2\mathrm{i}$ 处的旋转角,并且说明它将 z 平面的哪一部分放大? 哪一部分缩小?

解   因
$$f'(z)=2z+2=2(z+1),$$
$$f'(-1+2\mathrm{i})=2(-1+2\mathrm{i}+1)=4\mathrm{i},$$

故在点 $-1+2\mathrm{i}$ 处的旋转角为 $\arg f'(-1+2\mathrm{i})=\dfrac{\pi}{2}$.

又因 $|f'(z)|=2\sqrt{(x+1)^2+y^2}$,这里 $z=x+\mathrm{i}y$,而 $|f'(z)|<1$ 的充要条件是 $(x+1)^2+y^2<\dfrac{1}{4}$,故 $w=f(z)=z^2+2z$ 把以 -1 为圆心,$\dfrac{1}{2}$ 为半径的圆周内部缩小,外部放大.

现在,我们再继续上面的讨论.

经点 z_0 的两条有向曲线 C_1,C_2 的切线方向所构成的角,称为两曲线在该点的**夹角**.今设 $C_i(i=1,2)$ 在点 z_0 的切线倾角为 $\psi_i(i=1,2)$;C_i 在变换 $w=f(z)$ 下的像曲线 Γ_i 在点 $w_0=f(z_0)$ 的切线倾角为 $\Psi_i(i=1,2)$,则由(7.1)有
$$\Psi_1-\psi_1=\alpha \text{ 及 } \Psi_2-\psi_2=\alpha,$$
即有
$$\Psi_1-\psi_1=\Psi_2-\psi_2,$$
所以
$$\Psi_1-\Psi_2=\psi_1-\psi_2=\delta.$$

这里 $\psi_1-\psi_2$ 是 C_1 和 C_2 在点 z_0 的夹角(逆时针方向为正),$\Psi_1-\Psi_2$ 是 Γ_1 和 Γ_2 在像点 $w_0=f(z_0)$ 的夹角(逆时针方向为正).由此可见,这种保角性既保持夹角的大小,又保持夹角的方向(图 7.2).

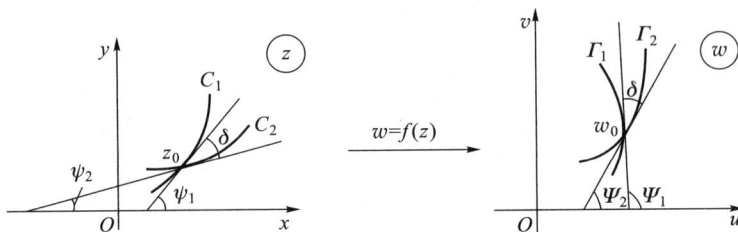

图 7.2

定义 7.1 若函数 $w = f(z)$ 在点 z_0 的邻域内有定义, 且在点 z_0 具有:

(1) 伸缩率不变性.

(2) 过 z_0 的任意两曲线的夹角在变换 $w = f(z)$ 下, 既保持大小, 又保持方向,

则称函数 $w = f(z)$ 在点 z_0 是**保角的**, 或称 $w = f(z)$ 在点 z_0 处是**保角变换**. 如果 $w = f(z)$ 在区域 D 内处处都是保角的, 则称 $w = f(z)$ 在区域 D 内是**保角的**, 或称 $w = f(z)$ 在区域 D 内是**保角变换**.

总结以上的讨论, 我们得到

定理 7.4 如 $w = f(z)$ 在区域 D 内解析, 则它在导数不为零的点处是保角的.

从而在这些点的各自充分小邻域内也是保角的(何故?).

推论 7.5 如 $w = f(z)$ 在区域 D 内单叶解析, 则 $w = f(z)$ 在 D 内是保角的.

证 因由定理 6.11, 在 D 内 $f'(z) \neq 0$.

例 7.2 试证: $w = e^{iz}$ 将互相正交的直线族 $\operatorname{Re} z = C_1$ 与 $\operatorname{Im} z = C_2$ 依次变为互相正交的直线族 $v = u \tan C_1$ 与圆周族

$$u^2 + v^2 = e^{-2C_2}.$$

证 正交直线族 $\qquad \operatorname{Re} z = C_1$ 与 $\operatorname{Im} z = C_2$

在变换

$$w = e^{iz}$$

下, 有 $\qquad u + iv = w = e^{iz} = e^{i(C_1 + iC_2)} = e^{-C_2} e^{iC_1},$

即有像曲线族

$$u^2 + v^2 = e^{-2C_2} \text{ 与 } \arctan \frac{v}{u} = C_1.$$

由于在 z 平面上 e^{iz} 处处解析, 且

$$\frac{\mathrm{d}w}{\mathrm{d}z} = i e^{iz} \neq 0,$$

所以在 w 平面上圆周族

$$u^2 + v^2 = e^{-2C_2}$$

与直线族

$$v = u \tan C_1$$

也是互相正交的.

3. 单叶解析变换的共形性

定义 7.2 如果 $w = f(z)$ 在区域 D 内是单叶且保角的, 则称此变换 $w = f(z)$ 在

D 内是**共形**的,也称它为 D 内的**共形映射**.

注 解析变换 $w=f(z)$ 在解析点 z_0 如有 $f'(z_0)\neq0$(由 $f'(z)$ 在 z_0 的连续性,必在 z_0 的邻域内 $\neq0$),于是 $w=f(z)$ 在点 z_0 **保角**,因而在 z_0 的邻域内**单叶保角**,从而在 z_0 的邻域内共形(局部);在区域 D 内 $w=f(z)$(整体)共形,必然在 D 内处处(局部)共形,但反过来不必真.

例 7.3 讨论解析函数 $w=z^n$(n 为正整数)的保角性和共形性.

解 (1)因为

$$\frac{\mathrm{d}w}{\mathrm{d}z}=nz^{n-1}\neq0\quad(z\neq0),$$

故 $w=z^n$ 在 z 平面上除原点 $z=0$ 外,处处都是保角的.

(2)由于 $w=z^n$ 的单叶性区域是顶点在原点张度不超过 $\dfrac{2\pi}{n}$ 的角形区域,故在此角形区域内 $w=z^n$ 是共形的.在张度超过 $\dfrac{2\pi}{n}$ 的角形区域内,则不是共形的,但在其中各点的邻域内是共形的(由定理 7.3).

定理 7.6 设 $w=f(z)$ 在区域 D 内单叶解析,则

(1)$w=f(z)$ 将 D 共形映射成区域 $G=f(D)$.

(2)反函数 $z=f^{-1}(w)$ 在区域 G 内单叶解析,且

$$f^{-1\prime}(w_0)=\frac{1}{f'(z_0)}\quad(z_0\in D,w_0=f(z_0)\in G).$$

证 (1)由推论 7.2,G 是区域,由推论 7.5 及定义 7.2,$w=f(z)$ 将 D 共形映射成 G.

(2)由定理 6.11,$f'(z_0)\neq0(z_0\in D)$,又因 $w=f(z)$ 是 D 到 G 的单叶满变换,因而是 D 到 G 的一一变换.于是,当 $w\neq w_0$ 时,$z\neq z_0$,即反函数 $z=f^{-1}(w)$ 在区域 G 内单叶.故

$$\frac{f^{-1}(w)-f^{-1}(w_0)}{w-w_0}=\frac{z-z_0}{w-w_0}=\frac{1}{\dfrac{w-w_0}{z-z_0}}.$$

由假设 $f(z)=u(x,y)+\mathrm{i}v(x,y)$ 在区域 D 内解析,即在 D 内满足 C.—R.方程

$$u_x=v_y,\quad u_y=-v_x.$$

故

$$\begin{vmatrix}u_x & u_y\\ v_x & v_y\end{vmatrix}=\begin{vmatrix}u_x & -v_x\\ v_x & u_x\end{vmatrix}=u_x^2+v_x^2$$

$$=|u_x+\mathrm{i}v_x|^2=|f'(z)|^2\neq0\quad(z\in D),$$

由数学分析中隐函数存在定理,存在两个函数

$$x=x(u,v),\quad y=y(u,v)$$

在点 $w_0=u_0+\mathrm{i}v_0$ 及其一个邻域 $N_\varepsilon(w_0)$ 内为连续.即在邻域 $N_\varepsilon(w_0)$ 中,当 $w\to w_0$ 时,必有 $z=f^{-1}(w)\to z_0=f^{-1}(w_0)$.故

$$\lim_{w\to w_0}\frac{f^{-1}(w)-f^{-1}(w_0)}{w-w_0}=\frac{1}{\lim\limits_{z\to z_0}\dfrac{w-w_0}{z-z_0}}$$

$$= \frac{1}{\lim\limits_{z \to z_0} \dfrac{f(z) - f(z_0)}{z - z_0}} = \frac{1}{f'(z_0)}.$$

即

$$f^{-1'}(w_0) = \frac{1}{f'(z_0)} \quad (z_0 \in D, w_0 = f(z_0) \in G).$$

由于 w_0 或 z_0 的任意性,即知 $z = f^{-1}(w)$ 在区域 G 内解析.

    注   D. Menchoff 曾经证明本定理(1)款之逆亦真.即"如 $w = f(z)$ 将区域 D 共形映射成区域 G,则 $w = f(z)$ 在 D 内单叶解析".其证明可见 D. Menchoff. Les conditions de monogénéité(单叶性条件). Act.sc.,1936(329):39 页及以后.

    由此可见,如 $w = f(z)$ 将区域 D 共形映射成区域 $G = f(D)$,则其反函数 $z = f^{-1}(w)$ 将区域 G 共形映射成区域 D.这时,区域 D 内的一个无穷小曲边三角形 δ 变换成区域 G 内的一个无穷小曲边三角形 Δ(如图 7.3),由于保持了曲线间的夹角大小及方向,故 δ 与 Δ"相似".这就是共形映射这一名称的由来.

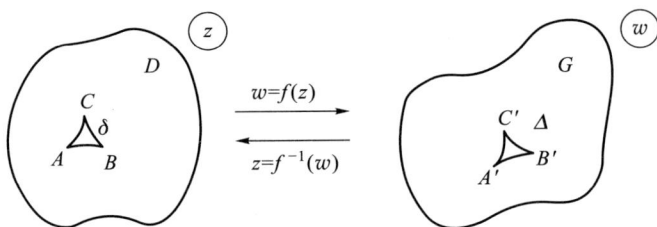

图 7.3

    共形映射理论的基本任务是,给定一个区域 D 及另一个区域 G,要求找出将 D 共形映射成 G 的函数 $f(z)$ 以及惟一性条件.共形映射的这种一般理论,我们将放到本章 §4 叙述.

    显然,两个共形映射的复合仍然是一个共形映射.具体地说,如 $\xi = f(z)$ 将区域 D 共形映射成区域 E,而 $w = h(\xi)$ 将 E 共形映射成区域 G,则 $w = h[f(z)]$ 将区域 D 共形映射成区域 G.利用这一事实,可以复合若干基本的共形映射而构成较为复杂的共形映射.

    下面 §2 及 §3 研究分式线性变换和由某些初等函数构成的函数的共形性.它们在共形映射中都是很基本的.

§2 分式线性变换

1. 分式线性变换及其分解

$$w = \frac{az + b}{cz + d}, \quad \begin{vmatrix} a & b \\ c & d \end{vmatrix} = ad - bc \neq 0 \tag{7.3}$$

称为分式线性变换,简记为 $w=L(z)$.

条件 $ad-bc\neq0$ 是必要的,否则将导致 $L(z)$ 恒为常数.

此外,我们将(7.3)在扩充 z 平面上做如下补充定义:

如 $c\neq0$,在 $z=-\dfrac{d}{c}$ 处定义 $w=\infty$,在 $z=\infty$ 处定义 $w=\dfrac{a}{c}$;

如 $c=0$,在 $z=\infty$ 处定义 $w=\infty$.

这样,我们总认为分式线性变换 $w=L(z)$ 是定义在整个扩充 z 平面上的.变换(7.3)将扩充 z 平面一一地因而单叶地变成扩充 w 平面.事实上,(7.3)具有逆变换

$$z=\frac{-dw+b}{cw-a}. \tag{7.4}$$

根据定理 7.1 的注,分式线性变换(7.3)在扩充 z 平面上是保域的.

注 分式线性变换(7.3)由德国数学家默比乌斯(Möbius)作过大量的研究.在许多文献中,它就称为**默比乌斯变换**.

分式线性变换(7.3)总可以分解成下述简单类型变换的复合:

（Ⅰ）$w=kz+h$ $(k\neq0)$;

（Ⅱ）$w=\dfrac{1}{z}$.

事实上,当 $c=0$ 时,(7.3)已经是（Ⅰ）型变换

$$w=\frac{a}{d}z+\frac{b}{d};$$

当 $c\neq0$ 时,(7.3)可改写为

$$w=\frac{a}{c}+\frac{bc-ad}{c(cz+d)}=\frac{bc-ad}{c}\cdot\frac{1}{cz+d}+\frac{a}{c}, \tag{7.3$'$}$$

它就是下面三个形如（Ⅰ）和（Ⅱ）的变换:

$$\xi=cz+d,\qquad \eta=\frac{1}{\xi},$$

$$w=\frac{bc-ad}{c}\eta+\frac{a}{c}$$

的复合.

因此,弄清楚（Ⅰ）,（Ⅱ）型变换的几何性质,就可弄清楚一般分式线性变换(7.3)的性质.

下面,我们来考察（Ⅰ）和（Ⅱ）型变换的几何意义.

（Ⅰ）型变换 $w=kz+h$ $(k\neq0)$ 可称为**整线性变换**.如果 $k=\rho e^{i\alpha}$ $(\rho>0,\alpha$ 为实数),则

$$w=\rho e^{i\alpha}z+h.$$

由此可见,此变换可以分解成三个更简单的变换:**旋转**、**伸缩**和**平移**.也就是先将 z 旋转角度 α,然后作一个以原点为中心的伸缩变换(按比例系数 ρ),最后平移一个向量 h(如图 7.4,此图是将原像与像画在同一平面上).即是说,在整线性变换之下,原像与像相似.不过,这种变换不是任意的相似变换,而是不改变图形方向的相似变换(如图7.4,原像那个三角形的顶点顺序如果是逆时针方向的,则其像三角形的像顶点顺序也应是

逆时针方向的).

（Ⅱ）型变换 $w=\dfrac{1}{z}$ 可称为**反演变换**.它可分解为下面两个更简单变换的复合：

$$\omega=\frac{1}{z},\quad w=\overline{\omega}.\tag{7.5}$$

前者称为关于单位圆周的**对称变换**,并称 z 与 ω 是关于单位圆周的对称点.后者称为关于实轴的对称变换,并称 w 与 ω 是关于实轴的对称点.

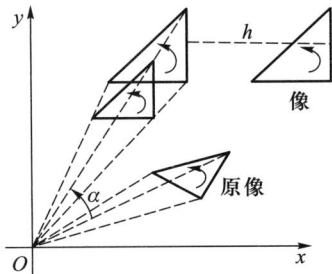 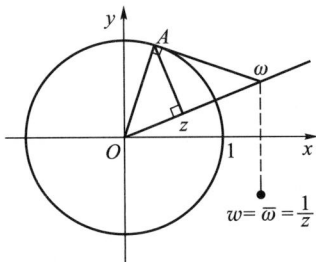

图 7.4　　　　　　　　　图 7.5

已知点 z,可用如图 7.5 的几何方法作出 $\omega=\dfrac{1}{z}$,然后就可作出 $w=\overline{\omega}=\dfrac{1}{z}$(如图 7.5,此图也是将像与原像画在同一平面上).由图 7.5 可知,直角三角形 $Oz A$ 与直角三角形 $OA\omega$ 相似.于是

$$\frac{1}{|\omega|}=\frac{|z|}{1},$$

从而

$$|\omega||z|=1^{2}(即等于半径平方),\tag{7.6}$$

并且 ω,z 都在过单位圆圆心 O 的同一条射线上,这就是 ω,z 关于单位圆周对称的性质.

另外,我们还规定圆心 O 与点 ∞ 为关于单位圆周的对称点.

其次,我们称满足 $L(z)=z$ 的点 z 为分式线性变换的不动点,不动点 z 满足方程

$$cz^{2}+(d-a)z-b=0.\tag{7.7}$$

因此,不为恒等变换的分式线性变换至多只有两个不动点.如果一分式线性变换有三个不动点,则必为恒等变换.

本段最后,我们要说:分式线性变换的复合仍然是分式线性变换.

2. 分式线性变换的共形性

为了证明分式线性变换(7.3)在扩充 z 平面上是共形的,我们只要证明（Ⅰ）和（Ⅱ）型变换在扩充 z 平面上是保角的,因为(7.3)在扩充 z 平面上是单叶的.

对于（Ⅱ）型变换 $w=\dfrac{1}{z}$ 来说,只要 $z\neq 0,z\neq\infty$,则有

$$\frac{\mathrm{d}w}{\mathrm{d}z}=-\frac{1}{z^{2}}\neq 0,$$

根据定理 7.4,即知在 $z\neq 0,z\neq\infty$ 的各处是保角的.至于在 $z=0$ 及 $z=\infty$ 处,就涉及我

们如何理解两条曲线在无穷远点处交角的意义.

由于第五章§3对无穷远点情形的讨论,启发我们有

定义 7.3 二曲线在无穷远点处的交角为 α,就是指它们在反演变换下的像曲线在原点处的交角为 α.

按照这样的定义,(Ⅱ)型变换 $w=\dfrac{1}{z}$ 在 $z=0$ 及 $z=\infty$ 处是保角的.

因而(Ⅱ)型变换在扩充 z 平面上是保角的.

下面我们来看(Ⅰ)型变换

$$w=kz+h \quad (k\neq 0)$$

在扩充 z 平面上的保角性.

因为

$$\frac{\mathrm{d}w}{\mathrm{d}z}=k\neq 0,$$

根据定理 7.4,即知在 $z\neq\infty$ 的各处是保角的.

要证(Ⅰ)型变换在 $z=\infty$(像点为 $w=\infty$)保角,由定义 7.3,我们引入两个反演变换:

$$\lambda=\frac{1}{z}, \quad \mu=\frac{1}{w}.$$

它们分别将 z 平面的无穷远点保角变换为 λ 平面的原点,将 w 平面的无穷远点保角变换为 μ 平面的原点. 现将它们代入(Ⅰ)型变换得

$$\frac{1}{\mu}=k\,\frac{1}{\lambda}+h,$$

即

$$\mu=\frac{\lambda}{h\lambda+k}, \tag{7.8}$$

它将 λ 平面的原点 $\lambda=0$ 变为 μ 平面的原点 $\mu=0$.而

$$\frac{\mathrm{d}\mu}{\mathrm{d}\lambda}=\frac{h\lambda+k-h\lambda}{(h\lambda+k)^2}\bigg|_{\lambda=0}=\frac{k}{k^2}=\frac{1}{k}\neq 0.$$

故变换(7.8)在 $\lambda=0$ 是保角的.

于是(Ⅰ)型变换在 $z=\infty$ 是保角的,因而在扩充 z 平面上是保角的.

这样,我们就证明了:

定理 7.7 分式线性变换(7.3)在扩充 z 平面上是共形的.

注 在无穷远点处不考虑伸缩率的不变性.

3. 分式线性变换的保交比性

定义 7.4 扩充平面上有顺序的四个相异点 z_1,z_2,z_3,z_4 构成下面的量,称为它们的**交比**,记为 (z_1,z_2,z_3,z_4):

$$(z_1,z_2,z_3,z_4)=\frac{z_4-z_1}{z_4-z_2}:\frac{z_3-z_1}{z_3-z_2}.$$

当四点中有一点为 ∞ 时,应将包含此点的项用 1 代替.例如 $z_1=\infty$ 时,即有

$$(\infty, z_2, z_3, z_4) = \frac{1}{z_4 - z_2} : \frac{1}{z_3 - z_2},$$

亦即先视 z_1 为有限,再令 $z_1 \to \infty$ 取极限而得.

定理 7.8 在分式线性变换下,四点的交比不变.

证 设

$$w_i = \frac{az_i + b}{cz_i + d}, \quad i = 1, 2, 3, 4,$$

则

$$w_i - w_j = \frac{(ad - bc)(z_i - z_j)}{(cz_i + d)(cz_j + d)}, \tag{7.9}$$

因此

$$(w_1, w_2, w_3, w_4) = \frac{w_4 - w_1}{w_4 - w_2} : \frac{w_3 - w_1}{w_3 - w_2}$$

$$\xlongequal{(7.9)} \frac{z_4 - z_1}{z_4 - z_2} : \frac{z_3 - z_1}{z_3 - z_2} = (z_1, z_2, z_3, z_4).$$

其他可能情形的证明留给读者.

从形式上看,分式线性变换(7.3)具有四个复参数 a, b, c, d.但由条件 $ad - bc \neq 0$,可知至少有一不为零,因此就可用它去除(7.3)的分子及分母,于是(7.3)实际上就只依赖于三个复参数(即六个实参数).

为了确定这三个复参数,由定理 7.8 可知,只需任意指定三对对应点:

$$z_i \xleftarrow{\quad w = L(z) \quad} w_i \quad (i = 1, 2, 3)$$

即可.因从

$$(w_1, w_2, w_3, w) = (z_1, z_2, z_3, z)$$

就可得到变换(7.3),即 $w = L(z)$.其中 a, b, c, d 就可由 z_i 及 $w_i (i = 1, 2, 3)$ 来确定,且除了相差一个常数因子外是惟一的.

这就证明了:

定理 7.9 设分式线性变换将扩充 z 平面上三个相异点 z_1, z_2, z_3 指定变为 w_1, w_2, w_3,则此分式线性变换就被惟一确定,并且可以写成

$$\frac{w - w_1}{w - w_2} : \frac{w_3 - w_1}{w_3 - w_2} = \frac{z - z_1}{z - z_2} : \frac{z_3 - z_1}{z_3 - z_2} \tag{7.10}$$

(即三对对应点惟一确定一个分式线性变换).

例 7.4 求将 $2, i, -2$ 对应地变成 $-1, i, 1$ 的分式线性变换.

解 所求分式线性变换为

$$(-1, i, 1, w) = (2, i, -2, z),$$

即

$$\frac{w + 1}{w - i} : \frac{1 + 1}{1 - i} = \frac{z - 2}{z - i} : \frac{-2 - 2}{-2 - i},$$

化简为

$$\frac{w + 1}{w - i} = \frac{1 + 3i}{4} \cdot \frac{z - 2}{z - i},$$

于是

$$\frac{w + 1}{w + 1 - w + i} = \frac{(1 + 3i)(z - 2)}{(1 + 3i)(z - 2) - 4(z - i)},$$

化简后得
$$w = \frac{z - 6i}{3iz - 2}.$$

4. 分式线性变换的保圆周(圆)性

形如(Ⅰ)的整线性变换,显然将圆周(直线)变为圆周(直线),这可由变换(Ⅰ)的几何意义得知.

形如(Ⅱ)的反演变换将圆周(直线)变为圆周或直线.事实上,圆周或直线可表示为(见第一章习题(一)第 8 题)

$$A z\bar{z} + \bar{\beta}z + \beta\bar{z} + C = 0 \quad (A, C \text{ 为实数}, |\beta|^2 > AC), \tag{7.11}$$

当 $A = 0$ 时就表示直线.经过反演变换 $w = \dfrac{1}{z}$,(7.11)成为

$$C w\bar{w} + \bar{\beta}\,\bar{w} + \beta w + A = 0,$$

它表示直线或圆周(视 C 是否为零而定).

因为分式线性变换(7.3)是几个(Ⅰ)和(Ⅱ)型变换的复合,这样,我们就证明了:

定理 7.10 分式线性变换将平面上的圆周(直线)变为圆周或直线.

注 在扩充平面上,直线可视为经过无穷远点的圆周.事实上,(7.11)可改写为

$$A + \frac{\bar{\beta}}{\bar{z}} + \frac{\beta}{z} + \frac{C}{z\bar{z}} = 0,$$

欲其经过 ∞,必须且只需 $A = 0$.因此可以说:在分式线性变换(7.3)下,扩充 z 平面上的圆周变为扩充 w 平面上的圆周,同时,圆被保形变换成圆.

这就是分式线性变换的保圆周(圆)性.

设 $w = L(z)$ 是一分式线性变换,γ 为扩充 z 平面上的一个圆周,则 $\Gamma = L(\gamma)$ 是扩充 w 平面上的一个圆周.由于扩充平面被圆周划分为两个区域,如 γ 分扩充 z 平面为区域 d_1, d_2;Γ 分扩充 w 平面为 D_1, D_2,则我们可以断定 d_1 的像必然是 D_1 和 D_2 中的一个,而 d_2 的像是 D_1 和 D_2 中的另一个.为了确定对应的区域,有两个办法:其一是,在一区域,例如 d_1 中,取一点 z_0,如 $w_0 = L(z_0) \in D_1$,则可以断定 $D_1 = L(d_1)$;否则,$D_2 = L(d_1)$.另一办法是,在 γ 上任取三点 z_1, z_2, z_3,使沿 z_1, z_2, z_3 绕行 γ 时,d_1 在观察者的左方,沿对应的 w_1, w_2, w_3 绕行 Γ 时,在观察者左方的那个区域就是 d_1 的像,其理由如下:过 z_1 作 γ 的一段法线 n,使 n 含于 d_1(图 7.6),于是顺着 z_1, z_2, z_3 看,n 在观察者左方.n 的像 $N = L(n)$ 是过 w_1 并与 Γ 正交的一段圆弧(或直线段),由于在 z_1 的保角性,顺着 w_1, w_2, w_3 看,N 也应当在观察者的左方.因此,在 w_1, w_2, w_3 左方的那个区域就是 d_1 的像.

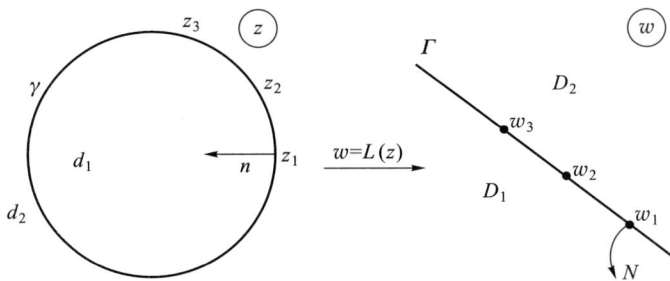

图 7.6

反之,在扩充平面上给定区域 d 及 D,其边界都是圆周,则 d 必然可以共形映射成 D.分式线性变换就能实现,且在一定条件下,这种分式线性变换还是惟一的.

注 (1) 当 γ 或 $\Gamma=L(\gamma)$ 为直线时,其所界的圆是以它为边界的两个半平面.

(2) 要使分式线性变换 $w=L(z)$ 把有限圆周 C 变成直线,其条件是:C 上的某点 z_0 变成 ∞.

5. 分式线性变换的保对称点性

在第一段中,我们曾经讲过关于单位圆周的对称点这一概念,现推广如下:

定义 7.5 z_1,z_2 关于圆周 $\gamma:|z-a|=R$ 对称是指 z_1,z_2 都在过圆心 a 的同一条射线上,且满足

$$|z_1-a||z_2-a|=R^2. \tag{7.6}'$$

此外,还规定圆心 a 与点 ∞ 也是关于 γ 为对称的(如图 7.7).

由定义即知,z_1,z_2 关于圆周 $\gamma:|z-a|=R$ 对称,必须且只需

$$z_2-a=\frac{R^2}{\overline{z_1-a}}. \tag{7.5}'$$

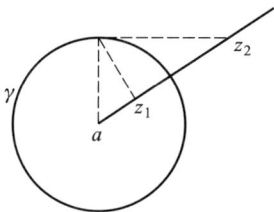 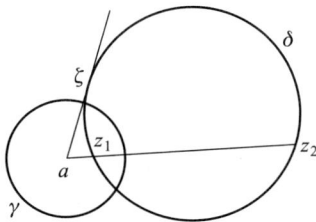

图 7.7　　　　　　　　　　　　图 7.8

下述定理从几何方面说明了对称点的特性.

定理 7.11 扩充 z 平面上两点 z_1,z_2 关于圆周 γ 对称的充要条件是,通过 z_1,z_2 的任意圆周都与 γ 正交.

证 γ 为直线的情形,定理的正确性是很明显的.我们只就 γ 为有限圆周 $|z-a|=R$ 的情形予以证明(图 7.8).

必要性 设 z_1,z_2 关于圆周 $\gamma:|z-a|=R$ 对称,则过 z_1,z_2 的直线必然与 γ 正交(按对称点的定义,z_1,z_2 在从 a 出发的同一条射线上).

设 δ 是过 z_1,z_2 的任一圆周(非直线),由 a 引 δ 的切线 $a\zeta$,ζ 为切点.由平面几何的定理得

$$|\zeta-a|^2=|z_1-a||z_2-a|.$$

但由 z_1,z_2 关于圆周 γ 对称的定义,有

$$|z_1-a||z_2-a|=R^2,$$

所以 $|\zeta-a|=R.$

即是说 $a\zeta$ 是圆周 γ 的半径,因此 δ 与 γ 正交.

充分性 设过 z_1,z_2 的每一圆周都与 γ 正交.过 z_1,z_2 作一圆周(非直线)δ,则 δ 与 γ 正交.设交点之一为 ζ,则 γ 的半径 $a\zeta$ 必为 δ 的切线.

连接 z_1, z_2,延长后必经过 a(因为过 z_1, z_2 的直线与 γ 正交).于是 z_1, z_2 在从 a 出发的同一条射线上,并且由平面几何的定理得

$$R^2 = |\zeta - a|^2 = |z_1 - a||z_2 - a|.$$

因此,z_1, z_2 关于圆周 γ 对称.

下述定理就是分式线性变换的保对称点性.

定理 7.12 设扩充 z 平面上两点 z_1, z_2 关于圆周 γ 对称,$w = L(z)$ 为一分式线性变换,则 $w_1 = L(z_1), w_2 = L(z_2)$ 两点关于圆周 $\Gamma = L(\gamma)$ 为对称.

证 设 Δ 是扩充 w 平面上经过 w_1, w_2 的任意圆周.此时,必然存在一个圆周 δ,它经过 z_1, z_2,并使 $\Delta = L(\delta)$.因为 z_1, z_2 关于 γ 对称,故由定理 7.11,δ 与 γ 正交.由于分式线性变换 $w = L(z)$ 的保角性,$\Delta = L(\delta)$ 与 $\Gamma = L(\gamma)$ 亦正交.这样,再由定理 7.11 即知 w_1, w_2 关于 $\Gamma = L(\gamma)$ 对称.

6. 分式线性变换的应用

分式线性变换在处理边界为圆弧或直线的区域的变换中,具有很大的作用.

下面三例就是反映这个事实的重要特例.

例 7.5 把上半 z 平面共形映射成上半 w 平面的分式线性变换可以写成

$$w = \frac{az+b}{cz+d},$$

其中 a, b, c, d 是实数,且满足条件

$$ad - bc > 0. \tag{7.12}$$

事实上,所述变换将实轴变为实轴,且当 z 为实数时

$$\frac{dw}{dz} = \frac{ad-bc}{(cz+d)^2} > 0,$$

即实轴变成实轴是同向的(如图 7.9),因此上半 z 平面共形映射成上半 w 平面.

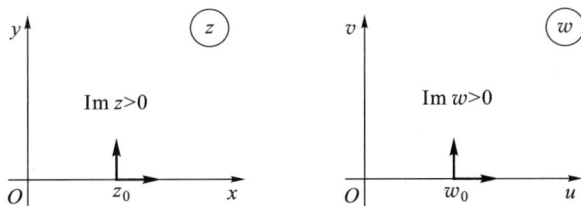

图 7.9

当然,这也可以直接由下面的推导看出:

$$\operatorname{Im} w = \frac{1}{2i}(w - \overline{w}) = \frac{1}{2i}\left(\frac{az+b}{cz+d} - \frac{a\overline{z}+b}{c\overline{z}+d}\right)$$

$$= \frac{1}{2i}\frac{ad-bc}{|cz+d|^2}(z - \overline{z}) = \frac{ad-bc}{|cz+d|^2}\operatorname{Im} z.$$

注 满足条件(7.12)的分式线性变换也将下半平面共形映射成下半平面.

例 7.6 求出将上半平面 $\operatorname{Im} z > 0$ 共形映射成单位圆 $|w| < 1$ 的分式线性变换,并使上半平面一点 $z = a (\operatorname{Im} a > 0)$ 变为 $w = 0$.

解 根据分式线性变换保对称点的性质,点 a 关于实轴的对称点 $\overline{a}$ 应该变到 $w =$

0 关于单位圆周的对称点 $w=\infty$. 因此,这个变换应当具有形式:

$$w=k\,\frac{z-a}{z-\bar{a}}, \tag{7.13}'$$

其中 k 是常数. k 的确定可使实轴上的一点,例如 $z=0$,变到单位圆周上的一点

$$w=k\,\frac{a}{\bar{a}}.$$

因此

$$1=|k|\,\left|\frac{a}{\bar{a}}\right|=|k|.$$

所以,可以令 $k=\mathrm{e}^{\mathrm{i}\beta}(\beta$ 是实数),最后得到所要求的变换为

$$w=\mathrm{e}^{\mathrm{i}\beta}\frac{z-a}{z-\bar{a}}\quad(\mathrm{Im}\,a>0). \tag{7.13}$$

在变换(7.13)中,即使 a 给定了,还有一个实参数 β 需要确定. 为了确定此 β,或者指出实轴上一点与单位圆周上某点的对应关系,或者指出变换在 $z=a$ 处的旋转角 $\arg w'(a)$. (读者可以验证,变换(7.13)在 $z=a$ 处的旋转角 $\arg w'(a)=\beta-\dfrac{\pi}{2}$.)

由(7.13)可见,同心圆周族 $|w|=k(k<1)$ 的原像是圆周族

$$\left|\frac{z-a}{z-\bar{a}}\right|=k,$$

这是上半 z 平面内以 $a,\bar{a}$ 为对称点的圆周族,又根据保对称性可知,单位圆 $|w|<1$ 内的直径的原像是过 $a,\bar{a}$ 的圆周在上半 z 平面内的半圆弧.

例 7.7 求出将单位圆 $|z|<1$ 共形映射成单位圆 $|w|<1$ 的分式线性变换,并使一点 $z=a(|a|<1)$ 变到 $w=0$.

解 根据分式线性变换保对称点的性质,点 a(不妨假设 $a\neq0$)关于单位圆周 $|z|=1$ 的对称点 $a^{*}=\dfrac{1}{\bar{a}}$,应该变成 $w=0$ 关于单位圆周 $|w|=1$ 的对称点 $w=\infty$,因此所求变换具有形式

$$w=k\,\frac{z-a}{z-\dfrac{1}{\bar{a}}}, \tag{7.14}'$$

整理后得

$$w=k_1\,\frac{z-a}{1-\bar{a}z},$$

其中 k_1 是常数. 选择 k_1,使得 $z=1$ 变成单位圆周 $|w|=1$ 上的点,于是

$$\left|k_1\,\frac{1-a}{1-\bar{a}}\right|=1,$$

即 $|k_1|=1$,因此可令 $k_1=\mathrm{e}^{\mathrm{i}\beta}(\beta$ 是实数),最后得到所求的变换为

$$w=\mathrm{e}^{\mathrm{i}\beta}\frac{z-a}{1-\bar{a}z}\quad(|a|<1). \tag{7.14}$$

β 的确定还要求附加条件,如与例 7.7 中所说过的类似. (读者可以验证,对于变换(7.14),有 $\arg w'(a)=\beta$.)

由(7.14)可见,同心圆周族$|w|=k(k<1)$的原像是

$$\left|\frac{z-a}{1-\bar{a}z}\right|=k,$$

这是z平面上单位圆内以$a,\dfrac{1}{a}$为对称点的圆周族:

$$\left|\frac{z-a}{z-\dfrac{1}{\bar{a}}}\right|=|a|k.$$

而单位圆$|w|<1$内的直径的原像是过a与$\dfrac{1}{a}$两点的圆周在单位圆$|z|<1$内的圆弧.

注 上两例我们见到的分式线性变换$w=L(z)$的惟一性条件是下列两种形式:

(1) $L(a)=b$(一对内点对应),再加一对边界点对应.

(2) $L(a)=b$(一对内点对应),$\arg L'(a)=\alpha$(即在点a处的旋转角固定).

思考题 (1)求将上半平面$\operatorname{Im}z>0$共形映射成下半平面$\operatorname{Im}w<0$的分式线性变换,条件(7.12)应怎样修改?

(2) 求将上半平面$\operatorname{Im}z>0$共形映射成单位圆周外部$|w|>1$的分式线性变换,(7.13)括弧中的条件应作怎样修改?

(3) 求将单位圆$|z|<1$共形映射成单位圆周外部$|w|>1$的分式线性变换,(7.14)括弧中的条件应作怎样修改?

例7.8 求将上半z平面共形映射成上半w平面的分式线性变换$w=L(z)$,使符合条件:

$$1+\mathrm{i}=L(\mathrm{i}),\quad 0=L(0).$$

解 设所求分式线性变换$w=L(z)$为

$$w=\frac{az+b}{cz+d},$$

其中a,b,c,d都是实数,$ad-bc>0$.

由于$0=L(0)$,必有$b=0$,因而$a\neq0$.用a除分子分母,则$w=L(z)$变形为

$$w=\frac{z}{ez+f},$$

其中$e=\dfrac{c}{a},f=\dfrac{d}{a}$都是实数.

再由第一个条件得

$$1+\mathrm{i}=\frac{\mathrm{i}}{e\mathrm{i}+f},$$

即

$$(f-e)+\mathrm{i}(f+e)=\mathrm{i},$$

所以

$$f-e=0,\quad f+e=1,$$

解之得

$$f=e=\frac{1}{2},$$

故所求的分式线性变换为

$$w=\frac{z}{\dfrac{1}{2}z+\dfrac{1}{2}},\text{即 }w=\frac{2z}{z+1}.$$

例 7.9　求将上半 z 平面共形映射成圆 $|w-w_0|<R$ 的分式线性变换 $w=L(z)$，使符合条件

$$L(\mathrm{i})=w_0, \quad L'(\mathrm{i})>0.$$

解　作分式线性变换

$$\xi=\frac{w-w_0}{R},$$

将圆 $|w-w_0|<R$ 共形映射成单位圆 $|\xi|<1$.

其次，作出上半平面 $\mathrm{Im}\, z>0$ 到单位圆 $|\xi|<1$ 的共形映射，使 $z=\mathrm{i}$ 变成 $\xi=0$，此分式线性变换为（如图 7.10）

$$\xi=\mathrm{e}^{\mathrm{i}\theta}\frac{z-\mathrm{i}}{z+\mathrm{i}}.$$

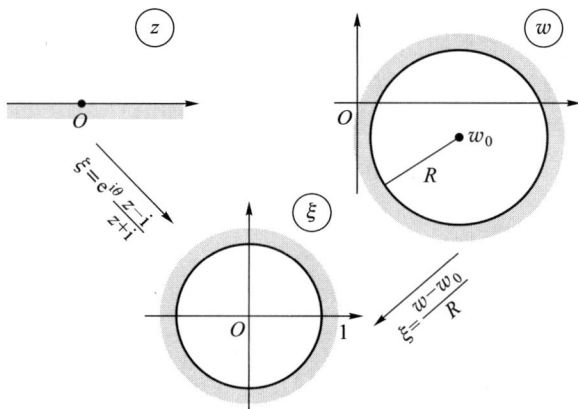

图 7.10

（为了能应用上述三个特例的结果，我们在 z 平面与 w 平面间插入一个"中间"平面——ξ 平面.）

复合上述两个分式线性变换得

$$\frac{w-w_0}{R}=\mathrm{e}^{\mathrm{i}\theta}\frac{z-\mathrm{i}}{z+\mathrm{i}},$$

它将上半 z 平面共形映射成圆 $|w-w_0|<R$，i 变成 w_0.再由条件 $L'(\mathrm{i})>0$，先求得

$$\frac{1}{R}\frac{\mathrm{d}w}{\mathrm{d}z}\bigg|_{z=\mathrm{i}}=\mathrm{e}^{\mathrm{i}\theta}\frac{z+\mathrm{i}-z+\mathrm{i}}{(z+\mathrm{i})^2}\bigg|_{z=\mathrm{i}}=\mathrm{e}^{\mathrm{i}\theta}\frac{1}{2\mathrm{i}},$$

即

$$L'(\mathrm{i})=R\,\mathrm{e}^{\mathrm{i}\theta}\cdot\frac{1}{2\mathrm{i}}=\frac{R}{2}\mathrm{e}^{\mathrm{i}\left(\theta-\frac{\pi}{2}\right)},$$

于是

$$\theta-\frac{\pi}{2}=0, \quad \theta=\frac{\pi}{2}, \quad \mathrm{e}^{\mathrm{i}\theta}=\mathrm{i},$$

所求分式线性变换为

$$w=R\,\mathrm{i}\,\frac{z-\mathrm{i}}{z+\mathrm{i}}+w_0.$$

§3　某些初等函数所构成的共形映射

初等函数构成的共形映射对今后研究较复杂的共形映射大有作用.

1. 幂函数与根式函数

先讨论幂函数

$$w=z^n, \tag{7.15}$$

其中 n 是大于 1 的自然.除了 $z=0$ 及 $z=\infty$ 外,它处处具有不为零的导数,因而在这些点是保角的.

由第二章 §3,(7.15)的单叶性区域是顶点在原点,张度不超过 $\dfrac{2\pi}{n}$ 的角形区域.例如说,(7.15)在角形区域 $d:0<\arg z<\alpha\left(0<\alpha\leqslant\dfrac{2\pi}{n}\right)$ 内是单叶的,因而也是共形的(因为不保角的点 $z=0$ 及 $z=\infty$ 在 d 的边界上,不在 d 内).于是幂函数(7.15)将图7.11的角形区域 $d:0<\arg z<\alpha\left(0<\alpha\leqslant\dfrac{2\pi}{n}\right)$ 共形映射成角形区域

$$D:0<\arg w<n\alpha.$$

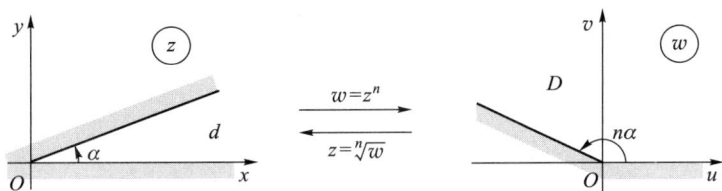

图 7.11

特别,$w=z^n$ 将角形区域 $0<\arg z<\dfrac{2\pi}{n}$ 共形映射成 w 平面上除去原点及正实轴的区域(图 7.12).

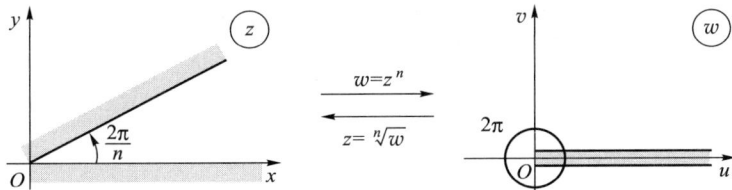

图 7.12

作为 $w=z^n$ 的逆变换

$$z=\sqrt[n]{w}, \tag{7.16}$$

将 w 平面上的角形区域 $D:0<\arg w<n\alpha\left(0<\alpha\leqslant\dfrac{2\pi}{n}\right)$ 共形映射成 z 平面上的角形区域 $d:0<\arg z<\alpha$（图 7.11）.（这里 $\sqrt[n]{w}$ 是 D 内的一个单值解析分支,它的值完全由区域 d 确定.）

总之,以后我们要将角形区域的张度拉大或缩小时,就可以利用幂函数(7.15)或根式函数(7.16)所构成的共形映射.

例 7.10 求一变换,把具有割痕"$\operatorname{Re}z=a,0\leqslant\operatorname{Im}z\leqslant h$"的上半 z 平面共形映射成上半 w 平面,并把点 $z=a+ih$ 变为点 $w=a$.

解 复合图 7.13 所示五个变换,即得所要求的变换为

$$w=\sqrt{(z-a)^2+h^2}+a.$$

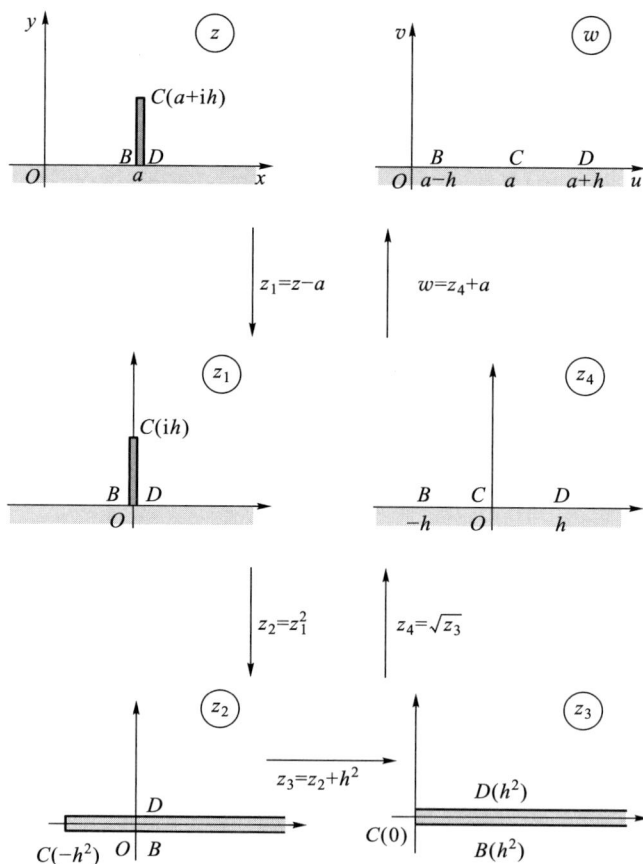

图 7.13

例 7.11 将区域 $-\dfrac{\pi}{4}<\arg z<\dfrac{\pi}{2}$ 共形映射成上半平面,使 $z=1-i,i,0$ 分别变成 $w=2,-1,0$（图 7.14）.

解 易知 $\xi=\left[\left(e^{\frac{\pi}{4}i}\cdot z\right)^{\frac{1}{3}}\right]^4=\left(e^{\frac{\pi}{4}i}\cdot z\right)^{\frac{4}{3}}$ 将指定区域变成上半平面,不过 $z=1-i$,i,0 变成 $\xi=\sqrt[3]{4},-1,0$.

现再作上半平面到上半平面的分式线性变换,使 $\xi = \sqrt[3]{4}, -1, 0$ 变成 $w = 2, -1, 0$.
此变换为

$$w = \frac{2(\sqrt[3]{4}+1)\xi}{(\sqrt[3]{4}-2)\xi + 3\sqrt[3]{4}}.$$

复合两个变换,即得所求的变换为

$$w = \frac{2(\sqrt[3]{4}+1)(e^{\frac{\pi}{4}i}z)^{\frac{4}{3}}}{(\sqrt[3]{4}-2)(e^{\frac{\pi}{4}i}z)^{\frac{4}{3}} + 3\sqrt[3]{4}}.$$

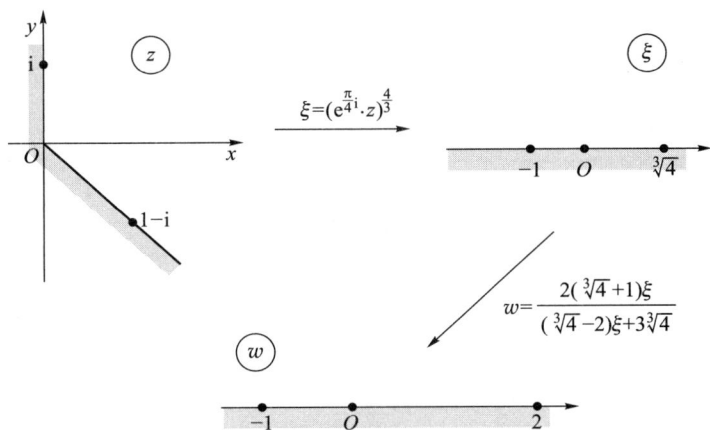

图 7.14

2. 指数函数与对数函数

指数函数

$$w = e^z \tag{7.17}$$

在任意有限点均有 $(e^z)' \ne 0$,因而它在 z 平面上是保角的.

由第二章 §3,(7.17) 的单叶性区域是平行于实轴宽不超过 2π 的带形区域.例如,
指数函数 (7.17) 在带形区域 $g: 0 < \operatorname{Im} z < h \ (0 < h \le 2\pi)$ 是单叶的,因而也是共形的
($z = \infty$ 不在 g 内,而在 g 的边界上).于是指数函数 (7.17) 将带形区域 $g: 0 < \operatorname{Im} z < h$
$(0 < h \le 2\pi)$ 共形映射成角形区域 $G: 0 < \arg w < h$(图 7.15).

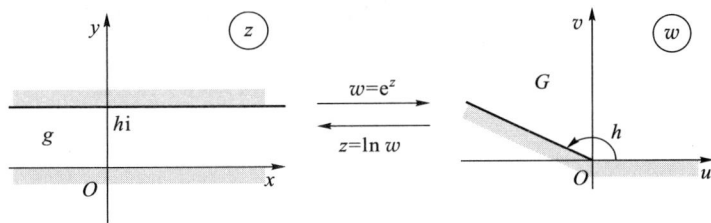

图 7.15

特别,$w = e^z$ 将带形区域 $0 < \operatorname{Im} z < 2\pi$ 共形映射成 w 平面除去原点及正实轴的

区域.

作为 $w = e^z$ 的逆变换,

$$z = \ln w$$

将图 7.15 所示 w 平面上的角形区域 $G:0 < \arg w < h(0 < h \leqslant 2\pi)$ 共形映射成 z 平面上的带形区域 $g:0 < \operatorname{Im} z < h$(这里 $\ln w$ 是 G 内的一个单值解析分支,它的值完全由区域 g 确定).

例 7.12　求一变换将带形区域 $0 < \operatorname{Im} z < \pi$ 共形映射成单位圆 $|w| < 1$.

解　复合如图 7.16 所示的两个变换,即得所求的变换为

$$w = \frac{e^z - i}{e^z + i}.$$

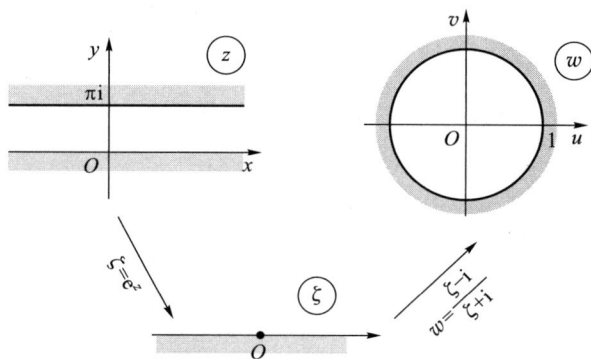

图 7.16

3. 由圆弧构成的两角形区域的共形映射

借助于分式线性函数,以及幂函数或指数函数的复合,可以将二圆弧或直线段所构成的两角形区域,共形映射成一个标准区域,比如上半平面.

由于分式线性变换的保圆性,它把已给两角形区域共形映射成同样形状的区域,或弓形区域,或角形区域.只要已给圆周(或直线)上有一个点变为 $w = \infty$,则此圆周(或直线)就变成直线.如果它上面没有点变为 $w = \infty$,则它就变为有限半径的圆周.所以,若二圆弧的一个公共点变为 $w = \infty$,则此二圆弧所围成的两角形区域就共形映射成角形区域.

例 7.13　考虑交角为 $\dfrac{\pi}{n}$ 的两个圆弧所构成的区域,将其共形映射成上半平面.

解　用 a, b 表示两个圆弧的交点.我们先设法将两圆弧变成从原点出发的两条射线.为此,作分式线性变换

$$\xi = k \frac{z - a}{z - b},$$

其中 k 是一常数.选择适当的 k,就可以使给定的区域共形映射成角形区域

$$0 < \arg \xi < \frac{\pi}{n},$$

再通过幂函数

$$w = \xi^n$$

就共形映射成上半平面.故所求变换具有形式

$$w = \left(k\, \frac{z-a}{z-b} \right)^n.$$

例 7.14 求出一个上半单位圆到上半平面的共形映射.

解 作分式线性变换

$$\xi = k\, \frac{z+1}{z-1}$$

将上半单位圆(视为两角形)变成第一象限,为此只要选择 $k=-1$ 就行了.事实上,此变换将线段 $[-1,1]$ 变成了正实轴,将上半圆周变成了正虚轴.于是

$$w = \left(-\frac{z+1}{z-1} \right)^2$$

就是所求的一个变换.

例 7.15 为了作出使相切于点 a 的两个圆周所构成的月牙形区域到上半平面的共形映射,我们先用分式线性变换

$$\xi = \frac{cz+d}{z-a}$$

将二圆周变成二平行直线.只要适当地选取 c, d,所述区域就能共形映射成带形区域

$$0 < \mathrm{Im}\, \xi < \pi.$$

再通过指数函数 $w = \mathrm{e}^\xi$,得到

$$w = \mathrm{e}^{\frac{cz+d}{z-a}},$$

它能将指定的区域共形映射成上半平面.

*4. 机翼剖面函数及其反函数所构成的共形映射

首先考虑机翼剖面外部区域到单位圆周外部区域的共形映射.

为什么要研究把如图 7.17(a) 的机翼剖面外部区域 D,共形映射成单位圆周外部 $G: |w| > 1$ 呢?因为要研究机翼剖面轮廓线形状以及它在空中飞行时所受的阻力、上升力等,计算时如按原图,则困难且复杂,往往就把它共形映射成单位圆(如图 7.17(b)),研究它在单位圆周外部的相应条件.而在复变函数中,我们知道单位圆周的外部是比较好处理的.

为了讲得更确切,我们考虑一些比较特殊的形状,其坐标关系选成如图 7.17(a') 与 (b') 所示.现在,我们分下列几步来作出机翼剖面函数及其反函数所构成的共形映射.

(1) 分式线性变换
$$\zeta_1 = \frac{z-a}{z+a}$$

将 z 平面上圆弧 $\overset{\frown}{AB}$ 外部区域 D_0 共形映射成 ζ_1 平面上去掉射线

$$\arg \zeta_1 = \pi - \alpha$$

所成的区域 D_1,其中

$$\alpha = 2 \arctan \frac{h}{a}$$

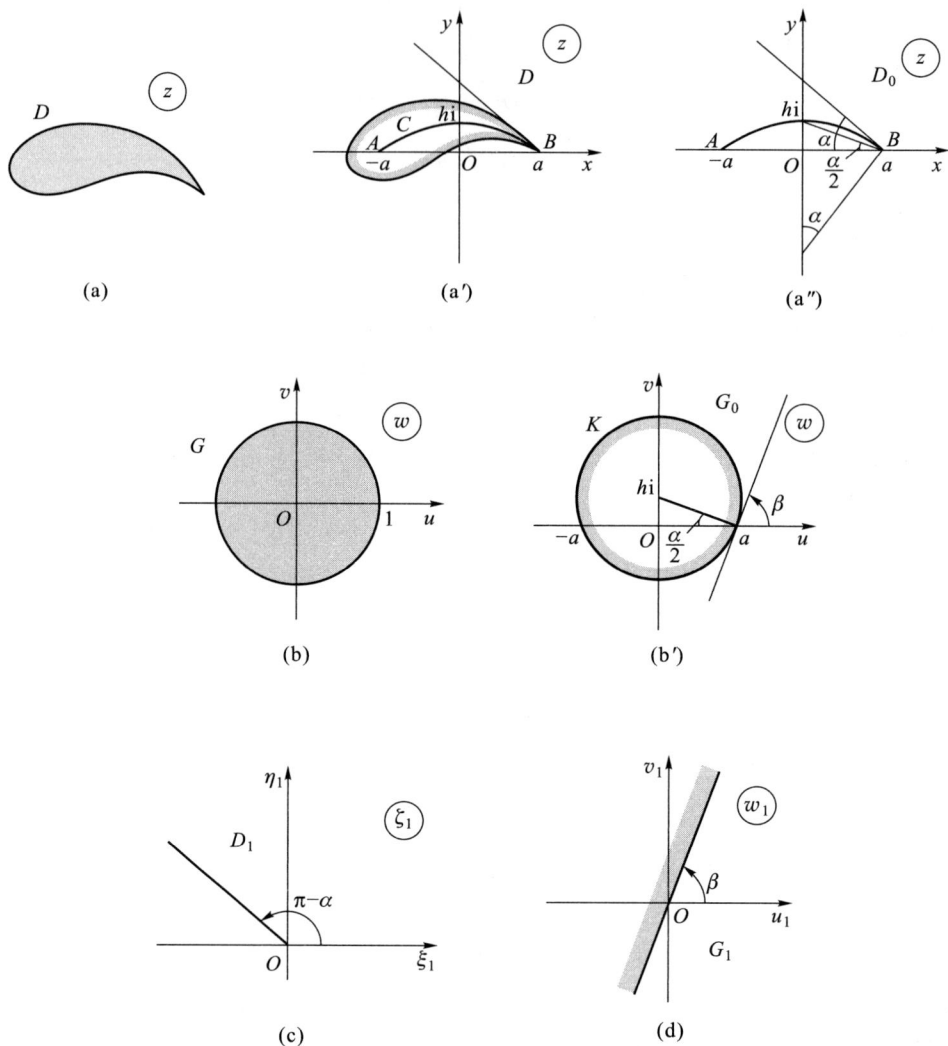

图 7.17

（图 7.17(a″)及(c)).

（2）分式线性变换

$$w_1 = \frac{w-a}{w+a}$$

将 w 平面上圆周 K 外部的区域 G_0（图 7.17(b′)）共形映射成 w_1 平面上的半平面区域 $G_1: \beta - \pi < \arg w_1 < \beta$.

其中 $\beta = \frac{\pi}{2} - \frac{\alpha}{2}$（图 7.17(d)).而圆周 K 以 $h\mathrm{i}$ 为圆心,过 $-a$, a 两点,且在 a 点有切线倾角 β.

（3）变换 $\qquad\qquad\qquad \zeta_1 = w_1^2$

将 G_1 共形映射成 D_1,这是因为 $2\beta = \pi - \alpha$.于是

$$\left(\frac{w-a}{w+a}\right)^2 = \frac{z-a}{z+a}.$$

解出 z 来，即

$$z = \frac{1}{2}\left(w + \frac{a^2}{w}\right). \tag{7.18}$$

其反函数

$$w = z + \sqrt{z^2 - a^2}$$

将 D_0 共形映射成 G_0.

(7.18)称为**机翼剖面函数**或**机翼变换**，也称为**茹科夫斯基**（Жуковский）**函数**.

在机翼变换(7.18)下，当 w 为自变量时，它将 w 平面上的区域 G_0 共形映射成 z 平面上的区域 D_0. 再看任何一个在 $w = a$ 与圆周 K 相切的圆周 K' 经变换(7.18)变成 z 平面上的什么曲线？注意到 K' 与 K 相切（两个单侧切线在 a 的夹角为 π），变到 z 平面时，设 K' 变为 C' 曲线，则 C' 与 $\overset{\frown}{AB}$ 在 $z = a$ 也相切（两个单侧切线在点 a 的夹角为 2π）. 如图 7.18(a)及(b)所示.

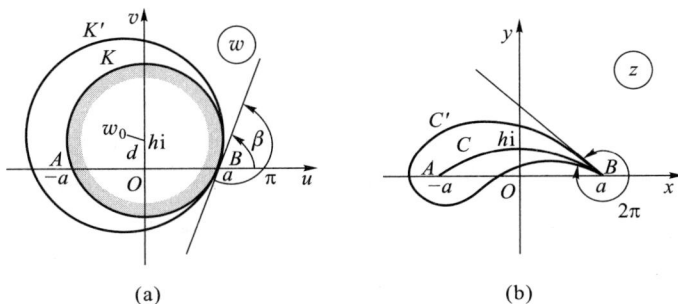

图 7.18

在 B 点有一个尖点. 闭曲线 K' 包含了闭曲线 K（在 K' 的内部）. 相应地，闭曲线 C' 包含了 $\overset{\frown}{AB}$（在 C' 的内部），而 C' 的形状就好像飞机机翼的**截线**（**翼型**），这就是茹科夫斯基最先采用的机翼断面的周线. 这里 K' 的圆心 w_0 到 hi 的距离 d，以及当初的 a, h 这三者是机翼的**翼型参数**. a, h, d 分别反映了机翼剖面的宽度、弯度和厚度. 一个翼型的选择，主要是由这三个参数来描述的.

注　(1) 函数(7.18)在 $w = a$ 的导数为零，在 $w = a$ 的邻近，变换不是保角的. 这只要看

$$\left(\frac{w-a}{w+a}\right)^2 = \frac{z-a}{z+a}$$

的近似式

$$\frac{(w-a)^2}{2a} = z - a,$$

可知函数把过点 $w = a$ 的曲线（两个单侧切线的夹角为 π）变成过点 $z = a$ 的曲线（两个单侧切线的夹角为 2π）.

(2) 在工程应用上，茹科夫斯基断面作机翼时有一个缺点，就是此种断面的后缘角是零，过于尖锐，不满足工程上坚固性的要求. 故需先加修正，使其圆化.

5. 茹科夫斯基函数的单叶性区域

下面我们进一步观察茹科夫斯基函数(7.18)的单叶性区域.为此,我们首先将它改写成通常形式:

$$w = \frac{1}{2}\left(z + \frac{1}{z}\right), \tag{7.18$'$}$$

这个函数在扩充 z 平面上除 $z=0,\infty$ 外解析,$z=0,\infty$ 都是它的一阶极点.

由上面的讨论易知,茹科夫斯基函数(7.18)$'$ 是一个单叶解析函数,它把扩充 z 平面上单位圆周外部 $|z|>1$ 共形映射成扩充 w 平面上去掉割线 $-1 \leqslant \mathrm{Re}\, w \leqslant 1$,$\mathrm{Im}\, w = 0$ 而得的区域 D_0.

又分式线性函数

$$\eta = \frac{1}{z}$$

把扩充 z 平面上区域 $|z|>1$ 共形映射成单位圆 $|\eta|<1$.将其代入(7.18)$'$ 后得到

$$w = \frac{1}{2}\left(\eta + \frac{1}{\eta}\right).$$

由此可见,(7.18)$'$ 把单位圆 $|\eta|<1$ 也共形映射成 D_0.

总之,茹科夫斯基函数(7.18)$'$ 在 $|z|=1$ 的内部及外部都是单叶的,且将它们都共形映射成扩充 w 平面上去掉割线 $-1 \leqslant \mathrm{Re}\, w \leqslant 1$,$\mathrm{Im}\, w = 0$ 而得的区域 D_0.这样一来,茹科夫斯基函数(7.18)$'$ 在区域 D_0 内就有两个单值反函数(称为单值解析分支)

$$z = w + \sqrt{w^2 - 1},$$

它们分别将区域 D_0 共形映射成单位圆周 $|z|=1$ 的内部 $|z|<1$ 及外部 $|z|>1$.

§4 关于共形映射的黎曼存在与惟一性定理和边界对应定理

1. 黎曼存在与惟一性定理

不少实际问题要求我们将一个指定的区域共形映射成另一个区域来予以处理,前两节中的多数例子就是.定理 7.6 告诉我们,一个单叶解析函数能够将它的单叶性区域共形映射成另一个区域.于是,我们很自然地反过来考虑共形映射理论中的一个基本问题:

在扩充平面上任意给定两个单连通区域 D 与 G,是否存在一个(单叶)解析函数,使 D 共形映射成 G? 简单地说,单连通区域 D 能共形映射成单连通区域 G 的条件为何? 惟一性条件为何?

上述问题可以简化成这样:

在扩充平面上任给单连通区域 D,能否共形映射成单位圆? 在什么条件下,这种变换还是惟一的?

事实上,在简化后的问题中,如果存在性有肯定的答案,又知道了惟一性条件,则先将 D 共形映射成单位圆,然后再将此单位圆共形映射成 G,两者复合起来即可将 D 共形映射成 G,也能弄清楚这时的惟一性条件.

对于上述简化后的基本问题,有两种极端情形的回答是否定的:第一,区域 D 是扩充平面(这时 D 无边界点);第二,区域 D 是扩充平面除去一点(这时 D 只有一个边界点.我们不妨假设除去的是点 ∞.如果除去的是有限点 a,只需先作一个分式线性变换 $\xi = \dfrac{1}{z-a}$,就将 D 先化成扩充 ξ 平面除去点 ∞ 的区域了).无论哪一种情形,如果 $w = f(z)$ 将它们共形映射成单位圆,则由刘维尔定理知 $f(z)$ 必恒为常数,它就不可能成为我们要求的变换.

除开这两种情形,答案总是肯定的,即有:

定理 7.13(黎曼存在与惟一性定理) 扩充 z 平面上的单连通区域 D,其边界点不止一点,则有一个在 D 内的单叶解析函数 $w = f(z)$,它将 D 共形映射成单位圆 $|w| < 1$;且当符合条件

$$f(a) = 0, \quad f'(a) > 0 \quad (a \in D) \tag{7.19}$$

时,这种函数 $f(z)$ 就只有一个.

注 (1)惟一性条件(7.19)的几何意义是:指定 $a \in D$ 变成单位圆的圆心,而在点 a 的旋转角 $\arg f'(a) = 0$.它依赖于三个实参数.

(2)在将单连通区域 D 共形映射成单连通区域 G 的一般情形,惟一性条件可表示成

$$f(a) = b, \quad \arg f'(a) = \alpha.$$

其中 $a \in D, b \in G$,而 α 为实参数.

在 D, G 的边界均是周线的情形,惟一性条件也可表示成

$$f(a) = b, \quad f(\xi) = \eta,$$

其中 $a \in D, b \in G.\xi$ 为 D 之边界点,η 为 G 之边界点.

在上述情形,惟一性条件还可表示成

$$f(\xi_i) = \eta_i \quad (i = 1, 2, 3),$$

其中 ξ_i 及 η_i 分别是 D 及 G 的边界上指定的三点(但绕行方向应一致).区域的边界点的位置可用一个实参数来确定,例如,用某一个固定边界为起点的弧坐标即可确定.

利用施瓦茨引理,我们来证明黎曼定理的惟一性部分.

今设单叶解析函数 $w_1 = f_1(z)$ 也适合条件(7.19),并把单连通区域 D 共形映射成单位圆 $|w_1| < 1$.这时,函数

$$w_1 = f_1[f^{-1}(w)] = \Phi(w)$$

在单位圆 $|w| < 1$ 内单叶解析,且满足条件:

$$\Phi(0) = f_1[f^{-1}(0)] = f_1(a) = 0,$$

$$|\Phi(w)| = |w_1| < 1 (|w| < 1),$$

$$\Phi'(0) \xlongequal{\text{定理 7.6}} \frac{f_1'(a)}{f'(a)} > 0.$$

所以由施瓦茨引理知

$$|\Phi(w)| = |w_1| \leqslant |w|. \tag{7.20}$$

同样的结论可用于函数 $\Phi(w)$ 的反函数

$$w = f[f_1^{-1}(w_1)] = \Phi^{-1}(w_1),$$

得到
$$|w| \leqslant |w_1| = |\Phi(w)|. \tag{7.21}$$

由(7.20)及(7.21)得到

$$|\Phi(w)| = |w|,$$

因此
$$\Phi(w) = e^{i\alpha} w \quad (\alpha \text{ 为实数}).$$

由于
$$0 < \Phi'(0) = e^{i\alpha},$$

故必有
$$e^{i\alpha} = 1 \quad (\text{因} |e^{i\alpha}| = 1),$$

因而有
$$f_1[f^{-1}(w)] = \Phi(w) = w.$$

故必有
$$f_1(z) = f(z).$$

现在来证明满足指定条件的映射的存在性. 不妨设 0 和 ∞ 不在 D 内, 否则经过一个分式线性变换就可达到这个目的. 在这样的区域内, 可以取到 $\zeta = \sqrt{z}$ 的一个单值解析分支, 它把 D 映为一个单连通区域. 这个区域必有外点. 事实上, 若 a 是这个区域内的一点, 则 $-a$ 就一定不在这个区域内. 因此, 若设 $|\zeta - a| < \rho$ 是包含在这个区域内的 a 点的邻域, 那么 $|\zeta + a| < \rho$ 就完全不属于这个区域. 于是可以作一分式线性变换, 它把 $-a$ 变为 ∞, $\sqrt{z_0}$ 变为 0. 上述有外点的区域就映为一个包含原点的有界区域, 为简化符号起见, 设 D 就是一个有界区域, $z_0 = 0$.

设 $\mathfrak{M}$ 是所有满足下列条件的函数族: $f(z)$ 在 D 内单叶解析, $|f(z)| < 1$, $f(0) = 0$, $f'(0) > 0$. 函数 z/d (d 是 D 的直径) 属于 $\mathfrak{M}$, 所以 $\mathfrak{M}$ 是非空的. 由蒙泰尔定理, $\mathfrak{M}$ 是正规的. 由施瓦茨引理, $\mathfrak{M}$ 中的函数在 $z = 0$ 的导数是有上界的, 设其上确界为正数 λ. 从 $\mathfrak{M}$ 中取函数序列 $f_n(z)(n = 1, 2, \cdots)$, 使得

$$\lim_{n \to \infty} f_n'(0) = \lambda$$

由于 $f_n(z)(n = 1, 2, \cdots)$ 在 D 内一致有界: $|f_n(z)| < 1$, 根据蒙泰尔定理, 存在子序列 $f_{n_k}(z)(k = 1, 2, \cdots)$, 使得它在 D 内内闭一致收敛到一个解析函数 $f(z)$. 由魏尔斯特拉斯定理有 $f'(z) = \lim_{k \to \infty} f_{n_k}'(z)$ 及当 $f(z) \neq 0$ 时, $\dfrac{1}{f(z)} = \lim_{k \to \infty} \dfrac{1}{f_{n_k}(z)}$. 因此对 D 内任意周线有

$$\lim_{k \to \infty} \int_C \frac{f_{n_k}'(z)}{f_{n_k}(z)} \mathrm{d}z = \int_C \frac{f'(z)}{f(z)} \mathrm{d}z$$

因为 $f_{n_k}(z)$ 都是单叶的, 上式左边恒为零. 因此上式右边恒为零, 所以 $f(z)$ 在 D 内也是单叶的. 此外, 从 $|f_{n_k}(z)| < 1$, $f_{n_k}(0) = 0$ 知 $|f(z)| \leqslant 1$, $f(0) = 0$; 由最大模原理, 在 D 内不可能取等号, 即在 D 内有 $|f(z)| < 1$. 总之, 我们已经证明了 $f(z) \in \mathfrak{M}$.

现在证明 $w = f(z)$ 就是定理所要求的函数. 为此只需证明 $w = f(z)$ 映满单位圆 $|w| < 1$. 若不然, 则有一点 w_0, $|w_0| < 1$, $w_0 \notin G = f(D)$. 令

$$\zeta = g(w) = \frac{w - w_0}{1 - \overline{w}_0 w},$$

$g(w_0) = 0$, $g(0) = -w_0$. 由于 $D_1 = g(G)$ 不包含 $\zeta = 0$, 所以在 D_1 可以取 $\sqrt{\zeta}$ 的一个单

值解析分支 $\omega=\varphi(\zeta)$,它在 $-\omega_0$ 的值记为 $\omega_0=\sqrt{-\omega_0}$.最后令

$$\tau=\psi(\omega)=\frac{\omega_0}{|\omega_0|}\cdot\frac{\omega-\omega_0}{1-\bar{\omega}_0\omega},$$

就有 $\psi(\omega_0)=0$.于是 $\tau=F(z)=\psi(\varphi(g(f(z))))$ 满足条件: $F(z)$ 在 D 内单叶解析,$F(0)=0$,$|F(z)|<1$.但是,

$$F'(0)=\frac{\omega_0}{|\omega_0|(1-|\omega_0|^2)}\cdot\frac{1}{2\omega_0}\cdot(1-|\omega_0|^2)f'(0)$$

$$=\frac{1+|\omega_0|}{2\sqrt{|\omega_0|}}f'(0)>f'(0),$$

因此,$F(z)\in\mathfrak{M}$,$F'(0)>f'(0)$.这就得到矛盾.所以 $G=f(D)$ 就是单位圆 $|w|<1$.证毕.

例 7.16 如果函数 $w=f(z)$ 在 z 平面上是解析的,并且不取位于某一条简单弧 γ 上的那些值,试证它必是一个常数.

证 设单叶解析函数 $\omega=\varphi(w)$ 把曲线 γ 外部的单连通区域共形映射成单位圆 $|\omega|<1$,根据黎曼存在与惟一性定理,这函数是存在的,并且当然不是一个常数.

我们来看复合函数 $\omega=\varphi[f(z)]=g(z)$,它在 z 平面上是解析的,并且所有它的值都位于单位圆 $|\omega|<1$ 内.根据刘维尔定理,函数 $\omega=g(z)$ 是个常数.但由非常数的解析函数 $\omega=\varphi(w)$ 的单叶性,函数 $w=f(z)$ 是一个常数.

思考题 说明刘维尔定理是例 7.16 所述结论的特殊情形.

2. 边界对应定理

上面所讨论的限于区域内部间的共形映射,未涉及边界;下面我们举出两个有关边界对应的定理,第一个不给证明①②.

定理 7.14(边界对应定理) 设

(1) 有界单连通区域 D 与 G 的边界分别为周线 C 与 Γ.

(2) $w=f(z)$ 将 D 共形映射成 G,

则 $f(z)$ 可以扩张成 $F(z)$,使在 D 内 $F(z)=f(z)$,在 $\bar{D}=D+C$ 上 $F(z)$ 连续,并将 C 双方单值且双方连续地变成 Γ.

从例 7.7 可验证此定理.

定理 7.15(边界对应定理的逆定理,判断解析函数单叶性的充分条件) 设单连通区域 D 及 G,分别是两条周线 C 及 Γ 的内部.且设函数 $w=f(z)$ 满足下列条件:

(1) $w=f(z)$ 在区域 D 内解析,在 $D+C$ 上连续.

(2) $w=f(z)$ 将 C 双方单值地变成 Γ.

则 (1) $w=f(z)$ 在 D 内单叶.

(2) $G=f(D)$(从而 $w=f(z)$ 将 D 共形映射成 G).

证 证明的关键,在应用辐角原理来证明集合等式

$$G=f(D).$$

---

① 普里瓦洛夫.复变函数引论.北京:高等教育出版社,第十二章§7.

② 闻国椿.共形映射与边值问题.北京:高等教育出版社,1985,第二章§2.

(1) 设 w_0 为 G 内任一点.我们证明 $w_0 \in f(D)$,而且方程 $f(z)-w_0=0$ 在 C 内部只有一个根.根据辐角原理

$$N(f(z)-w_0,C)=\frac{1}{2\pi}\Delta_\Gamma \arg(w-w_0)$$

(在 z 沿 C 的正方向绕行一周的假定下).由假设条件(2),这时 $w=f(z)$ 应该沿 Γ 的正方向或负方向绕行一周.因此,起点在 w_0 终点在 Γ 上的向量 $w-w_0$ 应该转角 $\pm 2\pi$.于是

$$N(f(z)-w_0,C)=\frac{1}{2\pi}\Delta_\Gamma \arg(w-w_0)=\pm 1,$$

负号显然应该除去(因为 $N \geqslant 0$).因此我们肯定 $w=f(z)$ 必须沿 Γ 的正方向(Γ 的内部在此方向的左边)绕行,并且方程 $f(z)-w_0=0$ 在区域 D 内只有一个根.

(2) 设 w_0 位于 Γ 的外部,则必有 $w_0 \notin f(D)$.因为

$$N(f(z)-w_0,C)=\frac{1}{2\pi}\Delta_\Gamma \arg(w-w_0)=0,$$

即方程 $f(z)-w_0=0$ 在 D 内无根.

(3) 设 w_1 为 Γ 上的任一点,我们来证明方程 $f(z)=w_1$ 在 D 内无根.假定 D 内有一点 z_1 使 $f(z_1)=w_1$,则可得一个以 w_1 为圆心的圆周 γ,使对 γ 内部任意一点 w',方程 $f(z)=w'$ 在 D 内有根(因 $f(D)$ 为区域,w_1 为其内点).特别在 γ 内部取一点 w' 位于 Γ 的外部,由(2)段证明,方程 $f(z)=w'$ 在 D 内无根,发生矛盾.

由以上各结果,可见函数 $w=f(z)$ 在 D 内单叶,并将 D 共形映射为 Γ 的内部 G.

例 7.17 如果将函数 $w=z^2$ 表示成极坐标的形式.令

$$w=\rho e^{i\varphi}, \quad z=r e^{i\theta},$$

则它把 z 平面上的圆周(图 7.19)

$$r=\cos\theta$$

变成心形线

$$\rho=\cos^2\frac{\varphi}{2}=\frac{1}{2}(1+\cos\varphi),$$

并且是双方单值的.

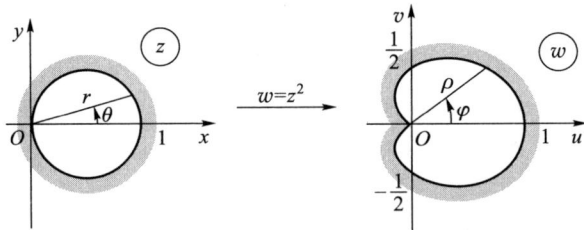

图 7.19

由定理 7.15(单叶性原理),$w=z^2$ 将这个圆周的内部共形映射成心形线的内部.

思考题 一个多连通区域(比如有一个"洞"的区域)可否共形映射成一个单连通区域?

第七章习题

（一）

1. 设 z 平面上有两条有向曲线 C_1 和 C_2，其中 C_1 是以原点为圆心，以 $\sqrt{2}$ 为半径的圆周，取逆时针方向；C_2 是从原点出发，倾角为 $\dfrac{\pi}{4}$ 的射线.它们相交于 $z_0 = 1 + i$，求通过映射

(1) $w = f_1(z) = (z - 2)^2$；

(2) $w = f_2(z) = 2\bar{z}$，

曲线 C_1 与 C_2 在 z_0 的伸长率，以及在 w 平面上 z_0 的像点处，从 C_1 的像转到 C_2 的像的交角.

2. 试利用保域定理 7.1 简捷地证明第二章习题（一）6(4)，(5).

3. 在整线性变换 $w = iz$ 下，下列图形分别变成什么图形？

(1) 以 $z_1 = i, z_2 = -1, z_3 = 1$ 为顶点的三角形；

(2) 闭圆 $|z - 1| \leqslant 1$.

4. 下列各题中，给出了三对对应点 $z_1 \longleftrightarrow w_1, z_2 \longleftrightarrow w_2, z_3 \longleftrightarrow w_3$ 的具体数值，写出相应的分式线性变换，并指出此变换把通过 z_1, z_2, z_3 的圆周的内部，或直线左边（顺着 z_1, z_2, z_3 观察）变成什么区域.

(1) $1 \longleftrightarrow 1, i \longleftrightarrow 0, -i \longleftrightarrow -1$；

(2) $1 \longleftrightarrow \infty, i \longleftrightarrow -1, -1 \longleftrightarrow 0$；

(3) $\infty \longleftrightarrow 0, i \longleftrightarrow i, 0 \longleftrightarrow \infty$；

(4) $\infty \longleftrightarrow 0, 0 \longleftrightarrow 1, 1 \longleftrightarrow \infty$.

5. 求分式线性变换 $w = \dfrac{az + b}{cz + d} (ad - bc \neq 0)$ 的不动点.

6. 如 $w = \dfrac{az + b}{cz + d}$ 将单位圆周变成直线，其系数应满足什么条件？

7. 分别求将上半 z 平面 $\operatorname{Im} z > 0$ 共形映射成单位圆 $|w| < 1$ 的分式线性变换 $w = L(z)$，使符合条件：

(1) $L(i) = 0, L'(i) > 0$；

(2) $L(i) = 0, \arg L'(i) = \dfrac{\pi}{2}$.

8. 分别求将单位圆 $|z| < 1$ 共形映射成单位圆 $|w| < 1$ 的分式线性变换 $w = L(z)$，使符合条件：

(1) $L\left(\dfrac{1}{2}\right) = 0, L(1) = -1$；

(2) $L\left(\dfrac{1}{2}\right) = 0, \arg L'\left(\dfrac{1}{2}\right) = -\dfrac{\pi}{2}$.

9. 求出将圆 $|z - 4i| < 2$ 变成半平面 $v > u$ 的共形映射，使得圆心变到 -4，而圆周上的点 $2i$ 变到 $w = 0$.

10. 设 $w = f(z)$ 在右半平面 $\operatorname{Re} z > 0$ 内单叶解析，且 $\operatorname{Re} f(z) > 0, f(a) = a \ (a > 0)$，证明 $|f'(a)| \leqslant 1$.

11. 求分式线性变换 $w = f(z)$，它将 $|z| < 1$ 变到 $|w| < 1$，并将 $z = \dfrac{1}{2}$ 变到 $w = 0$，且满足

$f'\left(\dfrac{1}{2}\right)>0.$

12. 求出圆 $|z|<2$ 到半平面 $\mathrm{Re}\,w>0$ 的共形映射 $w=f(z)$,使符合条件

$$f(0)=1,\quad \arg f'(0)=\dfrac{\pi}{2}.$$

13. 试求以下各区域(除去阴影的部分)到上半平面的一个共形映射.

(1) $|z+\mathrm{i}|<2,\mathrm{Im}\,z>0$(图 7.20);

(2) $|z+\mathrm{i}|>\sqrt{2}$,$|z-\mathrm{i}|<\sqrt{2}$(图 7.21);

(3) $|z|<2,|z-1|>1$(图 7.22).

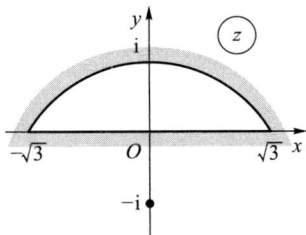

图 7.20

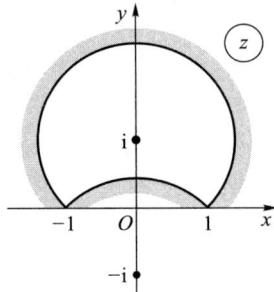

图 7.21

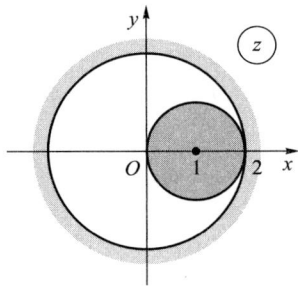

图 7.22

14. 求出角形区域 $0<\arg z<\dfrac{\pi}{4}$ 到单位圆 $|w|<1$ 的一个共形映射.

15. 求出将上半单位圆变成上半平面的共形映射,使 $z=1,-1,0$ 分别变成 $w=-1,1,\infty$.

16. 求出第一象限到上半平面的共形映射,使 $z=\sqrt{2}\mathrm{i},0,1$ 对应地变成 $w=0,\infty,-1$.

17. 将扩充 z 平面割去 $1+\mathrm{i}$ 到 $2+2\mathrm{i}$ 的线段后剩下的区域共形映射成上半平面.

18. 将圆 $|z-1|<2$ 和圆 $|z+1|<2$ 的公共部分 D 共形映射到上半平面.

19. 求将 $D:-\dfrac{\pi}{6}<\arg z<\dfrac{\pi}{6}$ 变为 $G:|w|<1$ 的共形映射.

(二)

1. 证明定理 7.3(只需就 $z_0=0$ 的情形证明).

提示　不妨假设 $f(0)=0$,否则,代替 $f(z)$ 总可以考虑 $F(z)=f(z)-f(0)$,而 $F(0)=0,F'(0)=f'(0)\neq 0$;接着可以应用鲁歇定理.

2. 设 D 是 z 平面上可求面积的有界区域,C 是 D 内一条光滑曲线:$z=z(t)$ $(\alpha\leqslant t\leqslant\beta)$.$D$ 内的单叶解析函数 $f(z)$ 在 $\overline{D}$ 上连续.$w=f(z)$ 把 C 和 D 分别映射成 w 平面上的曲线 Γ 和区域 G.试证

(1) 曲线 Γ 的长为

$$I=\int_{\alpha}^{\beta}|f'(z)|\,|z'(t)|\,\mathrm{d}t;$$

(2) G 为有界区域,其面积为

$$S=\iint_{D}|f'(z)|^{2}\mathrm{d}x\mathrm{d}y\quad(z=x+\mathrm{i}y).$$

3. 试证 $w=z+\dfrac{1}{z}$ 把圆周 $|z|=c$ 变成椭圆周

$$u=\left(c+\frac{1}{c}\right)\cos\theta, v=\left(c-\frac{1}{c}\right)\sin\theta \quad (0\leqslant\theta\leqslant 2\pi).$$

4. $w=\dfrac{i}{z}$ 把半带形区域

$$\text{Re } z>0, \quad 0<\text{Im } z<1$$

变成什么?

5. 求分式线性变换 $w=L(z)$,使点 1 变到 ∞,点 i 是二重不动点.

6. 证明有两相异有限不动点 p,q 的分式线性变换可写成

$$\frac{w-p}{w-q}=k\,\frac{z-p}{z-q}, \quad k \text{ 是非零复常数.}$$

7. 证明只有一个不动点(二重有限)p 的分式线性变换可写成

$$\frac{1}{w-p}=\frac{1}{z-p}+k, \quad k \text{ 是非零复常数.}$$

8. 证明以 p,q 为对称点的圆周的方程为

$$\left|\frac{z-p}{z-q}\right|=k \quad (k>0),$$

当 $k=1$ 时,退化为以 p,q 为对称点的直线.

9. 求分式线性变换

$$w=\frac{az+b}{cz+d}, \quad ad-bc\neq 0,$$

使扩充 z 平面上由三圆弧所围成的三角形与扩充 w 平面上的直线三角形相对应的充要条件.

10. 设函数 $w=f(z)$ 在 $|z|<1$ 内解析,且是将 $|z|<1$ 共形映射成 $|w|<1$ 的分式线性变换.试证

(1) $|f'(z)|=\dfrac{1-|f(z)|^2}{1-|z|^2} \quad (|z|<1)$;

(2) $|f'(a)|=\dfrac{1}{1-|a|^2}$,

其中 a 在单位圆 $|z|<1$ 内,$f(a)=0$.

提示 应用例 7.7.

11. 若 $w=f(z)$ 是将 $|z|<1$ 共形映射成 $|w|<1$ 的单叶解析函数,且
$$f(0)=0, \quad \arg f'(0)=0.$$
试证这个变换只能是恒等变换,即 $f(z)\equiv z$.

提示 应用施瓦茨引理先证明 $f(z)=e^{i\alpha}z$.

12. 设函数 $w=f(z)$ 在 $|z|<1$ 内单叶解析,且将 $|z|<1$ 共形映射成 $|w|<1$,试证 $w=f(z)$ 必是分式线性变换.

提示 设 $f(0)=w_0,|w_0|<1$.由例 7.7 则可作出符合上题条件的变换.

13. 设在 $|z|<1$ 内 $f(z)$ 解析,且 $|f(z)|<1$;但 $f(a)=0(|a|<1)$.试证在 $|z|<1$ 内,
$$|f(z)|\leqslant\left|\frac{z-a}{1-\bar{a}z}\right|.$$

提示 应用例 7.7 及施瓦茨引理.

14. 应用施瓦茨引理证明:把 $|z|<1$ 变成 $|w|<1$,且把 $a(|a|<1)$ 变成 0 的共形映射一定有下列形式:

$$w=e^{i\theta}\frac{z-a}{1-\bar{a}z},$$

这里 θ 是实常数.

15. 设 D 是非全平面的单连通区域, $z_0 \in D$. 单叶解析函数 $w = f(z)$ 把 D 变换到圆盘 $|w| < 1$, 且满足 $f(z_0) = 0, f'(z_0) > 0$; 又单叶解析函数 $w = F(z)$ 把 D 变换到以 w_0 为圆心的一个圆盘, 且 $F(z_0) = w_0, F'(z_0) = 1$. 试求圆盘的半径.

第七章重难点讲解

第七章综合自测题

第八章

解析延拓

我们将在本章讨论已知区域内解析函数定义域的扩大问题,也就是研究在什么条件下能够延拓成为更大区域上的解析函数,并给出两个具体的解析延拓方法——幂级数延拓与对称原理.最后,我们引进完全解析函数与黎曼面的概念,并将多值函数 $\sqrt[n]{z}$ 及 $\mathrm{Ln}\, z$ 看作其黎曼面上的单值解析函数.

§1 解析延拓的概念与幂级数延拓

1. 解析延拓的概念

定义 8.1 设函数 $f(z)$ 在区域 D 内解析,考虑一个包含 D 的更大区域 G,如果存在函数 $F(z)$ 在 G 内解析,并且在 D 内 $F(z)=f(z)$,则称函数 $f(z)$ 可以解析延拓到 G 内,并称 $F(z)$ 为 $f(z)$ 在区域 G 内的**解析延拓**.

我们这样定义的解析延拓如果存在,必是惟一的.因为,如果有两个函数 $F_1(z)$ 及 $F_2(z)$ 在包含着区域 D 的更大的区域 G 内解析,且在 D 内 $F_1(z)=f(z)$,$F_2(z)=f(z)$.由解析函数的内部惟一性定理,在 G 内必有 $F_1(z)\equiv F_2(z)$.这就证明了解析延拓的惟一性.

例 8.1 设 $\displaystyle\sum_{n=0}^{\infty} z^n = f(z)\,(D:|z|<1)$.而 $\dfrac{1}{1-z}$ 在 z 平面上只有一个奇点 $z=1$.故 $F(z)=\dfrac{1}{1-z}$ 就是 $f(z)=\displaystyle\sum_{n=0}^{\infty} z^n$ 在区域 G(z 平面去掉 1)内的解析延拓,因在 D 内 $F(z)=f(z)$.

复变函数论的目的,是研究在某一区域内解析的函数.解析性这一要求,就使得在区域 D_1 内解析的函数的数值,与另一和 D_1 紧接的区域 D_2 内解析的函数的数值之间,有着紧密的有机联系.

所谓"紧接"的区域,一个含义是指两个具有公共部分的区域,这个公共部分也是一个区域.

定义 8.2 设 D 是一区域,$f(z)$ 是 D 内的单值解析函数,这种区域和函数的组合称为一个**解析函数元素**,记成 $\{D, f(z)\}$;两个解析函数元素当且仅当其区域重合,而且在其上对应的函数值相等时,称为恒等的.

定理 8.1（相交区域的解析延拓原理） 设 $\{D_1, f_1(z)\}$，$\{D_2, f_2(z)\}$ 为两个解析函数元素，满足：

(1) 区域 D_1 及 D_2 有一公共区域 d_{12}（如图 8.1）.

(2) $f_1(z) = f_2(z)\ (z \in d_{12})$.

则 $\{D_1 + D_2, F(z)\}$ 也是一个解析函数元素，其中

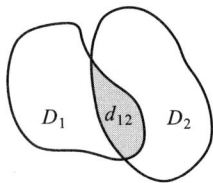

图 8.1

$$F(z) = \begin{cases} f_1(z), & \text{当 } z \in D_1 - d_{12}, \\ f_2(z), & \text{当 } z \in D_2 - d_{12}, \\ f_1(z) = f_2(z), & \text{当 } z \in d_{12}. \end{cases}$$

证 显然在 D_1 内 $F(z) = f_1(z)$，并且在 D_2 内 $F(z) = f_2(z)$.故在 D_1 及 D_2 内 $F(z)$ 均解析，因而在 $D_1 + D_2$ 内 $F(z)$ 解析.

这里 $D_1 + D_2$ 相当于定义 8.1 中提到的更大区域 G，它既包含区域 D_1 又包含区域 D_2.所以 $F(z)$ 既是 $f_1(z)$ 在 G 内的解析延拓，又是 $f_2(z)$ 在 G 内的解析延拓.于是，我们有

定义 8.3 如果(1) $D_1 \cdot D_2 = d_{12}$ 为一区域（如图 8.1）.

(2) $f_1(z) = f_2(z)\ (z \in d_{12})$，

则两个解析函数元素 $\{D_1, f_1(z)\}$ 及 $\{D_2, f_2(z)\}$ 称为**互为直接解析延拓**.

例 8.2 设 $f_1(z) = \sum_{n=0}^{\infty} (-1)^n (z-1)^n \quad (z \in D_1 : |z-1| < 1)$，

$$f_2(z) = \frac{1}{\mathrm{i}} \sum_{n=0}^{\infty} (-1)^n \left(\frac{z-\mathrm{i}}{\mathrm{i}}\right)^n \quad (z \in D_2 : |z-\mathrm{i}| < 1),$$

则易知：

(1) $\{D_1, f_1(z)\}$ 及 $\{D_2, f_2(z)\}$ 均是解析函数元素.

(2) 圆 D_1 及 D_2 的公共部分 d_{12}（图 8.2）是一个区域.

(3) 根据等比级数求和公式，当 $z \in D_1 \cdot D_2$ 时，

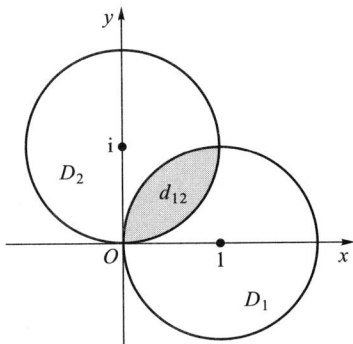

图 8.2

$$f_1(z) = f_2(z) \left(= \frac{1}{z}\right),$$

因此，$\{D_1, f_1(z)\}$ 及 $\{D_2, f_2(z)\}$ 互为直接解析延拓.

根据在定义 8.1 意义下的解析延拓的惟一性，易知一个解析函数元素 $\{D_1, f_1(z)\}$ 在同一区域 D_2 内的直接解析延拓 $f_2(z)$ 也必是惟一的（因为 $\{D_1 + D_2, F(z)\}$ 是惟一的）.这样的一个直接延拓确实将原来的解析函数推广了，解析区域也比原区域扩大了.

如果 $\{D_1, f_1(z)\}$ 及 $\{D_2, f_2(z)\}$ 互为直接解析延拓，根据定理 8.1，从一开始我们已经有可能来研究解析函数元素 $\{D_1 + D_2, F(z)\}$，所以上面说的好像没有什么进展.但是，如果我们现在来考察第三个解析函数元素 $\{D_3, f_3(z)\}$，假定它是 $\{D_2, f_2(z)\}$ 的一个直接解析延拓，则很可能是 D_3 与 D_1 交叠，而 $\{D_3, f_3(z)\}$ 却不是 $\{D_1, f_1(z)\}$

的直接解析延拓.在这种情况下,解析函数元素集$\{\{D_1,f_1(z)\},\{D_2,f_2(z)\},\{D_3,f_3(z)\}\}$就不能用一个单值解析函数元素来代替,但从此却可得出一个多值解析函数.

例 8.3 紧接例 8.2,我们再设

$$f_3(z)=-\sum_{n=0}^{\infty}(z+1)^n \quad (z\in D_3:|z+1|<1),$$

$$f_4(z)=-\frac{1}{\mathrm{i}}\sum_{n=0}^{\infty}\left(\frac{z+\mathrm{i}}{\mathrm{i}}\right)^n \quad (z\in D_4:|z+\mathrm{i}|<1),$$

则易知$\{D_2,f_2(z)\}$及$\{D_3,f_3(z)\}$互为直接解析延拓;

$\{D_3,f_3(z)\}$及$\{D_4,f_4(z)\}$互为直接解析延拓;

$\{D_4,f_4(z)\}$及$\{D_1,f_1(z)\}$互为直接解析延拓.

于是,解析函数元素集$\{\{D_1,f_1(z)\},\{D_2,f_2(z)\},\{D_3,f_3(z)\},\{D_4,f_4(z)\}\}$就能用一个单值解析函数元素$\{D,F(z)\}$来代替.其中 D 是区域 $D_1+D_2+D_3+D_4$,即以闭曲线 $ABCEFGHIA$ 及原点 $z=0$ 为边界的区域(如图 8.3);$F(z)$为

$$F(z)=\begin{cases} f_1(z), & z\in D_1, \\ f_2(z), & z\in D_2, \\ f_3(z), & z\in D_3, \\ f_4(z), & z\in D_4, \\ f_1(z)=f_2(z), & z\in d_{12}, \\ f_2(z)=f_3(z), & z\in d_{23}, \\ f_3(z)=f_4(z), & z\in d_{34}, \\ f_4(z)=f_1(z), & z\in d_{41}. \end{cases}$$

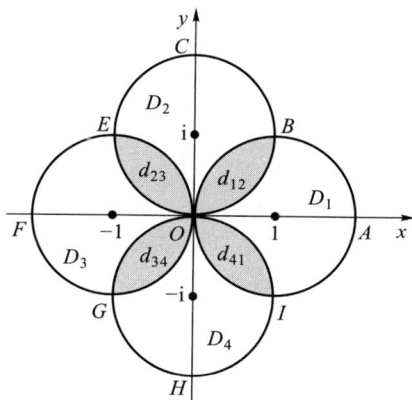

图 8.3

定义 8.4 给定解析函数元素集$\{\{D_1,f_1(z)\},\{D_2,f_2(z)\},\cdots,\{D_n,f_n(z)\}\}$,如果每一个解析函数元素是前一个解析函数元素的直接解析延拓,则称这些解析函数元素组成**解析延拓链**.链把开始元素$\{D_1,f_1(z)\}$和最后元素$\{D_n,f_n(z)\}$连接起来.显然,方向相反的同一个链把解析函数元素$\{D_n,f_n(z)\}$和$\{D_1,f_1(z)\}$连接起来.这两个解析函数元素称为互为**(间接)解析延拓**.

例如,在例 8.3 中,$\{D_1, f_1(z)\}$ 及 $\{D_3, f_3(z)\}$,$\{D_2, f_2(z)\}$ 及 $\{D_4, f_4(z)\}$,都是互为(间接)解析延拓的.

注　上述函数"延拓"这一概念是以**解析原理**——在延拓函数的时候,不得破坏函数的解析性——作为它的基础的.

思考题　试问**连续原理**——在延拓函数的时候,不得破坏函数的连续性,能否作为延拓函数的基础,而保证延拓函数的惟一性?

2. 解析延拓的幂级数方法

给定一个解析函数元素,求它的解析延拓的最基本的方法是采用幂级数法.

给定解析函数元素 $\{D, f(z)\}$,并设 z_1 是 D 内的任一点,则 $f(z)$ 可在点 z_1 的邻域内展成幂级数:

$$\sum_{n=0}^{\infty} c_n^{(1)} (z-z_1)^n, \tag{8.1}$$

其中

$$c_n^{(1)} = \frac{1}{n!} f^{(n)}(z_1).$$

如果这个级数的收敛半径为 $+\infty$,换句话说,在 z 平面上每一点处,级数(8.1)都收敛.这时(8.1)的和 $f_1(z)$ 表示一个在 z 平面上处处解析的函数,而在 D 内与 $f(z)$ 相同.因之,根据解析延拓的惟一性,这个函数 $f_1(z)$ 就是 $f(z)$ 在 D 以外的解析延拓.

如果级数(8.1)的收敛半径为有限正数 R_1,且其收敛圆 $\Gamma_1: |z-z_1| < R_1$ 部分超出 D 外(否则,就在 D 内另选一点 z_1,再重复上面的过程),则我们在 Γ_1 内取一个不是圆心 z_1 的点 z_2,并在点 z_2 的邻域内把 $f_1(z)$ 展开为幂级数

$$\sum_{n=0}^{\infty} c_n^{(2)} (z-z_2)^n, \tag{8.2}$$

其中

$$c_n^{(2)} = \frac{1}{n!} f_1^{(n)}(z_2),$$

而 $f_1^{(n)}(z_2)(n=0,1,2,\cdots)$ 则由级数(8.1)计算之.

如级数(8.2)的收敛半径为 R_2,则 R_2 一定满足不等式

$$R_2 \geqslant R_1 - |z_2-z_1|. \tag{8.3}$$

但 R_2 无论如何不能大于 $R_1 + |z_2-z_1|$,即无论如何(8.2)的收敛圆不能全包含(8.1)的收敛圆(加上边界)于其内,因为这与(8.1)的收敛半径为 $R_1(0 < R_1 < +\infty)$ 的假设矛盾.

下面分别就(8.3)的两种情形讨论.

若 $R_2 = R_1 - |z_2-z_1|$,则级数(8.2)给出的函数 $f_2(z)$,在收敛圆 $\Gamma_2: |z-z_2| < R_2$ 内那些点的值已被级数(8.1)给出的函数 $f_1(z)$ 确定了.即沿着半径从 z_1 到 z_2 的方向,$f_1(z)$ 不能进行延拓.此时,级数(8.1)和级数(8.2)的收敛圆周的切点 ξ 就是 $f_1(z)$ 的一个奇点(图 8.4(a)).

事实上,由定理 4.17,$f_2(z)$ 在圆 Γ_2 的边界 γ_2 上至少有一个奇点.但 γ_2 上的点除 ξ 外都在 Γ_1 内,因而是 $f_1(z)$ 的解析点,当然也是 $f_2(z)$ 的解析点.所以只剩下一点 ξ 不在 Γ_1 内,而在圆 Γ_1 的边界 γ_1 上,它必定是 $f_2(z)$ 的一个奇点,也就是 $f_1(z)$ 的一个奇点.

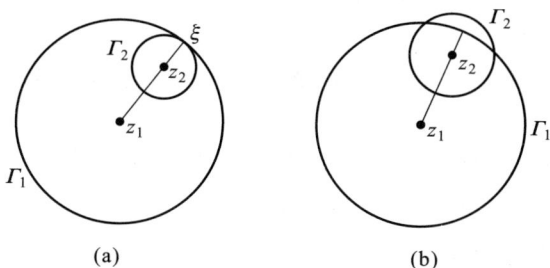

图 8.4

若 $R_2 > R_1 - |z_2 - z_1|$，则新的收敛圆 $\Gamma_2 : |z - z_2| < R_2$ 就越出到原来的圆 Γ_1 外（图 8.4(b)）. 于是，级数(8.2)在圆 Γ_2 内表示一解析函数，设为 $f_2(z)$. 则在 $\Gamma_1 \cdot \Gamma_2$ 内 $f_1(z) = f_2(z)$（由惟一性定理推得）. 因而，$\{\Gamma_2, f_2(z)\}$ 是 $\{\Gamma_1, f_1(z)\}$ 的直接解析延拓.

再在 Γ_2 内任取一点 $z_3 \neq z_2$，并在点 z_3 的邻域内把 $f_2(z)$ 展开为幂级数

$$\sum_{n=0}^{\infty} c_n^{(3)} (z - z_3)^n , \tag{8.4}$$

其中

$$c_n^{(3)} = \frac{1}{n!} f_2^{(n)}(z_3),$$

而 $f_2^{(n)}(z_3)(n = 0, 1, 2, \cdots)$ 则由级数(8.2)计算之.

设级数(8.4)的收敛圆为 $\Gamma_3 : |z - z_3| < R_3$. 当圆 Γ_3 有一部分在 Γ_2 的外部时，又得 $\{\Gamma_2, f(z)\}$ 在 Γ_3 内的直接解析延拓（沿着半径从 z_2 到 z_3 的方向）.

用这样的方法，就能得到 $\{\Gamma_1, f_1(z)\}$ 的所有解析延拓（也就得到了 $\{D, f(z)\}$ 的所有解析延拓）. 换句话说，我们从一个解析函数元素出发，沿所有可能的方向延拓，新的组成部分也向一切可能的方向进行延拓，一直延拓到不能延拓为止.

从上面的讨论，我们还可以看出：如果在一个确定的方向上，有可能进行延拓时，一般来说，这个延拓可以借助于幂级数来实现.

最后，我们还必须指出两点：

(1) 由于幂级数的收敛圆周上，至少存在一个和函数的奇点，所以在收敛圆内所定义的解析函数，向任意方向都可以延拓的情形是不可能发生的.

(2) 从下面的例 8.4 可见，幂级数的和函数在收敛圆内沿任一方向都不能进行解析延拓的情形也是存在的.

例 8.4　试证在单位圆 $|z| < 1$ 内的解析函数

$$f(z) = \sum_{n=1}^{\infty} z^{2^n}$$

不能延拓到单位圆周 $|z| = 1$ 的外部.

证　级数的收敛半径 $R = 1$，故在单位圆 $|z| < 1$ 内 $f(z)$ 表示一解析函数. 以下证明，$f(z)$ 的奇点稠密于单位圆周 $|z| = 1$ 上.

首先证明：当 z 沿半径而趋于 1 时，$f(z) \to \infty$. 令

$$z = x, \quad 0 < x < 1,$$

则

$$f(x) = x^2 + x^4 + \cdots + x^{2^n} + \cdots > x^2 + x^4 + \cdots + x^{2^n},$$

故

$$\lim_{x \to 1} f(x) \geqslant \lim_{x \to 1} (x^2 + x^{2^2} + \cdots + x^{2^n}) = n,$$

由 n 的任意性,故

$$\lim_{x \to 1} f(x) = +\infty,$$

显然,$z = 1$ 是 $f(z)$ 的一个奇点.

其次,由于

$$f(z) = z^2 + z^4 + \cdots + z^{2^n} + (z^{2^{n+1}} + z^{2^{n+2}} + \cdots)$$
$$= z^2 + z^4 + \cdots + z^{2^n} + f(z^{2^n}),$$

故能使

$$z^{2^n} = 1$$

的点 z 均为 $f(z)$ 的奇点.即单位圆周上的点

$$z_k = e^{\frac{2k\pi i}{2^n}} \quad (k = 0, 1, \cdots, 2^n - 1; n = 1, 2, \cdots)$$

均为 $f(z)$ 的奇点,这种点稠密于圆周 $|z| = 1$ 上.故 $f(z)$ 不能再向单位圆周 $|z| = 1$ 外延拓.

例 8.5 函数 $\dfrac{1}{1-z}$ 在原点邻域内可展成幂级数:

$$\frac{1}{1-z} = 1 + z + z^2 + \cdots + z^n + \cdots = \sum_{n=0}^{\infty} z^n.$$

这个级数的收敛圆为 $|z| < 1$.因此,它表示一个在单位圆内的解析函数.

如在单位圆内取一点 $b \neq 0$,则函数 $\dfrac{1}{1-z}$ 在点 b 的某一邻域内可展成幂级数

$$\sum_{n=0}^{\infty} \frac{1}{(1-b)^{n+1}} (z-b)^n.$$

当 $b = -\dfrac{1}{2}$ 时,展式成为

$$\sum_{n=0}^{\infty} \left(\frac{2}{3}\right)^{n+1} \left(z + \frac{1}{2}\right)^n,$$

此级数的收敛半径为 $\dfrac{3}{2}$,显然这个级数是级数 $\displaystyle\sum_{n=0}^{\infty} z^n$ 的一个解析延拓,因为在圆 $\left|z + \dfrac{1}{2}\right| < \dfrac{3}{2}$ 内确实含有单位圆以外的点(图 8.5 的阴影部分).

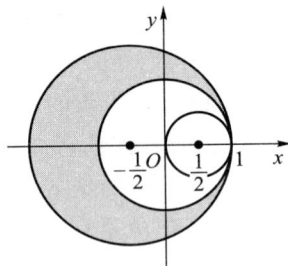

图 8.5

当 $b = \dfrac{1}{2}$ 时,展式成为

$$\sum_{n=0}^{\infty} 2^{n+1} \left(z - \frac{1}{2}\right)^n,$$

而它的收敛半径为 $\dfrac{1}{2}$，此时 $z=1$ 为新旧两个收敛圆周的切点，所以是函数 $\dfrac{1}{1-z}$ 的奇点.

事实上，除实轴正方向外，单位圆内的解析函数 $\sum\limits_{n=0}^{\infty} z^n$ 可沿其半径的任一方向进行延拓，因为 $z=1$ 是它的惟一奇点.

例 8.6
$$f(z)=\frac{1}{1-z^p} \quad (p\neq 1,\text{是一个正整数}),$$

这是一个有理函数，它的奇点就是它的极点：

$$z_k=\mathrm{e}^{\frac{2k\pi}{p}\mathrm{i}} \quad (k=0,1,2,\cdots,p-1).$$

这些极点（个数总是有限的）以等距离分布在单位圆周 $|z|=1$ 上，所说的距离随 p 的增大而减小.

我们取在原点的展式

$$f(z)=1+z^p+z^{2p}+\cdots+z^{np}+\cdots=\sum_{n=0}^{\infty} z^{np}$$

及其收敛圆 $|z|<1$ 作为第一个解析函数元素，沿着任何不穿过收敛圆周 $|z|=1$ 上 $f(z)$ 的极点的曲线（即用幂级数延拓时，收敛圆心都取在此曲线上）都可作解析延拓.

§2 透弧解析延拓、对称原理

在前节中提到的直接解析延拓概念是关于相交区域的.如果两个区域不相交，但有一段公共边界（这是两个区域"紧接"的又一个含义），我们可以在下列连续延拓原理的基础上，建立透弧直接解析延拓的概念，并指出解析延拓的一个几何方法——对称原理.

1. 透弧直接解析延拓

定理 8.2（潘勒韦(Painlevé)连续延拓原理） 设 $\{D_1,f_1(z)\}$ 及 $\{D_2,f_2(z)\}$ 为两个解析函数元素，满足：

（1）区域 D_1 与 D_2 不相交，但有一段公共边界，除掉其端点后的开弧记为 Γ.

（2）$f_1(z)$ 在 $D_1+\Gamma$ 上连续，$f_2(z)$ 在 $D_2+\Gamma$ 上连续.

（3）沿 Γ，$f_1(z)=f_2(z)$，

则 $\{D_1+\Gamma+D_2,F(z)\}$ 也是一个解析函数元素.其中

$$F(z)=\begin{cases}f_1(z), & \text{当 } z\in D_1,\\ f_1(z)=f_2(z), & \text{当 } z\in \Gamma,\\ f_2(z), & \text{当 } z\in D_2.\end{cases}$$

证 $F(z)$ 在区域 $G=D_1+\Gamma+D_2$ 内是连续的.我们来证明：$F(z)$ 沿着任何一条位于 G 内的周线 C（只要其内部全含于 G）的积分都等于零.

如果 C 全部位于 D_1 或 D_2 内,结果从柯西积分定理立即可推出.如果 C 分属于 D_1 与 D_2(图 8.6),C 落在 D_1 与 D_2 内的部分分别记为 C_1 与 C_2,Γ 落在 C 内部的一段记成 γ.根据柯西积分定理

$$\int_{C_1+\gamma} F(z)\mathrm{d}z = 0,$$

$$\int_{C_2+\gamma^-} F(z)\mathrm{d}z = 0.$$

从而

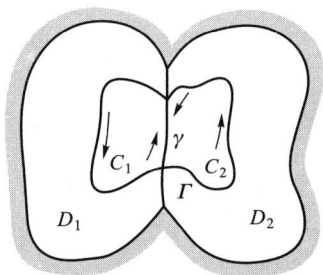

图 8.6

$$\int_C F(z)\mathrm{d}z = \int_{C_1+\gamma} F(z)\mathrm{d}z + \int_{C_2+\gamma^-} F(z)\mathrm{d}z = 0.$$

根据莫雷拉定理,我们得出函数 $F(z)$ 在区域 G 内是解析的.故 $\{D_1+\Gamma+D_2, F(z)\}$ 是一个解析函数元素.

定义 8.5 满足定理 8.2 条件的两个解析函数元素 $\{D_1, f_1(z)\}$,$\{D_2, f_2(z)\}$ 称为**互为(透弧)直接解析延拓**.

在定义 8.4 中,关于相交区域的解析延拓链和互为(间接)解析延拓的意义,也可代以透弧解析延拓.

2. 黎曼-施瓦茨对称原理

定理 8.3 设

(1) D 及 D^* 为 z 平面上两个区域,分别在上半平面与下半平面,关于 x 轴对称,并且它们的边界都包含 x 轴上一条线段 S.

(2) $\{D, f(z)\}$ 为解析函数元素,$f(z)$ 在 $D+S$ 上连续且在 S 上取实数值.

则存在一个函数 $F(z)$ 满足下列条件:

(1) $F(z)$ 在区域 $D+S+D^*$ 内解析.

(2) 在 D 内 $F(z)=f(z)$.

(3) 在 D^* 内 $F(z)=\overline{f(\bar{z})}$.

(即 $\{D^*, \overline{f(\bar{z})}\}$ 是 $\{D, f(z)\}$ 透过弧 S 的直接解析延拓.)

证 在区域 $D+S+D^*$ 内确定一个函数 $F(z)$ 如下:

$$F(z)=\begin{cases} f(z), & \text{当 } z \in D+S, \\ \overline{f(\bar{z})}, & \text{当 } z \in D^*. \end{cases}$$

我们现在来证明这个函数 $F(z)$ 就满足定理的要求.

(1) $f(z)$ 在区域 D 内解析,在 $D+S$ 上连续(假设条件).

(2) $\overline{f(\bar{z})}$ 在 D^* 内解析.事实上,设 z_0 及 z 为 D^* 内二点,则 $\bar{z}_0$ 及 $\bar{z}$ 为 D 内相应二点,且

$$\lim_{z \to z_0} \frac{\overline{f(\bar{z})} - \overline{f(\bar{z}_0)}}{z - z_0} = \lim_{z \to z_0} \overline{\left[\frac{f(\bar{z}) - f(\bar{z}_0)}{\bar{z} - \bar{z}_0} \right]}$$

$$= \overline{\lim_{\bar{z} \to \bar{z}_0} \left[\frac{f(\bar{z}) - f(\bar{z}_0)}{\bar{z} - \bar{z}_0} \right]} = \overline{f'(\bar{z}_0)}.$$

(3) $\overline{f(\bar{z})}$ 在 D^*+S 上连续.因设 x_0 为 S 上任一点,则

$$\lim_{\substack{z \to x_0 \\ (z \in D^* + S)}} \overline{f(\overline{z})} = \overline{\lim_{\substack{\overline{z} \to x_0 \\ (\overline{z} \in D + S)}} f(\overline{z})} \underset{(假设)}{=\!=\!=} \overline{f(x_0)} = \overline{f(\overline{x_0})}.$$

(4) $z \in S$ 时 $\overline{f(\overline{z})} = f(z)$. 因此时

$$z = \overline{z}, \quad \overline{f(\overline{z})} = \overline{f(z)} \underset{(假设)}{=\!=\!=} f(z).$$

故由潘勒韦连续延拓原理,$\{D^*, \overline{f(\overline{z})}\}$ 是 $\{D, f(z)\}$ 透过 S 的直接解析延拓. 因而 $F(z)$ 在区域 $D + S + D^*$ 内解析.

对称原理可使解析函数的定义区域扩大一倍. 下面我们将对称原理引入共形映射, 它使我们能够充分地在本质上扩大那类可以用初等函数来作共形映射的区域.

定理 8.4 设 (1) D 及 D^* 为 z 平面上的两个区域, 分别在上半平面与下半平面, 关于 x 轴对称, 并且它们的边界都包含 x 轴上一条线段 S(如图 8.7).

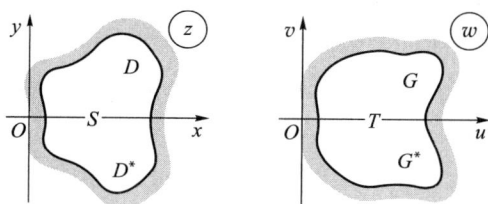

图 8.7

(2) G 及 G^* 为 w 平面上的两个区域, 分别在上半平面与下半平面, 关于 u 轴对称, 并且它们的边界都包含 u 轴上一条线段 T.

(3) $w = f(z)$ 在 D 内单叶解析, 在 $D + S$ 上连续, 且将 D 共形映射成 G, 将 S 一一变换成 $T = f(S)$,

则存在一个函数 $w = F(z)$ 满足下列条件:

(1) $w = F(z)$ 在区域 $D + S + D^*$ 内单叶解析, 并将区域 $D + S + D^*$ 共形映射成 $G + T + G^*$.

(2) 在 D 内, $F(z) = f(z)$.

(3) 在 D^* 内, $F(z) = \overline{f(\overline{z})}$.

(即 $\{D^*, \overline{f(\overline{z})}\}$ 是 $\{D, f(z)\}$ 透过弧 S 的直接解析延拓.)

证 接着定理 8.3 的证明, 再补充证明 $F(z)$ 在 $D + S + D^*$ 内单叶, 并将 $D + S + D^*$ 共形映射成 $G + T + G^*$.

根据 $F(z) = f(z)$($z \in D$), $F(z)$ 在 D 内单叶解析, 并将 D 共形映射成 G; 根据 $F(z) = f(z)$($z \in S$), $F(z)$ 建立起 S 上的点与 T 上的点的一一对应; 根据 $F(z) = \overline{f(\overline{z})}$($z \in D^*$), $F(z)$ 在 D^* 内单叶解析, 并将 D^* 共形映射成 G^*.

总起来, $F(z)$ 在 $D + S + D^*$ 内单叶解析, 并将 $D + S + D^*$ 共形映射成 $G + T + G^*$.

定理 8.5(对称原理的一般形式) 设 (图 8.8)

(1) d 及 d^* 是 z 平面上关于圆弧或直线段 s 对称的两个区域, 它们分居于 s 的两侧, 且它们的边界都包含 s.

(2) g 及 g^* 为 w 平面上关于圆弧或直线段 t 对称的两个区域, 它们分居于 t 的两

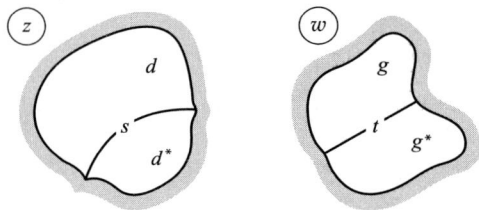

图 8.8

侧,且它们的边界都包含 t.

(3) $w=f_1(z)$ 在 d 内单叶解析,在 $d+s$ 上连续,并将 d 共形映射成 g,把 s 一一地变换成 $t=f_1(s)$,

则存在一个函数 $w=F(z)$ 满足下列条件:

(1) $w=F(z)$ 在区域 $d+s+d^*$ 内单叶解析,并将区域 $d+s+d^*$ 共形映射成 $g+t+g^*$.

(2) 在 d 内 $F(z)=f_1(z)$.

(3) 在 d^* 内 $F(z)=f_2(z)$. $\{d^*,f_2(z)\}$ 是 $\{d,f_1(z)\}$ 透过弧 s 的直接解析延拓.

证 为了证明,我们作线性变换

$$\zeta=\frac{az+b}{cz+e}, \quad \omega=\frac{\alpha w+\beta}{\gamma w+\varepsilon}. \tag{8.5}$$

它们分别将 s 与 t 变为 ζ 与 ω 平面(即图 8.7 中的 z 与 w 平面)的实轴上的线段 S 与 T,使得区域 d 与 g 分别共形映射成 D 与 G.将 (8.5) 的逆变换

$$z=\frac{-e\zeta+b}{c\zeta-a}, \quad w=\frac{-\varepsilon\omega+\beta}{\gamma\omega-a}$$

代入函数 $w=f_1(z)$ 的两端,使其化为将 D 共形映射成 G 的函数 $\omega=f_1^*(\zeta)$.

我们在 ζ 平面的区域 D^* 上定义函数

$$\omega=f_2^*(\zeta)=\overline{f_1^*(\bar{\zeta})}.$$

由定理 8.4,$\{D^*,f_2^*(\zeta)\}$ 是 $\{D,f_1^*(\zeta)\}$ 透过弧 S 的直接解析延拓.$\omega=f_2^*(\zeta)$ 将 D^* 共形映射成 G^*.而函数

$$\omega=f^*(\zeta)=\begin{cases} f_1^*(\zeta), & \zeta\in D, \\ f_2^*(\zeta), & \zeta\in D^*, \\ f_1^*(\zeta)=f_2^*(\zeta), & \zeta\in S \end{cases}$$

在 $D+S+D^*$ 内单叶解析,并将 $D+S+D^*$ 共形映射成 $G+T+G^*$.

我们将 (8.5) 代入函数 $\omega=f_2^*(\zeta)$,换回到变量 z 与 w,于是在 d 关于 s 对称的区域 d^* 内得到函数 $w=f_2(z)$,它在 d^* 内单叶解析,并将 d^* 共形映射成 g 关于 t 对称的区域 g^*.

这时,函数

$$w = F(z) = \begin{cases} f_1(z), & z \in d, \\ f_2(z), & z \in d^*, \\ f_1(z) = f_2(z), & z \in s \end{cases}$$

在区域 $d+s+d^*$ 内单叶解析,并将 $d+s+d^*$ 共形映射成区域 $g+t+g^*$. 其中 $\{d^*, f_2(z)\}$ 是 $\{d, f_1(z)\}$ 透过弧 s 的直接解析延拓.

例 8.7 将上半平面从原点起顺着虚轴割开一条长为 h 的割缝,试求此区域到上半平面的共形映射.

解 z 平面上所述区域可以表示成 $D+S+D^*$,其中 S 是从 hi 顺着虚轴到 ∞ 的射线.上半 w 平面可以表示成 $G+T+G^*$,其中 T 是上半虚轴(图 8.9).

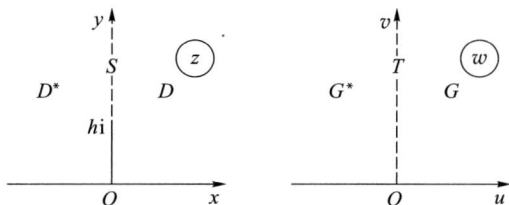

图 8.9

我们要作出一个在 D 内单叶解析,在 $D+S$ 上连续的函数 $w=f(z)$ 将 D 共形映射成 G,使 S 一一地变成 T.

就作
$$z_1 = z^2, \tag{8.6}$$
它在 D 内单叶解析,在 $D+S$ 上连续,将 D 共形映射成上半 z_1 平面 D_1,S 一一地变成负实轴上从 $-h^2$ 到 ∞ 的射线 S_1.

再作平移变换
$$z_2 = z_1 + h^2, \tag{8.7}$$
它在 D_1+S_1 上连续,将 D_1 共形映射成上半 z_2 平面 D_2,S_1 一一地变成负实轴 S_2(如图 8.10).

再作
$$w = \sqrt{z_2}, \tag{8.8}$$
它在 D_2+S_2 上连续,并将 D_2 共形映射成 G,S_2 一一地变成 T.

将(8.6),(8.7)及(8.8)依顺序叠合得
$$w = \sqrt{z^2+h^2},$$
它在 $D+S$ 上连续,将 D 共形映射成 G,并将 S 一一地变成 T.

按对称原理,$\sqrt{z^2+h^2}$ 在 $D+S+D^*$ 内的解析延拓将区域 $D+S+D^*$ 共形映射成区域 $G+T+G^*$. 但因 $\sqrt{z^2+h^2}$ 本身就在 $D+S+D^*$ 内单叶解析,故所求的一个共形映射函数就是
$$w = \sqrt{z^2+h^2}.$$

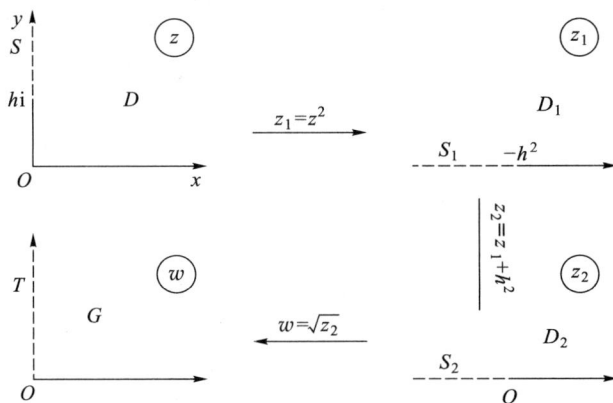

图 8.10

§3 完全解析函数及黎曼面的概念

1. 完全解析函数

以前我们所定义的解析函数是局限于一个特定区域的.解析延拓使我们有可能将定义于一个特定区域的解析函数,推广其定义区域,得到在更大区域内解析的函数.

定义 8.6 一个**一般解析函数** $F(z)$ 是由解析函数元素 $\{D, f(z)\}$ 的一个非空集这样组成的:当其非一元集时,任意两个解析函数元素经由一条链而互为解析延拓,其中链的每一环节都是 $F(z)$ 的一元,$F(z)$ 的定义区域是各 $f(z)$ **定义区域之并集**(它也是一个区域).

定义 8.7 一个**完全解析函数** $F(z)$ 是一个一般解析函数,它包含其任一解析函数元素的所有解析延拓.$F(z)$ 的定义区域 G 称为它的**存在区域**.G 的边界称为 $F(z)$ 的**自然边界**.

根据我们在本章 §1 第 2 段中的论述,可知完全解析函数 $F(z)$ 的自然边界必为 $F(z)$ 一切解析函数元素的一切奇点所组成,从而 $F(z)$ 的自然边界点也就是 $F(z)$ 的奇点.

一个完全解析函数 $F(z)$ 显然是不能再扩大的,它可能是单值的(这时,它的存在区域就是通常 z 平面上的区域),也可能是多值的.还可看出,每一个解析函数元素必属于惟一的完全解析函数.

过去讲的孤立奇点(单值性或多值性的)就是函数自然边界上的孤立点.

例 8.8 非常数的整函数的存在区域是 z 平面,$z = \infty$ 就是它的自然边界.

例 8.9 函数

$$\frac{1}{z-a_1} + \frac{1}{z-a_2} + \cdots + \frac{1}{z-a_n}$$

的自然边界是由 $a_1, a_2, \cdots, a_n$ 等 n 个极点组成;而函数 $\dfrac{1}{\sin z}$ 的自然边界是由无限多个点 $n\pi(n=0,\pm 1,\pm 2,\cdots)$ 及点 ∞ 所组成,在例8.4 中,我们知道函数

$$f(z) = \sum_{n=1}^{\infty} z^{2^n}$$

就以单位圆周 $|z|=1$ 为其自然边界.

2. 单值性定理

设 $f(z)$ 是区域 D 内的完全解析函数,a,b 是 D 内任意两点,γ_1 和 γ_2 是连接 a,b 的两条曲线.$f(z)$ 的一个解析函数元素从点 a 出发,沿 γ_1 和 γ_2 两条路线进行解析延拓,如到达点 b 的函数值不同,也就是说,如果解析延拓取不同的路线得到不同的解析函数元素,则函数 $f(z)$ 就是多值的.我们先看:

例 8.10 设有区域

$$D_1 : |z-1| < R,$$
$$D_2 : |z-\omega| < R,$$
$$D_3 : |z-\omega^2| < R.$$

其中

$$\omega = e^{\frac{2\pi i}{3}},$$

且

$$\frac{\sqrt{3}}{2} < R < 1.$$

若将解析函数元素 $\{D_1, \sqrt{z}\}$ 进行解析延拓($\sqrt{z}$ 已取定一支).从 D_1 到 D_2,从 D_2 到 D_3,再从 D_3 到 D_1,结果所得解析函数元素为 $\{D_1, -\sqrt{z}\}$(图 8.11).

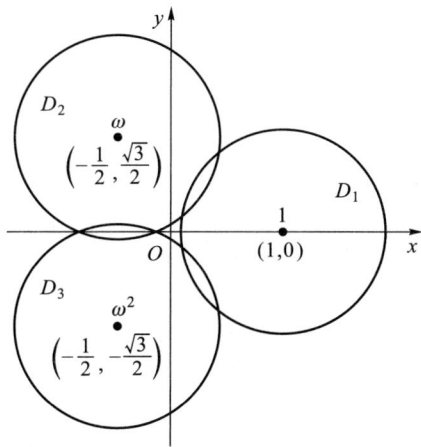

图 8.11

这可以用本章 §1 第 2 段幂级数延拓的"圆链法"来实现,圆链的各圆圆心可选在一条闭曲线上,这条闭曲线从 D_1 内的某点 a 出发,经 D_1 与 D_2 的公共区域到 D_2,再经 D_2 与 D_3 的公共区域到 D_3,最后,经 D_3 与 D_1 的公共区域又回到 D_1 的点 a.起点 a 的函数值如为 $\sqrt{a}$,沿此闭曲线延拓一圈回来后,同一点 a 的函数值就应改变为 $-\sqrt{a}$,原因是这条闭曲线包围了原点 $z=0$,a 的辐角就要改变 2π.

另一方面,若将解析函数元素 $\{D_1, -\sqrt{z}\}$ 从 D_1 出发延拓到 D_2,从 D_2 延拓到 D_3,再从 D_3 回到 D_1,结果所得解析函数元素为 $\{D_1, \sqrt{z}\}$.

按这种方式不断延拓,可以看出,$\sqrt{z}$ 与 $-\sqrt{z}$ 组成一个二值的完全解析函数,以 $z=0$ 及 $z=\infty$ 为支点(注意 D_1, D_2, D_3 无公共部分,但它们含有一条周线围绕原点),其存在区域 D 是个**二连通区域**.

如果 D 为单连通区域,$f(z)$ 在 D 内解析,则 $f(z)$ 就不能像上面那样是多值函数,事实上,魏尔斯特拉斯给出了如下的**单值性定理**:

定理 8.6 若 $f(z)$ 在扩充平面上的单连通区域 D 内解析,则 $f(z)$ 在 D 内单值.

证 设 γ_1, γ_2 是 D 内连接任意两点 a 与 b 的两条简单逐段光滑曲线,使 $\gamma = \gamma_1 + \gamma_2$ 是 D 内的一条周线.

首先假设周线 $\gamma = \gamma_1 + \gamma_2$ 不包含 D 的边界点于其内部.由海涅-博雷尔覆盖定理,可有有限个圆心在 γ_1, γ_2 上而全部在 D 内的圆足以覆盖 γ_1 与 γ_2.在每个圆内,$f(z)$ 可以表示成泰勒级数.从而 $f(z)$ 在每个圆内的解析点(圆与 D 的公共部分)为单值.因此 γ_1, γ_2 在每个圆内的弧可以弦来代替.设这些弦所成的折线为 P_1, P_2,于是 γ_1, γ_2 可以用 P_1, P_2 来代替.分多边形 $P_1 + P_2$ 为若干三角形.如 $f(z)$ 在 $P_1 + P_2$ 内为多值,则存在一个三角形 T_1,$f(z)$ 沿 T_1 解析延拓一周得到不同的解析函数元素.将 T_1 最长的一边加以等分,连接等分点与此边的对顶点,得两个三角形.则在此两个三角形中必有一个,命为 T_2,$f(z)$ 沿 T_2 解析延拓一周,将得到不同的解析函数元素.如此继续进行,则得一个三角形序列:

$$T_1 \supset T_2 \supset \cdots \supset T_n \supset \cdots.$$

当 n 无限增加,T_n 缩成 D 内一点 α.由假设 $f(z)$ 在点 α 解析,则必在一个圆 $|z-\alpha| < R$ 内单值解析.因此,只需经过有限次分法,则得一个全含于此圆内的三角形 T_m,而 $f(z)$ 沿 T_m 解析延拓一周,所得的解析函数元素不能为不同,这和 $f(z)$ 在 $P_1 + P_2$ 内为多值相矛盾.

其次,假设 γ 包含区域 D 的一个边界点于其内部.由于 D 是单连通区域,则 γ 必包含 D 的全部边界点于其内部.因此 $f(z)$ 在点 $z=\infty$ 的邻域内解析.从而存在一个以原点为圆心的圆周 C,包含 $\gamma = \gamma_1 + \gamma_2$ 于其内部,$f(z)$ 在 $z=\infty$ 的邻域内的洛朗展式在圆周 C 的外部及其上单值解析.用线段 aa' 及 bb' 分别将点 a, b 连接到圆周 C 上,则得两条闭路 L_1: $a'a\gamma_1 bb'C_1 a'$ 及 $L_2: a'a\gamma_2 bb'C_2 a'$.$L_1$ 与 L_2 各不包含 D 的边界点于其内部(图 8.12).由圆周 C 的定义,C_1, C_2 两条路线对解析延拓是等价的,即是 $f(z)$ 从 a' 出发分别沿 C_1, C_2 解析延拓达到 b' 的值是相同的.由将上面第一步的证明分别应用到闭路 L_1 与 L_2 上,则得 $a'a\gamma_1 bb'$ 与 C_1 等价,$a'a\gamma_2 bb'$ 与 C_2 等价;因此 γ_1 与 γ_2 是等价的.所以定理成立.

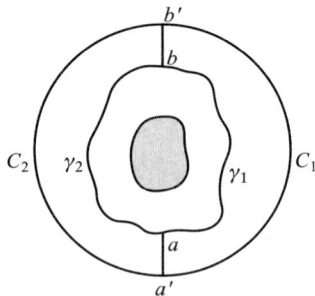

图 8.12

定义 8.8 若围绕以 z_0 为圆心的充分小的圆周,延拓一完全解析函数 $F(z)$ 的解析函数元素 $\{D_1, f_1(z)\}$,当变点回转至原来的位置时,若函数值与原来的值相异,则称

此 z_0 点为此函数 $F(z)$ 的**支点**.具有支点的完全解析函数 $F(z)$ 称为**多值解析函数**.

尽管 $F(z)$ 是一个多值解析函数,但是如果我们可以限制 z 的变动区域(单连通的),使得当 z 点在这个区域内沿任意周线变动一圈,函数值连续变动回到原来的值,那么我们就说这个区域内所有对应的函数值(即这个区域的像点集)就组成 $F(z)$ 的一个**单值解析分支**(如图 2.5 的各 T_k 及图 2.11 的各 B_k).

支点是多值性奇点.凡多值解析函数的每一单值解析分支也可以有单值性奇点——可去奇点、极点、本质奇点以及非孤立的奇点.但一点若为某一支的单值性奇点,则不必为另一支的单值性奇点.

例如

$$\frac{1}{z}\ln\frac{1}{1-z}=\frac{1}{z}\left(z+\frac{z^2}{2}+\frac{z^3}{3}+\cdots\right)\quad(0<|z|<1),$$

$z=0$ 为此支的可去奇点(解析点),但为其他每一支

$$\frac{1}{z}\left[\left(z+\frac{z^2}{2}+\frac{z^3}{3}+\cdots\right)+2k\pi i\right]\quad(k=\pm1,\pm2,\cdots)$$

的一阶极点.

3. 黎曼面的概念

设 $w=F(z)$ 是多值解析函数,即具有支点的完全解析函数,则对其存在区域中 z 的一个值,w 有多个值和它对应.黎曼采取一种方法,使 w 的值和 z 的值成一一对应.他创造一种模型(称为**黎曼面**)代替通常的 z 平面.利用黎曼面,可以使以前所说的解析延拓的过程,多值解析函数概念本身、分支、支点及支割线的概念,在几何上有了明显的表示和说明.更重要的是,可以使多值完全解析函数 $F(z)$ 成为其黎曼面上的单值解析函数(这时,$F(z)$ 的存在区域就是一个推广了的区域,即黎曼面).于是,单值解析函数的理论便可以对它应用了.因此,由于函数多值性所引起的复杂性,利用几何方法可以消除掉.

下面我们举几个简单的例子来讨论黎曼面.一般对于多值解析函数,要用若干叶片来适当地"粘合"成一个黎曼面的工作是相当复杂的,并且需要相当的技巧.

例 8.11 函数 $w=z^{\frac{1}{2}}$ 的黎曼面.

解 由于对 z 平面上每一个异于零的点,此函数有两个值和它相对应;如对不同函数值的相同的点 z 能加以区别,就能满足我们的要求.

令 $z=re^{i\theta}$,于是相同的点 z 可由不同的 θ 来决定,从而不同的函数值可用不同的 θ 来规定.因当 z 绕原点一周,w 的值由 $\sqrt{z}$ 变为 $-\sqrt{z}$;当 z 再绕原点一周,$-\sqrt{z}$ 又变为 $\sqrt{z}$.所以如 $\sqrt{z}$ 相当于 $0<\theta<2\pi$,则 $-\sqrt{z}$ 相当于 $2\pi<\theta<4\pi$.现在设想两个 z 平面相重叠,原点的位置与实轴的方向都相同.在上的平面用 M_0 表示,相当于 $0<\theta<2\pi$;在下的平面用 M_1 表示,相当于 $2\pi<\theta<4\pi$.由于 $z=0$ 及 $z=\infty$ 是 $w=z^{\frac{1}{2}}$ 的两个支点,我们现在可以选正实轴为支割线,将两个平面各沿正实轴割开,使 z 分别在 M_0 及 M_1 上不能越过支割线在同一平面上变动.再沿支割线使 M_0 的下岸($\theta=2\pi$)与 M_1 的上岸($\theta=2\pi$)粘合,并使 M_1 的下岸($\theta=4\pi$)与 M_0 的上岸($\theta=0$)粘合.这样的模型就是 $w=z^{\frac{1}{2}}$ 的黎曼面(如图 8.13(a)),两叶在截口处互相交叉,其在支割线处的垂直纵截面如图 8.13(b).

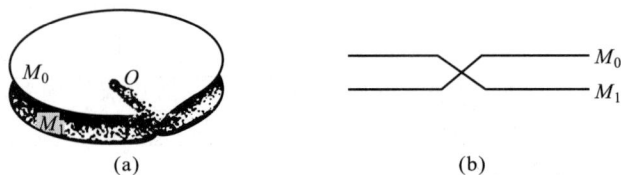

图 8.13

当点 z 在黎曼面的 M_0 叶上，从正实轴上一点出发，围绕支点 $z=0$ 以逆时针方向连续变动两圈时，辐角 θ 先由 0 增至 2π，并由叶片 M_0 进入叶片 M_1，在后一叶片 M_1 中，θ 再由 2π 增至 4π.当点 z 再继续转动时，它仍回到叶片 M_0 上（如图 8.14）.在 M_0 上，θ 的值可以认为是由 4π 增到 6π，或由 0 增到 2π，对于函数值没有影响.余可类推.这样一来，函数 $w=z^{\frac{1}{2}}$ 就是黎曼面上的单值函数了.只是在支割线处，两个叶片的点需要设法去判别.

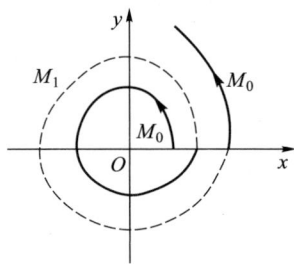

图 8.14

应该注意的是：要想由以上的描述，把黎曼面按通常办法具体地制作出来是办不到的.因为当先把叶片 M_0 的截口的下岸与 M_1 截口的上岸粘合以后，再把 M_1 的下岸与 M_0 的上岸粘合就无法进行，因为中间已有一个粘合好的平面存在着.尽管如此，我们仍然要想象它们是粘合起来了.

这黎曼面的叶片 M_0 的像是上半 w 平面，而叶片 M_1 的像是下半 w 平面.因为

$$w_k=\sqrt{r}\,\mathrm{e}^{\mathrm{i}\frac{\theta}{2}}=\sqrt{r}\,\mathrm{e}^{\mathrm{i}\frac{\theta_0+2k\pi}{2}},\quad 0\leqslant\theta_0<2\pi,k=0,1,$$

在 M_0 上

$$0<\frac{\theta}{2}<\pi,$$

在 M_1 上

$$\pi<\frac{\theta}{2}<2\pi.$$

每个叶片上所确定的函数都是单值解析的，并可连续到粘合的边界，在粘合的边界上它们是等值的.于是，它们的一个就是另一支穿过支割线的解析延拓（由本章的潘勒韦连续延拓原理可见）.因此，黎曼面上点的单值函数 $w=z^{\frac{1}{2}}$ 在除去支点 $z=0$ 及 $z=\infty$ 外，到处都是解析的.

例 8.12 函数 $w=\sqrt[n]{z}$（n 是正整数，$n>2$）的黎曼面.

类似上例的讨论，它的黎曼面是由 n 个沿着支割线正实轴割开的 z 平面粘合而成的，仍只以 $z=0$ 及 $z=\infty$ 为支点.

令 $z=r\mathrm{e}^{\mathrm{i}\theta}$，则

$$w_k=\sqrt[n]{r}\,\mathrm{e}^{\mathrm{i}\frac{\theta_0+2k\pi}{n}},\quad 0\leqslant\theta_0<2\pi,\quad k=0,1,\cdots,n-1,$$

图 8.15 是 $n=4$ 的情形.

例 8.13 函数 $w=\mathrm{Ln}\,z$ 的黎曼面.

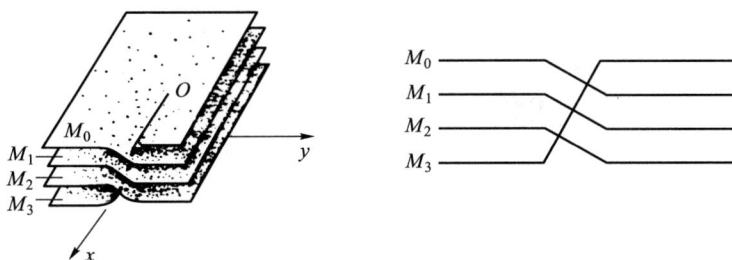

图 8.15

解 令 $z = r\mathrm{e}^{\mathrm{i}\vartheta}$，则

$$w_k = (\ln z)_k = \ln r + \mathrm{i}(\theta_0 + 2k\pi), \quad 0 \leqslant \theta_0 < 2\pi, \quad k = 0, \pm 1, \pm 2, \cdots$$

仍只以 $z = 0$ 及 $z = \infty$ 为支点，取正实轴为支割线，其黎曼面含有无穷多叶（图 8.16(a)）. 其在支割线处的垂直纵截面如图 8.16(b).

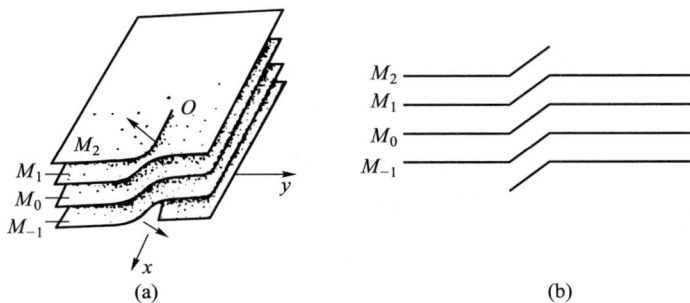

(a)   (b)

图 8.16

上面三个例题是应用透弧解析延拓制作 $w = \sqrt[n]{z}$ 及 $w = \mathrm{Ln}\, z$ 的黎曼面，当然也可应用相交区域的直接解析延拓制作它们的黎曼面.

* **例 8.14** 函数 $\sqrt[3]{(z-a)(z-b)}$ $(a \neq b)$ 的黎曼面.

解 函数 $\sqrt[3]{(z-a)(z-b)}$ 以 $z = a, z = b$ 及 $z = \infty$ 为支点. 从 a 到 b 连接直线段，从 b 到 ∞ 连接任一射线（不通过 a）作为支割线. 这样割开 z 平面后，可以分出三个单值分支

$$f_k(z) = \omega^k f_0(z), \quad k = 0, 1, 2,$$

其中 $\omega = \mathrm{e}^{\frac{2\pi\mathrm{i}}{3}}$，$f_0(z)$ 为 $\sqrt[3]{(z-a)(z-b)}$ 的一个确定支.

现将三张平面 $M_k(k = 0, 1, 2)$ 均按前述方法割破，各分支 $f_k(z)$ 分别在 M_k 上是单值的，但在割线两岸之值不同. 在 $\overrightarrow{ab}$ 左岸（顺着 a 到 b 的方向）取值为 $f_0(z), f_1(z)$，$f_2(z)$ 时连续变动到右岸，由于绕 a 转了一周的缘故，增加了一个因子 $\omega = \mathrm{e}^{\frac{2\pi\mathrm{i}}{3}}$，就对应取值为 $f_1(z), f_2(z), f_0(z)$；在 $\overrightarrow{b\infty}$ 左岸取值为 $f_0(z), f_1(z), f_2(z)$ 时连续变动到右岸，由于绕 a, b 两点同时转了一周的缘故，增加了一个因子 $\omega^2 = \mathrm{e}^{\frac{4\pi\mathrm{i}}{3}}$，就对应取值为 $f_2(z), f_0(z), f_1(z)$. 即前者各分支构成以下置换：

$$\begin{bmatrix} f_0(z) & f_1(z) & f_2(z) \\ f_1(z) & f_2(z) & f_0(z) \end{bmatrix},$$

后者各分支构成以下置换:

$$\begin{bmatrix} f_0(z) & f_1(z) & f_2(z) \\ f_2(z) & f_0(z) & f_1(z) \end{bmatrix}.$$

将三个叶片叠起来,并粘合那些取值相同的各岸,即得所求的黎曼面.图 8.17 表示在割线处的粘合法.

黎曼面的最大优点是不仅使 w 平面上的点和 z 平面上的点建立一一对应,而且可使 z 平面上的连续曲线和 w 平面上的连续曲线成对应.利用黎曼面,所有关于单值函数的性质都可以推广到多值函数.

设 $f(z)$ 是定义于黎曼面上的函数,如 $z=a$ 是 $f(z)$ 的解析点,则在 a 的一个邻域内,$f(z)$ 可以展开为泰勒级数.其收敛圆可能有一部分在黎曼面的某一叶上,而另一部分则在与之粘合的另一叶上,但支点不能在收敛圆之内.

图 8.17

最后,我们还必须指出:一个多值解析函数与代表多个函数的一个表达式是有区别的.例如,函数 $w=\sqrt{z^2}$ 相当于 $w=+z$ 和 $w=-z$,而这两个单值解析函数不是互为解析延拓的.所以 $w=\sqrt{z^2}$ 仅是表示两个单值解析函数 $w=+z$ 与 $w=-z$ 的一个表达式.

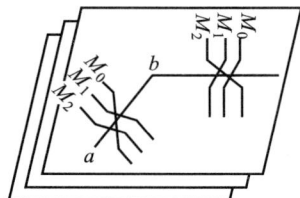

*§4 多角形区域的共形映射

本节我们将介绍在实际构成共形映射时起着很大作用的一个方法.它在应用上特别重要,因为它使我们能够写出一个函数(固然,一般地讲,只能写成积分的形状),把上半平面共形映射成预先给定的一个多角形区域.

1. 克里斯托费尔(Christoffel)-施瓦茨变换

定理 8.7 设 (1) P_n 为有界 n 角形,其顶点为 $A_1, A_2, \cdots, A_n$,其顶角为 $\alpha_1\pi, \alpha_2\pi$, $\cdots, \alpha_n\pi(0<\alpha_j<2, j=1,2,\cdots,n)$.

(2) 函数 $w=f(z)$ 将上半平面 $\mathrm{Im}\, z>0$ 共形映射成 P_n.

(3) z 平面实轴上对应于 w 平面多角形 P_n 的顶点 A_j 的那些点 a_j:

$$-\infty<a_1<a_2<\cdots<a_j<\cdots<a_n<+\infty$$

都是已知的.

则

$$f(z)=C\int_{z_0}^{z}(z-a_1)^{\alpha_1-1}(z-a_2)^{\alpha_2-1}\cdots(z-a_n)^{\alpha_n-1}\mathrm{d}z+C_1, \tag{8.9}$$

其中 z_0, C 与 C_1 是三个复常数.

注意,显然有

$$\sum_{j=1}^{n} \alpha_j = n - 2. \tag{8.10}$$

(8.9)的逆变换 $z = f^{-1}(w)$ 将 w 平面上的单连通区域多角形 P_n 共形映射成标准区域上半 z 平面.

证 根据黎曼存在与惟一性定理,有而且只有一个函数

$$w = f(z),$$

它将上半 z 平面共形映射成 w 平面上的有界 n 角形 P_n(图8.18),而且将实轴上的三个定点(例如,a_1, a_2 与 a_3)变成 P_n 边界上的三个任意点,例如顶点 A_1, A_2, A_3.

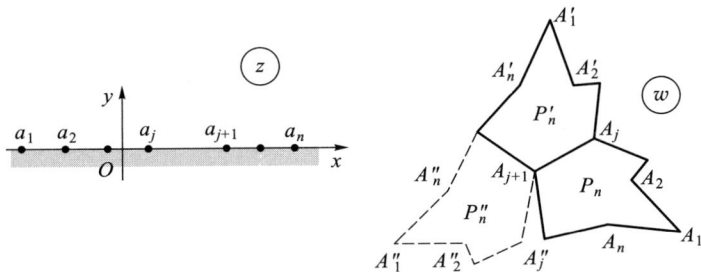

图 8.18

先假设这个函数是我们已知的,尤其是已知 x 轴上与 n 角形 P_n 的顶点 A_j 对应的点 $a_j, j = 4, 5, \cdots n$,现在来求它的解析式.

因为在 x 轴的任何一段 (a_j, a_{j+1}) 上,函数 $w = f(z)$ 取直线段 $A_j A_{j+1}$ 上的值,所以对于它可以应用对称原理,因而它可以越过这条线段而解析延拓到下半平面 $\mathrm{Im}\, z < 0$.这个解析延拓将下半 z 平面共形映射为与 P_n 关于线段 $A_j A_{j+1}$ 对称的 n 角形 P_n'.它又可以越过任意线段 (a_j', a_{j+1}') 而解析延拓到上半 z 平面,而且这个解析延拓将上半 z 平面共形映射成与 P_n' 关于线段 $A_j' A_{j+1}'$ 对称的 n 角形 P_n''.

我们可以想象:我们把所有可能的上面所描述的那种解析延拓(在特别情形,越过包含点 $z = \infty$ 的线段 (a_n, a_1) 都作过了)作了任意多次.结果得到无穷多值完全解析函数 $w = F(z)$,原来的解析函数 $w = f(z)$ 是它的一个单值解析分支.

注意,这个函数的任意两个在上半 z 平面中的单值解析分支 $w = f^*(z)$ 与 $w = f^{**}(z)$ 由一个极为简单的关系式相互关联着.事实上,这两个分支,按我们的做法,由偶数次越过 (a_j, a_{j+1}) 的解析延拓互相得到,而且将上半 z 平面分别共形映射为 n 角形 P_n^* 与 P_n^{**}.P_n^* 与 P_n^{**} 由偶数次关于边的对称变换可以互相得出.又因每一对对称变换都可化为某一平移与旋转,所以多角形 P_n^* 与 P_n^{**} 一个由另外一个用平移与旋转相互得出.由此推出:在上半 z 平面上

$$f^{**}(z) \equiv e^{i\beta} f^*(z) + b, \tag{8.11}$$

其中 β 是确定旋转的实常数,而 b 是确定平移的复常数.同样的结论对 $F(z)$ 在下半 z 平面上的任意两个单值解析分支也成立.

进一步,函数

$$\varphi(z) = \frac{f''(z)}{f'(z)}$$

在上半 z 平面是解析的,因由假设 $w=f(z)$ 必是单叶解析的,从而 $f'(z)\neq0$(在上半 z 平面).又,$\varphi(z)$ 对于 $f(z)$ 的所有可能的解析延拓都保持是单值的.事实上,无论我们取 $F(z)$ 的哪两个分支,由(8.11)都可以推出

$$f^{**}{}'(z)=e^{i\beta}f^*{}'(z),$$
$$f^{**}{}''(z)=e^{i\beta}f^*{}''(z),$$
$$\frac{f^{**}{}''(z)}{f^{**}{}'(z)}=\frac{f^*{}''(z)}{f^*{}'(z)},$$

即 $\varphi(z)$ 在任意点 z 的值与 $F(z)$ 的分支的选取无关.

这样,我们可以断言:函数 $\varphi(z)$ 与它的解析延拓(我们用同一记号来表示它们)在扩充 z 平面上除点 $z=a_j(j=1,2,\cdots,n)$ 以外的所有点上都是单值解析的(为什么?请读者思考).我们现在来说明 $\varphi(z)$ 在点 $z=a_j(j=1,2,\cdots,n)$ 上的性质.用 $\alpha_j\pi$ 表示 n 角形 P_n 在顶点 A_j 即 w_j 的角($0<\alpha_j<2$),并来考察变量

$$\omega=(w-w_j)^{\frac{1}{\alpha_j}}$$

的辅助平面.显然,过渡到 ω 平面后,n 角形 P_n 的角"被弄平"(图 8.19),因而对于将点 $z=a_j$ 的某一个半邻域共形映射为 $\omega=0$ 的半邻域(图 8.19)的复合函数

$$\omega=\omega(z)=[f(z)-w_j]^{\frac{1}{\alpha_j}}$$

我们可应用对称原理.所以它可以解析延拓于 a_j 的整个邻域,而且在此邻域内可以展成泰勒级数:

$$\omega(z)=[f(z)-w_j]^{\frac{1}{\alpha_j}}=c_1(z-a_j)+c_2(z-a_j)^2+\cdots, \tag{8.12}$$

其中 $c_0=\omega(a_j)=0$;但 $c_1=\omega'(a_j)\neq0$,因为 $\omega(z)$ 在 a_j 点邻域内单叶解析.

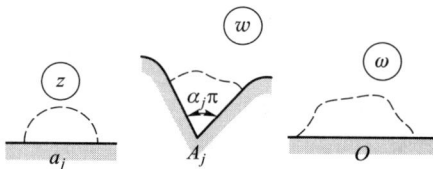

图 8.19

由(8.12),我们进一步得到

$$f(z)=w_j+(z-a_j)^{\alpha_j}[c_1+c_2(z-a_j)+\cdots]^{\alpha_j}, \quad c_1\neq0,$$

但因为方括号的 α_j 次幂在 a_j 的邻域内是解析的(由一般幂函数的意义,再由方括号本身当 $z=a_j$ 时不为 0 即可推出),所以它本身可展为 $z-a_j$ 的幂级数.于是,我们有

$$f(z)=w_j+(z-a_j)^{\alpha_j}[c_1'+c_2'(z-a_j)+\cdots]$$
$$=w_j+c_1'(z-a_j)^{\alpha_j}+c_2'(z-a_j)^{\alpha_j+1}+\cdots.$$

由此而得

$$\varphi(z)=\frac{f''(z)}{f'(z)}=\frac{(\alpha_j-1)\alpha_j c_1'(z-a_j)^{\alpha_j-2}+\cdots}{\alpha_j c_1'(z-a_j)^{\alpha_j-1}+\cdots}$$
$$=\frac{1}{z-a_j}\cdot\frac{(\alpha_j-1)\alpha_j c_1'+\cdots}{\alpha_j c_1'+\cdots},$$

其中第二个因子表示在点 $z=a_j$ 解析的函数,因而它在 $z=a_j$ 的邻域内可以展成

$$(\alpha_j-1)+c_1''(z-a_j)+c_2''(z-a_j)^2+\cdots.$$

所以

$$\varphi(z)=\frac{1}{z-a_j}\left[(\alpha_j-1)+c_1''(z-a_j)+c_2''(z-a_j)^2+\cdots\right]$$

$$=\frac{\alpha_j-1}{z-a_j}+c_1''+c_2''(z-a_j)+\cdots,$$

这是 $\varphi(z)$ 在 $z=a_j$ 的去心邻域内的洛朗展式. 由此可以推得: 函数 $\varphi(z)$ 在 $z=a_j$ 有一阶极点, 留数等于 α_j-1.

这样, 函数 $\varphi(z)$ 在扩充 z 平面上只有 n 个一阶极点 $a_j(j=1,2,\cdots,n)$. 由 $\varphi(z)$ 减去其所有的主要部分, 我们就得到函数

$$\psi(z)=\varphi(z)-\frac{\alpha_1-1}{z-a_1}-\frac{\alpha_2-1}{z-a_2}-\cdots-\frac{\alpha_n-1}{z-a_n}, \tag{8.13}$$

它在整个扩充 z 平面上是解析的, 由第五章习题 (一)8 的刘维尔定理, 可知 $\psi(z)$ 必是常数.

函数 $f(z)$ 在点 $z=\infty$ 是解析的(因为 $z=\infty$ 是线段 (a_n,a_1) 的内点), 由此, 在 $z=\infty$ 的邻域内

$$f(z)=c_0+\frac{c_{-p}}{z^p}+\frac{c_{-p-1}}{z^{p+1}}+\cdots, \tag{8.14}$$

其中 c_{-p} 是 $f(z)$ 的洛朗展式的第一个不等于零的系数. 由 (8.14) 得: 在 $z=\infty$ 的邻域内

$$\varphi(z)=\frac{f''(z)}{f'(z)}=\frac{p(p+1)\dfrac{c_{-p}}{z^{p+2}}+\cdots}{-\dfrac{pc_{-p}}{z^{p+1}}+\cdots}$$

$$=\frac{1}{z}\cdot\frac{p(p+1)c_{-p}+\cdots}{-pc_{-p}+\cdots}=-\frac{p+1}{z}+\cdots,$$

由此可见 $\varphi(\infty)=0$. 但因在 (8.13) 中当 $z=\infty$ 时所有其余的项都变成零, 所以 $\psi(\infty)$ 也变成零, 即 $\psi(z)\equiv0$. 这样,

$$\varphi(z)=\frac{\mathrm{d}}{\mathrm{d}z}\ln f'(z)=\frac{\alpha_1-1}{z-a_1}+\frac{\alpha_2-1}{z-a_2}+\cdots+\frac{\alpha_n-1}{z-a_n}.$$

然后, 沿上半 z 平面中的任意路线积分, 则得

$$\ln f'(z)=(\alpha_1-1)\ln(z-a_1)+(\alpha_2-1)\ln(z-a_2)+\cdots+$$
$$(\alpha_n-1)\ln(z-a_n)+\ln C.$$

这里, 右边的 $\ln$ 表示对数的主值, 而左边则表示它的对应值, 因而去对数, 我们就得到共形映射的导函数的式子

$$f'(z)=C(z-a_1)^{\alpha_1-1}(z-a_2)^{\alpha_2-1}\cdots(z-a_n)^{\alpha_n-1}.$$

也沿上半 z 平面中任意路线来积分上式, 则得所求的克里斯托费尔—施瓦茨积分公式 (8.9).

(8.9) 是在这样的假设下得到的: 即实轴上的经过共形映射后与多角形 P_n 的顶点对应的点 $a_1,a_2,\cdots,a_n$ 是已知的, 但应用问题只给出多角形 P_n 的顶点, 而点 $z=a_j(j=1,2,\cdots,n)$ 是不知道的. 按共形映射的黎曼存在定理, 有三个这样的点(例如 a_1,a_2 与 a_3)是我们可以任意给定的, 而其余的点 $a_j(j=4,5,\cdots,n)$ 以及常数 C 与 C_1 应当由问

题的条件来决定(常数 z_0 也可任意选定).这种情况造成了利用克里斯托费尔—施瓦茨积分的主要困难.

2. 退化情形

首先,由于分式线性变换的保圆周性及定义7.3,我们易得:

定理8.8 两直线在无穷远点的交角,等于它们在第二交点(有限点)的交角反号.

证 设 L_1,L_2 是从无穷远点出发的两条射线,为明了起见,还设它们在有限点 ξ_0 ($\xi_0\neq0$)相交.通过反演变换 $w=\dfrac{1}{z}$ 后,得到的像曲线为经过 $w=0$ 的两条圆弧 Γ_1 及 Γ_2,于是其第二交点为 $w=\dfrac{1}{\xi_0}$.圆弧 Γ_1 及 Γ_2 在两交点处的交角必互为相反数(图8.20).再由 $w=\dfrac{1}{z}$ 在点 ξ_0 保角,又由定义 7.3,$w=\dfrac{1}{z}$ 在 $z=\infty$ 处保角,定理就得到证明.

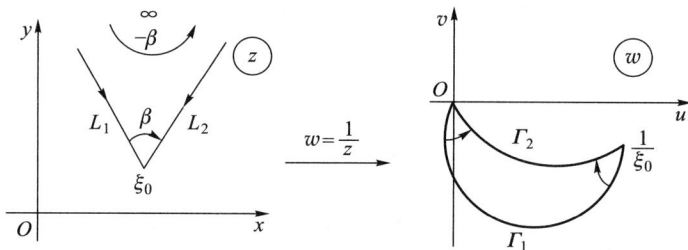

图 8.20

其次,上面定理8.7的下列两个退化情形是很有用的:

(1) n 角形 P_n 有一个顶点是无穷远点的像,即 $a_1,a_2,\cdots,a_n$ 中有一个,例如 $a_n=\infty$.

为了要把这种情形化成上面定理的情形,我们作一个分式线性变换

$$\zeta=-\frac{1}{z}+a_n' \tag{8.15}$$

把上半平面 $\operatorname{Im} z>0$ 共形映射成上半平面 $\operatorname{Im} \zeta>0$,且把点 $a_1,a_2,\cdots,a_n=\infty$ 分别变成有限点 $a_1',a_2',\cdots,a_n'$(见下面注).

应用公式(8.9),我们得出

$$w=C'\int_{\zeta_0}^{\zeta}(\zeta-a_1')^{\alpha_1-1}(\zeta-a_2')^{\alpha_2-1}\cdots(\zeta-a_n')^{\alpha_n-1}\mathrm{d}\zeta+C_1'$$

$$=C'\int_{z_0}^{z}\left(a_n'-a_1'-\frac{1}{z}\right)^{\alpha_1-1}\left(a_n'-a_2'-\frac{1}{z}\right)^{\alpha_2-1}\cdot\cdots\cdot\left(-\frac{1}{z}\right)^{\alpha_n-1}\frac{\mathrm{d}z}{z^2}+C_1'.$$

利用(8.10)经过简单的变换,我们得到

$$w=C'\int_{z_0}^{z}\left[(a_n'-a_1')z-1\right]^{\alpha_1-1}\left[(a_n'-a_2')z-1\right]^{\alpha_2-1}\cdot\cdots\cdot$$

$$\left[(a_n'-a_{n-1}')z-1\right]^{\alpha_{n-1}-1}(-1)^{\alpha_n-1}\frac{\mathrm{d}z}{z^{\alpha_1+\alpha_2+\cdots+\alpha_n-n+2}}+C_1'$$

$$=C\int_{z_0}^{z}(z-a_1^0)^{\alpha_1-1}(z-a_2^0)^{\alpha_2-1}\cdots(z-a_{n-1}^0)^{\alpha_{n-1}-1}\mathrm{d}z+C_1,$$

其中 $a_j^0 = \dfrac{1}{a_n' - a_j'}(j=1,2,\cdots,n-1)$ 是实常数. 为简单起见, 我们将 a_j^0 就记成 $a_j(j=1,2,\cdots,n-1)$, 于是公式 (8.9) 就退化成下列公式

$$w = C \int_{z_0}^{z} (z-a_1)^{\alpha_1-1}(z-a_2)^{\alpha_2-1}\cdots(z-a_{n-1})^{\alpha_{n-1}-1}\,\mathrm{d}z + C_1.$$

因此, 如果 n 角形 P_n 的那些顶点中, 有一顶点与无穷远点相应, 则在公式 (8.9) 中就丢掉那个关于这个顶点的因子.

在实际应用上, 可以利用这个事实来简化克里斯托费尔–施瓦茨积分.

注 在 (8.15) 中, a_n' 是任意实常数, 且已假定 $a_1, a_2, \cdots, a_n$ 都不为零; 为了使上半 z 平面 Im $z > 0$ 共形映射为上半 ζ 平面 Im $\zeta > 0$, $\dfrac{1}{z}$ 前面要冠负号, 以满足例 7.6 的条件. 如果点 $a_j(j=1,2,\cdots,n)$ 之一等于零, 则必须不取 (8.15), 而取

$$\zeta = a_n' - \frac{1}{z-a},$$

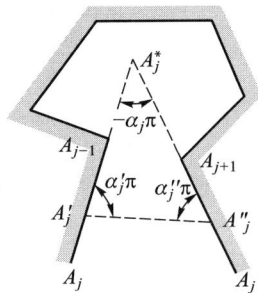

图 8.21

其中 a 是一个与所有的 $a_j(j=1,2,\cdots,n)$ 都不相同的数. 否则 $a_j'(j=1,2,\cdots,n)$ 之一就要成为 ∞ 了.

(2) n 角形 P_n 有一个或几个顶点在无穷远点 (这时 P_n 称为**广义多角形**).

设 $A_j = \infty$ (图 8.21), 在射线 $A_{j-1}A_j$ 与 $A_{j+1}A_j$ 上任意各取一点 A_j' 与 A_j'', 用线段连接这两点, 并考察所得到的 $n+1$ 角形. 按公式 (8.9), 将 Im $z > 0$ 共形映射成这个多角形内部的函数, 可用下列公式表示出:

$$w = C \int_{z_0}^{z} (z-a_1)^{\alpha_1-1}\cdots(z-a_j')^{\alpha_j'-1}(z-a_j'')^{\alpha_j''-1}\cdots\cdot(z-a_n)^{\alpha_n-1}\,\mathrm{d}z + C_1, \qquad (8.16)$$

这里 a_j', a_j'' 分别为 A_j', A_j'' 的对应点. 当 A_j', A_j'' 趋于 $A_j = \infty$ 时, a_j', a_j'' 必趋于某一实数 a_j, 它与 A_j 对应.

由定理 8.8, 射线 $A_{j-1}A_j$ 与 $A_{j+1}A_j$ 在有限点 A_j^* 处的那个交角, 应等于在 $A_j = \infty$ 的交角 $\alpha_j\pi$ 反号, 即 $-\alpha_j\pi$. 于是, 由三角形 $A_j'A_j''A_j^*$, 我们有 $\alpha_j' + \alpha_j'' - \alpha_j = 1$, 而这就是说, $\alpha_j' + \alpha_j'' - 2 = \alpha_j - 1$. 因此, 当 A_j', A_j'' 趋于 ∞ 时, (8.16) 仍然化成 (8.9) 的形状:

$$w = C \int_{z_0}^{z} (z-a_1)^{\alpha_1-1}\cdots(z-a_j)^{\alpha_j-1}\cdots(z-a_n)^{\alpha_n-1}\,\mathrm{d}z + C_1.$$

当多角形有几个顶点在无穷远点时, 可以作同样的讨论.

因此, 对于一个或几个顶点在无穷远处的那些多角形来说, 克里斯托费尔–施瓦茨积分公式仍然有效, 只需把顶点在无穷远处的那两条直线间的角度, 用这两条直线在有限点处的那个交角反号代替.

3. 广义多角形举例

(1) 广义三角形 (图 8.22).

(2) 广义四角形 (图 8.23).

例 8.15 半带形区域

$$-\frac{\pi}{2} < \mathrm{Re}\, w < \frac{\pi}{2}, \quad \mathrm{Im}\, w > 0$$

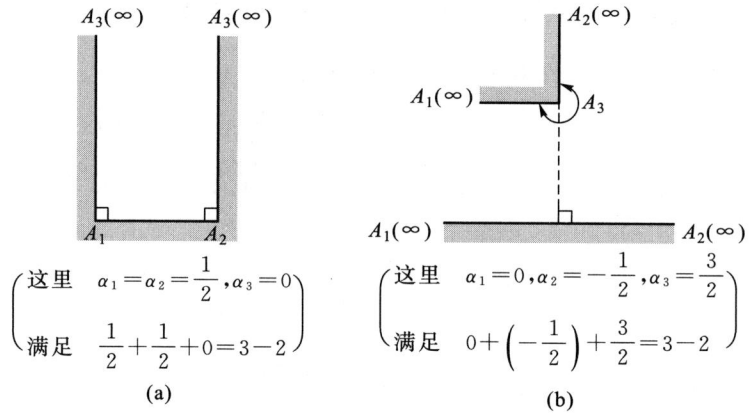

图 8.22

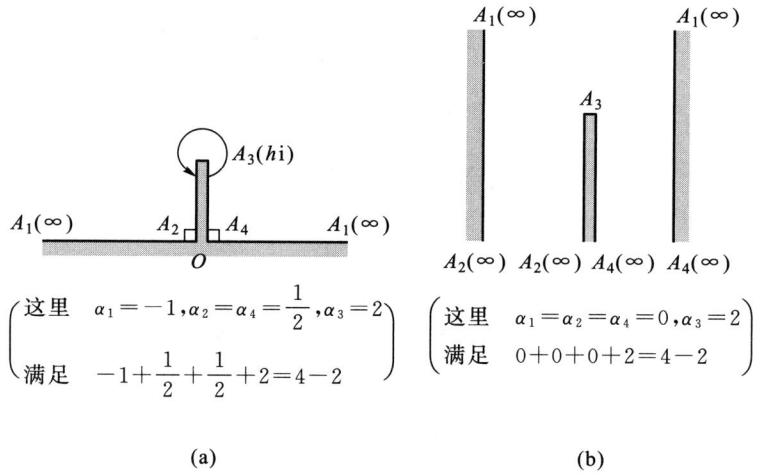

图 8.23

是顶点为 $A_1=-\dfrac{\pi}{2}$，$A_2=\dfrac{\pi}{2}$，$A_3=\infty$ 的广义三角形，其各顶角处 $\alpha_1=\dfrac{1}{2}$，$\alpha_2=\dfrac{1}{2}$，$\alpha_3=0$，满足 $\alpha_1+\alpha_2+\alpha_3=1$（如图 8.22(a)）.为了明显起见，我们把数据列成表 8.1，在其中指出点 $a_j(j=1,2,3)$，它们共三个，因而我们可以任意给定.

表 8.1 例 8.15 的相关数据

A_j	α_j	a_j
$-\dfrac{\pi}{2}$	$\dfrac{1}{2}$	-1
$\dfrac{\pi}{2}$	$\dfrac{1}{2}$	1
∞	0	∞

克里斯托费尔-施瓦茨积分取形式

$$w=C\int_0^z (z+1)^{-\frac{1}{2}}(z-1)^{-\frac{1}{2}}\mathrm{d}z+C_1$$

$$=C'\int_0^z \frac{\mathrm{d}z}{\sqrt{1-z^2}}+C_1=C'\arcsin z+C_1.$$

利用点 a_1,a_2 与 A_1,A_2 的对应关系，我们得到

$$-\frac{\pi}{2}=-C'\cdot\frac{\pi}{2}+C_1,\quad \frac{\pi}{2}=C'\cdot\frac{\pi}{2}+C_1,$$

由此
$$C_1=0,\quad C'=1.$$

故所求将上半 z 平面 $\operatorname{Im}z>0$ 共形映射成 w 平面上给定的半带形区域的函数为

$$w=\arcsin z$$

$\left(\text{取 }z=1\text{ 时},w=\arcsin z=\dfrac{\pi}{2}\text{的那一支}\right).$

例 8.16 割去线段 $0<v<h$，$u=0$（$w=u+\mathrm{i}v$）的上半平面 $v>0$ 是广义四角形（如图 8.23(a)），它的已知量以及与顶点对应的点列于表 8.2 中（点 a_j，$j=1,2,3,4$ 中的三个是任意给定的，第四个暂时用 ξ 来表示）.

表 8.2 例 8.16 的相关数据

A_j	α_j	a_j
∞	-1	∞
0	$\dfrac{1}{2}$	-1
$h\mathrm{i}$	2	0
0	$\dfrac{1}{2}$	ξ

在无穷远点的顶角等于 $-\pi$，因为 A_2A_1 与 A_4A_1 一个是另一个的延长线，即它们之间的角等于 π；而

$$\alpha_1 + \alpha_2 + \alpha_3 + \alpha_4 = -1 + \frac{1}{2} + 2 + \frac{1}{2} = 4 - 2 = 2.$$

利用对称原理可以决定点 $a_4 = \xi$. 将由 z 平面的第二象限到 w 平面的第二象限,且具有点的对应关系 $\infty \leftrightarrow \infty$, $h\mathrm{i} \leftrightarrow 0$ 的共形映射解析延拓越过 y 轴的结果,就得到所求的共形映射. 所以 a_4 应当关于虚轴与点 a_2 对称,即 $a_4 = \xi = 1$.

克里斯托费尔-施瓦茨积分取形式

$$w = C \int (z+1)^{-\frac{1}{2}} z (z-1)^{-\frac{1}{2}} \mathrm{d}z$$

$$= C \int \frac{z\,\mathrm{d}z}{\sqrt{z^2-1}} = C' \sqrt{z^2-1} + C_1$$

(我们取不定积分,而未取定积分,是因为常数 C_1 是任意的). 为了确定常数 C' 与 C_1,我们利用点 a_2, A_2 与 a_3, A_3 的对应关系:

$$0 = 0 + C_1, \quad \mathrm{i}h = \mathrm{i}C' + C_1,$$

由此, $C_1 = 0$, $C' = h$, 因而所求的函数为

$$w = h\sqrt{z^2-1}$$

(取 $z=0$ 时, $\sqrt{z^2-1} = \mathrm{i}$ 的那一支).

注　从上面关于广义多角形的举例可以看出,广义多角形实际上代表了扩充 w 平面上许多特殊形状的单连通区域(边界不止一点). 而变换 (8.9) 的逆变换 $z = f^{-1}(w)$ 就能把这许多特殊形状的单连通区域共形映射成(即"简化成")标准区域——上半 z 平面.

第八章习题

(一)

1. 证明函数 z^{-2} 是函数

$$f(z) = \sum_{n=0}^{\infty} (n+1)(z+1)^n$$

由区域 $|z+1| < 1$ 向外的解析延拓.

2. 证明函数 $\dfrac{1}{1+z^2}$ 是函数

$$f(z) = \sum_{n=0}^{\infty} (-1)^n z^{2n}$$

由单位圆 $|z| < 1$ 向外的解析延拓.

3. 已给函数

$$f_1(z) = 1 + 2z + (2z)^2 + (2z)^3 + \cdots,$$

证明函数

$$f_2(z) = \frac{1}{1-z} + \frac{z}{(1-z)^2} + \frac{z^2}{(1-z)^3} + \cdots$$

是函数 $f_1(z)$ 的解析延拓.

4. 试证

$$f_1(z) = \sum_{n=0}^{\infty} (-1)^n i^n z^n$$

及

$$f_2(z) = \sum_{n=0}^{\infty} (-1)^n \frac{(1+i)^n z^n}{(1-z)^{n+1}}$$

互为直接解析延拓.

5. 级数

$$-\frac{1}{z} - \sum_{n=0}^{\infty} z^n$$

与级数

$$\sum_{n=1}^{\infty} \frac{1}{z^{n+1}}$$

的收敛区域无公共部分,试证它们互为(间接)解析延拓.

6. 已给函数

$$f_1(z) = \sum_{n=1}^{\infty} \frac{z^n}{n},$$

证明函数

$$f_2(z) = \ln \frac{2}{3} + \sum_{n=1}^{\infty} \left(\frac{2}{3}\right)^n \frac{\left(z+\frac{1}{2}\right)^n}{n}$$

是函数 $f_1(z)$ 的解析延拓.

7. 设

$$f(z) = z - \frac{z^2}{2} + \frac{z^3}{3} - \cdots \quad (|z| < 1),$$

试证

$$f(a) + f\left(\frac{z-a}{1+a}\right)$$

与 $f(z)$ 互为直接解析延拓($|a| < 1$ 且 $\operatorname{Im} a \neq 0$).

8. 证明

$$f(z) = \sum_{n=1}^{\infty} z^{n!} = z + z^2 + z^6 + \cdots + z^{n!} + \cdots$$

以单位圆周 $|z| = 1$ 为自然边界.

9. 假设函数 $f(z)$ 在原点邻域内是解析的,且满足方程

$$f(2z) = 2f(z) \cdot f'(z),$$

试证 $f(z)$ 可以解析延拓到整个 z 平面上.

10. 试作出函数 $\sqrt{z(z-1)}$ 的黎曼面.

(二)

1. 已给函数

$$f_1(z) = z - \frac{1}{2}z^2 + \frac{1}{3}z^3 - \cdots,$$

证明函数

$$f_2(z) = \ln 2 - \frac{1-z}{2} - \frac{(1-z)^2}{2 \cdot 2^2} - \frac{(1-z)^3}{3 \cdot 2^3} - \cdots$$

是函数 $f_1(z)$ 的解析延拓.

2. 幂级数

$$\sum_{n=1}^{\infty} \frac{1}{n} z^n$$

与

$$i\pi + \sum_{n=1}^{\infty} (-1)^n \frac{1}{n} (z-2)^n$$

的收敛圆无公共部分,试证它们互为解析延拓.

3. 试证级数

$$\sum_{n=0}^{\infty} [z(4-z)]^n$$

的和函数 $f(z)$ 在点 $z=0$ 的邻域及 $z=4$ 的邻域内都可以展成幂级数,且其和函数 $f_1(z)$ 与 $f_2(z)$ 可以从一方解析延拓至另一方.

4. 试证级数

$$f(z) = \sum_{n=0}^{\infty} \left(\frac{1+z}{1-z} \right)^n$$

所定义的函数在左半平面内解析,并可解析延拓到除去点 $z=0$ 外的整个 z 平面.

5. 试证单位圆周 $|z|=1$ 是函数

$$f(z) = \sum_{n=0}^{\infty} \frac{z^{2^n+2}}{(2^n+1)(2^n+2)}$$

的自然边界.

6. 试证如果 $f(z)$ 在区域 D 内是连续的,并且除去 D 内一条直线段上的点外,在区域 D 内的每一点都有导数,则 $f(z)$ 在区域 D 内是解析的.

7. 试证如果整函数

$$f(z) = \sum_{n=0}^{\infty} a_n z^n$$

在实轴上取实值,则系数 a_n 都是实数.

8. 试判定下列函数,哪些是单值函数,哪些是多值函数.

(1) $\sqrt{1-\sin^2 z}$;

(2) $\sqrt{\cos z}$;

(3) $\dfrac{\sin\sqrt{z}}{\sqrt{z}}$;

(4) $\sqrt{e^z}$;

(5) $\mathrm{Ln}\,\sin z$.

9. 求将上半平面 $\mathrm{Im}\,z>0$ 共形映射成边长为 2 的等边三角形的函数(设三个顶点为 -1, 1, $\sqrt{3}\,i$).

10. 试求由上半平面到图 8.24 所示广义多角形区域的共形映射.

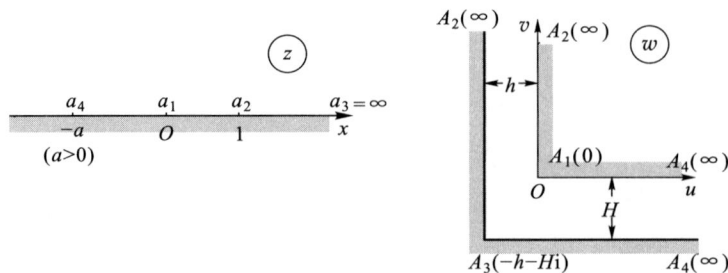

图 8.24

第八章重难点讲解

第八章综合自测题

第九章
调和函数

我们在第三章 §4 曾经介绍过解析函数与调和函数这两个概念之间的关系,即定理 3.18 与定理 3.19.

本章我们将进一步研究调和函数的性质.我们会发现调和函数与解析函数有某些类似的性质.对于解析函数,我们有柯西积分公式;而对于调和函数,就有下面要介绍的与柯西积分公式性质相类似的泊松积分公式.解析函数有平均值定理和极值原理,调和函数也有相类似的结果.最后给出单位圆内和上半平面内狄利克雷(Dirichlet)问题的解.

为了方便起见,我们有时将用 $u(z)$ 来代替 $u(x,y)$,就如同对于含几个变数的函数,用 $u(p)$ 来代替 $u(x_1,x_2,\cdots,x_n)$ 那样,这时 p 理解为其坐标为 $(x_1,x_2,\cdots,x_n)$ 的点.

§1 平均值定理与极值原理

1. 平均值定理

定理 9.1 如果函数 $u(z)$ 在圆 $|\zeta-z_0|<R$ 内是一个调和函数,在闭圆 $|\zeta-z_0|\leqslant R$ 上连续,则

$$u(z_0)=\frac{1}{2\pi}\int_0^{2\pi}u(z_0+R\mathrm{e}^{\mathrm{i}\varphi})\mathrm{d}\varphi,\tag{9.1}$$

即 $u(z)$ 在圆心 z_0 的值等于它在圆周上的值的算术平均数.

证 由第三章定理 3.19,存在 $u(z)$ 的共轭调和函数 $v(z)$,使 $u(z)+\mathrm{i}v(z)=f(z)$ 在 $|\zeta-z_0|<R$ 内解析,若 $0<R_1<R$,于是由第三章的平均值定理得

$$u(z_0)+\mathrm{i}v(z_0)=f(z_0)=\frac{1}{2\pi}\int_0^{2\pi}f(z_0+R_1\mathrm{e}^{\mathrm{i}\varphi})\mathrm{d}\varphi,$$

即

$$u(z_0)+\mathrm{i}v(z_0)=\frac{1}{2\pi}\int_0^{2\pi}u(z_0+R_1\mathrm{e}^{\mathrm{i}\varphi})\mathrm{d}\varphi+$$
$$\mathrm{i}\frac{1}{2\pi}\int_0^{2\pi}v(z_0+R_1\mathrm{e}^{\mathrm{i}\varphi})\mathrm{d}\varphi.$$

比较两端的实部,且令 $R_1\to R$ 即得(9.1).

特别,当 $z_0=0$ 时有公式

$$u(0)=\frac{1}{2\pi}\int_0^{2\pi}u(R\mathrm{e}^{\mathrm{i}\varphi})\mathrm{d}\varphi. \tag{9.1}'$$

2. 极值原理

定理 9.2　设 $u(z)$ 在区域 D 内是调和函数,且不恒等于常数,则 $u(z)$ 在 D 的内点处不能达到最大值或最小值.

证　只对于最大值的情形证明定理就够了,因为调和函数 $u(z)$ 的最小值点便是函数 $-u(z)$ 的最大值点,而 $-u(z)$ 也是一个调和函数.

用反证法,假设 $u(z)$ 在区域 D 的某一内点 z_0 达到最大值,在单连通区域 D(若 D 为多连通区域,则须引一组割线,使 D 化成单连通区域 D',并使 $z_0\in D'$,下面就以 D' 代 D)内作与 $u(z)$ 共轭的调和函数 $v(z)$,并记 $f(z)=u(z)+\mathrm{i}v(z)$.则函数 $\mathrm{e}^{f(z)}$ 在 D 内单值解析,且其模

$$|\mathrm{e}^{f(z)}|=\mathrm{e}^{u(z)}.$$

但此函数在点 z_0 与 $u(z)$ 一块儿达到最大值,这便与第四章的最大模原理相矛盾.因此定理得证.

调和函数的极值原理也有下面的形式:

推论 9.3　设(1) $u(z)$ 在有界区域 D 内调和,在 $\overline{D}$ 上连续.(2)沿边界 C 常有 $u(z)\leqslant M$,则除 $u(z)$ 为常数的情形外,在 D 内一切点处必常有 $u(z)<M$.即,如 $u(z)$ 非常数,则 $u(z)$ 在 D 内不能达到最大值 M,而只能在边界上达到.

§2　泊松积分公式与狄利克雷问题

1. 泊松积分公式

设函数 $f(z)$ 在圆 $K:|z|<R$ 内解析,在闭圆 $\overline{K}:|z|\leqslant R$ 上连续,则对于 K 内任一点 $z=r\mathrm{e}^{\mathrm{i}\varphi}$,根据柯西积分公式,有

$$\begin{aligned}
f(z)&=\frac{1}{2\pi\mathrm{i}}\int_{|\zeta|=R}\frac{f(\zeta)}{\zeta-z}\mathrm{d}\zeta\\
&=\frac{1}{2\pi}\int_0^{2\pi}f(R\mathrm{e}^{\mathrm{i}\theta})\frac{R\mathrm{e}^{\mathrm{i}\theta}}{R\mathrm{e}^{\mathrm{i}\theta}-r\mathrm{e}^{\mathrm{i}\varphi}}\mathrm{d}\theta. \tag{9.2}
\end{aligned}$$

点 z 关于圆周 $|\zeta|=R$ 的对称点

$$z^*=\frac{R^2}{\bar{z}}=\frac{R^2\mathrm{e}^{\mathrm{i}\varphi}}{r}.$$

因为点 z^* 在圆周 $|\zeta|=R$ 的外部,所以

$$\begin{aligned}
0&=\frac{1}{2\pi\mathrm{i}}\int_{|\zeta|=R}\frac{f(\zeta)}{\zeta-z^*}\mathrm{d}\zeta\\
&=\frac{1}{2\pi}\int_0^{2\pi}f(R\mathrm{e}^{\mathrm{i}\theta})\frac{r\mathrm{e}^{\mathrm{i}\theta}}{r\mathrm{e}^{\mathrm{i}\theta}-R\mathrm{e}^{\mathrm{i}\varphi}}\mathrm{d}\theta. \tag{9.3}
\end{aligned}$$

从(9.2)减去(9.3),得

$$f(z) = \frac{1}{2\pi} \int_0^{2\pi} f(Re^{i\theta}) \left(\frac{Re^{i\theta}}{Re^{i\theta} - re^{i\varphi}} - \frac{re^{i\varphi}}{re^{i\varphi} - Re^{i\theta}} \right) d\theta.$$

经过计算,即得

$$u + iv = f(z) = \frac{1}{2\pi} \int_0^{2\pi} f(Re^{i\theta}) \frac{R^2 - r^2}{R^2 - 2Rr\cos(\theta - \varphi) + r^2} d\theta.$$

比较上式两端的实部,得到公式

$$u(r, \varphi) = \frac{1}{2\pi} \int_0^{2\pi} u(R, \theta) \frac{R^2 - r^2}{R^2 - 2Rr\cos(\theta - \varphi) + r^2} d\theta. \tag{9.4}$$

上式也可写成

$$u(z) = \frac{1}{2\pi} \int_0^{2\pi} u(Re^{i\theta}) \frac{R^2 - r^2}{R^2 - 2Rr\cos(\theta - \varphi) + r^2} d\theta. \tag{9.4}'$$

特别,对于单位圆来说,$R = 1$,上式变为

$$u(z) = \frac{1}{2\pi} \int_0^{2\pi} u(e^{i\theta}) \frac{1 - r^2}{1 - 2r\cos(\theta - \varphi) + r^2} d\theta. \tag{9.5}$$

公式(9.4),(9.4)′及(9.5)均称为对于圆的**泊松积分**.

由此可以得出:

定理 9.4　任何一个在圆内调和且在闭圆上连续的函数,圆内的值都可以用圆周上的值的积分即泊松积分表示.

注　泊松积分公式推广了平均值公式,而把后者作为特例($r = 0$ 的情形).

思考题　试列举调和函数与解析函数还具有什么类似的性质.

2. 狄利克雷问题[①]

拉普拉斯方程

$$\frac{\partial^2 u}{\partial x^2} + \frac{\partial^2 u}{\partial y^2} = 0$$

的通解,就是全体调和函数,此方程是最简单的二阶偏微分方程之一.对于常微分方程,给出了一定的附加条件,便可以确定出一个特解来.为了要确定拉普拉斯方程的一个解,也需要一些附加的条件(虽然条件的形式不完全一样),例如,常见的条件之一是表达成**边值问题**的形式,即表达成所求函数在区域的边界上应当满足的一些已知关系式的形式.这样的边界条件,往往可以由所给问题的解的那些物理条件本身得到.

这类条件中最简单的那一种,引出了所谓**第一边值问题**,或者**狄利克雷问题**:

求出一个在区域 D 内调和并且在 $\overline{D} = D + C$ 上连续的函数$u(z)$,使它在 C 上取已知值$\tilde{u}(\zeta)$:

$$u(\zeta) = \tilde{u}(\zeta), \quad \zeta \in C.$$

例如,在某区域内求流体(无源、无旋)的速度或静电场(无电荷)的电位,当区域边界上的速度或电位已经知道时,便是狄利克雷问题.

先来证明狄利克雷问题解的惟一性定理:

定理 9.5　在已知区域 D,对于给定的边界值 $\tilde{u}(\zeta)$,狄利克雷问题的解不能多于

---

① 闻国椿. 共形映射与边值问题. 北京:高等教育出版社,1985,第六章.

一个.

证　假设 $u_1(z)$ 与 $u_2(z)$ 是狄利克雷问题的两个解,则 $u_1(z)-u_2(z)$ 在区域 D 内调和,在 $\overline{D}=D+C$ 上连续,沿 C,$u_1(z)-u_2(z)\equiv 0$(因沿 C,$u_1(\zeta)=u_2(\zeta)=\tilde{u}(\zeta)$),由定理 9.2,$u_1(z)-u_2(z)$ 在 $\overline{D}$ 上的最大值与最小值两个都等于零,因而在 $\overline{D}$ 上 $u_1(z)-u_2(z)\equiv 0$.由此可见,在 $\overline{D}$ 上 $u_1(z)\equiv u_2(z)$,于是定理得证.

3. 单位圆内狄利克雷问题的解

定理 9.4 启发我们来证明,单位圆的泊松积分(9.5)就是单位圆 $D:|z|<1$ 内狄利克雷问题的解.首先,在(9.5)中令 $u(z)\equiv 1$,立刻得到

$$\frac{1}{2\pi}\int_0^{2\pi}\frac{1-r^2}{1-2r\cos(\theta-\varphi)+r^2}\mathrm{d}\theta=1. \tag{9.6}$$

其次,我们下面证明 $u(z)$ 是在单位圆 $|z|<1$ 内的调和函数.

令 $\zeta=\mathrm{e}^{\mathrm{i}\theta}$,$z=r\mathrm{e}^{\mathrm{i}\varphi}(0\leqslant r<1)$.我们有

$$\frac{1-r^2}{1-2r\cos(\theta-\varphi)+r^2}=\frac{\zeta}{\zeta-z}+\frac{\overline{z}}{\overline{\zeta}-\overline{z}}$$

$$=\frac{1}{2}\left(\frac{\zeta+z}{\zeta-z}+1\right)+\frac{1}{2}\left[\frac{\overline{\zeta}+\overline{z}}{\overline{\zeta}-\overline{z}}-1\right]$$

$$=\frac{1}{2}\left[\frac{\zeta+z}{\zeta-z}+\overline{\left(\frac{\zeta+z}{\zeta-z}\right)}\right]=\mathrm{Re}\left(\frac{\zeta+z}{\zeta-z}\right).$$

$$\mathrm{d}\zeta=\mathrm{i}\mathrm{e}^{\mathrm{i}\theta}\mathrm{d}\theta=\mathrm{i}\zeta\mathrm{d}\theta,\qquad \frac{\mathrm{d}\zeta}{\mathrm{i}\zeta}=\mathrm{d}\theta.$$

从而 $u(z)$ 是函数

$$f(z)\xmapsto{(记)}\frac{1}{2\pi\mathrm{i}}\int_{|\zeta|=1}u(\zeta)\frac{\zeta+z}{\zeta-z}\cdot\frac{\mathrm{d}\zeta}{\zeta}\quad(|z|<1)$$

的实部,上式中的积分称为**施瓦茨积分**.

显然

$$f(z)=\frac{1}{2\pi\mathrm{i}}\left[\int_{|\zeta|=1}\frac{u(\zeta)}{\zeta-z}\mathrm{d}\zeta+z\int_{|\zeta|=1}\frac{\dfrac{u(\zeta)}{\zeta}}{\zeta-z}\mathrm{d}\zeta\right],$$

即

$$f(z)=\frac{1}{2\pi\mathrm{i}}\int_{|\zeta|=1}\frac{u(\zeta)}{\zeta-z}\mathrm{d}\zeta+z\cdot\frac{1}{2\pi\mathrm{i}}\int_{|\zeta|=1}\frac{\dfrac{u(\zeta)}{\zeta}}{\zeta-z}\mathrm{d}\zeta.$$

等号右端的两个积分都是柯西型积分.由第三章的定理 3.13′ 可见,$f(z)$ 在 $|z|<1$ 内解析.从而证得其实部 $u(z)$ 在 $|z|<1$ 内是调和的.

最后,问题的证明转化为只需证明

$$\lim_{z\to\zeta_0}\frac{1}{2\pi}\int_0^{2\pi}[u(\zeta)-u(\zeta_0)]\frac{1-r^2}{1-2r\cos(\theta-\varphi)+r^2}\mathrm{d}\theta=0, \tag{9.7}$$

其中 $\zeta=\mathrm{e}^{\mathrm{i}\theta}$,$\zeta_0=\mathrm{e}^{\mathrm{i}\theta_0}$,$z=r\mathrm{e}^{\mathrm{i}\varphi}$,$0\leqslant r<1$,$0\leqslant\theta<2\pi$,$0\leqslant\varphi<2\pi$.

由于 $u(\zeta)=u(\mathrm{e}^{\mathrm{i}\theta})$ 在 $\theta=\theta_0$ 处连续,对于任给一个正数 ε,总可以选取一个 $\delta>0$,

使当 $|\theta-\theta_0|<2\delta$ 时

$$|u(\zeta)-u(\zeta_0)|<\varepsilon.$$

我们可得

$$\left|\frac{1-r^2}{2\pi}\int_{\theta_0-2\delta}^{\theta_0+2\delta}\frac{u(\zeta)-u(\zeta_0)}{1-2r\cos(\theta-\varphi)+r^2}\mathrm{d}\theta\right|$$

$$\leqslant\frac{1-r^2}{2\pi}\int_{\theta_0-2\delta}^{\theta_0+2\delta}\frac{|u(\zeta)-u(\zeta_0)|}{1-2r\cos(\theta-\varphi)+r^2}\mathrm{d}\theta$$

$$<\varepsilon\frac{1-r^2}{2\pi}\int_{\theta_0-2\delta}^{\theta_0+2\delta}\frac{\mathrm{d}\theta}{1-2r\cos(\theta-\varphi)+r^2}$$

$$<\varepsilon\frac{1-r^2}{2\pi}\int_0^{2\pi}\frac{\mathrm{d}\theta}{1-2r\cos(\theta-\varphi)+r^2}\stackrel{(9.6)}{=\!=\!=}\varepsilon.\tag{9.8}$$

因为点 (r,φ) 趋于点 $(1,\theta_0)$，所以对于适合 $|\varphi-\theta_0|<\delta$，$|\theta-\theta_0|\geqslant 2\delta$ 的 φ,θ，有

$$|\theta-\varphi|=|\theta-\theta_0+\theta_0-\varphi|\geqslant|\theta-\theta_0|-|\theta_0-\varphi|$$

$$>2\delta-\delta=\delta.$$

因此 $\cos(\theta-\varphi)\leqslant\cos\delta$，从而

$$1-2r\cos(\theta-\varphi)+r^2\geqslant 1-2r\cos\delta+r^2$$

$$=1-2r\left(1-2\sin^2\frac{\delta}{2}\right)+r^2$$

$$=(1-r)^2+4r\sin^2\frac{\delta}{2}$$

$$>4r\sin^2\frac{\delta}{2}.$$

令 $A=4r\sin^2\dfrac{\delta}{2}$，$M$ 是 $|u(\zeta)|$ 在单位圆周上的最大值. 因此得到

$$\left|\frac{1-r^2}{2\pi}\int_{\theta_0+2\delta}^{2\pi+\theta_0-2\delta}\frac{u(\zeta)-u(\zeta_0)}{1-2r\cos(\theta-\varphi)+r^2}\mathrm{d}\theta\right|$$

$$\leqslant\frac{2M}{2\pi A}(2\pi-4\delta)(1-r^2)$$

$$=\frac{2M}{\pi A}(\pi-2\delta)(1-r^2).\tag{9.9}$$

当 $r\to 1$ 时，(9.9) 等号右端趋于零. 即对任意的 $\varepsilon>0$，有正数 $\rho<1$，使当 $1-\rho<r<1$ 时

$$\frac{2M}{\pi A}(\pi-2\delta)(1-r^2)<\varepsilon.$$

从 (9.8) 和 (9.9) 看到，当 $1-\rho<r<1$，$|\varphi-\theta_0|<\delta$ 时，即对图 9.1 中用阴影标出的那个区域内所有的点 z 来说，就都有

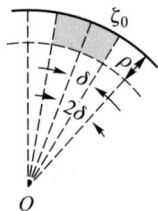

图 9.1

$$\left|\frac{1}{2\pi}\int_0^{2\pi}[u(\zeta)-u(\zeta_0)]\frac{1-r^2}{1-2r\cos(\theta-\varphi)+r^2}\mathrm{d}\theta\right|$$

$$\leqslant\left|\frac{1-r^2}{2\pi}\int_{\theta_0-2\delta}^{\theta_0+2\delta}\frac{u(\zeta)-u(\zeta_0)}{1-2r\cos(\theta-\varphi)+r^2}\mathrm{d}\theta\right|$$

$$+ \left| \frac{1-r^2}{2\pi} \int_{\theta_0+2\delta}^{2\pi+\theta_0-2\delta} \frac{u(\zeta)-u(\zeta_0)}{1-2r\cos(\theta-\varphi)+r^2} \mathrm{d}\theta \right|$$
$$< \varepsilon + \varepsilon = 2\varepsilon.$$

由 ε 的任意性,知道(9.7)是真的.

4. 上半平面内狄利克雷问题的解

为了求出在实轴上取已知值而在上半平面内调和的那个函数 $u(z)$ 在点 z 处之值,我们作出一个把上半平面 $\mathrm{Im}\,\zeta>0$ 共形映射成单位圆 $|w|<1$ 的分式线性变换

$$w = \frac{\zeta-z}{\zeta-\bar{z}}. \tag{9.10}$$

因为这时点 z 被变成 $w=0$,所以根据平均值定理,有

$$U(0) = \frac{1}{2\pi} \int_0^{2\pi} U(w)\mathrm{d}\tau. \tag{9.11}$$

其中 $u[\zeta(w)]=U(w)$,而 τ 是单位圆周上点的辐角:

$$\mathrm{e}^{\mathrm{i}\tau} = \frac{t-z}{t-\bar{z}}. \tag{9.12}$$

这里 t 在实轴 $\mathrm{Im}\,\zeta=0$ 上,因为(9.10)把实轴 $\mathrm{Im}\,\zeta=0$ 变成单位圆周 $|w|=1$.

在(9.12)这个等式两端微分,我们得到

$$\mathrm{e}^{\mathrm{i}\tau}\mathrm{d}\tau = \frac{2y}{(t-\bar{z})^2}\mathrm{d}t \quad (z=x+\mathrm{i}y).$$

因此便有

$$\mathrm{d}\tau = \frac{2y\,\mathrm{d}t}{(t-z)(t-\bar{z})} = \frac{2y\,\mathrm{d}t}{(t-x)^2+y^2}.$$

将(9.11)代回到原来的变数上去,结果我们便得出了对于上半平面的泊松积分公式:

$$u(z) = \frac{1}{\pi} \int_{-\infty}^{+\infty} u(t) \cdot \frac{y\,\mathrm{d}t}{(t-x)^2+y^2}. \tag{9.13}$$

同样,在一定条件下(例如,设 $u(t)$ 是有界函数等),我们可以证明(9.13)是上半平面上狄利克雷问题的解.

例 9.1 积出(9.13)式中的积分,我们可得到一个在上半平面内的调和函数 $u(z)$.今设 $u(t)$ 在实轴的一段 (α,β) 上等于 1,而在实轴的其余部分上等于 0,则得

$$u(z) = \frac{1}{\pi} \int_\alpha^\beta \frac{y\,\mathrm{d}t}{(t-x)^2+y^2}$$
$$= \frac{1}{\pi}\left(\arctan\frac{\beta-x}{y} - \arctan\frac{\alpha-x}{y}\right) ①.$$

例 9.2 设有一个很长的圆柱面是用很薄的导体做成的.这柱面被过它的轴的平面分为两半,一半的电位保持为 V_0,另一半接地.现在要求出柱体内任一点的电位.

由于柱体是很长的,所以内部的电位是只与 x,y 有关的函数 $V(x,y)$.可设圆柱的半径为 1.为求电位函数 $V(x,y)$,可把问题化成如下的边值问题,即狄利克雷问题:

---

① 这里 $u(t)$ 在整个实轴上有两个间断点,与原来要求 $u(t)$ 连续不合.但可直接验证,$u(z)$ 在上半平面内调和,在实轴上(除 α,β 两点外)满足边界条件.

$V(x,y)$ 为单位圆内的调和函数,即

$$\Delta V=\frac{\partial^2 V}{\partial x^2}+\frac{\partial^2 V}{\partial y^2}=0,\text{在 }x^2+y^2<1\text{ 内},$$
$$V(x,y)=V_0,\text{在 }x^2+y^2=1\text{ 上且 }y<0,$$
$$V(x,y)=0,\text{在 }x^2+y^2=1\text{ 上且 }y\geqslant 0. \tag{9.14}$$

为解此题,今作分式线性变换

$$w=\mathrm{i}\frac{1-z}{1+z},$$

它将单位圆 $|z|<1$ 共形映射成上半平面 $\mathrm{Im}\,w>0$,使 $-1\to\infty,1\to 0,\mathrm{i}\to 1$,其边界对应是:下半圆周对应于负半实轴,上半圆周对应于正半实轴(如图 9.2).

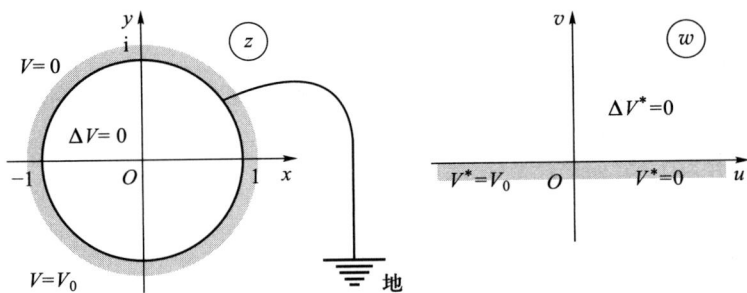

图 9.2

经变换后的狄利克雷问题是:

$V^*(u,v)$ 为上半平面内的调和函数,即

$$\Delta V^*=0\ (\mathrm{Im}\,w>0),$$
$$V^*(u,0)=0\ (u\geqslant 0),$$
$$V^*(u,0)=V_0\ (u<0). \tag{9.14}'$$

易知,函数

$$V^*(u,v)=\frac{V_0}{\pi}\arg w$$

恰是 $(9.14)'$ 的解.为回答原来的问题,我们应当将解答的 w 平面形式回到 z 平面上,写成 x,y 的函数.为此,先注意

$$\arg w=\mathrm{Im}(\ln w),$$

故最终的答案是

$$V(x,y)=\frac{V_0}{\pi}\mathrm{Im}\left[\ln\left(\mathrm{i}\frac{1-z}{1+z}\right)\right]=\frac{V_0}{\pi}\arg\left(\mathrm{i}\frac{1-z}{1+z}\right)$$
$$=\begin{cases}\frac{V_0}{\pi}\arctan\left(\frac{1-x^2-y^2}{2y}\right), & y>0,\\ \frac{V_0}{2}, & y=0,\\ \frac{V_0}{\pi}\left[\pi+\arctan\left(\frac{1-x^2-y^2}{2y}\right)\right], & y<0.\end{cases}$$

第九章习题

（一）

1. 设(1)$u(x,y)$为区域 D 内的调和函数;(2) 圆 $|z-a|<R$ 全含于 D.求证当 $z=a+re^{i\theta}$,$r<R$ 时,

$$u(r,\theta) = \text{Re} f(a+re^{i\theta})$$

$$= \frac{a_0}{2} + \sum_{n=1}^{\infty} r^n (a_n \cos n\theta + b_n \sin n\theta),$$

且展式是惟一的.

2. 如果 $u(z)$ 在 z 平面内是有界的调和函数,试证 $u(z)$ 恒等于常数.

3. 设 $f(z)$ 为一整函数且不恒等于常数,$u(x,y)=\text{Re} f(z)$,则对于任一实数 a,必有平面上的点 (x_0,y_0),使 $u(x_0,y_0)=a$.

4. 设(1) $u(x,y)$ 是区域 D 内的调和函数;(2) 圆 K 全含于 D,$u(x,y)$ 在 K 内恒等于一常数 a.求证 $u(x,y)$ 在 D 内恒等于 a.

5. 设(1) $u(x,y)$ 为区域 D 内的调和函数;

(2) $(x_0,y_0) \in D$,$u(x_0,y_0)=a$;

(3) U 是 (x_0,y_0) 的一个邻域,$U \subseteq D$.

求证 U 内有无穷多个点,$u(x,y)$ 在其上的值都是 a.

6. 试求在单位圆 K 内调和,在闭圆 $\overline{K}$ 上(除去其上两点 α,β 外)连续的函数,这个函数在圆弧 $\overset{\frown}{\alpha\beta}$ 上取值 1,在单位圆周的其余部分上取值 0.

（二）

1. 试用调和函数的平均值定理证明

$$\int_0^\pi \ln(1-2r\cos\theta+r^2)\,d\theta = 0,$$

其中 $-1<r<1$.

提示 当 $0 \leqslant r<1$ 时,令 $z=re^{i\theta}$,考虑 $\text{Ln}(1-z)$ 在 $|z|<1$ 内的一个单值解析分支 $\ln(1-z)$.于是 $u(z)=\text{Re}[\ln(1-z)]$ 在 $|z|<1$ 内调和.且有 $u(0)=\text{Re}(\ln 1)=0$.再利用第二章习题(一)第 21 题的结果;当 $-1 \leqslant r<0$ 时,可考虑 $\text{Ln}(1+z)$ 在 $|z|<1$ 内的一个单值解析分支 $\ln(1+z)$,再作类似于上段的讨论,即可得到证明.

2. 如果两个二元实函数 $u_1(x,y)$ 与 $u_2(x,y)$ 在区域 D 内调和,在闭域 $\overline{D}$ 上连续,且在 D 的所有边界点处有

$$u_1(x,y) = u_2(x,y),$$

试证在 D 内恒有

$$u_1(x,y) = u_2(x,y).$$

提示 考虑 $u(x,y)=u_1(x,y)-u_2(x,y)$.

3. 设二元实函数 $u(x,y)$ 是在 $0<|z|<\rho(<+\infty)$ 内的有界调和函数.试证适当定义 $u(0,0)$ 后,$u(x,y)$ 是在 $|z|<\rho$ 内的调和函数.

第 一 章

(一)

2. $z_1 z_2 = 2e^{\frac{\pi}{12}i}$, $\dfrac{z_1}{z_2} = \dfrac{1}{2}e^{\frac{5\pi}{12}i}$.

10.(1) 直线 $y = x$；　（2）椭圆周 $\dfrac{x^2}{a^2} + \dfrac{y^2}{b^2} = 1$；

(3) 双曲线 $y = \dfrac{1}{x}$；　（4）双曲线 $y = \dfrac{1}{x}$ 在第一象限的一支.

11. (1) $u^2 + v^2 = \dfrac{1}{4}$；　（2）$v = -u$；

(3) $\left(u - \dfrac{1}{2}\right)^2 + v^2 = \dfrac{1}{4}$；　（4）$u = \dfrac{1}{2}$.

15. 连续但非一致连续.

(二)

7. 如图 1.22, $z_2(4,1)$, $z_4(-2,3)$.

第 二 章

(一)

5. (1) 只在原点 $z = 0$ 可微；　（2）只在直线 $y = x$ 上可微；

(3) 只在 $\sqrt{2}\,x \pm \sqrt{3}\,y = 0$ 上可微；　（4）处处可微.

8. (1) $f'(z) = 3z^2$；　（2）$f'(z) = (z+1)e^z$；

(3) $f'(z) = \cos x \cosh y - i \sin x \sinh y$；

(4) $f'(z) = -(\sin x \cosh y + i \cos x \sinh y)$.

10. (1) e^{-2x}; (2) $e^{x^2-y^2}$; (3) $e^{\frac{x}{x^2+y^2}} \cos \frac{y}{x^2+y^2}$.

20. (1) $z = \ln 2 + i\left(\frac{\pi}{3} + 2k\pi\right)$ $(k=0,\pm 1,\pm 2,\cdots)$; (2) $z = i$;

(3) $z = (2k+1)\pi i$ (k 为整数); (4) $z = -\frac{\pi}{4} + k\pi$ (k 为整数);

*(5) $z = \frac{1}{2}\left[(2k+1)\pi - \arctan\frac{1}{2}\right] + \frac{i}{4}\ln 5$ $(k=0,\pm 1,\pm 2,\cdots)$.

22. $w(-i) = \frac{1}{2}(\sqrt{3}-i) = e^{-\frac{\pi}{6}i}$.

23. $w(i) = e^{\frac{5}{6}\pi i}$.

24. $(1+i)^i = e^{i\ln\sqrt{2}} e^{-(\frac{\pi}{4}+2k\pi)}$ $(k=0,\pm 1,\pm 2,\cdots)$;

$3^i = e^{i\ln 3} e^{-2k\pi}$ $(k=0,\pm 1,\pm 2,\cdots)$.

25. $-\sqrt{R^4+1}$(提示：作代换 $w=z^4$).

26. $-\sqrt[6]{2}\, e^{\frac{7}{12}\pi i}$.

(二)

8. $f(i) = \sqrt{2}\, e^{-\frac{\pi}{8}i}$, $f(-i) = \sqrt{2}\, e^{\frac{5\pi}{8}i}$.

9. $f(2) = -\sqrt{5}\, i$.

10. $f(-1) = \sqrt{2}\, i$, $f''(-1) = -\frac{\sqrt{2}}{16} i$.

第 三 章

(一)

1. $-\frac{1}{3}(1-i)$.

2. (1) 1; (2) 2; (3) 2.

5. (1) $-\frac{i}{3}$; (2) $2\cosh 1$.

9. (1) $4\pi i$; (2) $6\pi i$.

10. (1) $\frac{\sqrt{2}}{2}\pi i$; (2) $\frac{\sqrt{2}}{2}\pi i$; (3) $\sqrt{2}\pi i$.

12. $2\pi(-6+13i)$.

16. (1) $f(z) = \left(1-\frac{i}{2}\right)z^2 + \frac{i}{2}$; (2) $f(z) = ze^z$; (3) $f(z) = \frac{1}{2} - \frac{1}{z}$.

20. (1) 0,0;　(2) 0,0;　(3) 0,0.

（二）

15. $f(z)=z^3-2z+k$　（k 为任意常数）.

第 四 章

（一）

1. (1) 条件收敛；　(2) 绝对收敛；　(3) 发散.

2. (1) 1；　(2) 2；　(3) 0.

5. (1) $\sum\limits_{n=0}^{\infty}(-1)^n\dfrac{a^n}{b^{n+1}}z^n,|z|<\left|\dfrac{b}{a}\right|$；

(2) $\sum\limits_{n=0}^{\infty}\dfrac{z^{2n+1}}{(2n+1)n!},|z|<+\infty$；

(3) $\sum\limits_{n=0}^{\infty}(-1)^n\dfrac{z^{2n+1}}{(2n+1)(2n+1)!},|z|<+\infty$；

(4) $-\dfrac{1}{2}\sum\limits_{n=1}^{\infty}(-1)^n\dfrac{(2z)^{2n}}{(2n)!},|z|<+\infty$；

(5) 提示：$\dfrac{1}{(1-z)^2}=\left(\dfrac{1}{1-z}\right)'$.

7. (1) $\sum\limits_{k=0}^{\infty}\dfrac{\sin\left(\dfrac{k\pi}{2}+1\right)}{k!}(z-1)^k,|z-1|<+\infty$；

(2) $-\sum\limits_{n=1}^{\infty}\left(-\dfrac{1}{2}\right)^n(z-1)^n,|z-1|<2$；

(3) $\dfrac{1}{4}\left[\sum\limits_{n=0}^{\infty}\left(-\dfrac{1}{4}\right)^n(z-1)^{2n}+\sum\limits_{n=0}^{\infty}\left(-\dfrac{1}{4}\right)^n(z-1)^{2n+1}\right],|z-1|<2$；

(4) $\dfrac{-1+\sqrt{3}\,\mathrm{i}}{2}\sum\limits_{n=0}^{\infty}\begin{pmatrix}n\\\frac{1}{3}\end{pmatrix}(z-1)^n,|z-1|<1$,

其中 $\begin{pmatrix}n\\\frac{1}{3}\end{pmatrix}=\dfrac{\frac{1}{3}\left(\frac{1}{3}-1\right)\cdots\left(\frac{1}{3}-n+1\right)}{n!},n\geqslant1,\begin{pmatrix}0\\\frac{1}{3}\end{pmatrix}=1.$

8. (1) 4 阶；　(2) 15 阶.

11. (1) 不存在；　(2) 不存在；　(3) 不存在；　(4) 存在,$\dfrac{1}{1+z}$.

第 五 章

（一）

2. (1) $\displaystyle\sum_{n=0}^{\infty}(-1)^n(n+1)\frac{(z-i)^{n-2}}{(2i)^{n+2}}$ $(0<|z-i|<2)$；

(2) $\displaystyle\sum_{n=-2}^{\infty}\frac{1}{(n+2)!}\frac{1}{z^n}$ $(0<|z|<+\infty)$

（$0<|z|<+\infty$ 既是 $z=0$ 的去心邻域，又是以 $z=0$ 为中心的 $z=\infty$ 的去心邻域）；

(3) ① $\displaystyle\sum_{n=0}^{\infty}\frac{(-1)^n}{n!}\frac{1}{(z-1)^n}$ $(0<|z-1|<+\infty)$

（$0<|z-1|<+\infty$ 既是 $z=1$ 的去心邻域，又是以 $z=1$ 为中心的 $z=\infty$ 的去心邻域）；

② $1-\dfrac{1}{z}-\dfrac{1}{2}\dfrac{1}{z^2}-\dfrac{1}{6}\dfrac{1}{z^3}-\cdots$ $(1<|z|<+\infty)$

（$1<|z|<+\infty$ 是以 $z=0$ 为中心的 $z=\infty$ 的去心邻域）.

4. (1) $z=0$ 为一阶极点，$z=\pm 2i$ 为二阶极点，$z=\infty$ 为可去奇点；

(2) $z=k\pi-\dfrac{\pi}{4}(k=0,\pm1,\pm2,\cdots)$ 各为一阶极点，$z=\infty$ 为非孤立奇点；

(3) $z=(2k+1)\pi i(k=0,\pm1,\pm2,\cdots)$ 各为一阶极点，$z=\infty$ 为非孤立奇点；

(4) $z=\pm\dfrac{\sqrt{2}}{2}(1-i)$ 各为三阶极点，$z=\infty$ 为可去奇点；

(5) $z=\left(k+\dfrac{1}{2}\right)\pi(k=0,\pm1,\pm2,\cdots)$ 各为二阶极点，$z=\infty$ 为非孤立奇点；

(6) $z=-i$ 为本质奇点，$z=\infty$ 为可去奇点；

(7) $z=0$ 为可去奇点，$z=\infty$ 为本质奇点；

(8) $z=2k\pi i(k=0,\pm1,\pm2,\cdots)$ 各为一阶极点，$z=\infty$ 为非孤立奇点.

5. (1) 能； (2) 能； (3) 否； (4) 否.

（二）

1. (1) 否； (2) 能； (3) 否； (4) 否； (5) 能.

11. $I=-\dfrac{1}{\displaystyle\prod_{k=1}^{49}(100-2k)}=-\dfrac{1}{98!!}$.

第 六 章

(一)

1.(1) $\underset{z=1}{\mathrm{Res}} f(z) = \dfrac{1}{4}$，$\underset{z=-1}{\mathrm{Res}} f(z) = -\dfrac{1}{4}$，$\underset{z=\infty}{\mathrm{Res}} f(z) = 0$；

(2) $\underset{z=n\pi}{\mathrm{Res}} f(z) = \dfrac{1}{\cos n\pi} = (-1)^n$；

(3) $\underset{z=0}{\mathrm{Res}} f(z) = -\dfrac{4}{3}$，$\underset{z=\infty}{\mathrm{Res}} f(z) = \dfrac{4}{3}$；

(4) $\underset{z=1}{\mathrm{Res}} f(z) = 1$，$\underset{z=\infty}{\mathrm{Res}} f(z) = -1$；

(5) $\underset{z=1}{\mathrm{Res}} f(z) = \dfrac{(2n)!}{(n-1)!\,(n+1)!}$，$\underset{z=\infty}{\mathrm{Res}} f(z) = -\dfrac{(2n)!}{(n-1)!(n+1)!}$；

(6) $\underset{z=\infty}{\mathrm{Res}} f(z) = \dfrac{\mathrm{e}^{-1}-\mathrm{e}}{2}$，$\underset{z=1}{\mathrm{Res}} f(z) = \dfrac{\mathrm{e}}{2}$，$\underset{z=-1}{\mathrm{Res}} f(z) = -\dfrac{1}{2\mathrm{e}}$。

2.(1) m 为奇数时，$\underset{z=0}{\mathrm{Res}} f(z) = 0$，

m 为偶数 $2k$ 时，$\underset{z=0}{\mathrm{Res}} f(z) = \dfrac{(-1)^k}{(2k+1)!}$；

(2) $\underset{z=e_k}{\mathrm{Res}} f(z) = -\dfrac{e_k}{m}$，其中 $e_k = \mathrm{e}^{\frac{(2k+1)\pi\mathrm{i}}{m}}$（$k=0,1,\cdots,m-1$），

$$\underset{z=\infty}{\mathrm{Res}} f(z) = -\sum_{k=0}^{m-1}\left(-\dfrac{e_k}{m}\right) \quad (e_k^m = -1)$$

$$= \dfrac{1}{m}\sum_{k=0}^{m-1} e_k = \begin{cases} 0, & m>1, \\ -1, & m=1; \end{cases}$$

(3) $\underset{z=\alpha}{\mathrm{Res}} f(z) = -\dfrac{1}{(\beta-\alpha)^m}$，$\underset{z=\beta}{\mathrm{Res}} f(z) = \dfrac{1}{(\beta-\alpha)^m}$；

(4) $\underset{z=0}{\mathrm{Res}} f(z) = \dfrac{\pi-4\mathrm{i}}{\pi^5}$，$\underset{z=\pi\mathrm{i}}{\mathrm{Res}} f(z) = \dfrac{1}{6\pi^5}(\pi^3 + 6\pi^2\mathrm{i} - 18\pi - 24\mathrm{i})$。

3.(1) 0； (2) $\sin \mathrm{i}$； (3) $-\dfrac{1}{2}\pi\mathrm{i}$； (4) 0。

4.(1) $\dfrac{2\pi}{\sqrt{a^2-1}}$； (2) 4π； (3) $\pi\mathrm{i}(a>0)$，$-\pi\mathrm{i}(a<0)$。

5.(1) $\dfrac{\pi}{6}$； (2) $\dfrac{\pi}{2a}$； (3) $\dfrac{\pi}{24\mathrm{e}^3}(3\mathrm{e}^2-1)$； (4) $\dfrac{\pi}{2a^2}\mathrm{e}^{-\frac{ma}{\sqrt{2}}}\sin\dfrac{ma}{\sqrt{2}}$。

6.(1) $\dfrac{\pi}{2a^2}(1-\mathrm{e}^{-a})$； (2) $\dfrac{\pi}{2}\left(1-\dfrac{3}{2\mathrm{e}}\right)$。

（二）

1. (1) $-\pi^2 i$；　(2) 0；　(3) $-\dfrac{\pi i}{(3+i)^{10}}$；　(4) $\dfrac{\pi}{2\sqrt{a(a+1)}}$；　(5) $\dfrac{\pi}{2}e^{-ab}$.

13. 前者无根，后者有 4 个根.

第　七　章

（一）

3.(1) 以 $w_1=-1, w_2=-i, w_3=i$ 为顶点的三角形；

(2) 闭圆 $|w-i|\leqslant 1$.

4.(1) $w=\dfrac{(1+i)(z-i)}{1+z+3i(1-z)}$；　(2) $w=\dfrac{i(z+1)}{1-z}$；　(3) $w=-\dfrac{1}{z}$；　(4) $w=\dfrac{1}{1-z}$.

6. $|c|=|d|$ 且 $ad-bc\neq 0$.

7. (1) $w=i\dfrac{z-i}{z+i}$；　(2) $w=\dfrac{i-z}{i+z}$.

8. (1) $w=\dfrac{2z-1}{z-2}$；　(2) $w=\dfrac{i(2z-1)}{z-2}$.

9. $w=-4i\cdot\dfrac{z-2i}{z-2(1+2i)}$.

12. $w=-\dfrac{z-2i}{z+2i}$.

13.(1) $w=-\left(\dfrac{z+\sqrt{3}}{z-\sqrt{3}}\right)^3$；　(2) $w=-i\left(\dfrac{z+1}{z-1}\right)^2$；　(3) $w=e^{2\pi i\frac{z}{z-2}}$.

14. $w=\dfrac{z^4-i}{z^4+i}$ （非惟一的）.

15. $w=-\dfrac{1}{2}\left(z+\dfrac{1}{z}\right)$.

16. $w=-\dfrac{z^2+2}{3z^2}$.

17. $w=\sqrt{\dfrac{(1+i)-z}{z-(2+2i)}}$.

（二）

4. $\operatorname{Re} w>0,\left|w-\dfrac{1}{2}\right|>\dfrac{1}{2}, \operatorname{Im} w>0$.

5. $w = \dfrac{(2i-1)z+1}{z-1}$.

9. 三圆弧过点 $-\dfrac{d}{c}$.

第 八 章

(二)

9. $w = (-1+i\sqrt{3})\dfrac{\Gamma\left(\dfrac{2}{3}\right)}{\Gamma^2\left(\dfrac{1}{3}\right)}\displaystyle\int_0^z z^{-\frac{2}{3}}(z-1)^{-\frac{2}{3}}\,\mathrm{d}z - 1$.

10. $w = A\displaystyle\int_0^z \dfrac{\sqrt{z}\,\mathrm{d}z}{(z-1)(z+a)}$，其中 $a = \dfrac{H^2}{h^2}$，$A = \dfrac{H^2+h^2}{\pi h\mathrm{i}}$.

第 九 章

(一)

6. $u(r,\varphi) = \dfrac{1}{\pi}\left[\arctan\left(\dfrac{1+r}{1-r}\tan\dfrac{\beta-\varphi}{2}\right) - \arctan\left(\dfrac{1+r}{1-r}\tan\dfrac{\alpha-\varphi}{2}\right)\right]$.

✖ **期末综合自测题**

名词索引

读者意见反馈

为收集对教材的意见建议,进一步完善教材编写并做好服务工作,读者可将对本教材的意见建议通过如下渠道反馈至我社。

咨询电话　400-810-0598

反馈邮箱　hepsci@pub.hep.cn

通信地址　北京市朝阳区惠新东街 4 号富盛大厦 1 座

　　　　　高等教育出版社理科事业部

邮政编码　100029

防伪查询说明

用户购书后刮开封底防伪涂层,使用手机微信等软件扫描二维码,会跳转至防伪查询网页,获得所购图书详细信息。

防伪客服电话　(010)58582300